张景中／主编

"十一五"国家重点图书出版规划项目

走进教育数学

Go to Educational Mathematics

绕来绕去的向量法

（第二版）

张景中　彭翕成／著

科学出版社
北京

内 容 简 介

本书详细论述用向量法解决常见几何问题的方法，特别是基于向量相加的首尾衔接规则的回路法．指出选择回路的诀窍，用大量的例题展示回路法解题的简洁明快风格；分析常见资料中同类题目解法烦琐的原因；提出改进向量解题教学的见解．全书共 16 章，从向量的基本概念和运算法则入手，由易至难，以简御繁，不仅列出向量法解题要领，还论及向量法与复数法、解析法、点几何、不等式等的联系．

本书可启迪读者的思维，开阔读者的视野，供数学专业教师和科研工作者，以及中学以上文化程度的学生和数学爱好者参考．

图书在版编目(CIP)数据

绕来绕去的向量法/张景中，彭翕成著．—2 版．—北京：科学出版社，2021.7

(走进教育数学/张景中主编)

ISBN 978-7-03-047662-3

Ⅰ. 绕… Ⅱ. ①张… ②彭… Ⅲ. 向量（数学）-普及读物 Ⅳ. O183.1-4

中国版本图书馆 CIP 数据核字（2021）第 113021 号

丛书策划：李 敏

责任编辑：李 敏 / 责任校对：樊雅琼

责任印制：吴兆东 / 整体设计：黄华斌

科 学 出 版 社 出版

北京东黄城根北街 16 号

邮政编码：100717

http://www.sciencep.com

北京中科印刷有限公司印刷

科学出版社发行 各地新华书店经销

*

2010 年 9 月第 一 版 开本：720×1000 1/16

2021 年 7 月第 二 版 印张：24

2024 年 5 月第三次印刷 字数：370 000

定价：88.00 元

（如有印装质量问题，我社负责调换）

总 序

看到本丛书，多数人会问这样的问题：

“什么是教育数学?”

“教育数学和数学教育有何不同?”

简单说，改造数学使之更适宜于教学和学习，是教育数学为自己提出的任务.

把学数学比作吃核桃. 核桃仁美味而富有营养，但要砸开核桃壳才能吃到它. 有些核桃，外壳与核仁紧密相依，成都人形象地叫它们“夹米子核桃”，如若砸不得法，砸开了还很难吃到. 数学教育要研究的，就是如何砸核桃吃核桃. 教育数学呢，则要研究改良核桃的品种，让核桃更美味、更有营养、更容易砸开吃净.

“教育数学”的提法，是笔者 1989 年在《从数学教育到教育数学》一书中杜撰的. 其实，教育数学的活动早已有之，如欧几里得著《几何原本》、柯西写《分析教程》，都是教育数学的经典之作.

数学教育有很多世界公认的难点，如初等数学里的几何学和三角函数，高等数学里面的微积分，都比较难学. 为了对付这些难点，很多数学老师、数学教育专家前赴后继，做了大量的研究，写了很多的著作，进行了广泛的教学实践．多年实践，几番改革，还是觉得太难，不得不“忍痛割爱”，少学或者不学．教育数学则从另一个角度看问题：这些难点的产生，是不是因为前人留下来的知识组织得不够好，不适于数学的教与学？能不能优化数学，改良数学，让数学知识变得更容易学习呢？

知识的组织方式和学习的难易有密切的联系．英语中 12 个月的名字：January，February，….背单词要花点工夫吧！如果改良一下：一月就叫 Monthone，二月就叫 Monthtwo，等等，马上就能理解，就能记住，学起来就容易多了．生活的语言如此，科学的语言——数学——何尝不是这样呢？

很多人认为，现在小学、中学到大学里所学的数学，从算术、几何、代数、三角函数到微积分，都是几百年前甚至几千年前创造出来的．这些数学的最基本的部分，普遍认为是经过千锤百炼，相当成熟了．对于这样的数学内容，除了选择取舍，除了教学法的加工之外，还有优化改革的余地吗？

但事情还可以换个角度看．这些进入了课堂的数学，是在不同的年代、不同的地方、由不同的人、为不同的目的而创造出来的，而且其中很多不是为了教学的目的而创造出来的．难道它们会自然而然地配合默契，适宜于教学和学习吗？

看来，这主要不是一个理论问题，而是一个实践问题．

走进教育数学，看看教育数学在做什么，有助于回答这类问题．

随便翻翻这几本书，就能了解教育数学领域里近 20 年来做了哪些工作．从已有的结果看到，教育数学有事可做，而且能做更多的事情．

比如微积分教学的改革，这是在世界范围内被广为关注的事．丛书中有两本专讲微积分，主要还不是讲教学方法，而是讲改革微积分本身．

由牛顿和莱布尼茨创建的微积分，是第一代微积分．这是说不清楚的微积分. 创建者说不清楚，使用微积分解决问题的数学家也说不清楚. 原理虽然说不清楚，应用仍然在蓬勃发展. 微积分在说不清楚的情形下发展了 130 多年.

柯西和魏尔斯特拉斯等，建立了严谨的极限理论，巩固了微积分的基础，形成了第二代微积分. 数学家把微积分说清楚了. 但是由于概念和推理烦琐迂回，对于绝大多数学习高等数学的人来说，是听不明白的微积分. 微积分在多数学习者听不明白的情形下，又发展了 170 多年，直到今天.

第三代微积分，是正在创建发展的新一代的微积分. 人们希望微积分不但严谨，而且直观易懂，简易明快. 让学习者用较少的时间和精力就能够明白其原理，不但知其然而且知其所以然. 不但数学家说得清楚，而且非数学专业的多数学子也能听得明白.

第一代微积分和第二代微积分，在具体计算方法上基本相同；不同的是对原理的说明，前者说不清楚，后者说清楚了.

第三代微积分和前两代微积分，在具体计算方法上也没有不同；不同的仍是对原理的说明.

几十年来，国内外都有人从事第三代微积分的研究以至教学实践. 这方面的努力，已经有了显著的成效. 在我国，林群院士近 10 年来在此方向做了大量的工作. 本丛书中的《微积分快餐》，就是他在此领域的代表作.

古今中外，通俗地介绍微积分的读物极多，但能够兼顾严谨与浅显直观的几乎没有.《微积分快餐》做到了. 一张图，一个不等式，几行文字，浓缩了微积分的精华. 作者将微积分讲得轻松活泼、简单明了，而且严谨、自洽，让读者在品尝快餐的过程中进入了高等数学的殿堂.

丛书中还有一本《直来直去的微积分》，是笔者学习微积分的心得. 书中从“瞬时速度有时比平均速度大，有时比平均速度小”这个平凡的陈述出发，不用极限概念和实数理论，“微分不微，积分不积”，直截了当地建立了微积分基础理论. 书中概念与《微积分快餐》中的逻辑等价，呈现形式不尽相同，殊途同归，显示出第三代微积分的丰富多彩.

回顾历史，牛顿和拉格朗日都曾撰写著作，致力于建立不用极限也不用无穷小的微积分，或证明微积分的方法，但没有成功. 我国数学大师华罗庚所撰写的《高等数学引论》中，也曾刻意求新，不用中值定理或实数理论而寻求直接证明“导数正则函数增”这个具有广泛应用的微积分基本命题，可惜也没有达到目的.

前辈泰斗是我们的先驱. 教育数学的进展实现了先驱们简化微积分理论的愿望.

从书中两本关于微积分的书，都专注于基本思想和基本概念的变革. 基本思想、基本概念，以及在此基础上建立的基本定理和公式，是这门数学的筋骨. 数学不能只有筋骨，还要有血有肉. 中国高等教育学会教育数学专业委员会理事长、全国名师李尚志教授的最新力作《数学的神韵》，是有血有肉、丰满生动的教育数学. 书中的大量精彩实例可能是你我熟悉的老故事，而作者却能推陈出新，用新的视角和方法处理老问题，找出事物之间的联系，发现不同中的相同，揭示隐藏的规律. 幽默的场景，诙谐的语言，使人在轻松阅读中领略神韵，识破玄机. 看看这些标题，“简单见神韵”“无招胜有招”“茅台换矿泉”“凌波微步微积分”，可见作者的功力非同一般！特别值得一提的是，书中对微积分的精辟见解，如用代数观点演绎无穷小等，适用于第一代、第二代和第三代微积分的教学与学习，望读者留意体味.

练武功的上乘境界是“无招胜有招”，但武功仍要从一招一式入门. 解数学题也是如此. 著名数学家和数学教育家项武义先生说，教数学要教给学生“大巧”，要教学生“运用之妙，存乎一心”，以不变应万变，不讲或少讲只能对付一个或几个题目的“小巧”. 我想所谓“无招胜有招”的境界，就是“大巧”吧！但是，小巧固不足取，大巧也确实太难. 对于大多数学子而言，还要重视有章可循的招式，由小到大，以小御大，小题做大，小中见大. 朱华伟教授和钱展望教授的《数学解题策略》, 踏踏实实地从一招、一式、一题、一法着手, 探秘发微, 系统地阐述数学解题法门, 是引领读者登堂入室之作. 作者是数学奥林匹克领域的专家. 数学奥林匹克讲究题目出新, 不落老套. 我看了这本书里的不少例题, 看不出有哪些似曾相识, 真不知道他是从哪里搜罗来的!

朱华伟教授还为本丛书写了一本《从数学竞赛到竞赛数学》. 竞赛数学当然就是奥林匹克数学. 华伟教授认为, 竞赛数学是教育数学的一部分. 这个看法是言之成理的. 数学要解题, 要发现问题、创造方法. 年复一年进行的数学竞赛活动, 不断地为数学问题的宝库注入新鲜血液, 常常把学术形态的数学成果转化为可能用于教学的形态. 早期的国际数学奥林匹克试题, 有不少进入了数学教材, 成为例题和习题. 竞赛数学与教育数学的关系, 于此可见一斑.

写到这里, 忍不住要为数学竞赛说几句话. 有一阵子, 媒体上面出现不少讨伐数学竞赛的声音, 有的教育专家甚至认为数学竞赛之害甚于黄、赌、毒. 我看了有关报道后第一个想法是, 中国现在值得反对的事情不少, 论轻重缓急还远远轮不到反对数学竞赛吧. 再仔细读这些反对数学竞赛的意见, 可以看出来, 他们反对的实际上是某些为牟利而又误人子弟的数学竞赛培训机构. 就数学竞赛本身而言, 是面向青少年中很小一部分数学爱好者而组织的活动. 这些热心参与数学竞赛的数学爱好者 (还有不少数学爱好者参与其他活动, 例如, 青少年创新发明活动、数学建模活动、近年来设立的丘成桐中学数学奖), 估计不超过两亿中小学生的百分之五. 从一方面讲, 数学竞赛培训活动过热产生的消极影响, 和升学考试体制以及教育资源分配过分集中等多种因素有关, 这笔账不能算在数学竞赛头上; 从另一方面看, 大学招生和数学竞赛挂钩, 也正说明了数学竞赛活动的成功因而得到认可. 对于青少年的课外兴趣活动, 积极的对策不应当是限制堵塞, 而是开源分流. 发展多种课外活动, 让更多的青少年各得其所，把各种活动都办得像数学竞赛这样成功并且被认可，数学竞赛培训活动过热的问题自然就化解或缓解了.

回到前面的话题. 上面说到“大巧”和“小巧”，自然想到还有“中巧”. 大巧法无定法，小巧一题一法. 中巧呢，则希望用一个方法解出一类题目. 也就是说，把数学问题分门别类，一类一类地寻求可以机械执行的方法，即算法. 中国古代的《九章算术》，就贯穿了分类解题寻求算法的思想. 中小学里学习四则算术、代数方程，大学里学习求导数，学的多是机械的算法. 但是，自古以来几何命题的证明却千变万化，法无定法. 为了找寻几何证题的一般规律，从欧几里得、笛卡儿到希尔伯特，前赴后继，孜孜以求. 我国最高科学技术奖获得者、著名数学家吴文俊院士指出，希尔伯特是第一个发现了几何证明机械化算法的人. 在《几何基础》这部名著中，希尔伯特对于只涉及关联性质的这类几何命题，给出了机械化的判定算法. 由于受时代的局限性，希尔伯特这一学术成果并不为太多人所知. 直到 1977 年，吴文俊先生提出了一个新的方法，可以机械地判定初等几何中等式型命题的真假. 这一成果在国际上被称为“吴方法”，它在几何定理机器证明领域中掀起了一个高潮，使这个自动推理中最不成功的部分变成了最成功的部分.

吴方法和后来提出的多种几何定理机器证明的算法，都不能给出人们易于检验和理解的证明，即所谓可读证明. 国内外的专家一度认为，机器证明的本质在于“用量的复杂克服质的困难”，所以不可能机械地产生可读证明.

笔者基于 1974 年在新疆教初中时指导学生解决几何问题的心得，总结出用面积关系解题的规律. 在这些规律的基础上，于 1992 年提出消点算法，和周咸青、高小山两位教授合作，创建了可构造等式型几何定理可读证明自动生成的理论和方法，并在计算机上实现. 最近在网上看到，面积消点法也多次在国外的不同的系统中实现了. 本丛书中的《几何新方法和新体系》，包括了面积消点法的通俗阐述，以及笔者提出的一个有关面积方法的公理系统，由冷拓同志协助笔者整理而成. 教育数学研究的副产品解决了机器证明领域中的难题，对笔者而言实属侥幸.

基于对数学教育的兴趣，笔者从 1974 年以来，在 30 多年间持续地探讨面积解题的规律，想把几何变容易一些. 后来发现，国内外的中学数学教材里，已经把几何证明删得差不多了. 于是“迷途知返”，把三角函数作为研究的重点. 数学教材无论如何改革，三角函数总是删不掉的吧. 本丛书中的《一线串通的初等数学》，讲的是如何在小学数学知识的基础上建立三角函数，从三角函数的发展引出代数工具并探索几何，把三者串在一起的思路.

在《一线串通的初等数学》中没有提到向量. 其实，向量早已下放到中学，与传统的初等数学为伍了. 在上海的数学教材里甚至在初中就开始讲向量. 讲了向量，自然想试试用向量解决几何问题，看看向量解题有没有优越性. 可惜在教材里和刊物上出现的许多向量例题中，方法略嫌烦琐，反而不如传统的几何方法简洁优美. 如何用向量法解几何题？能不能在大量的几何问题的解决过程中体现向量解题的优越性？这自然是教育数学应当关心的一个问题. 为此，本丛书推出一本《绕来绕去的向量法》. 书中用大量实例说明，如果掌握了向量解题的要领，在许多情形下，向量法比纯几何方法或者坐标法干得更漂亮. 这要领，除了向量的基本性质，关键就是“回路法”. 绕来绕去，就是回路之意. 回路法是笔者的经验谈，没有考证前人是否已有过，更没有上升为算法. 书稿主要由彭翕成同志执笔，绝大多数例子也是他采集加工的.

谈起中国的数学科普，谈祥柏的名字几乎无人不知. 老先生年近八旬，从事数学科普创作超过半个世纪，出书 50 多种，文章逾千篇. 对于数学的执著和一生的爱，洋溢于他为本丛书所写的《数学不了情》的字里行间. 哪怕仅仅信手翻上几页，哪怕是对数学知之不多的中小学生，也会被一个个精彩算例所显示的数学之美和数学之奇深深吸引. 书中涉及的数学知识似乎不多不深，所蕴含的哲理却足以使读者掩卷遐想. 例如，书中揭示出高等代数的对称、均衡与和谐，展现了古老学科的青春；书中提到海峡两岸的数学爱好者发现了千百年来从无数学者、名人的眼皮底下滑过去的“自然数高次方的不变特性”，这些生动活泼的素材，兼有冰冷的思考与火热的激情，无论读者偏文偏理，均会有所收益.

沈文选教授长期从事中学数学研究、初等数学研究、奥林匹克数学研究和教育数学的研究. 他的《走进教育数学》和本丛书同名（丛书的命名源于此），是一本从学术理论角度探索教育数学的著作. 在书中他试图诠释“教育数学”的概念，探究“教育数学”的思想源头与内涵；提出“整合创新优化”“返璞归真优化”等优化数学的方法和手段；并提供了丰富的案例. 笔者原来杜撰出“教育数学”的概念，虽然有些实例，但却凌乱无序，不成系统. 经过文选教授的旁征博引，诠释论证，居然有了粗具规模的体系框架，有点学科模样了. 这确是意外的收获.

本丛书中的《情真意切话数学》，是张奠宙教授和丁传松、柴俊两位先生合作完成的一本别有风味的谈数学与数学教育的力作. 作者跳出数学看数学，以全新的视角，阐述中学数学和微积分学中蕴含的人文意境；将中国古诗词等文学艺术和数学思想加以连接，既有数学的科学内涵，又有丰富的人文素养，把数学与文艺沟通，帮助读者更好地理解和亲近数学. 在这里，老子道德经中“道生一，一生二，二生三，三生万物”被看成自然数公理的本意；“前不见古人，后不见来者. 念天地之悠悠，独怆然而涕下”解读为“四维时空”的遐想；“春色满园关不住，一枝红杏出墙来”用来描述无界数列的本性；而“孤帆远影碧空尽，唯见长江天际流”则成为极限过程的传神写照. 书中把数学之美分为美观、美好、美妙和完美 4 个层次，观点新颖精辟，论述丝丝入扣. 在课堂上讲数学如能够如此情深意切，何愁学生不爱数学？

浏览着这风格不同并且内容迥异的 11 本书，教育数学领域的现状历历在目. 这是一个开放求新的园地，一个蓬勃发展的领域. 在这里耕耘劳作的人们, 想的是教育, 做的是数学, 为教育而研究数学, 通过丰富发展数学而推进教育. 在这里大家都做自己想做的事, 提出新定义新概念, 建立新方法新体系, 发掘新问题新技巧, 寻求新思路新趣味, 凡此种种, 无不是为教育而做数学.

为教育而做数学, 做出了些结果, 出了这套书, 这仅仅是开始. 真正重要的是进入教材, 进入课堂, 产生实效, 让千千万万学子受益, 进而推动社会发展, 造福人类. 这才是作者们和出版者的大期望. 切望海内外同道者和不同道者指正批评, 相与切磋, 共求真知, 为数学教育的进步贡献力量.

张景中

2009 年 7 月

第二版前言

本书出版已有10年.10年里，本书重印8次，其间有机会与不少读者交流，并产生一些新的思路，包括在向量解题教学和基于向量解题的机器证明等多个方面，都取得了一些进展，可参看本书的参考文献.

书中大力推荐的向量解题的“回路法”，已为很多高中数学老师所熟知，时常在网络讨论和论文中出现，并被一些教材、教辅所采纳.作者对此感到欣慰.

本书初版，主要是偶尔发现向量回路在解题中很有用，若使用得当，能使得很多问题变得简单，而以往的研究好像对此还不够重视.

回头再看，初版过于突出回路，忽略了或尚未深入探索其他的向量解题方法.回路虽好，但也不能包打天下，向量解题还有很多好用的工具，譬如向量形式的定比分点公式及其变式，能高效解决一些问题.如果总从回路这一基础出发，题虽能解，但效率不够高.这一版对此做了修订，将向量运算中的一些常用性质进行总结归纳，同时也提出了一些新的想法和思路，供读者参考.

感谢杨春波、金晓亮、孙浩盛、李有贵、陈启航、曹亚云、钱刚等诸位老师.正是他们的帮助，使得本书更加完善.特别是李有贵和陈启航两位老师，他们提出了一些好的想法和案例，为本书增色不少.

读者对本书有任何疑问，欢迎来信（张景中邮箱地址：zjz2271@163.com，彭翕成邮箱地址：pxc417@126.com）批评指正.通常在3个工作日内，您可以得到回复.

张景中　彭翕成

2020年9月

第一版前言

向量进入高中数学教材已经好几年了．在上海，初中已开始学习向量．关于向量法，相关书籍和文章不少（陈胜利，2003；席振伟和张明，1984；张惠英等，2005；哈代，2004），讨论甚为热烈．

为体现向量方法的先进性和优越性，最有说服力的当然是举出用其解几何题的例子．各种教材里都有这样的例题和习题，期刊上发表的文章中有关向量解几何题的讨论更多．但仔细品味所见诸例的解法，却不免困惑：为何用向量解题往往比学生知道的其他方法更烦琐更笨拙？是否因为向量法过于高级，本不适合解初等几何问题（张景中和彭翕成，2008a，2008b，2009）？

正是这些例题及其解法，促使笔者对向量解题方法进行较深入的思考，并大胆将一得之见写成此书，以期抛砖引玉，为繁荣数学教学改革之讨论竭尽绵薄．

先看一个简单的例题．

【例 1】 如图 1，D 和 E 是 $\triangle ABC$ 的边 AB 和 AC 的中点，求

证：$\overrightarrow{BC}$与$\overrightarrow{DE}$共线，并将$\overrightarrow{DE}$用$\overrightarrow{BC}$线性表示．

某教材提供的证明：因为 D 和 E 是$\triangle ABC$ 的边 AB 和 AC 的中点，所以 $DE /\!/ BC$，即$\overrightarrow{BC}$与$\overrightarrow{DE}$共线．又 $DE=\frac{1}{2}BC$，且$\overrightarrow{DE}$与$\overrightarrow{BC}$同向，所以$\overrightarrow{DE}=\frac{1}{2}\overrightarrow{BC}$.

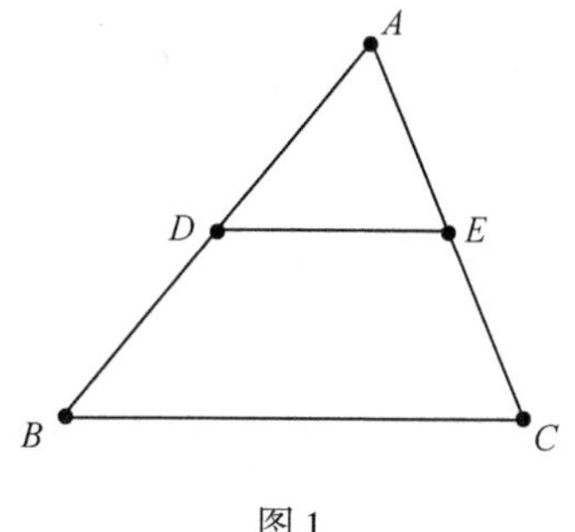

图 1

这种解法要求学生具备“三角形中位线定理”这一预备知识；更让人不解的是，向量在这里根本没起到任何作用，仅仅用来解释平面几何中已学过的知识，纯粹是“为向量而向量”．既然学生已经学习了向量的加法，就直接写出

$$\overrightarrow{DE}=\overrightarrow{DA}+\overrightarrow{AE}=\frac{1}{2}\overrightarrow{BA}+\frac{1}{2}\overrightarrow{AC}=\frac{1}{2}(\overrightarrow{BA}+\overrightarrow{AC})=\frac{1}{2}\overrightarrow{BC},$$

岂不痛快？

此式虽短短一行，却包含了 4 个等式，有丰富的内容．其中第一个等式$\overrightarrow{DE}=\overrightarrow{DA}+\overrightarrow{AE}$用了向量相加的首尾衔接法，写出这样的等式不必看图，只看字母即可；第二个等式 $\overrightarrow{DA}+\overrightarrow{AE}=\frac{1}{2}\overrightarrow{BA}+\frac{1}{2}\overrightarrow{AC}$用了题设的中点条件和数乘向量的几何意义；第三个等式$\frac{1}{2}\overrightarrow{BA}+\frac{1}{2}\overrightarrow{AC}=\frac{1}{2}(\overrightarrow{BA}+\overrightarrow{AC})$用了数乘向量对向量加法的分配律；最后的等式$\frac{1}{2}(\overrightarrow{BA}+\overrightarrow{AC})=\frac{1}{2}\overrightarrow{BC}$又一次用到向量相加的首尾衔接

法. 几个等式串联，不仅回答了问题，而且简洁严谨地给出了三角形中位线定理的向量证法.

引导学生使用这样的向量解题方法，既复习了向量基本知识，又体现了向量作为数学语言的简洁性和丰富的表现能力.

一行算式，两次用到向量相加的首尾衔接法. 几个向量首尾衔接构成一个圈，即它们的和等于零向量. 在解题过程中利用这个等式或与它等价的等式，就叫作回路法. 适当选择回路，是向量解题的基本手法. 这也是本书书名的由来（彭翕成，2008a，2008b，2011b，2014c）.

【例2】 如图1，$\triangle ABC$ 中，过 AB 边上中点 D 作 BC 的平行线交 AC 于点 E，求证：点 E 是 AC 中点.

某杂志上一篇文章提供的证明：设 $\overrightarrow{AB}=\boldsymbol{a}$，$\overrightarrow{AC}=\boldsymbol{b}$，则 $\overrightarrow{BC}=\boldsymbol{b}-\boldsymbol{a}$，由于 $\overrightarrow{AE}$ 与 $\overrightarrow{AC}$ 共线，所以存在实数 λ，使得

$$\overrightarrow{AE}=\lambda\boldsymbol{b};\qquad(1)$$

又 $DE/\!/BC$，所以存在实数 μ，使得 $\overrightarrow{DE}=\mu(\boldsymbol{b}-\boldsymbol{a})$；在 $\triangle ADE$ 中，有

$$\overrightarrow{AE}=\overrightarrow{AD}+\overrightarrow{DE}=\frac{1}{2}\boldsymbol{a}+\mu(\boldsymbol{b}-\boldsymbol{a})=(\frac{1}{2}-\mu)\boldsymbol{a}+\mu\boldsymbol{b};\qquad(2)$$

比较（1）式和（2）式，有 $\frac{1}{2}-\mu=0$，$\lambda=\mu$，所以 $\lambda=\frac{1}{2}$.

此题用综合几何的证法并不难. 由 $DE/\!/BC$ 得 $\frac{AE}{EC}=\frac{AD}{DB}=1$，所以点 E 是 AC 中点. 如果我们先学了综合几何，再看这样的解答，只会得出向量法不如综合几何证法的结论.

例 1 和例 2 可看作是姐妹题，解法相通而不尽相同. 如图有

$$\overrightarrow{AC}+\overrightarrow{CB}=\overrightarrow{AB}=2\overrightarrow{AD}=2(\overrightarrow{AE}+\overrightarrow{ED})=2\overrightarrow{AE}+2\overrightarrow{ED},$$

根据平面向量基本定理得 $\overrightarrow{AC}=2\overrightarrow{AE}$，顺便得到 $\overrightarrow{CB}=2\overrightarrow{ED}$. 即 E 点是 AC 中点，且 ED 为 BC 之半.

在上述推导中两次使用回路. 但最终解决问题，却用到了平

面向量基本定理：如果 $\boldsymbol{e}_1$ 和 $\boldsymbol{e}_2$ 是平面上两个不共线的向量，则对于平面上任一向量 $\boldsymbol{a}$，存在唯一的一对实数 λ_1 和 λ_2，使得 $\boldsymbol{a}=\lambda_1\boldsymbol{e}_1+\lambda_2\boldsymbol{e}_2$.

这条基本定理的重要前提是 $\boldsymbol{e}_1$ 和 $\boldsymbol{e}_2$ 不共线，而结论有两点：一是存在一对实数 λ_1 和 λ_2，使得 $\boldsymbol{a}=\lambda_1\boldsymbol{e}_1+\lambda_2\boldsymbol{e}_2$；二是这对实数是唯一的．

这唯一性是说：若 $\boldsymbol{a}=\lambda_1\boldsymbol{e}_1+\lambda_2\boldsymbol{e}_2=k_1\boldsymbol{e}_1+k_2\boldsymbol{e}_2$，则必有 $\lambda_1=k_1$，$\lambda_2=k_2$. 在解题中常常用到的这个唯一性，看似新事物，但仔细一琢磨不过是向量共线概念的直接推论．事实上，因为 $(\lambda_1-k_1)\boldsymbol{e}_1=(k_2-\lambda_2)\boldsymbol{e}_2$，而 $\boldsymbol{e}_1$ 和 $\boldsymbol{e}_2$ 不共线，两端必然都是零向量，从而两端的系数都是0，必有 $\lambda_1=k_1$，$\lambda_2=k_2$. 如果简明一点可以这样说，若向量 $\boldsymbol{a}$ 和 $\boldsymbol{b}$ 共线且 $\boldsymbol{c}$ 和 $\boldsymbol{d}$ 共线，但 $\boldsymbol{a}$ 和 $\boldsymbol{c}$ 不共线，则从 $\boldsymbol{a}+\boldsymbol{c}=\boldsymbol{b}+\boldsymbol{d}$ 可推出 $\boldsymbol{a}=\boldsymbol{b}$ 和 $\boldsymbol{c}=\boldsymbol{d}$. 这种由一个等式获取两个等式的法则，在解题中带来的好处是不言而喻的(如果是空间向量，则可以从一个等式获取三个等式)．其实质相当于从两点重合推出其坐标分别相等，或从两个复数相等推出其实部和虚部分别相等．因此，用向量解题具有坐标解题的优点，却无坐标写法的烦琐．

例 2 原解之所以复杂，很大原因就是随意“设$\overrightarrow{AB}=\boldsymbol{a}$”，认为这样作能够简化运算．表面看来简化了，但它同时也掩盖了图形的性质，使之与其他向量失去了联系．以最简单的例子来说，在 $\triangle ABC$ 中，设$\overrightarrow{AB}=\boldsymbol{a}$，$\overrightarrow{BC}=\boldsymbol{b}$，$\overrightarrow{CA}=\boldsymbol{c}$，那么通过 $\boldsymbol{a}$，$\boldsymbol{b}$，$\boldsymbol{c}$ 就很难看出$\overrightarrow{AB}+\overrightarrow{BC}+\overrightarrow{CA}=\boldsymbol{0}$ 这个首尾衔接的几何关系．更何况，最终还要将 $\boldsymbol{a}$，$\boldsymbol{b}$，$\boldsymbol{c}$ 还原成$\overrightarrow{AB}$，$\overrightarrow{BC}$，$\overrightarrow{CA}$，又得花一次工夫．再者“设$\overrightarrow{AB}=\boldsymbol{a}$”后，记号成倍增加，更让一些基础较差的学生感到难以掌握．

【例 3】 如图 2，求证梯形 $ABCD$ 的两对角线的中点的连线平行底边且等于两底差的一半．

某杂志上面一篇文章提供的下述解答足以说明“设$\overrightarrow{AB}=\boldsymbol{a}$”

带来的复杂性.

证明 设 $DC=kAB$，$\overrightarrow{AB}=\boldsymbol{a}$，$\overrightarrow{AD}=\boldsymbol{b}$；于是

$$\overrightarrow{MN}=\overrightarrow{AN}-\overrightarrow{AM}=\frac{1}{2}(\boldsymbol{a}+\boldsymbol{b})-\frac{1}{2}\overrightarrow{AC}$$

$$=\frac{1}{2}(\boldsymbol{a}+\boldsymbol{b})-\frac{1}{2}(k\boldsymbol{a}+\boldsymbol{b})=\frac{1}{2}(1-k)\boldsymbol{a},$$

所以$\overrightarrow{MN}/\!/\boldsymbol{a}$，即 $AB/\!/CD/\!/MN$，且

$$|\overrightarrow{MN}|=\left|\frac{1}{2}(1-k)\boldsymbol{a}\right|=\left|\frac{1}{2}\boldsymbol{a}\right|-\left|\frac{1}{2}k\boldsymbol{a}\right|=\frac{AB-CD}{2}.$$

若不另设字母，直接用回路法可得

$$\overrightarrow{AB}+\overrightarrow{CD}=(\overrightarrow{AM}+\overrightarrow{MN}+\overrightarrow{NB})+(\overrightarrow{CM}+\overrightarrow{MN}+\overrightarrow{ND})=2\,\overrightarrow{MN}.$$

由 $AB/\!/CD$ 得 $AB/\!/CD/\!/MN$，所以 $MN=\dfrac{AB-DC}{2}$.

对比可知，不“设$\overrightarrow{AB}=\boldsymbol{a}$”，不但过程要简洁一些，而且思路更加清晰.

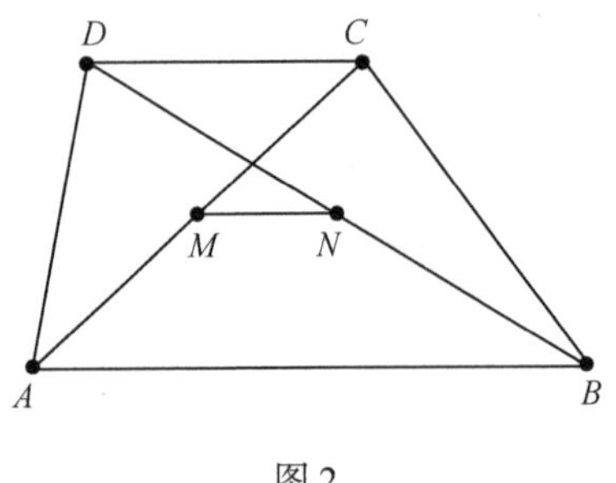

图2

求证三角形三条中线交于一点是比较基础的题目．向量法解题的资料中，此题出现频率很高，某教材提供的下述证明颇具代表性.

【例4】 如图3，已知 N，D，M 分别是 AB，BC，CA 的中点，求证：AD，BM，CN 交于一点.

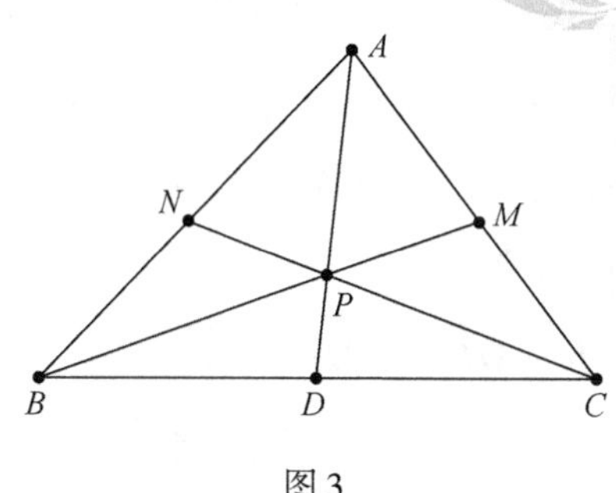

图3

证明 在 BM 上取点 G_1，使得$\overrightarrow{BG_1}=\frac{2}{3}\overrightarrow{BM}$；再在平面上任取点 O，则$\overrightarrow{OG_1}=\frac{1}{3}\overrightarrow{OB}+\frac{2}{3}\overrightarrow{OM}=\frac{1}{3}\overrightarrow{OB}+\frac{2}{3}\left(\frac{1}{2}\overrightarrow{OA}+\frac{1}{2}\overrightarrow{OC}\right)=\frac{1}{3}(\overrightarrow{OA}+\overrightarrow{OB}+\overrightarrow{OC})$；再在 CN 上取点 G_2，使得$\overrightarrow{CG_2}=\frac{2}{3}\overrightarrow{CN}$；在 AD 上取点 G_3，$\overrightarrow{AG_3}=\frac{2}{3}\overrightarrow{AD}$；可得$\overrightarrow{OG_2}=\frac{1}{3}(\overrightarrow{OA}+\overrightarrow{OB}+\overrightarrow{OC})$，$\overrightarrow{OG_3}=\frac{1}{3}(\overrightarrow{OA}+\overrightarrow{OB}+\overrightarrow{OC})$，所以$\overrightarrow{OG_1}=\overrightarrow{OG_2}=\overrightarrow{OG_3}$，即 G_1，G_2，G_3 重合，所以三中线交于一点．

这一证明用到了重心分中线 2∶1 的性质，否则证明还要长一些．其思想和坐标法本质上一样，在表达形式上比坐标法稍微简便，表现在一个点用一个字母表示，比用横、纵坐标表示更方便．

上述的证明让一些中学老师产生疑惑：既然向量法和坐标法没有本质区别，为什么既要学坐标法还要学向量法，这不是增加学生负担吗?

可能看了以下证法之后，就会发现向量回路解题的独特之处了．

另证1 如图 3，设中线 BM 和 CN 交于点 P，连接 AP，则

$\overrightarrow{BP}+\overrightarrow{PC}=\overrightarrow{BA}+\overrightarrow{AC}=2(\overrightarrow{NA}+\overrightarrow{AM})=2(\overrightarrow{NP}+\overrightarrow{PM})$，根据平面向量基本定理得 $\overrightarrow{BP}=2\overrightarrow{PM}$，$\overrightarrow{AP}=\overrightarrow{AC}+\overrightarrow{CB}+\overrightarrow{BP}=2(\overrightarrow{PM}+\overrightarrow{MC}+\overrightarrow{CD})=2\overrightarrow{PD}$；即 A，P，D 三点共线，且点 P 分三中线的线段比都为2∶1.

另证 2 用递等式表述：

$$\overrightarrow{AP}=\overrightarrow{AM}+\overrightarrow{MP}=\overrightarrow{MC}+\overrightarrow{MP}=2\overrightarrow{MP}+\overrightarrow{PC}$$

$$=2\overrightarrow{NP}+\overrightarrow{PB}\ (\text{最后一步与前同理})$$

$$=\overrightarrow{PC}+\overrightarrow{PB}=\overrightarrow{PD}+\overrightarrow{DC}+\overrightarrow{PD}+\overrightarrow{DB}$$

$$=2\overrightarrow{PD}\ (\text{用基本定理有}2\overrightarrow{NP}=\overrightarrow{PC}).$$

关于三角形三中线共点的向量证法，不仅教材编者重视，也受刊物青睐．一个在数学教师中有一定威望的期刊，曾在一年内发两篇文章讨论这个问题，提供的解法均较烦琐．比起前面三个例子，此题难点在于结论涉及两线段交点，而交点分线段之比未知．在解析几何中求交点相当于解联立方程，解题人思路往往被导向解方程，以致走向弯路．向量法处理涉及交点的问题，其诀窍在于从一个涉及解题目标的回路等式出发，利用题设条件和回路等式代换尽量把等式中的向量都化到相交的线段上，从而应用基本定理获取关键信息．心中只要有了这个主见，绝大多数问题无不迎刃而解．

笔者在此无意否定坐标法，也不是说向量法就一定比坐标法更先进．而是要说明：既然教材引入了向量法，所谓用人用其长处，那我们就要把向量的特点充分发挥出来，而不是穿新鞋走老路．

接下来的例 5 在综合几何中，本是一道极常见的题目，根本不值得一提．随便找一个学过三角形相似的初中生就能轻松做出来．但就是这样一道题，却在高中的向量教学中，掀起了波澜．多个版本的高中数学教材都选用了此题，或作例题或为习题．

【例 5】 如图 4，在平行四边形 $ABCD$ 中 E 和 F 分别为 AD 和 CD 中点，连接 BE 和 BF 交 AC 于点 R 和 T，求证 R 和 T 分别为 AC 的三等分点．

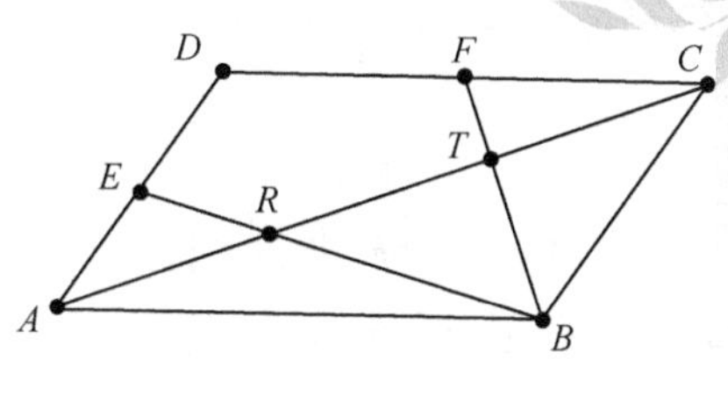

图 4

证明 第一步，建立平面几何与向量的关系，用向量表示问题中的几何元素，将平面几何问题转化成向量问题：设$\overrightarrow{AB}=\boldsymbol{a}$，$\overrightarrow{AD}=\boldsymbol{b}$，$\overrightarrow{AR}=\boldsymbol{r}$，$\overrightarrow{AT}=\boldsymbol{t}$，则$\overrightarrow{AC}=\boldsymbol{a}+\boldsymbol{b}$.

第二步，通过向量运算，研究几何元素之间的关系：由于$\overrightarrow{AR}$与$\overrightarrow{AC}$共线，所以，我们设$\boldsymbol{r}=n(\boldsymbol{a}+\boldsymbol{b})$，$n\in\mathbf{R}$，又因为$\overrightarrow{EB}=\overrightarrow{AB}-\overrightarrow{AE}=\boldsymbol{a}-\frac{1}{2}\boldsymbol{b}$，$\overrightarrow{ER}$与$\overrightarrow{EB}$共线，所以我们设$\overrightarrow{ER}=m\,\overrightarrow{EB}=m\left(\boldsymbol{a}-\frac{1}{2}\boldsymbol{b}\right)$. 因为$\overrightarrow{AR}=\overrightarrow{AE}+\overrightarrow{ER}$，所以 $\boldsymbol{r}=\frac{1}{2}\boldsymbol{b}+m\left(\boldsymbol{a}-\frac{1}{2}\boldsymbol{b}\right)$. 因此 $n(\boldsymbol{a}+\boldsymbol{b})=\frac{1}{2}\boldsymbol{b}+m\left(\boldsymbol{a}-\frac{1}{2}\boldsymbol{b}\right)$，即

$$(n-m)\boldsymbol{a}+\left(n+\frac{m-1}{2}\right)\boldsymbol{b}=\mathbf{0}.$$

由于向量 $\boldsymbol{a}$ 和 $\boldsymbol{b}$ 不共线，要使得上式为 $\mathbf{0}$，必须

$$\begin{cases}n-m=0,\\ n+\dfrac{m-1}{2}=0.\end{cases}$$

解得 $n=m=\frac{1}{3}$. 所以$\overrightarrow{AR}=\frac{1}{3}\overrightarrow{AC}$，$\overrightarrow{AT}=\frac{2}{3}\overrightarrow{AC}$.

第三步，把运算结果“翻译”成几何关系：$AR=RT=TC$.

以上证明抄自某教材，未作改动.

初中生很容易解答的题目（易证$\triangle ATB\sim\triangle CTF$，从而$\frac{AT}{CT}=$

$\frac{AB}{CF}=2$)，到了高中反而越来越复杂了．教科书直接影响了教师的思维，一位老师专门对此题作了探究，发表的文章中总结了五种解法，都较烦琐．这样的向量法证明给不少老师带来了疑惑，他们在教学中不知道如何向学生解释课标中所谓的“向量法的先进性”！

能否利用向量法非常简单地证明此题呢？证法是有的．另证：由题意得$\overrightarrow{AT}+\overrightarrow{TB}=\overrightarrow{AB}=\overrightarrow{DC}=2\ \overrightarrow{FC}=2\ \overrightarrow{FT}+2\ \overrightarrow{TC}$. 根据平面向量基本定理得$\overrightarrow{AT}=2\ \overrightarrow{TC}$，故点 T 为 AC 的三等分点．同理点 R 为 AC 的三等分点．

此证法的思路体现了前述处理交点问题的诀窍：从涉及解题目标$\overrightarrow{AT}$的回路等式$\overrightarrow{AT}+\overrightarrow{TB}=\overrightarrow{AB}$出发，把其中不在相交线段上的向量$\overrightarrow{AB}$化到相交线段上，问题就解决了．

从这里可看出，不是向量法本身有问题，而是没有正确使用向量法来解题．向量具有几何形式和代数形式的“双重身份”，这也是将向量引入中学教材的一个重要原因．若不能超脱坐标情结和方程情结，过于注重其代数形式，忽视了几何形式，以致运用向量法解题时，与代数中的解应用题方法(设未知数，列方程)基本相同，将几何问题转化为方程组求解，其中包括大量运算，自然较为烦琐．

一些资料将向量解题总结为“三部曲”：①向量表示（把几何问题中的点、直线、平面等元素用向量表示)；②向量运算(针对几何问题，进行向量运算)；③回归几何（对向量运算结果作出几何意义上的解释）．

这一总结是一个大的指导方针，从理论上来说，没有问题．上面诸例中简洁的向量解法，仔细分析起来无非也是这“三部曲”．在实际操作的时候，无须死守套路，完全可以根据几何意义列出等式，计算与图形融为一体；关键之处就在于领会向量几何，其运算不仅仅是数的运算，还包括图形的运算，这是向量法解题的特点．而把向量化到相交线段上，实质也是在寻求一对有效的坐标标架．

正如陈昌平、张奠宙等诸位先生所说：向量和几何的融合，已是不可阻挡的潮流．向量解题引入教材，是必然，也是好事：一方面能够使很多的知识贯穿起来，成为系列；另一方面也有利于学生进一步学习高等数学．

但从目前的情况来看，如何编写向量法的教材，如何进行向量法的教学和解题，还很值得研究．单墫教授认为，同一个数学问题的不同解法，可以有美丑之分．简洁明快是一种数学美．在数学解题教学中，当然应当引导学生寻求更完美的解题方法．从上面的例子看，向量解题方法朝着更完美的目标提升，还有很大空间．何时这空间变得狭窄了，教材上或期刊上这些烦琐的解题方法稀少了，老师、学生们对向量解题的优越性心服口服了，本书也就无用了．

多数作者希望写出不朽的作品，笔者却愿本书速朽．

本书题目很多，收集、整理、排列，虽费了不少工夫，仍不敢说没有错漏之处，欢迎来信批评指正．

本书出版获国家自然科学基金（编号：60903023）和高等学校博士点专项科研基金（编号：200805111011）资助．

张景中

2010 年 6 月

目 录

第1章 漫谈向量

1.1　向量和标量

在日常生活中，我们会接触到各种各样的量，这些量可分为两类．一类量在取定基本单位后，只用一个实数就可以表示出来，例如长度、面积、温度、质量等，这样的量称为标量或是数量．还有一类量，除了有大小外，还有方向，通常把这种既有大小又有方向的量叫作向量或矢量，例如速度、加速度、力、位移以及电场强度、磁感应强度等都是向量．

凡事从最简单的情形开始想，就容易理解．数轴上的有向线段，也是有大小有方向的，也是向量．尽管只有两个方向，总不能说没有方向吧？有向线段的终点坐标减去起点坐标，得到一个实数，实数的绝对值就是它的大小，实数的符号表示它的方向．这样看，实数也是向量，叫一维向量．标量和向量的划分是物理和工程中的概念．数学中严谨地说，标量也是向量，只是维数不够高而已．

从有向线段出发考虑，便会看到：向量的相等、向量的加法、向量的数乘、向量的模等等，都保持了有向线段原来的性质．

向量又可分为两种．

当某个向量被确定之后，它的大小和方向随之确定．反之，当向量的大小与方向都给定之后，是否能完全确定它的位置呢？不是的，因为向量的起点尚未确定，只有再确定起点（或终点）的位置，它才能真正确定下来．譬如物理学中的力，除了大小、方向之外，还要考虑作用点．通常把这种对大小、方向和起点都确定的向量称为固定向量．

还有一类向量（如位移、速度等），只关心大小和方向，根本不考虑起点位置．通常把这种大小、方向确定，起点不确定的向量称为自由向量．也就是说，凡是大小相等、方向相同的向量，我们都可以将之看作是相等的向量．

中学教学中谈起向量，关心的是向量起点、终点的相对位置，并不太关心向量起点的绝对位置．原因何在？因为向量平移满足自反性、对称性、传递性，即满足等价类的要求．在等价类中，所有向量是可以看作彼此不加区分的，即类中任一向量都有资格派出作为代表．如果硬是要用起始点将等价类中的各个向量加以区分，那么向量之间的相互转化就成了麻烦，向量的运算将成为空谈．

举个简单例子吧．军训时，教官让学员向前五步走．虽然每个学员的初始位置不相同，但他们的位移是一样的．如果限定起点的话，那么教官要对每一个学员分别下命令，多麻烦啊！

本书所讨论的向量均指自由向量．数学里提到向量，如果没有特别说明，均指自由向量．

1.2 向量小史

向量最早出现在物理学中，其起源与发展主要有三条线索：物理学中的速度和力的平行四边形法则、复数的几何表示和位置几何．

早在公元前350年前，古希腊学者亚里士多德（Aristotle）在进行力学研究时发现：作用在物体同一点上的两个力，其实际效果不是两个力大小的简单相加，而是遵循平行四边形法则．

如图1-1，假设有两个力 F_1 和 F_2 同时作用在物体的 A 点，F_1 和

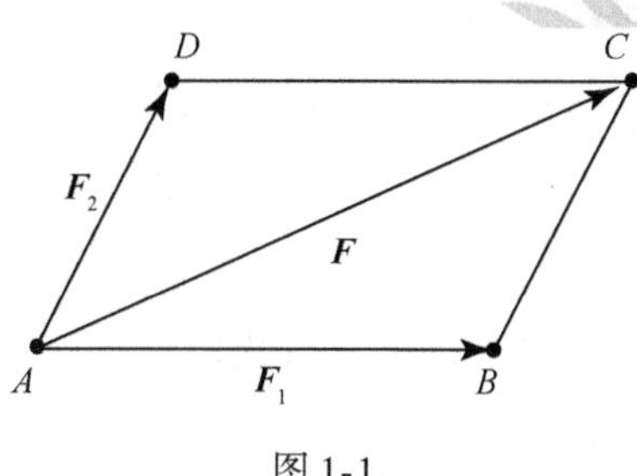

图 1-1

F_2 的方向分别为从 A 至 B 和从 A 至 D，F_1 和 F_2 的大小分别等于 AB 和 AD 的长度，若以 AB 和 AD 为邻边作平行四边形 $ABCD$，则对角线 $\overrightarrow{AC}$ 表示力 F_1 和 F_2 的合力的大小与方向．这就是平行四边形法则，也就是向量的加法 $\overrightarrow{AB}+\overrightarrow{AD}=\overrightarrow{AC}$. 根据平行四边形对边平行且相等的性质，可得 $\overrightarrow{AB}+\overrightarrow{BC}=\overrightarrow{AC}$，此称为向量的三角形法则．

对于三角形法则，我们可以这样理解：甲、乙二人刚开始都在 A 位置，乙直接来到 C 位置，而甲却先到 B 位置办事，然后赶往 C 位置与乙会合．二人行走路线虽不同，但从效果上来看，都是从 A 到了 C. 中国古代数学名著《九章算术》（《九章算术》成书于何时众说纷纭，多数认为在公元一世纪前后）中就有这么一题：“今有二人同所立．甲行率七，乙行率三．乙东行，甲南行十步而邪（通斜）东北与乙会．问甲乙行各几何?”原解答是用勾股定理，而我们也可以利用“效果相等”来列方程解答，这暗示向量法和三角形问题有着天然联系．

进一步地，可以将三角形法则拓展到多边形法则：$\overrightarrow{AB_1}+\overrightarrow{B_1B_2}+\cdots+\overrightarrow{B_nC}=\overrightarrow{AC}$. 关注初始状态和最终状态，中间的过程不影响等式的成立，这就给了我们发挥的空间．而这也正是本书中将要反复使用的向量回路．

向量与平行四边形有着如此天然的联系．联系平行四边形对理解向量的性质有很大的帮助．例如在图 1-1 中，$\overrightarrow{AC}=\overrightarrow{AB}+\overrightarrow{BC}=\overrightarrow{AD}+\overrightarrow{DC}$，是不是暗示向量加法满足交换律呢？进一步思考，是不是其中还暗藏着平面向量的基本定理呢？另外，也提示我们用向量法解平行四边形问题有着独特的优势．

向量的平行四边形法则是如此重要，以至于有人提议向量应该如下定义：既有大小又有方向，且满足平行四边形法则的量叫作向量．理由是：数学中给出一个定义之后，一定能够推导出被定义对象的种种性质．例如，由平行四边形的定义——有两组对边分别平行的四边形，则可推出两组对边分别相等，对角线互相平分等性质．如果仅仅以“有大小和方向的量就是向量”作为向量的定义的话，如何能够推导出平行四边形法则？

向量的起源虽早，但发展却很缓慢．从数学发展史来看，发现向量的平行四边形法则之后的两千多年中，向量理论几乎没什么发展，直到复数的几何解释的出现才改变了这一状况．在这两千多年中，不少数学家都曾经使用过向量的平行四边形法则解决问题，譬如海伦(Heron)、伽利略（Galileo)、牛顿（Newton）等．

向量能够进入数学并得到发展，首先应从复数的几何表示谈起. 1797 年，挪威数学家维塞尔（Wessel）提出了复数的几何解释．如图 1-2建立坐标平面，对于每一个复数 $z=a+b\mathrm{i}$ 都可以在平面上找到点 $Z(a, b)$，而以 O 为起点 Z 为终点的有向线段$\overrightarrow{OZ}$称为 $z=a+b\mathrm{i}$ 的对应向量．复数的几何表示就是：任一复数都可以与复平面上的一个点或一个向量（以坐标原点为起点）一一对应．数学王子高斯（Gauss）在这方面做出过贡献，以至于人们常常把这样的平面称为高斯复平面．

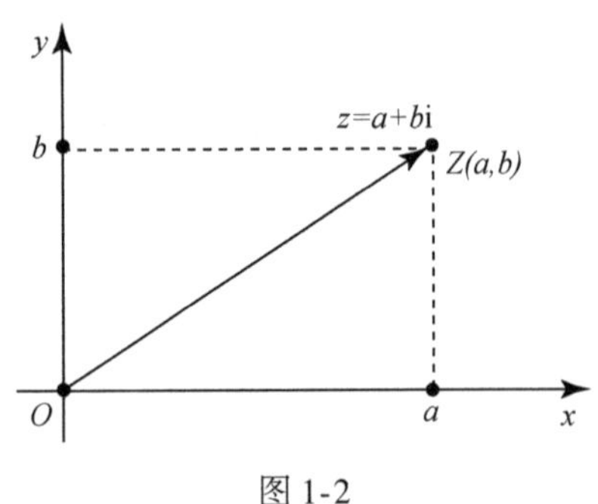

图 1-2

复数的几何表示的提出，既使得“虚幻”的复数有了实际的模型，不再虚幻；又使得人们在逐步接受复数的同时，学会利用复数来表示和研究平面中的向量，向量从此得到发展．复数使向量代数化，但复数所能描述的向量只能是2维的，而人类所生存的空间是3维的．于是人们开始寻找“3维复数”，但始终没有找到．直到1843年，英国数学家哈密顿（Hamilton）舍弃了乘法交换律，创造了所谓的“四元数”．再到后来，数学家们将向量作为一门独立的数学分支进行研究，使向量的运算从最基本的平行四边形法则扩展到内积和外积，向量的存在空间也从平面到空间，再到现实世界中并不存在的 n 维空间．由于四元数以及其后的发展与中学所讲向量并无太大关系，本书在此略过．

位置几何是向量理论的又一个重要思想源泉，下面给出简略介绍，希冀有助于帮助读者理解向量．微积分的创始人之一莱布尼茨（Leibniz）试图创造一种新的几何学：位置几何．但他只给出了一个框架．莱布尼茨在1679年9月8日写给惠更斯（Huygens）的一封信中阐述了他对位置几何的看法：“我已经发现了一些完全不同的有新特点的元素，即使在没有任何图形的情况下，它也能有利于表达思想、表达事物的本质．代数仅仅能表达未定的数或量值，不能直接表达位置、角度和运动．因此，利用代数运算来分析一个图形的特点是很困难的，即使利用完整的代数运算，去寻找方便的几何证明和构造更为困难．我的这个新系统能紧跟可见的图形，以一种自然的、分析的方式，通过一个确定的程序同时给出解、构造和几何的证明．但是它的主要价值存在于可操作的推理中，存在于利用它的特点通过运算能得出的结论中．这个特点在图形里不能表达出来．它不需要大量的乘法，不需要添加令人困惑的太多的点和线．相比而言，这种新方法确实能指导我们，使我们不用费力．我相信通过这个方法，人们可以像处理几何一样处理力学，甚至检验材料的质量，因为这些对象能注意到的部分通常取决于某些图形．最终，如果我们已经发现了一些这样简便的方法去减轻创造力的负担，我们可能会在物理中得到更多的结果”．

莱布尼茨虽然看到了他所设想的新代数将在数学和物理上有许多应用，但可惜的是他没有为此而创造出一种实际有效的方法．之后，德国数学家格拉斯曼（Grassmann）的工作把莱布尼茨构思的系统的几何特征带到现实中来，从而表明莱布尼茨的思想并不是一个梦！其实，格拉斯曼在听说莱布尼茨的思想之前就已经创造了类似的一个系统，他与莱布尼茨的目的总体来说是相同的，他们都想通过固定的法则去建立一个方便计算或操作的符号体系，并由此演绎出用符号表达的事物的正确命题．而且，他们也都希望发现一个同时具有分析和综合特点的几何，而不像欧几里得几何与笛卡儿（Descartes）几何那样分别只具有综合的与分析的特点．如今的向量几何，其运算不仅仅是数的运算，还包括图形的运算；向量解题在一定程度上摆脱了辅助线．

以上向量的历史，部分引自博士论文《向量理论历史研究》（孙庆华，2006），对此有兴趣的读者可查阅原文．

1.3 向量名词的演变

向量这一术语最早为英国数学家哈密顿使用，他也是第一个用“向量（vector）”表示有向线段的数学家．“vector”的词根源自拉丁词“vehere”，意思是“携带”（这个拉丁词的过去分词是 vectus），其含义隐含着将某物从此处带到彼处的意思．向量在中国的传播过程中，曾有过多种译法，譬如有向数、有向量、方向量等．时至今日，一般物理学界称之为矢量，数学界称之为向量．

有文章花费大量篇幅来论述向量与矢量的区别．但在我们看来，向量和矢量是同一个事物的不同名称，两者之间的区别要小于母亲和妈妈的区别．下面这篇短文就讲述了术语的变迁（朱照宣，2008）．

矢量就是向量

（朱照宣）

Vector，物理界叫“矢量”，数学界叫“向量”．能不能统一？网上甚至有人问，两者在含义上是否有所差别？其实，在历史上，数学界曾把 vector 定名为“矢量”，而物理界曾把它定名为“向量”．后来，可能是为了尊重对方，却对换了一下，数学用向量，物理用矢量．在20世纪90年代初，全国自然科学名词审定委员会为此（vector）召开会议，想协调双方，由主任钱三强亲自主持．我曾戏称这是个“一字会”．当时的情况是，学科有分支，术语有派生，犹如家族有后裔．祖宗互相谦让，但子孙繁多，已无法协调．钱先生在会上没有说倾向于哪方面的话．矢量、向量的分歧，一直维持到今天．力学这学科，和数学、物理同样有“亲”，力学中vector用什么？当年我在“一字会”后还有情绪，埋怨钱先生作为领导“不表态”．过了好些年，才懂得这类事，最多只能因势利导，不能靠行政命令或专家拍板．事实上，台湾物理界至今用的还是“向量”．

术语，“审定”已难，“统一”（统到一个）更不易．讲句笑话，连“术语”自身不是又称“名词”吗？协商而得统一的也有，物理界对stress和strain的定名由原来的“胁强”“胁变”，改为和力学界、工程界一致的“应力”“应变”，阻力不大．得不到统一的则很多．比如loading，土木建筑界用“荷载”，航空界用“载荷”，还有用“负载”的．中学物理教科书中强调“压力”“压强”的不同，而市场上测压强的仪表大多标明“压力表”．

力学原是物理学的一部分．最早正式公布的有关术语规范是清政府学部的《物理学语汇》（1908年）．整整100年了，矢量、向量并用，未见统一．100年对于vector定名的过程、来龙去脉、哪些专家参与、各自的理由，作为专题调研，可另写出一篇不短的报告．这里我只是借此说明，术语工作不可缺，但也急不得．

1.4　n维向量

有些人对n维是感到畏惧的，哪怕进入大学之后，仍然如此．而n维空间、n维向量又是线性代数的核心基础，是必须要掌握的．

下面三则案例取自生活中极常见的例子，应该可以起到帮助大家理解的作用．

【例 1.1】 一个老板有 A，B 两家连锁店，卖的是同样的 n 种商品，则 A 商店商品存货数量构成一个 n 维向量：$\boldsymbol{a}=(a_1, a_2, \cdots, a_n)$，而 B 商店商品存货数量也构成一个 n 维向量：$\boldsymbol{b}=(b_1, b_2, \cdots, b_n)$，则该老板所存货物总量为 $\boldsymbol{a}+\boldsymbol{b}=(a_1, a_2, \cdots, a_n)+(b_1, b_2, \cdots, b_n)=(a_1+b_1, a_2+b_2, \cdots, a_n+b_n)$.

【例 1.2】 某公司招聘，总共提出了 n 项要求，并对各项要求进行了量化．如果将这 n 项要求按照一定顺序排好，则构成了一个 n 维向量：$\boldsymbol{a}=(a_1, a_2, \cdots, a_n)$；应聘者经过考核，所得结果也按同样顺序排列，也构成了一个 n 维向量：$\boldsymbol{b}=(b_1, b_2, \cdots, b_n)$，那么我们可以用 $\boldsymbol{d}=|\boldsymbol{a}-\boldsymbol{b}|=\sqrt{(a_1-b_1)^2+(a_2-b_2)^2+\cdots+(a_n-b_n)^2}$ 来表示该应聘者与公司要求的差距，差距越小，表示越接近于公司的要求．

【例 1.3】 超市有 n 种商品，我们可以把商品按照单价进行排序，这就构成了一个 n 维向量：$\boldsymbol{a}=(a_1, a_2, \cdots, a_n)$；假设单价为 a_i 的商品，某顾客买了 b_i 件，未买物品记为 0，则该顾客购买各种商品的数量，也构成了一个 n 维向量：$\boldsymbol{b}=(b_1, b_2, \cdots, b_n)$，那么顾客应向超市付款额就是两个向量的数量积：$\boldsymbol{a}\cdot\boldsymbol{b}=(a_1, a_2, \cdots, a_n)\cdot(b_1, b_2, \cdots, b_n)=a_1b_1+a_2b_2+\cdots+a_nb_n$. 现在超市收银台的电脑程序就是如此设计的．

不过，作者的这一担心可能是多余的．随着数学的不断普及，有些专业术语已经进入我们的生活了．不是吗！刚才从食堂打饭回来的小王还说：今天食堂 n 多的人，排了 n 久的队！

在近代和现代的数学中，提出了“向量空间”的严谨理论．若在一个集合 V 上定义了可交换、可结合且可逆的“加法”，又定义了实数与 V 中元素的“乘法”，并且“乘法”对“加法”满足分配律，就说 V 在这样的运算之下形成一个“向量空间”，它的每个元素叫作一个向量．仅仅含有实数 0 的集合，在通常的加法和乘法之下形成一个向量空间，叫作 0 维向量空间，这是最小的向量空间；一条直线上所有的有向线段，形成一个 1 维向量空间；中学里学习的平面向量，形成 2 维向量空间；空间向量形成 3 维向量空间．按此定义，一个区间上的所有常数函数和一次函数，也形成2维向量空间；一个区间上的所有常数函数、一次函数和2次函数，形成3维向量空间．一个区间上的所有多项式函数，则形成无穷维的向量空间．

1.5 大学数学视角下的向量

什么是向量？

按照中学课本的说法，有大小有方向的量就是向量．

那么有向角和有向面积是向量吗？可定义逆时针为正，顺时针为负，也有大小、有方向．物理中的电流是向量吗？也有大小、有方向．

这三个量的运算都不满足平行四边形法则，而是简单的代数运算．

所以，“有大小有方向的量就是向量”这样的定义，值得商榷，因为无法从中获得足够的信息，来区分向量与非向量．

也许我们需要从其他地方来获取一点启发．

桌上摆着一个棋盘，上面画满了横竖的方格，旁边还放着黑白棋子，那一定是在下围棋吗？不一定，也许是在下五子棋．类似情形还有不少．譬如人们在中国象棋传统下法的基础上，又开创了新的下法，如象翻棋，象翻棋是把象棋棋子（将和帅除外）翻过来摆放，并采用象翻棋的特点、规则、战略、战术等进行比赛，取得对局胜利的一种新式下法．

围棋是什么，有资料笼统解释为一种策略性两人棋类游戏，这自然是极其模糊的讲法．

围棋是黑白棋子+横竖方格吗？也不是，这样的定义无法区分围棋和五子棋．围棋和五子棋的最大区别，不在于棋具，而是下棋规则．

事实上，围棋考试从不考察围棋的定义．即使去问棋圣聂卫平，估计他也很难给围棋下一个让所有人信服的定义．

但这又有什么关系呢？学习围棋，首先要学的是围棋的规则．比赛的时候，大家按照规则行事就好了，绝不能一人使用围棋的规则，另一人使用五子棋的规则.

围棋一定要是黑白两色棋子吗？红绿可否？

围棋子一定要是圆的吗？方的如何？

围棋盘一定要是 19×19 吗？18×20 行吗？

甚至，围棋也未必要叫围棋，换个名字又如何？

这些表面形式变化都是可以的. 但围棋的主要规则不能变，一变，就不是围棋了.

在计算机编程中，编写一个计算梯形面积函数，只要输入：

$$s(a,b,h)\{(a+b)\cdot\frac{h}{2};\}$$

其中，s 叫函数名；a，b，h 叫参数；花括弧中的语句，叫函数体.

也未必要用 s 表示面积，也不一定要用 a、b 和 h 来表示梯形的上底、下底和高. 完全可以写成：$tx(x,y,z)\{(x+y)\cdot\frac{z}{2};\}$，丝毫不影响本质. 因为上底、下底和高之间的运算规则没有变.

欧几里得试图给点下一个定义，结果并不理想. 人们研究几何这么多年，到现在都说不清楚点和线的定义，但也并无大的妨碍.

难得糊涂，有时是一种很高的思想境界.

很多事物，难以定义，甚至根本无须定义.

这一点看似简单. 但真正想明白，却不容易.

1899 年，希尔伯特（Hilbert）的《几何学基础》的出版，标志着数学公理化新时期的到来. 希尔伯特的公理系统与欧几里得及其后任何公理系统的不同之处，在于他没有原始的定义，定义通过公理反映出来. 希尔伯特说："我们可以用桌子、椅子、啤酒杯来代替点、线、面". 当然，这并不表示说几何学研究桌、椅、啤酒杯，而是在几何学中，点、线、面的直观意义要抛掉，应该研究的只是它们之间的关系，关系由公理来体现. 几何学是对空间进行逻辑分析，而不诉诸直观.

数学是一门抽象的学科，又是一门应用广泛的学科.

将"速度、位移、力"这些看似风马牛不相及的东西，统称为向量，是因为他们中存在共性，而这些共性就是一些运算法则．只要我们把这些规则研究清楚了，就可以一劳永逸，不必一一再去个别研究，做重复工作了．

回顾中学学的向量，要满足哪些运算规则呢？

三角形法则、平行四边形法则、数乘对向量加法的运算律、点乘、数量积……

在中学里，这些规则都是并列的，并无“高低贵贱”之分．

而经过数学家的进一步研究，有些规则的条件极其苛刻，不容易满足，很难推广，譬如数量积需要定义两个向量之间的角度，而角度未必那么容易定义，甚至有时根本没有角度可言．

基于此，大学数学课本里不再尝试给向量下定义，而是直接给出规则．

给定域 F，F 上的向量空间 V 是一个集合，其上定义了两种二元运算：

向量加法：$V\times V\to V$，把 V 中的两个元素 $\boldsymbol{u}$ 和 $\boldsymbol{v}$ 映射到 V 中另一个元素，记作 $\boldsymbol{u}+\boldsymbol{v}$；

标量乘法：$F\times V\to V$，把 F 中的一个元素 a 和 V 中的一个元素 $\boldsymbol{u}$ 变为 V 中的另一个元素，记作 $a\boldsymbol{u}$.

V 中的元素称为向量，相对地，F 中的元素称为标量．而 V 中的两个运算满足下面的公理（对 F 中的任意元素 a 和 b 以及 V 中的任意元素 $\boldsymbol{u}$，$\boldsymbol{v}$，$\boldsymbol{w}$ 都成立）.

（i）向量加法结合律：$\boldsymbol{u}+(\boldsymbol{v}+\boldsymbol{w})=(\boldsymbol{u}+\boldsymbol{v})+\boldsymbol{w}$.

（ii）向量加法交换律：$\boldsymbol{u}+\boldsymbol{v}=\boldsymbol{v}+\boldsymbol{u}$.

（iii）存在向量加法的单位元：V 里存在一个叫作零向量的元素，记作 $\boldsymbol{0}$，使得对任意 $\boldsymbol{u}\in V$，都有 $\boldsymbol{u}+\boldsymbol{0}=\boldsymbol{u}$.

（iv）向量加法的逆元素：对任意 $\boldsymbol{u}\in V$，都存在 $\boldsymbol{v}\in V$，使得 $\boldsymbol{u}+\boldsymbol{v}=\boldsymbol{0}$.

（v）标量乘法对向量加法满足分配律：$a(\boldsymbol{v}+\boldsymbol{w})=a\boldsymbol{v}+a\boldsymbol{w}$.

（vi）标量乘法对域加法满足分配律：$(a+b)\boldsymbol{v}=a\boldsymbol{v}+b\boldsymbol{v}$.

(vii) 标量乘法与标量的域乘法相容：$a(b\boldsymbol{v})=(ab)\boldsymbol{v}$.

(viii) 标量乘法有单位元：域 F 的乘法单位元“1”满足：对任意 $\boldsymbol{v}$，$1\ \boldsymbol{v}=\boldsymbol{v}$.

一个概念，内涵越少，外延越大. 新的向量规则，把数量积排除在外，从而向量的范围更加广泛. “塞翁失马焉知非福”. 试想，当初哈密顿要不是放弃了乘法交换律，又怎么建立四元数理论呢?

对于实系数多项式组成的集合，容易验证是满足以上八条的. 没人再去理会两个多项式之间的角度是多少. 到了这一步，人们更关心的是另一个性质：线性组合. 这也是向量空间的一个核心概念.

那为什么要放弃数量积，而不是数乘呢? 这都是有考虑的.

我们从小学习加法，知道2只猫加3只猫等于5只猫.

但我们并不明白：什么是加法?

有资料这样解释：加法是指将两个或者两个以上的数或量合起来，变成一个数或量的计算.

那么“2+3=23”，为何这样合起来又不行?

还有人疑问：2只猫加3只狗，又等于什么?

一个尖锐的问题，既是一次挑战，也是一次机遇.

这需要从新的角度来理解. 譬如建立一个“猫狗坐标系”，用(2，3)来表示2只猫和3只狗，凭直觉容易想象$(2,3)+(4,5)=(6,8)$，$10\times(2,3)=(20,30)$. 前者表示又来了4只猫和5只狗，共有6只猫和8只狗；后者表示10个2只猫是20只猫，10个3只狗是30只狗.

而在建坐标系的过程中，可能会增加一些原本并不存在的性质，譬如人们习惯将坐标系画成是两条互相垂直的直线，而事实上，很难想象猫和狗之间存在相互垂直的关系或是其他角度. 又如(3，4)来表示3只猫和4只狗，那么(3，4)到原点的距离是5，这个5表示什么?

无法解释，只得放弃. 有失才有得. 拳头紧握，所能掌握的东西毕竟有限. 手掌伸开，你才能有机会获得更多.

最终，向量剩下的，就只有最为关键的两条，俗称：加法和数乘．

到此，开头提出的问题就有了答案．中学学的向量，符合大学向量的八条规定，属于大学向量的特例，可看作是大学向量的一个直观模型．大学向量可看作是中学向量的进一步扩展，而在扩展的过程中，抛弃了很多几何性质，使得应用更加广泛．

大学所学向量是中学所学向量的进一步抽象，是可以找到一些具体的例子作为两者之间的桥梁．

以方程组$\begin{cases}2x-y=0\\-x+2y=3\end{cases}$来说，可作图求解．在图1-3中，明显看出$\begin{cases}x=1\\y=2\end{cases}$．这样的数形结合，不能说不对，但始终还是把方程组看作两个方程的简单组合，没有把方程组看成一个整体．

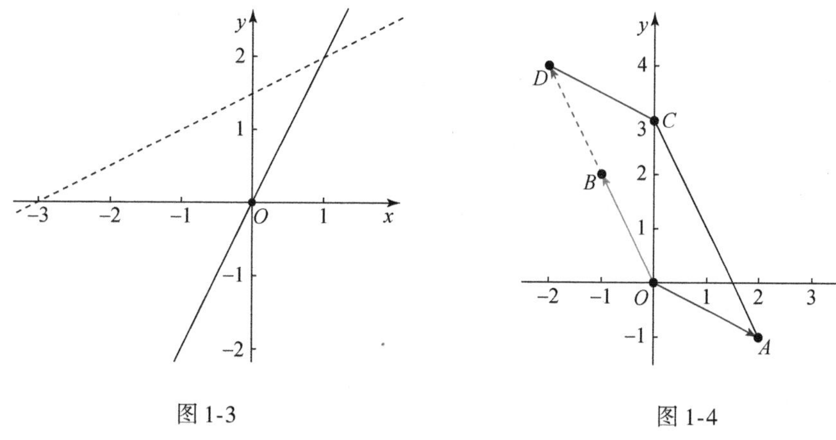

图1-3

图1-4

如果看成整体$Ax=b$，不纠结于原来的两个方程．换个角度，不横着看，而是竖着看，则可将$\begin{cases}2x-y=0\\-x+2y=3\end{cases}$看成是$x\begin{pmatrix}2\\-1\end{pmatrix}+y\begin{pmatrix}-1\\2\end{pmatrix}=\begin{pmatrix}0\\3\end{pmatrix}$．如图1-4，在坐标系中作出$\overrightarrow{OA}$，$\overrightarrow{OB}$，$\overrightarrow{OC}$，则明显有$\overrightarrow{OA}+2\overrightarrow{OB}=\overrightarrow{OC}$.

这样，将解线性方程和向量结合在一起了，而且还是既有大小又有方向的线段来表示向量！

高等数学是有难度的．如果教材编写者写得太抽象，读者学了之后也是云里雾里．而读者总执着于初等数学的具体，也很难理解得深刻．这中间的度不好把握，桥梁不好搭！

第2章 向量基础

2.1 向量的概念

通常说，向量是既有大小又有方向的量．

这是一个直观的描述，不是数学上的定义．因为“既有大小又有方向”是自然语言，不是数学语言．从这样的描述出发，不能进行严谨的推理．在中学数学课程中讲向量，只是一条一条地交代操作方法，而不在数学上定义向量．

1. 向量表示方式

向量表示方式多样：

或用有向线段的起点与终点的大写字母表示，如$\overrightarrow{AB}$；

或用$\vec{a}$，$\vec{b}$，$\vec{c}$来表示，如是印刷体，可用黑体$\boldsymbol{a}$，$\boldsymbol{b}$，$\boldsymbol{c}$代替；

或用坐标表示：$\vec{a}=x\boldsymbol{i}+y\boldsymbol{j}=(x, y)$．

向量的大小，又称为向量的模（长度），记作$|\overrightarrow{AB}|$或$|\vec{a}|$或

$\sqrt{x^2+y^2}$. 向量不能比较大小，但向量的模可以比较大小①.

2. 零向量

零向量是指长度为0的向量，记作 $\mathbf{0}$（注意与实数0的区别），其方向是任意的，所以 $\mathbf{0}$ 与任意向量平行，$\boldsymbol{a}=\mathbf{0} \Leftrightarrow |\boldsymbol{a}|=0$.

因为零向量的方向的任意性，所以遇到向量平行的问题时，需要注意看清楚是否有“非零向量”这个条件.

3. 单位向量

单位向量是指模为1个单位长度的向量. 在向量的有向线段表示法中，常用 $\boldsymbol{e}$ 表示单位向量；在向量的坐标表示法中，常用 $\boldsymbol{i}$，$\boldsymbol{j}$，$\boldsymbol{k}$ 表示单位向量.

单位向量定义虽然简单，但它和菱形、角平分线等，有着天然联系，本书后面有专题介绍.

4. 平行向量

平行向量是指方向相同或相反的非零向量，记作 $\boldsymbol{a}/\!/\boldsymbol{b}$. 由于自由向量不关心起点，可以将任意一组平行向量平移到同一直线上，所以也称为共线向量.

也就是说，向量几何中的平行向量和共线向量是同一本质的不同名字；而在综合几何中，共线属于平行的特殊情形；我们要注意两者

---

① 有老师认为：向量有大小，却不能比较大小，这是一件很不合理的事情. 能否打个比方，而不是总推脱给“硬性规定”.

作者原想这样比方：一个乒乓球运动员和一个羽毛球运动员，谁的水平高呢？这不好比较，因为不同方向！但如果将这二人按照国家关于运动员的等级制度（舍去了二人的方向），还是可以做个比较的.

后来又觉得这样比方不妥，因为同方向、不同长度的向量也不可比较大小啊？我们可以这样比方：同一方向，但不同时期的运动员不方便比较. 或者这样比方：某单位招人，招聘方只对各项要求都符合的应聘者进行比较（以便安排岗位）；对其他应聘者不予置评，不做比较（因为用不着）.

的区别.

显然，与 $\boldsymbol{a}$ 共线的若干向量之和仍然与 $\boldsymbol{a}$ 共线.

如果 $\boldsymbol{a}$ 与 $\boldsymbol{b}$ 不共线，但 $\boldsymbol{c}$ 与 $\boldsymbol{a}$ 和 $\boldsymbol{b}$ 两者都共线，则 $\boldsymbol{c}=\boldsymbol{0}$.

因此，如果若干个与 $\boldsymbol{a}$ 共线的向量之和等于若干个与 $\boldsymbol{b}$ 共线的向量之和，则两个和向量都为零向量. 这个规则在平面上成立，在空间也成立. 这一点十分有用. 我们以前用基本定理的地方，其实只用这条就够了.

5. 相等向量

相等向量即长度相等且方向相同的向量，凡是相等向量都可以看作是同一向量. 相等向量经过平移后总可以重合，记为 $\boldsymbol{a}=\boldsymbol{b}$，坐标表示为 $(x_1,y_1)=(x_2,y_2)\Leftrightarrow x_1=x_2$，且 $y_1=y_2$.

6. 相反向量

与 $\boldsymbol{a}$ 长度相等、方向相反的向量，叫作 $\boldsymbol{a}$ 的相反向量，记作 $-\boldsymbol{a}$. 基本性质有：$-(-\boldsymbol{a})=\boldsymbol{a}$；$\boldsymbol{a}+(-\boldsymbol{a})=(-\boldsymbol{a})+\boldsymbol{a}=\boldsymbol{0}$；若 $\boldsymbol{a}$ 和 $\boldsymbol{b}$ 是互为相反向量，则 $\boldsymbol{a}=-\boldsymbol{b}$，$\boldsymbol{b}=-\boldsymbol{a}$，$\boldsymbol{a}+\boldsymbol{b}=\boldsymbol{0}$.

2.2 向量的运算

1. 向量加法

求两个向量和的运算叫作向量的加法.

规定：$\boldsymbol{0}+\boldsymbol{a}=\boldsymbol{a}+\boldsymbol{0}=\boldsymbol{a}$；向量加法满足交换律与结合律.

2. 向量的减法

向量 $\boldsymbol{a}$ 加上 $\boldsymbol{b}$ 的相反向量叫作 $\boldsymbol{a}$ 与 $\boldsymbol{b}$ 的差，记作：$\boldsymbol{a}-\boldsymbol{b}=\boldsymbol{a}+(-\boldsymbol{b})$. 求两个向量差的运算，叫作向量的减法.

与向量加减法紧密联系的是平行四边形法则.

如图 2-1，在平行四边形 $ABCD$ 中，$\boldsymbol{a}+\boldsymbol{b}=\overrightarrow{AB}+\overrightarrow{BC}=\overrightarrow{AC}$，$\boldsymbol{b}+\boldsymbol{a}=\overrightarrow{AD}+\overrightarrow{DC}=\overrightarrow{AC}$，所以 $\boldsymbol{a}+\boldsymbol{b}=\boldsymbol{b}+\boldsymbol{a}$.

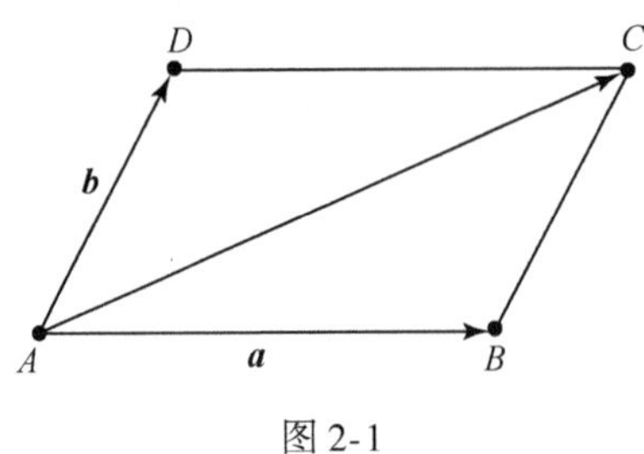

图 2-1

如图 2-2，在平行四边形 $ABCD$ 中，$\boldsymbol{a}+(-\boldsymbol{b})=\boldsymbol{a}-\boldsymbol{b}$ 是显然的.

这说明，平行四边形的相关性质保障了向量加法交换律的成立.或者说，向量运算的本身就是几何定理的代数化.

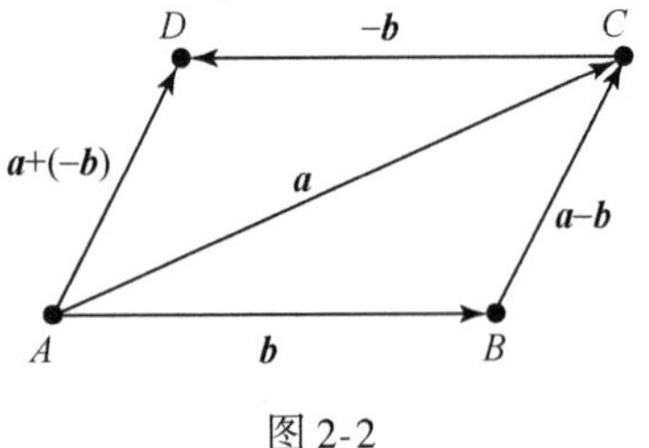

图 2-2

用平行四边形法则时，要注意两个已知向量是要共始点的，“和向量”是始点与已知向量的始点重合的那条对角线，而“差向量”是另一条对角线，方向是从减向量指向被减向量.

我们也可以通过图 2-3 来理解向量减法，会得到三角形法则.若 $\boldsymbol{a}$ 和 $\boldsymbol{b}$ 有共同起点，则 $\boldsymbol{a}-\boldsymbol{b}$ 表示为从 $\boldsymbol{b}$ 的终点指向 $\boldsymbol{a}$ 的终点的向量.

很多资料对向量的平行四边形法则介绍较多，但却忽视了向量更基本的运算：回路相加.

$\overrightarrow{AB}+\overrightarrow{AD}=\overrightarrow{AC}$的成立是以四边形 $ABCD$ 是平行四边形来决定的；而$\overrightarrow{AB}+\overrightarrow{BC}=\overrightarrow{AC}$则与点的位置无关，甚至可推广到多个向量相加：$\overrightarrow{AB}+\overrightarrow{BC}+$

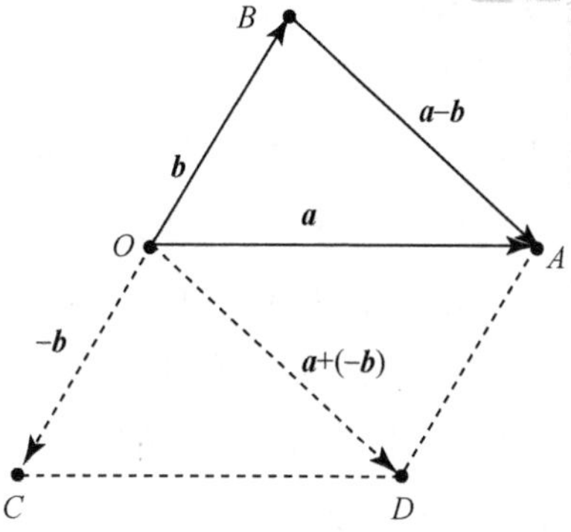

图 2-3

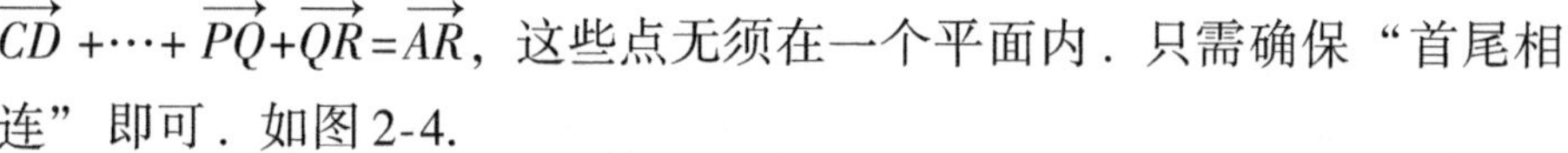

$\overrightarrow{CD}+\cdots+\overrightarrow{PQ}+\overrightarrow{QR}=\overrightarrow{AR}$，这些点无须在一个平面内．只需确保“首尾相连”即可．如图 2-4.

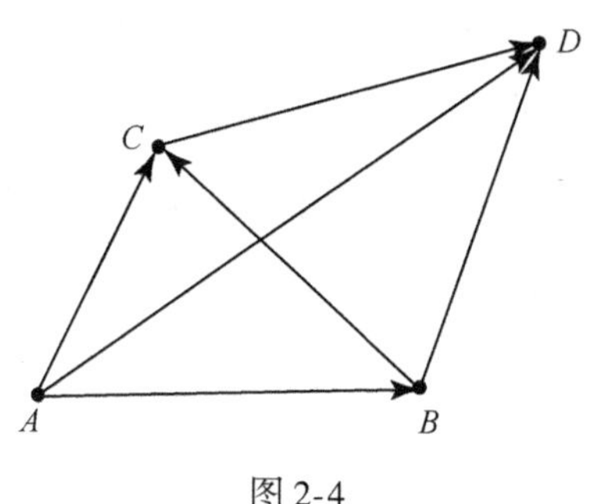

图 2-4

有资料用图 2-4 来说明向量加法的结合律，$\overrightarrow{AD}=(\overrightarrow{AB}+\overrightarrow{BC})+\overrightarrow{CD}=\overrightarrow{AB}+(\overrightarrow{BC}+\overrightarrow{CD})$；而从回路相加的角度来看，则是极其显然的，根本无须作图．

向量回路是向量法区别于其他解题方法的本质特点．所谓回路，就是向量从一点出发，通过一个封闭的图形又回到起点的那个通路．就是这个直观而又简单的回路，常常关系到问题解决的成败，但只要你在解题的过程中想到了要利用回路，那么问题的解决就会变得简洁明快. 回路解题的关键在于：利用条件，将我们所关心的两个向量列出比例式，然后将向量分解成共线形式，问题就迎刃而解了．

最简单的回路莫过于$\overrightarrow{AB}+\overrightarrow{BC}=\overrightarrow{AC}$，其中的等号可理解成“结果等效”．它与1+2=3中等号表示的“数量相等”有区别，但并不难理解和接受．甲和乙都从A地出发去C地，甲是直接去C地，而乙却先到B地办事再去C地，最终两人都到了C地，可谓殊途同归．

很多时候我们更关心结果，而非过程．从A到B，有多条路可供选择；两点之间，直线段最短，人尽皆知，但若两点之间根本无路可走，怎么办？搭桥也许需要花费较多的时间，我们选择另辟蹊径——绕！看似走弯路，实则是捷径！

3. 实数与向量的积

实数k与向量$\boldsymbol{a}$的积是一个向量，记作$k\boldsymbol{a}$，规定如下：$|k\boldsymbol{a}|=|k||\boldsymbol{a}|$，当$k>0$时，$k\boldsymbol{a}$的方向与$\boldsymbol{a}$的方向相同；当$k<0$时，$k\boldsymbol{a}$的方向与$\boldsymbol{a}$的方向相反；当$k=0$时，$k\boldsymbol{a}=\boldsymbol{0}$，方向是任意的．

如图2-5，若$\overrightarrow{AB}=\overrightarrow{DC}$，根据“一组对边平行且相等的四边形是平行四边形”容易判定四边形$ABCD$是平行四边形．如果要从平行四边形的基本定义“两组对边互相平行的四边形是平行四边形”出发，则还需作一些说明．由$\overrightarrow{AB}=\overrightarrow{DC}$得$\overrightarrow{AO}+\overrightarrow{OB}=\overrightarrow{DO}+\overrightarrow{OC}$，则$\overrightarrow{AO}=\overrightarrow{OC}$，$\overrightarrow{OB}=\overrightarrow{DO}$，所以$\overrightarrow{AO}+\overrightarrow{OD}=\overrightarrow{BO}+\overrightarrow{OC}$，即$\overrightarrow{AD}=\overrightarrow{BC}$.

若$\overrightarrow{AB}=m\,\overrightarrow{FE}$，即$\overrightarrow{AO}+\overrightarrow{OB}=m(\overrightarrow{FO}+\overrightarrow{OE})$，则$\overrightarrow{AO}=m\,\overrightarrow{OE}$，$\overrightarrow{OB}=m\,\overrightarrow{FO}$.

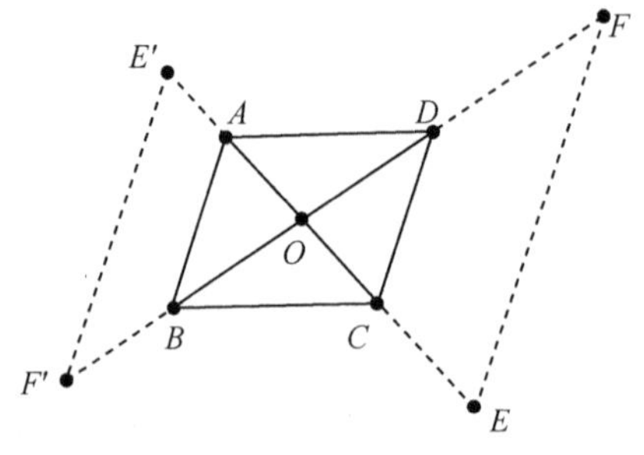

图2-5

这说明向量数乘与三角形相似有着紧密联系．向量数乘分配律实质意味着相似三角形对应边成比例，反之亦然．当然，共线的情形也不可遗漏．

4. 两向量共线性质

向量 $\boldsymbol{b}$ 与非零向量 $\boldsymbol{a}$ 共线⇔有且只有一个实数 k，使得 $\boldsymbol{b}=k\boldsymbol{a}$.

注意，有考题问：$\boldsymbol{a}/\!/\boldsymbol{b}$ 是否等价于 $\boldsymbol{b}=k\boldsymbol{a}$ ？这是考察零向量的性质，当 $\boldsymbol{a}$ 为零向量，$\boldsymbol{b}$ 为非零向量，此时不存在实数 k 使得等式成立．而在具体解题中，一般不会遇到零向量，所以遇到 $\boldsymbol{a}/\!/\boldsymbol{b}$ 时常常就设 $\boldsymbol{b}=k\boldsymbol{a}$.

5. 向量形式的定比分点公式

如图 2-6，已知$\overrightarrow{AP}=\lambda\ \overrightarrow{PB}$，则$\overrightarrow{OP}=\dfrac{\overrightarrow{OA}+\lambda\ \overrightarrow{OB}}{1+\lambda}$.

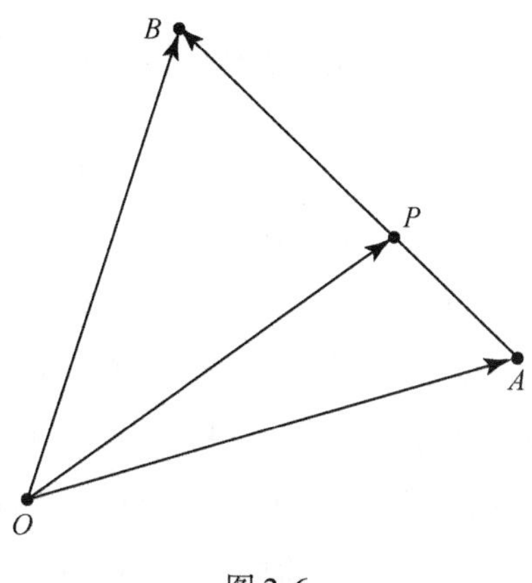

图 2-6

证明 将 $\overrightarrow{OP}=\overrightarrow{OA}+\overrightarrow{AP}$ 和 $\lambda\ \overrightarrow{OP}=\lambda(\overrightarrow{OB}+\overrightarrow{BP})$ 相加，应用条件 $\overrightarrow{AP}=\lambda\ \overrightarrow{PB}$即得结论．

这一公式得来甚为容易，只用到回路和数乘，但它却是消去定比分点的有效工具．

使用时要注意公式的特点：P，A，B 三点共线，$\overrightarrow{OP}$，$\overrightarrow{OA}$，$\overrightarrow{OB}$三向量共起点，且$\overrightarrow{OP}$前的系数等于$\overrightarrow{OA}$和$\overrightarrow{OB}$前系数之和，所以更多时候是使用$(1+\lambda)\overrightarrow{OP}=\overrightarrow{OA}+\lambda\ \overrightarrow{OB}$，省去分式之繁．当 $\lambda=-1$ 时，$\overrightarrow{AP}=\overrightarrow{BP}$，$A$ 和 B 两点重合，这种退化情形通常是不会发生的，稍微留意即可．

另外要注意，一般认为此公式中的 O 是不在 AB 上的，所以一些考察概念的试题常让人出错．如：

对于空间任一点 O 和两点 P_1 和 P_2，点 P 满足$\overrightarrow{OP}=x\ \overrightarrow{OP_1}+y\ \overrightarrow{OP_2}$ $(x，y\in\mathbf{R})$，则 $x+y=1$ 是三点 P，P_1，P_2 共线的(B)．

A. 必要不充分条件　　　　B. 充分不必要条件

C. 充要条件　　　　D. 既不充分也不必要条件

向量形式的定比分点公式，在向量解题中占有极其重要的位置．其变式、推广和应用，详见第 5 章．

2.3　平面向量基本定理

数学中定理虽多，但被称为基本定理的却寥寥无几．一旦认真考究起来，数学前辈们在命名的时候可不是随意的，譬如代数基本定理、微积分基本定理、同构基本定理，都是该数学分支中非常重要、不可缺少的理论基础．类推起来，平面向量基本定理应该也是非常重要的才对．该定理的内容是：如果 $\boldsymbol{e}_1$ 和 $\boldsymbol{e}_2$ 是一个平面内的两个不共线向量，那么对这一平面内的任一向量 $\boldsymbol{a}$，有且只有一对实数 λ_1 和 λ_2，使得 $\boldsymbol{a}=\lambda_1\boldsymbol{e}_1+\lambda_2\boldsymbol{e}_2$，其中不共线的向量 $\boldsymbol{e}_1$ 和 $\boldsymbol{e}_2$ 叫作表示这一平面内所有向量的一组基底．换句话来说，若 $\boldsymbol{a}=\lambda_1\boldsymbol{e}_1+\lambda_2\boldsymbol{e}_2=k_1\boldsymbol{e}_1+k_2\boldsymbol{e}_2$，即 $(\lambda_1-k_1)\boldsymbol{e}_1=(k_2-\lambda_2)\boldsymbol{e}_2$，而 $\boldsymbol{e}_1$ 和 $\boldsymbol{e}_2$ 不共线，必有 $\lambda_1=k_1$，$\lambda_2=k_2$．此为向量法解题之基本工具．

这一定理表明，选好基底后，平面上任意向量都可以用一个二维数组(λ_1,λ_2)表示，这和选好直角坐标系后，平面上任意一点都可以用一个二维数组(a,b)表示，本质上是一致的．

当点 P 在$\overrightarrow{OA}$和$\overrightarrow{OB}$生成的平面上时，需要两个参数才能决定 P 的位置；而当点 P 在 AB 直线上时，平面上的点变成了直线上的点，多了约束之后，P 的行动范围小了，只需一个参数就能决定点 P.

平面向量基本定理看似是新事物，但一仔细琢磨，若把 $\boldsymbol{e}$ 看作是决定方向、把 λ 看作是决定大小的话，其实质就是平行四边形的性质：两组对边分别平行的四边形是平行四边形；平行四边形的对边平行且相等.

平行四边形与平面向量基本定理有着天然的联系，平行四边形法则可看作平面向量基本定理的基础，而平面向量基本定理则是平行四边形法则的扩展与延伸. 这也提示我们用向量法解平行四边形问题有着独特的优势.

如图 2-7，若$\overrightarrow{AB}=\overrightarrow{DE}$，$\overrightarrow{BC}=\overrightarrow{EF}$，则$\overrightarrow{AC}=\overrightarrow{DF}$. 这既可看作是向量的加法，又可看作是三角形全等中 SAS 定理的说明：由 $AB=DE$，$BC=EF$，$\angle ABC=\angle DEF$ 推出 $\triangle ABC\cong\triangle DEF$，$AC=DF$. 先证明了 $AC=DF$，只有线段相等，AC 与 DF 才能重合为一条边，两个三角形才有拼成平行四边形的可能.

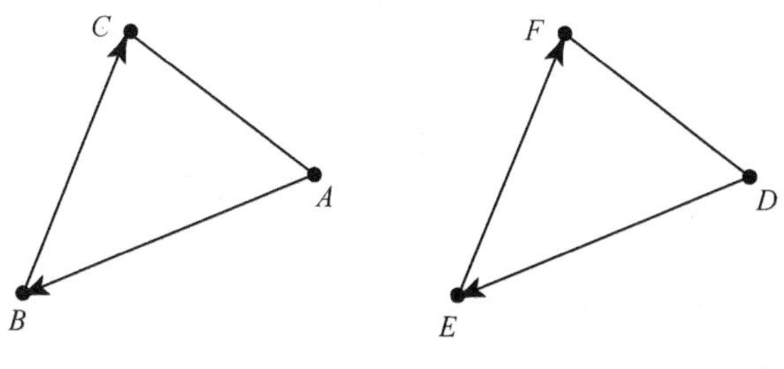

图 2-7

从另一角度看图 2-7，若$\overrightarrow{AC}=\overrightarrow{DF}$，$AB\parallel DE$，$BC\parallel EF$，则可根据“有一条对应边相等的相似三角形全等”判定 $\triangle ABC\cong\triangle DEF$，$AB=DE$，$BC=EF$. 这实质上就是平面向量基本定理. 将两三角形拼在一起后，如图 2-8，过 C 作 AB 的平行线，过 A 作 BC 的平行线，两线交于点 D，构成平行四边形.

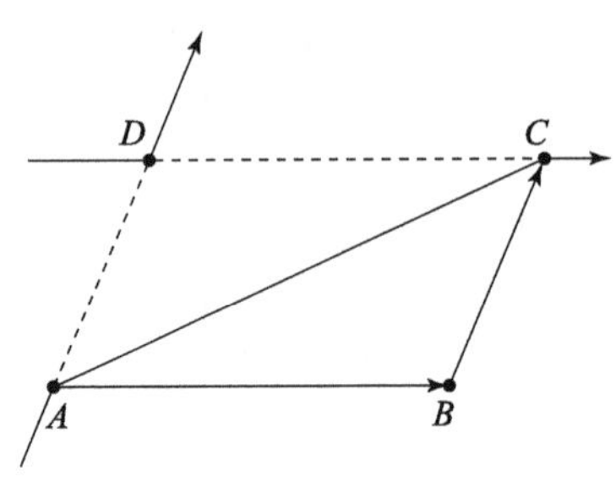

图 2-8

2.4 平面向量的坐标表示

在直角坐标系中，分别取与 x 轴和 y 轴方向相同的两个单位向量 $\boldsymbol{i}$，$\boldsymbol{j}$ 作为基底．由平面向量基本定理可知，该平面内的任一向量 $\boldsymbol{a}$ 可表示成 $\boldsymbol{a}=x\boldsymbol{i}+y\boldsymbol{j}$，由于 $\boldsymbol{a}$ 与 2 维数组 (x,y) 是一一对应的，因此把 (x,y) 叫作向量 $\boldsymbol{a}$ 的坐标，记作 $\boldsymbol{a}=(x,y)$，其中 x 叫作 $\boldsymbol{a}$ 在 x 轴上的坐标，y 叫作 $\boldsymbol{a}$ 在 y 轴上的坐标．

相等的向量坐标相同，坐标相同的向量是相等的向量；

向量的坐标与表示该向量的有向线段的始点和终点的具体位置无关，只与其相对位置有关系．

平面向量的坐标运算性质如下：

(i) 若 $A(x_1,y_1)$，$B(x_2,y_2)$，则 $\overrightarrow{AB}=(x_2-x_1,y_2-y_1)$.

(ii) 若 $\boldsymbol{a}=(x_1,y_1)$，$\boldsymbol{b}=(x_2,y_2)$，则 $\boldsymbol{a}\pm\boldsymbol{b}=(x_1\pm x_2,y_1\pm y_2)$.

(iii) 若 $\boldsymbol{a}=(x,y)$，则 $k\boldsymbol{a}=(kx,ky)$.

(iv) 若 $\boldsymbol{a}=(x_1,y_1)$，$\boldsymbol{b}=(x_2,y_2)$，则 $\boldsymbol{a}/\!/\boldsymbol{b}\Leftrightarrow x_1y_2-x_2y_1=0$.

2.5 向量的数量积

(1) 已知两非零向量 $\boldsymbol{a}$ 与 $\boldsymbol{b}$，作 $\overrightarrow{OA}=\boldsymbol{a}$，$\overrightarrow{OB}=\boldsymbol{b}$，则 $\angle AOB=\theta(0\leqslant\theta\leqslant\pi)$ 叫作 $\boldsymbol{a}$ 与 $\boldsymbol{b}$ 的夹角.

在两向量的夹角定义中，两向量必须是同起点的，范围$0\leqslant\theta\leqslant\pi$，注意和解析几何中两直线夹角范围$0\leqslant\theta\leqslant\frac{\pi}{2}$加以区别.

(2) 已知两个非零向量$\boldsymbol{a}$与$\boldsymbol{b}$，它们的夹角为θ，则$\boldsymbol{a}\cdot\boldsymbol{b}=|\boldsymbol{a}||\boldsymbol{b}|\cos\theta$叫作$\boldsymbol{a}$与$\boldsymbol{b}$的数量积或内积. 特别地，规定$\boldsymbol{0}\cdot\boldsymbol{a}=0$.

(3) 向量的投影：$|\boldsymbol{b}|\cos\theta=\frac{\boldsymbol{a}\cdot\boldsymbol{b}}{|\boldsymbol{a}|}$，称为向量$\boldsymbol{b}$在$\boldsymbol{a}$方向上的投影，投影的绝对值称为射影.

数量积的几何意义：$\boldsymbol{a}\cdot\boldsymbol{b}$等于$\boldsymbol{a}$的长度与$\boldsymbol{b}$在$\boldsymbol{a}$方向上的投影的乘积.

(4) 向量数量积的性质.

(i) 向量的模与平方的关系：$\boldsymbol{a}\cdot\boldsymbol{a}=\boldsymbol{a}^2=|\boldsymbol{a}|^2$.

(ii) 乘法公式成立：$(\boldsymbol{a}+\boldsymbol{b})\cdot(\boldsymbol{a}-\boldsymbol{b})=\boldsymbol{a}^2-\boldsymbol{b}^2$；$(\boldsymbol{a}\pm\boldsymbol{b})^2=\boldsymbol{a}^2\pm 2\boldsymbol{a}\cdot\boldsymbol{b}+\boldsymbol{b}^2$.

(iii) 平面向量数量积的运算律：

交换律成立：$\boldsymbol{a}\cdot\boldsymbol{b}=\boldsymbol{b}\cdot\boldsymbol{a}$；

对实数的结合律成立：$(k\boldsymbol{a})\cdot\boldsymbol{b}=k(\boldsymbol{a}\cdot\boldsymbol{b})=\boldsymbol{a}\cdot(k\boldsymbol{b})(k\in\mathbf{R})$；

分配律成立：$(\boldsymbol{a}\pm\boldsymbol{b})\cdot\boldsymbol{c}=\boldsymbol{a}\cdot\boldsymbol{c}\pm\boldsymbol{b}\cdot\boldsymbol{c}=\boldsymbol{c}\cdot(\boldsymbol{a}\pm\boldsymbol{b})$.

(iv) 若$\boldsymbol{a}=(x_1,y_1)$，$\boldsymbol{b}=(x_2,y_2)$，则两向量的夹角θ满足：

$$\cos\theta=\cos\langle\boldsymbol{a},\boldsymbol{b}\rangle=\frac{\boldsymbol{a}\cdot\boldsymbol{b}}{|\boldsymbol{a}||\boldsymbol{b}|}=\frac{x_1x_2+y_1y_2}{\sqrt{x_1^2+y_1^2}\sqrt{x_2^2+y_2^2}}.$$

当且仅当两个非零向量$\boldsymbol{a}$与$\boldsymbol{b}$同方向时，$\theta=0$；当且仅当$\boldsymbol{a}$与$\boldsymbol{b}$反方向时$\theta=\pi$；特别地，$\boldsymbol{0}$与任何向量之间不讨论夹角问题.

从中还可得到一个非常重要的不等式：$|\boldsymbol{a}\cdot\boldsymbol{b}|\leqslant|\boldsymbol{a}||\boldsymbol{b}|$，本书后面有专题介绍.

(5) 两个向量的数量积的坐标运算：已知两个向量$\boldsymbol{a}=(x_1,y_1)$，$\boldsymbol{b}=(x_2,y_2)$，则$\boldsymbol{a}\cdot\boldsymbol{b}=x_1x_2+y_1y_2$.

这可看作数量积的另一种定义，可证明这两种定义是等价的：$\overrightarrow{AB}^2=(x_B-x_A)^2+(y_B-y_A)^2=(x_B^2+y_B^2)+(x_A^2+y_A^2)-2(x_Ax_B+y_Ay_B)$；设$O$为坐

标原点，$\overrightarrow{AB}^2=(\overrightarrow{OB}-\overrightarrow{OA})^2=\overrightarrow{OB}^2+\overrightarrow{OA}^2-2\overrightarrow{OB}\cdot\overrightarrow{OA}$，所以$\overrightarrow{OA}\cdot\overrightarrow{OB}=x_Ax_B+y_Ay_B$.

如果$\boldsymbol{a}$与$\boldsymbol{b}$的夹角为$\frac{\pi}{2}$，则称$\boldsymbol{a}$与$\boldsymbol{b}$垂直，记作$\boldsymbol{a}\perp\boldsymbol{b}$. 两个非零向量垂直的充要条件：$\boldsymbol{a}\perp\boldsymbol{b}\Leftrightarrow\boldsymbol{a}\cdot\boldsymbol{b}=0\Leftrightarrow x_1x_2+y_1y_2=0$.

(6) 平面内两点间的距离公式：设$\boldsymbol{a}=(x,y)$，则$|\boldsymbol{a}|^2=x^2+y^2$. 如果表示向量$\boldsymbol{a}$的有向线段的起点和终点的坐标分别为$(x_1,y_1)$和$(x_2,y_2)$，那么$|\boldsymbol{a}|=\sqrt{(x_1-x_2)^2+(y_1-y_2)^2}$.

(7) 向量数量积与实数乘法之异同.

学习了向量的“乘法”，不可避免会与实数乘法比较一番. 请注意两者之异同，切莫混淆（表2-1和表2-2）.

表2-1　向量数量积与实数乘法的相同点

实数的乘积	向量的数量积
运算的结果是一个实数	运算的结果是一个实数
交换律 $a\cdot b=b\cdot a$	$\boldsymbol{a}\cdot\boldsymbol{b}=\boldsymbol{b}\cdot\boldsymbol{a}$
分配律$(a+b)\cdot c=ac+bc$	$(\boldsymbol{a}+\boldsymbol{b})\cdot\boldsymbol{c}=\boldsymbol{a}\cdot\boldsymbol{c}+\boldsymbol{b}\cdot\boldsymbol{c}$
$(a\pm b)^2=a^2\pm2ab+b^2$	$(\boldsymbol{a}\pm\boldsymbol{b})^2=\boldsymbol{a}^2\pm2\boldsymbol{a}\cdot\boldsymbol{b}+\boldsymbol{b}^2$
$(a+b)(a-b)=a^2-b^2$	$(\boldsymbol{a}+\boldsymbol{b})\cdot(\boldsymbol{a}-\boldsymbol{b})=\boldsymbol{a}^2-\boldsymbol{b}^2$
$a^2+b^2=0\Rightarrow a=0$ 且 $b=0$	$\boldsymbol{a}^2+\boldsymbol{b}^2=0\Rightarrow\boldsymbol{a}=\boldsymbol{0}$ 且 $\boldsymbol{b}=\boldsymbol{0}$
$\|a\|-\|b\|\leqslant\|a\pm b\|\leqslant\|a\|+\|b\|$	$\|\boldsymbol{a}\|-\|\boldsymbol{b}\|\leqslant\|\boldsymbol{a}\pm\boldsymbol{b}\|\leqslant\|\boldsymbol{a}\|+\|\boldsymbol{b}\|$

表2-2　向量数量积与实数乘法的不同点

实数的乘积	向量的数量积
结合律$(ab)c=a(bc)$	$(\boldsymbol{a}\cdot\boldsymbol{b})\cdot\boldsymbol{c}\neq\boldsymbol{a}\cdot(\boldsymbol{b}\cdot\boldsymbol{c})$
$ab=0\Rightarrow a=0$ 或 $b=0$	$\boldsymbol{a}\cdot\boldsymbol{b}=0\Rightarrow\boldsymbol{a}=\boldsymbol{0}$ 或 $\boldsymbol{b}=\boldsymbol{0}$ 或 $\boldsymbol{a}\perp\boldsymbol{b}$
$\|ab\|=\|a\|\|b\|$	$\|\boldsymbol{a}\cdot\boldsymbol{b}\|\leqslant\|\boldsymbol{a}\|\|\boldsymbol{b}\|$
$(ab)^2=a^2b^2$	$(\boldsymbol{a}\cdot\boldsymbol{b})^2\leqslant\boldsymbol{a}^2\boldsymbol{b}^2$

向量运算通常有三种表现形式：图形、符号、坐标语言. 主要内

容如表2-3.

表2-3 向量运算的三种表现形式

运算	图形语言	符号语言	坐标语言
加法与减法	B C O A	$\overrightarrow{OA}+\overrightarrow{OB}=\overrightarrow{OC}$ $\overrightarrow{OA}+\overrightarrow{AB}=\overrightarrow{OB}$	记 $\overrightarrow{OA}=(x_1,y_1)$，$\overrightarrow{OB}=(x_2,y_2)$ 则 $\overrightarrow{OA}+\overrightarrow{OB}=(x_1+x_2,y_1+y_2)$
	B O A	$\overrightarrow{OB}-\overrightarrow{OA}=\overrightarrow{AB}$	$\overrightarrow{OB}-\overrightarrow{OA}=(x_2-x_1,y_2-y_1)$
实数与向量的乘积	$\boldsymbol{a}$ A B $\lambda\boldsymbol{a}$	$\overrightarrow{AB}=\lambda\boldsymbol{a}$ $\lambda\in\mathbf{R}$	记 $\boldsymbol{a}=(x,y)$ 则 $\lambda\boldsymbol{a}=(\lambda x,\lambda y)$
两个向量的数量积	$\boldsymbol{b}$ $\boldsymbol{a}$	$\boldsymbol{a}\cdot\boldsymbol{b}=$ $\lvert\boldsymbol{a}\rvert\lvert\boldsymbol{b}\rvert\cos\langle\boldsymbol{a},\boldsymbol{b}\rangle$	记 $\boldsymbol{a}=(x_1,y_1)$，$\boldsymbol{b}=(x_2,y_2)$ 则 $\boldsymbol{a}\cdot\boldsymbol{b}=x_1x_2+y_1y_2$

2.6 空间向量

很多学生惧怕立体几何，其实立体几何又有什么可怕的呢？我们每天就生活在3维空间里，倒是符合数学意义的平面模型却总是找不到.

有些立体几何的题目，用综合几何的方法求解，确实存在一定难度，甚至找不到下手的点；而若用向量来解，则容易很多.

用向量来解立体几何，完全没必要事先花费很多时间学习大量的空间向量理论. 因为空间向量及其在立体几何中的应用，基本上可以由平面向量类比得到. 下面给出几条主要性质.

(i) 向量与平面平行：如果表示向量 $\boldsymbol{a}$ 的有向线段所在直线与平面 α 平行或 $\boldsymbol{a}$ 在平面 α 内，则认为向量 $\boldsymbol{a}$ 平行于平面 α，记作 $\boldsymbol{a}/\!/\alpha$.

(ii) 共面向量：把平行于同一平面的向量叫作共面向量.

(iii) 空间向量基本定理：若三个向量 $\boldsymbol{a}$，$\boldsymbol{b}$，$\boldsymbol{c}$ 不共面，则对空间

任一向量 $\boldsymbol{p}$，都存在唯一的有序实数组 x，y，z，使 $\boldsymbol{p}=x\boldsymbol{a}+y\boldsymbol{b}+z\boldsymbol{c}$.

或者：设 O，A，B，C 是不共面的四点，则对空间任一点 P，都存在唯一的有序实数组 x，y，z，使得 $\overrightarrow{OP}=x\overrightarrow{OA}+y\overrightarrow{OB}+z\overrightarrow{OC}$.

(1) 空间任意三个不共面向量都可以作为空间向量的一个基底.

(2) 如果三个向量 $\boldsymbol{a}$，$\boldsymbol{b}$，$\boldsymbol{c}$ 不共面，那么所有空间向量所组成的集合就是 $\{\boldsymbol{p}\mid \boldsymbol{p}=x\boldsymbol{a}+y\boldsymbol{b}+z\boldsymbol{c},\ x,\ y,\ z\in\mathbf{R}\}$，这个集合可看作由向量 $\boldsymbol{a}$，$\boldsymbol{b}$，$\boldsymbol{c}$ 生成的，其中把 $\{\boldsymbol{a},\ \boldsymbol{b},\ \boldsymbol{c}\}$ 叫作空间的一个基底，$\boldsymbol{a}$，$\boldsymbol{b}$，$\boldsymbol{c}$ 都叫作基向量.

(3) 一个基底是指一个向量组，一个基向量是指基底中的某一个向量，两者是相关联的不同的概念.

(4) 由于 $\mathbf{0}$ 可视为与任意非零向量共线，与任意两个非零向量共面，所以，三个向量不共面就隐含着它们都不是 $\mathbf{0}$.

(iv) 共面向量定理：对空间任一点 O 和不共线的三点 A，B，C，满足向量式 $\overrightarrow{OP}=x\overrightarrow{OA}+y\overrightarrow{OB}+z\overrightarrow{OC}$，且 $x+y+z=1$，则 P，A，B，C 共面.

证明 由 $\overrightarrow{OP}=x\overrightarrow{OA}+y\overrightarrow{OB}+z\overrightarrow{OC}$ 得 $\overrightarrow{OP}=(1-z-y)\overrightarrow{OA}+y\overrightarrow{OB}+z\overrightarrow{OC}$，即 $\overrightarrow{OP}-\overrightarrow{OA}=y(\overrightarrow{OB}-\overrightarrow{OA})+z(\overrightarrow{OC}-\overrightarrow{OA})$，即 $\overrightarrow{AP}=y\overrightarrow{AB}+z\overrightarrow{AC}$，所以 P，A，B，C 共面.

第 3 章 初见向量回路

一些资料介绍向量解题，总是强调向量法与坐标法之间的转化．试想一下，倘若向量没有自己的独门武器，总要转化成坐标法，那么直接学坐标法就好了，何必学向量法，多此一举呢？

向量解题并不排斥和坐标法合作，这在后面会有专题介绍．我们接触新事物，总是想见识一下它与众不同的地方．就好比到了一个没去过的地方，总想去看一下当地独特的人文景观，品尝出名的风味小吃．

回路解题就是向量解题特有的方法．在中学数学教学中，回路好像并没有引起足够的重视．甚至有人会说，中学数学教材上出现过回路两个字吗？

说起来，我们在平面几何入门时，就已经接触到回路了．回顾三角形的定义："由不在同一直线上的三条线段首尾顺次连接所组成的封闭图形叫作三角形"，三角形就构成了一个最简单的回路，用向量来表示就是：$\overrightarrow{AB}+\overrightarrow{BC}=\overrightarrow{AC}$. 这说明，引入向量可以将几何关系转成代数形式．很多文章都写道"向量是联系几何和代数的天然桥梁"，但为何天然？却语焉不详．我们认为，从三角形的定义就可以看出向量法有此特点．三角形是最基本、最重要的几何图形，构成了几何学的基础；平面几何如此，立体几何亦如此．

通过前言中的一些代表性例题的解答，我们可得出向量回路法解题的要点是：结合条件，灵活选择回路，将我们所关心的两个向量列出比例式，利用共线线段成比例性质和平面向量基本定理，将向量分解成共线形式，问题就迎刃而解了．其中回路的选择往往是关键，其余只是代数运算而已．

向量回路法常可以按部就班地解题，操作起来十分方便，但并不是说就没有技巧了．再如何机械化的方法都或多或少存在技巧，向量法也不例外，所以多看一些例题还是有好处的．但总的来说，它比综合法简单得多，极少的解题工具，少量的基本方法，就可以解决大量问题．相对于综合几何那么多定理，解答时又常需灵机一动地添加辅助线，无疑是大大地划算．

四边形中位线的向量形式：任意四边形 $ABCD$ 中（这四点无须在同一平面上），M 和 N 分别是 AD 和 BC 中点，则 $2\overrightarrow{MN}=\overrightarrow{AB}+\overrightarrow{DC}$（彭翕成，2010）．

证明 如图 3-1，

$$2\overrightarrow{MN}=(\overrightarrow{MD}+\overrightarrow{DC}+\overrightarrow{CN})+(\overrightarrow{MA}+\overrightarrow{AB}+\overrightarrow{BN})$$
$$=(\overrightarrow{MD}+\overrightarrow{MA})+(\overrightarrow{BN}+\overrightarrow{CN})+(\overrightarrow{AB}+\overrightarrow{DC})=\overrightarrow{AB}+\overrightarrow{DC}.$$

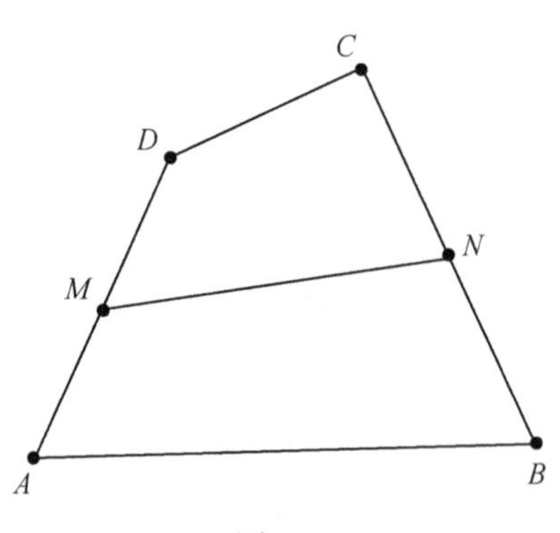

图 3-1

此结论，包括下面的几种特例，相当重要，本书以后解题将不加证明，直接使用．

（1）如果 A 和 D 两点重合，$2\overrightarrow{AN}=\overrightarrow{AB}+\overrightarrow{AC}$，此即三角形中线的向量形式.

（2）如果 C 和 D 两点重合，$2\overrightarrow{MN}=\overrightarrow{AB}$，此即三角形中位线定理.

（3）如果 $AB/\!/CD$，此时四边形为梯形，$AB/\!/CD/\!/MN$，$2MN=AB+DC$ 表示梯形的中位线定理.

（4）如果 $AB/\!/CD$，且 C 和 D 两点错位（图3-2），此时四边形为梯形，$AB/\!/CD/\!/MN$，$2MN=AB-DC$ 表示梯形两对角线的中点的连线平行于底边且等于两底差的一半.

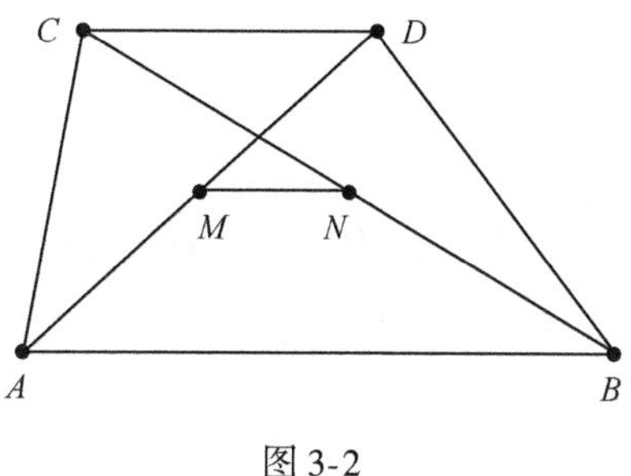

图3-2

当然，不用预备的工具，用回路仍然可以解决问题. 但作为教师，心中有一些套路，才能见题不慌，更加从容.

【例3.1】 已知 AD 是 $\triangle ABC$ 的中线，求证：$AD<\frac{1}{2}(AB+AC)$.

证明 由 $\overrightarrow{AD}=\frac{1}{2}(\overrightarrow{AB}+\overrightarrow{AC})$ 且 $\overrightarrow{AB}$ 和 $\overrightarrow{AC}$ 不共线得

$$|\overrightarrow{AD}|=\left|\frac{1}{2}(\overrightarrow{AB}+\overrightarrow{AC})\right|<\frac{1}{2}(AB+AC).$$

一般证法是“倍长中线”，也就是延长 AD 至 E，使得四边形 $ABEC$ 是平行四边形，$AE<AB+BE$，从而 $AD<\frac{1}{2}(AB+AC)$.

【例3.2】 如图3-3，求证四边形中，两组对边中点的距离之和不大于四边形的半周长，当且仅当四边形是平行四边形时等号成立.（1973年南斯拉夫奥林匹克试题）

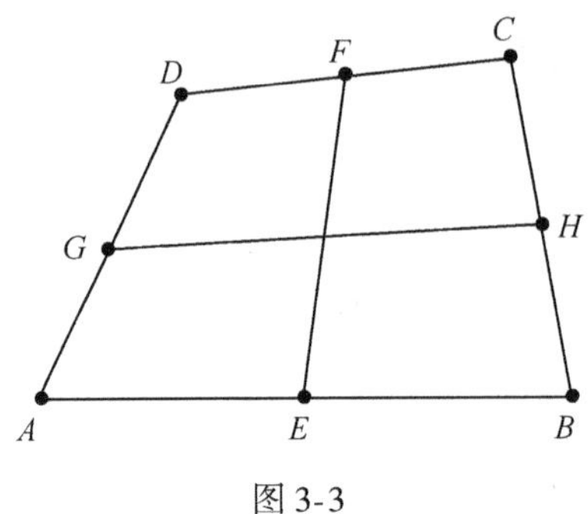

图 3-3

证明 由 $\overrightarrow{EF}=\frac{1}{2}(\overrightarrow{AD}+\overrightarrow{BC})$ 得 $|\overrightarrow{EF}|=\left|\frac{1}{2}(\overrightarrow{AD}+\overrightarrow{BC})\right|\leqslant\frac{1}{2}(|\overrightarrow{AD}|+|\overrightarrow{BC}|)$，同理 $|\overrightarrow{GH}|\leqslant\frac{1}{2}(|\overrightarrow{AB}|+|\overrightarrow{DC}|)$，故 $|\overrightarrow{GH}|+|\overrightarrow{EF}|\leqslant\frac{1}{2}(|\overrightarrow{AB}|+|\overrightarrow{DC}|+|\overrightarrow{AD}|+|\overrightarrow{BC}|)$，当且仅当 $AB/\!/CD$，$AD/\!/BC$ 时等号成立．

【例 3.3】 如图 3-4，D 是直角三角形 ABC 斜边 AB 的中点，E 和 F 分别在边 BC 和 AC 上，且 $ED\perp FD$，求证：$EF^2=AF^2+BE^2$.

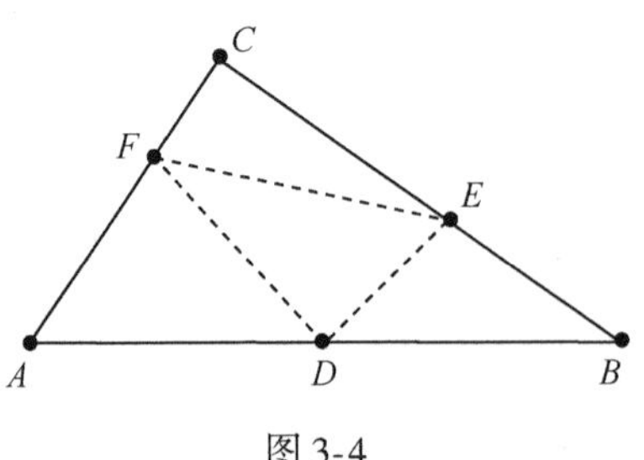

图 3-4

综合几何证法 如图 3-5，延长 FD 至 G，使得 $FD=DG$，那么四边形 $AGBF$ 是平行四边形，$AF=GB$，而 $BE^2+BG^2=EG^2$；易得 $\triangle EFG$ 是等腰三角形，所以 $FE^2=EG^2=BE^2+BG^2$.

此作法可能是受到“倍长中线”的启发，构图之后将求证结论中的三条线段集中到一个直角三角形中．此作法的缺点是添加的辅助线多了一点，说理也长了一点．可以有更直接的证法．

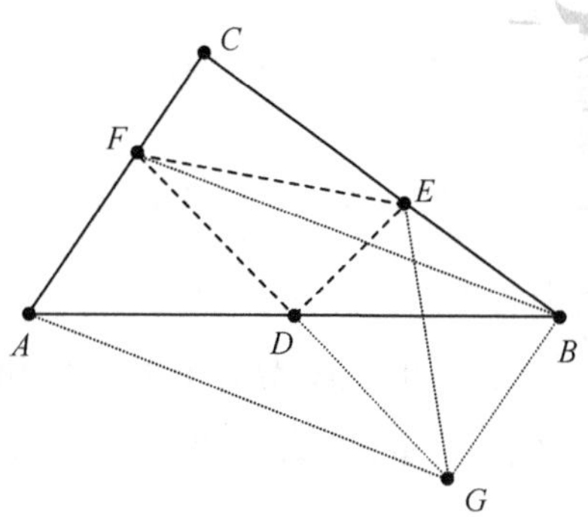

图 3-5

向量证法　如图 3-6，设 EF 中点为 G，则

$$EF^2=(2\overrightarrow{DG})^2=(\overrightarrow{AF}+\overrightarrow{BE})^2=AF^2+BE^2.$$

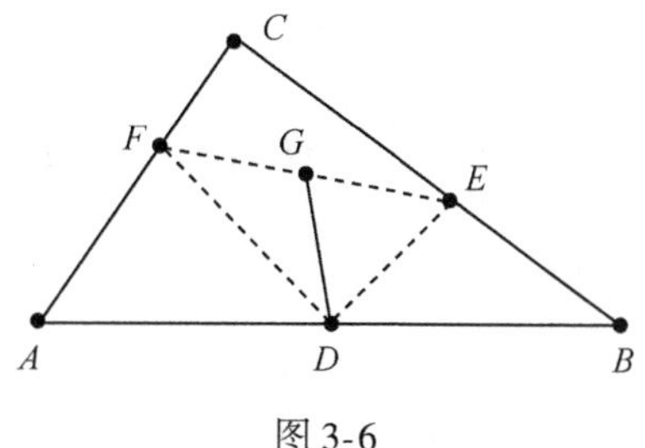

图 3-6

说明：此处作出中点 G 是为了充分利用 $ED\perp FD$ 的条件，利用直角三角形斜边上中线等于斜边的一半的性质，再利用向量形式的四边形中位线公式．如果将 $\overrightarrow{FE}$ 写成 $\overrightarrow{FA}+\overrightarrow{AB}+\overrightarrow{BE}$，平方后如何利用条件 $ED\perp FD$ 呢？下面的例 3.4 是例 3.3 的另一种表述形式．

【例 3.4】　如图 3-7，$\triangle ABC$ 中，$\angle ABC=90°$，M 和 N 分别是 DE 和 AC 中点，$AD=d$，$CE=e$，$MN=x$，求证：$x=\frac{1}{2}\sqrt{d^2+e^2}$.

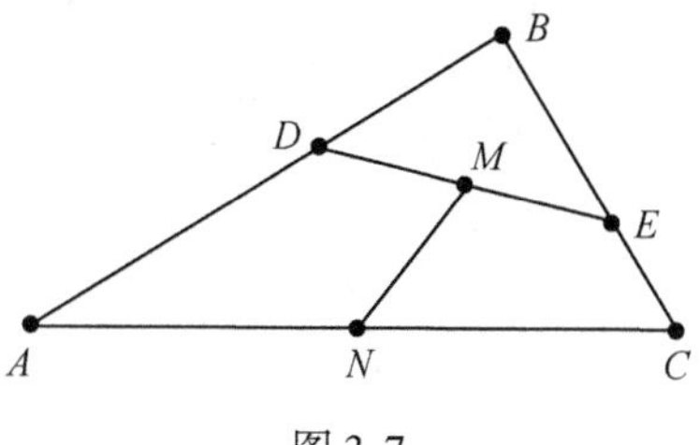

图 3-7

证明 $\overrightarrow{MN}=\frac{1}{2}(\overrightarrow{DA}+\overrightarrow{EC})$，$x^2=\frac{1}{4}(d^2+e^2)$，$x=\frac{1}{2}\sqrt{d^2+e^2}$.

当 B，D，E 三点重合时，$NB=\frac{1}{2}\sqrt{AB^2+CB^2}=\frac{1}{2}AC=AN=NC$，即直角三角形斜边上的中线等于斜边的一半.

【例 3.5】 如图 3-8，四边形 $ABCD$ 中，E 和 F 分别是 AB 和 CD 的中点，AD 交 BC 于 G，已知 $AD=a$，$BC=b$，$\angle AGB=\alpha$，求 EF.

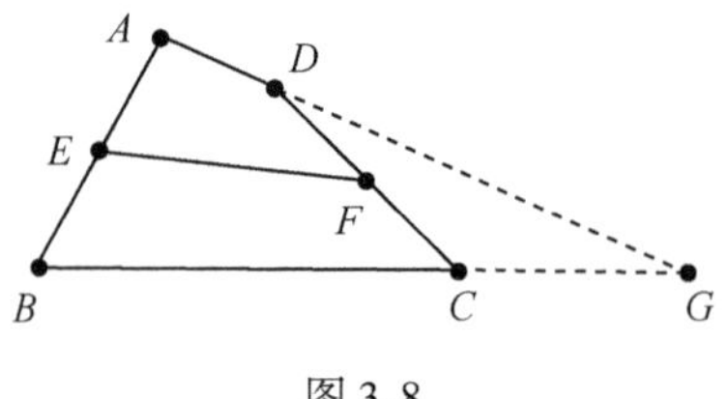

图 3-8

解 $2\overrightarrow{EF}=\overrightarrow{AD}+\overrightarrow{BC}$，即 $4\overrightarrow{EF}^2=\overrightarrow{AD}^2+\overrightarrow{BC}^2+2\overrightarrow{AD}\cdot\overrightarrow{BC}$，则

$$EF=\frac{1}{2}\sqrt{a^2+b^2+2ab\cos\alpha}.$$

特别地，当 $AD/\!/BC$ 时，$\alpha=0$，$EF=\frac{1}{2}\sqrt{a^2+b^2+2ab}=\frac{a+b}{2}$，这就是常见的梯形中位线公式.

【例 3.6】 如图 3-9，已知△ABC 两边 AB 和 AC 的中点分别为 M 和 N，在 BN 延长线上取点 P，使得 $NP=BN$，在 CM 延长线上取点 Q，使得 $MQ=CM$，求证：P，A，Q 三点共线.

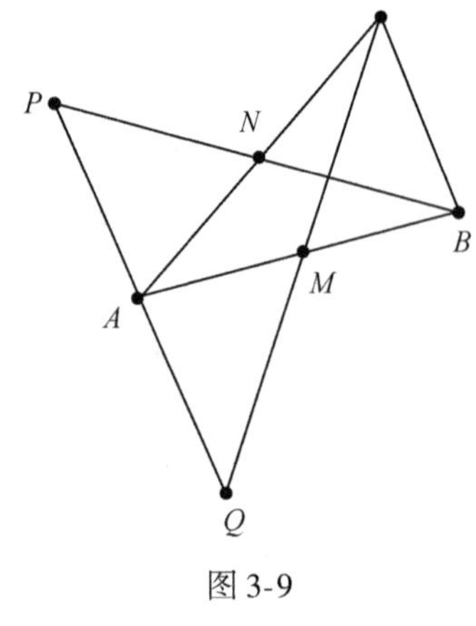

图 3-9

证明　$\overrightarrow{AC}=2\overrightarrow{AN}=\overrightarrow{AP}+\overrightarrow{AB}$，$\overrightarrow{AB}=2\overrightarrow{AM}=\overrightarrow{AC}+\overrightarrow{AQ}$（两个式子就包含四个中点关系，向量解题的优越性可见一斑），两式相加得$\overrightarrow{PA}=\overrightarrow{AQ}$，显然 P，A，Q 三点共线，且附带证明了 $PA=AQ$.

也可直接用回路法写出解答：

$$\overrightarrow{AP}=\overrightarrow{AN}+\overrightarrow{NP}=\overrightarrow{BN}+\overrightarrow{NC}=\overrightarrow{BM}+\overrightarrow{MC}=\overrightarrow{QM}+\overrightarrow{MA}=\overrightarrow{QA}.$$

注意这里每个条件只用一次.

【例 3.7】　如图 3-10，在△ABC 中，D 和 E 是 BC 边的三等分点，D 在 B 和 E 之间，F 是 AC 的中点，G 是 AB 的中点. 设 H 是线段 EG 和 DF 的交点，求 $EH:HG$.

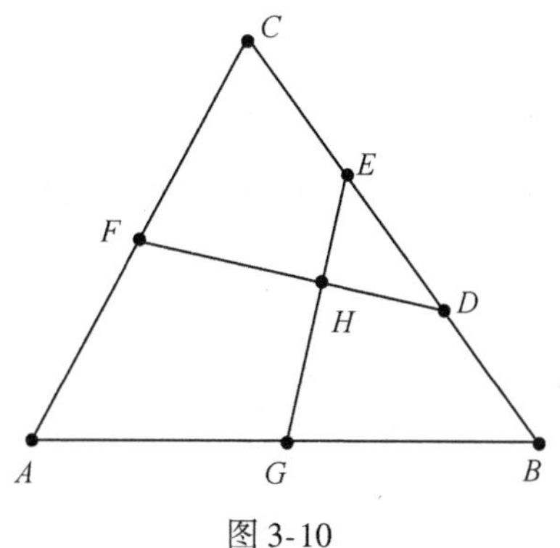

图 3-10

解　$2\overrightarrow{FG}=\overrightarrow{CB}=3\overrightarrow{ED}$，即 $2(\overrightarrow{FH}+\overrightarrow{HG})=\overrightarrow{CB}=3(\overrightarrow{EH}+\overrightarrow{HD})$，根据平面向量基本定理，可得 $EH:HG=2:3$.

也可以直接写出：

$$2(\overrightarrow{FH}+\overrightarrow{HG})=2(\overrightarrow{FA}+\overrightarrow{AG})=\overrightarrow{CA}+\overrightarrow{AB}=\overrightarrow{CB}=3\overrightarrow{ED}=3(\overrightarrow{EH}+\overrightarrow{HD}),$$

就无须使用预备工具了.

【例 3.8】　如图 3-11，在△ABC 中，$\overrightarrow{AM}=\frac{1}{3}\overrightarrow{AB}$，$\overrightarrow{AN}=\frac{1}{4}\overrightarrow{AC}$，$BN$ 和 CM 交于点 P. 试用 $\overrightarrow{AB}$ 和 $\overrightarrow{AC}$ 表示向量 $\overrightarrow{AP}$.

分析　因为$\overrightarrow{AP}=\overrightarrow{AM}+\overrightarrow{MP}$，而$\overrightarrow{AM}=\frac{1}{3}\overrightarrow{AB}$，所以只要把$\overrightarrow{MP}$用$\overrightarrow{AB}$和$\overrightarrow{AC}$表示即可；而$\overrightarrow{MP}=k\overrightarrow{MC}=k(\overrightarrow{MA}+\overrightarrow{AC})$，问题归结为求出 k 的值.

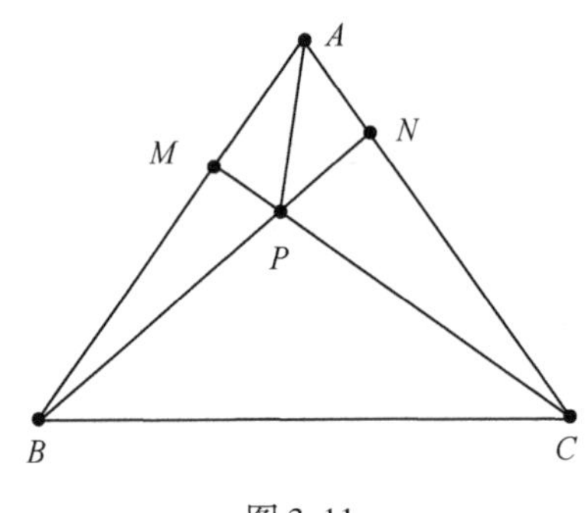

图 3-11

解法 1 直接用回路. 为减少分数计算，适当对向量加倍有

$$2(\overrightarrow{NP}+\overrightarrow{PC})=2\overrightarrow{NC}=6\overrightarrow{AN}=6\overrightarrow{AB}+6\overrightarrow{BN}$$
$$=9\overrightarrow{MB}+6\overrightarrow{BN}=9\overrightarrow{MP}+9\overrightarrow{PB}+6\overrightarrow{BN}.$$

对两端的共线向量比较，用基本定理得 $2\overrightarrow{PC}=9\overrightarrow{MP}$，即 $2\overrightarrow{MC}=11\overrightarrow{MP}$，所以

$$\overrightarrow{AP}=\overrightarrow{AM}+\overrightarrow{MP}=\frac{\overrightarrow{AB}}{3}+\frac{2\overrightarrow{MC}}{11}=\frac{\overrightarrow{AB}}{3}+\frac{2(\overrightarrow{MA}+\overrightarrow{AC})}{11}=\frac{3}{11}\overrightarrow{AB}+\frac{2}{11}\overrightarrow{AC}.$$

解法 2 由 $\overrightarrow{BP}+\overrightarrow{PM}=\overrightarrow{BM}=2\overrightarrow{MA}$，$\overrightarrow{NP}+\overrightarrow{PC}=\overrightarrow{NC}=3\overrightarrow{AN}$ 可得

$$\overrightarrow{MP}+\overrightarrow{PN}=\overrightarrow{MA}+\overrightarrow{AN}=\frac{1}{2}(\overrightarrow{BP}+\overrightarrow{PM})+\frac{1}{3}(\overrightarrow{NP}+\overrightarrow{PC}),$$

化简得

$$9\overrightarrow{MP}+8\overrightarrow{PN}=3\overrightarrow{BP}+2\overrightarrow{PC},$$

于是有

$$\overrightarrow{MP}=\frac{2}{9}\overrightarrow{PC}=\frac{2}{11}\overrightarrow{MC}=\frac{2}{11}(\overrightarrow{MA}+\overrightarrow{AC}),$$

所以

$$\overrightarrow{AP}=\overrightarrow{AM}+\overrightarrow{MP}=\overrightarrow{AM}+\frac{2}{11}(\overrightarrow{MA}+\overrightarrow{AC})=\frac{3}{11}\overrightarrow{AB}+\frac{2}{11}\overrightarrow{AC}.$$

解法 3 将已知条件都用向量的形式表达出来，再通过回路和式确定交点 P 的位置.

$$\frac{3}{2}(\overrightarrow{BP}+\overrightarrow{PM})=\overrightarrow{BA};\ \frac{4}{3}(\overrightarrow{NP}+\overrightarrow{PC})=\overrightarrow{AC};\ \overrightarrow{CP}+\overrightarrow{PB}=\overrightarrow{CB};$$

三式相加：

$$\frac{1}{2}\overrightarrow{BP}+\frac{1}{3}\overrightarrow{PC}+\frac{3}{2}\overrightarrow{PM}+\frac{4}{3}\overrightarrow{NP}=\mathbf{0},$$

有

$$\frac{1}{3}\overrightarrow{PC}+\frac{3}{2}\overrightarrow{PM}=\mathbf{0},$$

于是

$$\overrightarrow{MP}=\frac{2}{9}\overrightarrow{PC}=\frac{2}{11}\overrightarrow{MC}=\frac{2}{11}(\overrightarrow{MA}+\overrightarrow{AC}),$$

所以

$$\overrightarrow{AP}=\overrightarrow{AM}+\overrightarrow{MP}=\overrightarrow{AM}+\frac{2}{11}(\overrightarrow{MA}+\overrightarrow{AC})=\frac{3}{11}\overrightarrow{AB}+\frac{2}{11}\overrightarrow{AC}.$$

这样的交点问题，使用向量形式的定比分点公式比较容易入手．该公式是根据向量回路推导得到，直接使用有时较快捷，本书后面会有专题介绍；否则，每次解这样的问题就相当于用回路法重新推导该公式，费时费力．

【例 3.9】 如图3-12，在四边形$ABCD$的四条边上分别作出两个三等分点，连接后可得M，N，P，Q四个交点，求证：这四个交点是所在线段的三等分点．

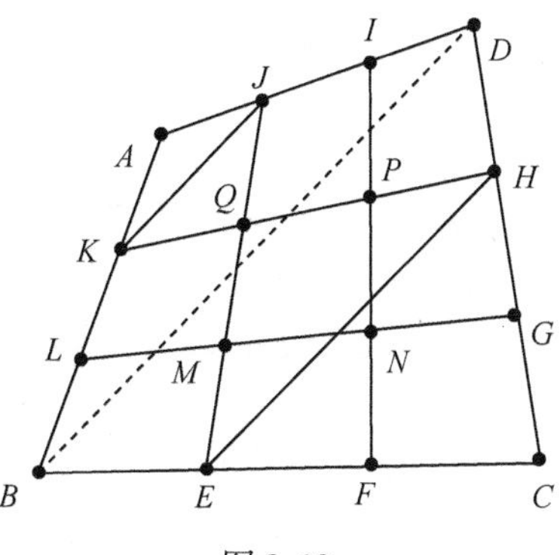

图3-12

有人认为：这有何难？只要连接 KJ，BD，EH，$KJ \underline{\underline{/\!/}} \frac{1}{3}BD$，$EH \underline{\underline{/\!/}} \frac{2}{3}BD$，即 $KJ \underline{\underline{/\!/}} \frac{1}{2}EH$，显然 $\triangle KQJ \sim \triangle HQE$，点 Q 既是 KH 的三等分点，又是 JE 的三等分点；同理可证 P，M，N 三点也分别是所在线段的三等分点.

这个问题看起来就是这样三下五除二地搞定了. 用向量回路来表示，就是

$$\begin{aligned}\overrightarrow{EQ}+\overrightarrow{QH}=\overrightarrow{EC}+\overrightarrow{CH}&=\frac{2}{3}(\overrightarrow{BC}+\overrightarrow{CD})\\&=\frac{2}{3}(\overrightarrow{BA}+\overrightarrow{AD})=2(\overrightarrow{KA}+\overrightarrow{AJ})=2\overrightarrow{KQ}+2\overrightarrow{QJ},\end{aligned}$$

对两端的共线向量比较，用基本定理得 $\overrightarrow{EQ}=2\overrightarrow{QJ}$ 和 $\overrightarrow{QH}=2\overrightarrow{KQ}$.

如果你觉得向量回路法并不比相似三角形法要优越，那么只需尝试着解决同一类型的例 3.10 就知道了.

【例 3.10】 如图 3-13，已知 M 和 N 为平面内任意四边形一组对边 AD 和 BC 的中点，A_1 和 A_2 三等分 AB，D_1 和 D_2 三等分 DC. 求证：MN 被 A_1D_1 和 A_2D_2 三等分且 A_1D_1 和 A_2D_2 又被 MN 平分.

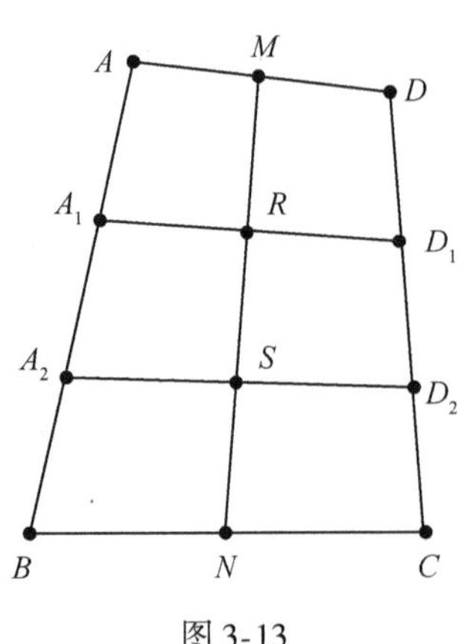

图 3-13

分析 稍一试探，就会发现辅助线不好做. 原来构造相似三角形只是在四边等分相同的情形下才能进行，利用了题目的特殊性“对称”.

证明　根据回路可列出下面四式：

$$\overrightarrow{RM}=\overrightarrow{RD_1}+\overrightarrow{D_1D}+\overrightarrow{DM}, \tag{3-1}$$

$$\overrightarrow{RM}=\overrightarrow{RA_1}+\overrightarrow{A_1A}+\overrightarrow{AM}, \tag{3-2}$$

$$\overrightarrow{RN}=\overrightarrow{RD_1}+\overrightarrow{D_1C}+\overrightarrow{CN}, \tag{3-3}$$

$$\overrightarrow{RN}=\overrightarrow{RA_1}+\overrightarrow{A_1B}+\overrightarrow{BN}, \tag{3-4}$$

那么 2×(3-1)+2×(3-2)+(3-3)+(3-4) 得 $4\overrightarrow{RM}+2\overrightarrow{RN}=3(\overrightarrow{RA_1}+\overrightarrow{RD_1})$，因为 $\overrightarrow{RM}$ 和 $\overrightarrow{RN}$ 共线，$\overrightarrow{RA_1}$ 和 $\overrightarrow{RD_1}$ 共线，且 $\overrightarrow{RM}$ 和 $\overrightarrow{RA_1}$ 不共线，所以 $4\overrightarrow{RM}+2\overrightarrow{RN}=\mathbf{0}$，且 $3(\overrightarrow{RA_1}+\overrightarrow{RD_1})=\mathbf{0}$，这就说明点 R 既是 A_1D_1 的中点，也是 MN 的三等分点．同理可证，点 S 既是 A_2D_2 的中点，也是 MN 的三等分点．

也可以写作

$$\begin{aligned}\overrightarrow{NR}+\overrightarrow{RA_1}&=\overrightarrow{NB}+\overrightarrow{BA_1}=\overrightarrow{CN}+2\overrightarrow{A_1A}=\overrightarrow{CD_1}+\overrightarrow{D_1R}+\overrightarrow{RN}+2\overrightarrow{A_1A}\\&=2\overrightarrow{D_1D}+\overrightarrow{D_1R}+\overrightarrow{RN}+2\overrightarrow{A_1A}=2(\overrightarrow{D_1R}+\overrightarrow{RM}+\overrightarrow{MD})\\&\quad+\overrightarrow{D_1R}+\overrightarrow{RN}+2(\overrightarrow{A_1R}+\overrightarrow{RM}+\overrightarrow{MA}),\end{aligned}$$

注意 $\overrightarrow{MD}+\overrightarrow{MA}=\mathbf{0}$，整理得到 $2\overrightarrow{NR}+3\overrightarrow{RA_1}=3\overrightarrow{D_1R}+4\overrightarrow{RM}$，即可得到结论．

借用第 14 章中点几何恒等式的视角来看，此题只是简单恒等式 $\dfrac{2\dfrac{A+D}{2}+\dfrac{B+C}{2}}{3}=\dfrac{\dfrac{2A+B}{3}+\dfrac{2D+C}{3}}{2}$ 而已．

【例 3.11】　如图 3-14，A 和 B 为两条定直线 AX 和 BY 上的定点，P 及 R 为射线 AX 上两点，Q 和 S 为射线 BY 上两点，$\dfrac{AP}{BQ}=\dfrac{AR}{BS}$ 为定比；M，N，T 分别为 AB，PQ，RS 上的点，$\dfrac{AM}{MB}=\dfrac{PN}{NQ}=\dfrac{RT}{TS}$ 为另一定比．问 M，N，T 三点的位置关系如何？证明你的结论．(1994 年 IMO 中国集训队第九次测验)

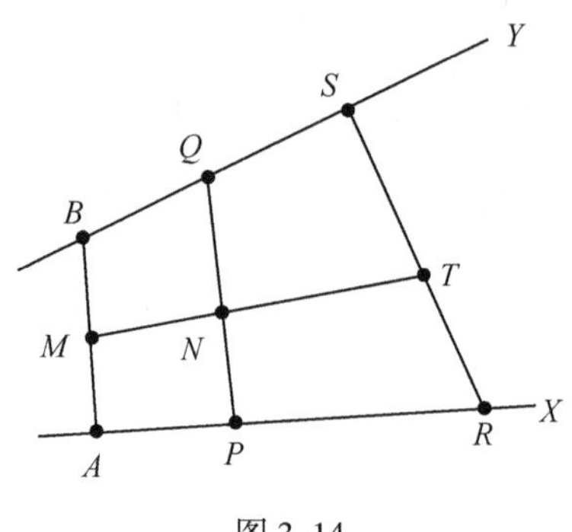

图 3-14

证明 由$\frac{AP}{BQ}=\frac{AR}{BS}$可得$\frac{AP}{AR}=\frac{BQ}{BS}$，设$\frac{AP}{AR}=\frac{BQ}{BS}=m$，$\frac{AM}{MB}=\frac{PN}{NQ}=\frac{RT}{TS}=n$，

$\overrightarrow{MN}=\overrightarrow{MA}+\overrightarrow{AP}+\overrightarrow{PN}$，$n\overrightarrow{MN}=n(\overrightarrow{MB}+\overrightarrow{BQ}+\overrightarrow{QN})$，两式相加得

$$(n+1)\overrightarrow{MN}=(\overrightarrow{MA}+\overrightarrow{AP}+\overrightarrow{PN})+(n\overrightarrow{MB}+n\overrightarrow{BQ}+n\overrightarrow{QN})=n\overrightarrow{BQ}+\overrightarrow{AP}.$$

同理可得

$$(n+1)\overrightarrow{MT}=n\overrightarrow{BS}+\overrightarrow{AR},$$

则

$$(n+1)\overrightarrow{MT}=n\overrightarrow{BS}+\overrightarrow{AR}=\frac{1}{m}(n\overrightarrow{BQ}+\overrightarrow{AP})=\frac{1}{m}(n+1)\overrightarrow{MN},$$

即$\overrightarrow{MT}=\frac{1}{m}\overrightarrow{MN}$,所以 M,N,T 三点共线,且$\frac{MN}{MT}=\frac{AP}{AR}=\frac{BQ}{BS}$.

也可写作：设$\frac{AM}{MB}=\frac{PN}{NQ}=\frac{RT}{TS}=n$，$\frac{AP}{PR}=\frac{BQ}{QS}=k$，则

$$\begin{aligned}\overrightarrow{MN}+\overrightarrow{NP}&=\overrightarrow{MA}+\overrightarrow{AP}=n\overrightarrow{BM}+k\overrightarrow{PR}\\&=n(\overrightarrow{BQ}+\overrightarrow{QN}+\overrightarrow{NM})+k(\overrightarrow{PN}+\overrightarrow{NT}+\overrightarrow{TR})\\&=n\overrightarrow{BQ}+n\overrightarrow{QN}+n\overrightarrow{NM}+k\overrightarrow{PN}+k\overrightarrow{NT}+nk(\overrightarrow{SQ}+\overrightarrow{QN}+\overrightarrow{NT});\end{aligned}$$

注意到$\overrightarrow{BQ}=k\overrightarrow{QS}$和$\overrightarrow{NP}=n\overrightarrow{QN}$，整理得$(1+n)\overrightarrow{MN}=k(1+n)\overrightarrow{NT}$，结论同上.

【例 3.12】 如图 3-15,凸六边形 $ABCDEF$ 的 6 个顶点是$\triangle UVW$ 和 $\triangle XYZ$ 的边的交点,已知$\frac{AB}{UV}=\frac{CD}{VW}=\frac{EF}{WU}$,求证:$\frac{BC}{XY}=\frac{DE}{YZ}=\frac{FA}{ZX}$.

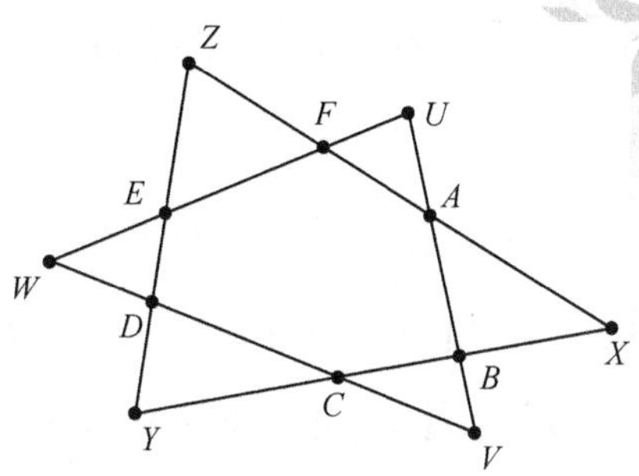

图 3-15

证明　设 $\frac{AB}{UV}=\frac{CD}{VW}=\frac{EF}{WU}=k,\frac{BC}{XY}=k_1,\frac{DE}{YZ}=k_2,\frac{FA}{ZX}=k_3$，于是$\overrightarrow{AB}+\overrightarrow{CD}+\overrightarrow{EF}=k\ \overrightarrow{UV}+k\ \overrightarrow{VW}+k\ \overrightarrow{WU}=\mathbf{0}$. 而

$$\overrightarrow{AB}+\overrightarrow{BC}+\overrightarrow{CD}+\overrightarrow{DE}+\overrightarrow{EF}+\overrightarrow{FA}=\mathbf{0},$$

所以

$$\overrightarrow{BC}+\overrightarrow{DE}+\overrightarrow{FA}=\mathbf{0},$$

即 $k_1\ \overrightarrow{XY}+k_2\ \overrightarrow{YZ}+k_3\ \overrightarrow{ZX}=\mathbf{0}$，亦即 $k_1\ \overrightarrow{XY}+k_2\ \overrightarrow{YZ}+k_3(\overrightarrow{ZY}+\overrightarrow{YX})=\mathbf{0}$，亦即 $(k_1-k_3)\overrightarrow{XY}+(k_2-k_3)\overrightarrow{YZ}=\mathbf{0}$，而$\overrightarrow{XY}$和$\overrightarrow{YZ}$不共线，所以 $k_1=k_2=k_3$，$\frac{BC}{XY}=\frac{DE}{YZ}=\frac{FA}{ZX}$.

【例 3.13】　如图 3-16，设 O 是$\triangle ABC$ 内一点. 过 O 作平行于 BC 的直线，与 AB 和 AC 分别交于 J 和 P. 过 P 作直线 PE 平行于 AB，与 BO 的延长线交于 E. 求证：$CE/\!/AO$.

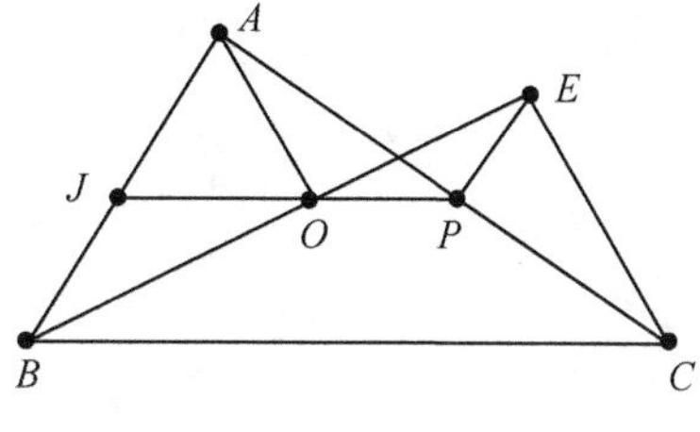

图 3-16

证法 1　设$\overrightarrow{PC}=u\ \overrightarrow{AP}$，$\overrightarrow{PO}=v\ \overrightarrow{OJ}$，则$\overrightarrow{BJ}=u\ \overrightarrow{JA}$，

$$\overrightarrow{PE}+\overrightarrow{EO}=\overrightarrow{PO}=v\,\overrightarrow{OJ}=v(\overrightarrow{OB}+\overrightarrow{BJ}),$$

于是$\overrightarrow{PE}=v\,\overrightarrow{BJ}=uv\,\overrightarrow{JA}$，所以

$$\overrightarrow{CE}=\overrightarrow{CP}+\overrightarrow{PE}=u\,\overrightarrow{PA}+uv\,\overrightarrow{JA}=u(\overrightarrow{PO}+\overrightarrow{OA})+uv(\overrightarrow{JO}+\overrightarrow{OA})$$

$$=uv(\overrightarrow{OJ}+\overrightarrow{JO})+u(1+v)\,\overrightarrow{OA}=u(1+v)\,\overrightarrow{OA}.$$

证法 2 设$\overrightarrow{BO}=n\,\overrightarrow{OE}$，$\overrightarrow{BA}=m\,\overrightarrow{BJ}$，则$\overrightarrow{CA}=m\,\overrightarrow{CP}$，

$$\overrightarrow{PA}=\overrightarrow{CA}-\overrightarrow{CP}=(m-1)\,\overrightarrow{CP}.$$

$$\overrightarrow{OA}=\overrightarrow{OB}+\overrightarrow{BA}=n\,\overrightarrow{EO}+m\,\overrightarrow{BJ}=n\,\overrightarrow{EP}+n\,\overrightarrow{PO}+mn\,\overrightarrow{PE}$$

$$=(m-1)n\,\overrightarrow{PE}+n(\overrightarrow{PA}-\overrightarrow{OA})$$

$$=(m-1)n\,\overrightarrow{PE}+(m-1)n\,\overrightarrow{CP}-n\,\overrightarrow{OA}=(m-1)n\,\overrightarrow{CE}-n\,\overrightarrow{OA},$$

即$(m-1)n\,\overrightarrow{CE}=(1+n)\,\overrightarrow{OA}$.

证法 3 设$\overrightarrow{AJ}=t\,\overrightarrow{AB}$，$\overrightarrow{AP}=t\,\overrightarrow{AC}$，$\overrightarrow{EP}=s\,\overrightarrow{JB}$，即$\overrightarrow{EA}+\overrightarrow{AP}=s(\overrightarrow{JA}+\overrightarrow{AB})$，即$\overrightarrow{AP}+s\,\overrightarrow{AJ}=\overrightarrow{AE}+s\,\overrightarrow{AB}=(1+s)\,\overrightarrow{AO}$，即$\frac{t}{1-t}\overrightarrow{PC}+s\,\frac{t}{1-t}\overrightarrow{JB}=(1+s)\,\overrightarrow{AO}$，亦即$\frac{t}{1-t}\overrightarrow{PC}+\frac{t}{1-t}\overrightarrow{EP}=(1+s)\,\overrightarrow{AO}$，所以$\frac{t}{1-t}\overrightarrow{EC}=(1+s)\,\overrightarrow{AO}$.

说明 证法 3 中$\overrightarrow{AP}+s\,\overrightarrow{AJ}=\overrightarrow{AE}+s\,\overrightarrow{AB}=(1+s)\,\overrightarrow{AO}$用到两次三点共线的性质，也就是两线相交的性质，这在后面的章节会详细论述.

【例 3.14】 如图 3-17，五边形 $ABCDE$ 中，点 F，G，H，I 分别是 AB，BC，CD，DE 的中点，点 J 和 K 分别是 FH 和 GI 的中点，求证：$JK/\!/AE$ 且 $JK=\frac{1}{4}AE$.

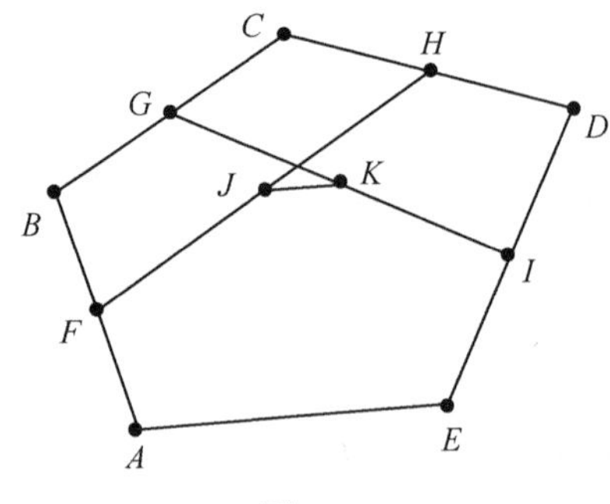

图 3-17

证法 1　$2\overrightarrow{JK}=\overrightarrow{HG}+\overrightarrow{FI}=\frac{1}{2}\overrightarrow{DB}+\frac{1}{2}(\overrightarrow{BD}+\overrightarrow{AE})=\frac{1}{2}\overrightarrow{AE}$.

或者写作：$2\overrightarrow{JK}=\overrightarrow{FG}+\overrightarrow{HI}=\frac{1}{2}\overrightarrow{AC}+\frac{1}{2}\overrightarrow{CE}=\frac{1}{2}\overrightarrow{AE}$.

证法 2　设平面上任意一点 O，则

$$\begin{aligned}\overrightarrow{JK}&=\overrightarrow{OK}-\overrightarrow{OJ}=\frac{1}{2}(\overrightarrow{OG}+\overrightarrow{OI})-\frac{1}{2}(\overrightarrow{OF}+\overrightarrow{OH})\\&=\frac{1}{4}(\overrightarrow{OB}+\overrightarrow{OC}+\overrightarrow{OD}+\overrightarrow{OE})-\frac{1}{4}(\overrightarrow{OA}+\overrightarrow{OB}+\overrightarrow{OC}+\overrightarrow{OD})\\&=\frac{1}{4}(\overrightarrow{OE}-\overrightarrow{OA})=\frac{1}{4}\overrightarrow{AE},\end{aligned}$$

所以 $JK/\!/AE$ 且 $JK=\frac{1}{4}AE$.

证法 3　由于 O 是平面上任意一点，所以干脆省略不写.

$$\begin{aligned}\overrightarrow{JK}&=\boldsymbol{K}-\boldsymbol{J}=\frac{1}{2}(\boldsymbol{G}+\boldsymbol{I})-\frac{1}{2}(\boldsymbol{F}+\boldsymbol{H})\\&=\frac{1}{4}(\boldsymbol{B}+\boldsymbol{C}+\boldsymbol{D}+\boldsymbol{E})-\frac{1}{4}(\boldsymbol{A}+\boldsymbol{B}+\boldsymbol{C}+\boldsymbol{D})\\&=\frac{1}{4}(\boldsymbol{E}-\boldsymbol{A})=\frac{1}{4}\overrightarrow{AE}.\end{aligned}$$

参看后面的第 14 章，基于点几何恒等式视角，则是

$$\frac{\frac{B+C}{2}+\frac{D+E}{2}}{2}-\frac{\frac{B+A}{2}+\frac{D+C}{2}}{2}=\frac{E-A}{4}.$$

下面是此题的传统证法，要添加较多的辅助线，特别是辅助点 L 难以想到.

证明　如图 3-18，连接 AD，设 L 是 AD 中点，易证四边形 $FLHG$ 是平行四边形. J 既是 FH 的中点，那必然是 GL 的中点，所以 JK 是 $\triangle GLI$ 的中位线，而 LI 是 $\triangle DAB$ 的中位线，所以 $JK=\frac{1}{2}LI=\frac{1}{4}AE$.

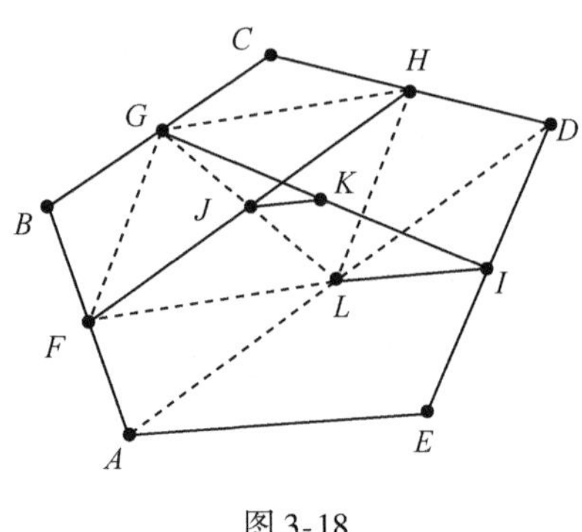

图 3-18

证明过程倒不是很复杂，难在发现入口；而向量法则是推门即入，直来直往.

【例 3.15】 如图 3-19，在凸四边形 $ABCD$ 的对角线 AC 上取点 K 和 M，在对角线 BD 上取点 P 和 T，使得 $AK=MC=\frac{1}{4}AC$，$BP=TD=\frac{1}{4}BD$. 证明：过 AD 和 BC 中点的连线，通过 PM 和 KT 的中点 .(第 17 届全俄数学奥林匹克试题)

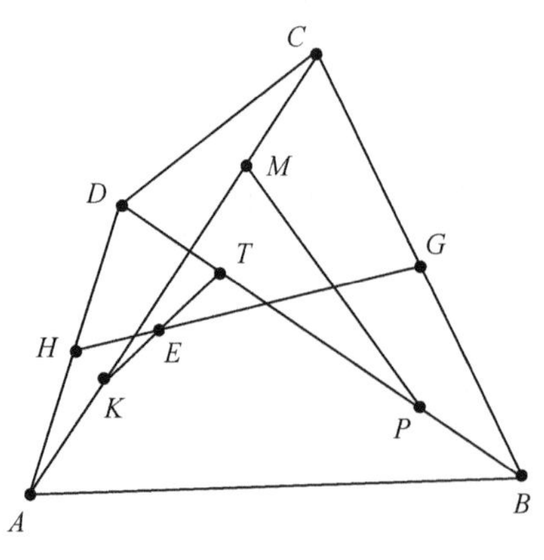

图 3-19

证明 设 H,G,E 分别是 AD,BC,KT 的中点,则$\overrightarrow{GH}=\frac{1}{2}(\overrightarrow{BA}+\overrightarrow{CD})$, $\overrightarrow{EH}=\frac{1}{2}(\overrightarrow{KA}+\overrightarrow{TD})=\frac{1}{2}\left(\frac{1}{4}\overrightarrow{CA}+\frac{1}{4}\overrightarrow{BD}\right)=\frac{1}{8}(\overrightarrow{BA}+\overrightarrow{CD})$,于是$\overrightarrow{GH}=4\ \overrightarrow{EH}$,所以

H,E,G 三点共线. 同理可证 HG 过 PM 的中点.

或者简写

$$E=\frac{K+T}{2}=\frac{\left(\frac{3}{4}A+\frac{1}{4}C\right)+\left(\frac{3}{4}D+\frac{1}{4}B\right)}{2}$$
$$=\frac{3}{8}(A+D)+\frac{1}{8}(B+C)$$
$$=\frac{3}{4}H+\frac{1}{4}G,$$

所以 H, E, G 三点共线.

目前高考中考察向量回路的题目很多, 譬如例 3.16 和例 3.17, 基本上属于送分题.

【例 3.16】 已知 O, A, B 是平面上的三个点, 直线 AB 上有一点 C, 满足 $2\overrightarrow{AC}+\overrightarrow{CB}=\mathbf{0}$, 则$\overrightarrow{OC}=$ (　　).

A. $2\overrightarrow{OA}-\overrightarrow{OB}$　　B. $-\overrightarrow{OA}+2\overrightarrow{OB}$

C. $\frac{2}{3}\overrightarrow{OA}-\frac{1}{3}\overrightarrow{OB}$　　D. $-\frac{1}{3}\overrightarrow{OA}+\frac{2}{3}\overrightarrow{OB}$

解　题目条件 $2\overrightarrow{AC}+\overrightarrow{CB}=\mathbf{0}$ 与 O 无关, 而所求和所给出的选项都和 O 有关, 所以需要将 O 引入到条件中去.

$2\overrightarrow{AC}+\overrightarrow{CB}=2\overrightarrow{AO}+2\overrightarrow{OC}+\overrightarrow{CO}+\overrightarrow{OB}=\mathbf{0}$, 所以$\overrightarrow{OC}=2\overrightarrow{OA}-\overrightarrow{OB}$. 故选 A.

【例 3.17】 如图 3-20, 在四边形 $ABCD$ 中, $AB+BD+DC=4$, $AB\cdot BD+BD\cdot DC=4$, $\overrightarrow{AB}\cdot\overrightarrow{BD}=\overrightarrow{BD}\cdot\overrightarrow{DC}=0$, 则 $(\overrightarrow{AB}+\overrightarrow{DC})\cdot\overrightarrow{AC}$ ________.

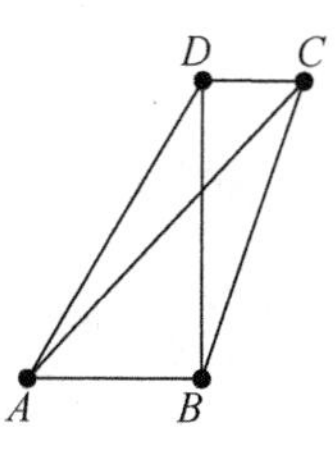

图 3-20

解 由 $AB+BD+DC=4$，$AB\cdot BD+BD\cdot DC=4$ 得 $AB+DC=2$. 而由 $\overrightarrow{AB}\cdot\overrightarrow{BD}=\overrightarrow{BD}\cdot\overrightarrow{DC}=0$，可得 $AB/\!/DC$，

$$(\overrightarrow{AB}+\overrightarrow{DC})\cdot\overrightarrow{AC}=(\overrightarrow{AB}+\overrightarrow{DC})\cdot(\overrightarrow{AB}+\overrightarrow{BD}+\overrightarrow{DC})=(\overrightarrow{AB}+\overrightarrow{DC})^2=4.$$

【例 3.18】 如图3-21，点 P 是△ABC 中一点，HG，EF，JK 过点 P，且 $HG/\!/AB$，$EF/\!/AC$，$JK/\!/BC$，求证：$\dfrac{GH}{AB}+\dfrac{EF}{AC}+\dfrac{JK}{BC}=2$.

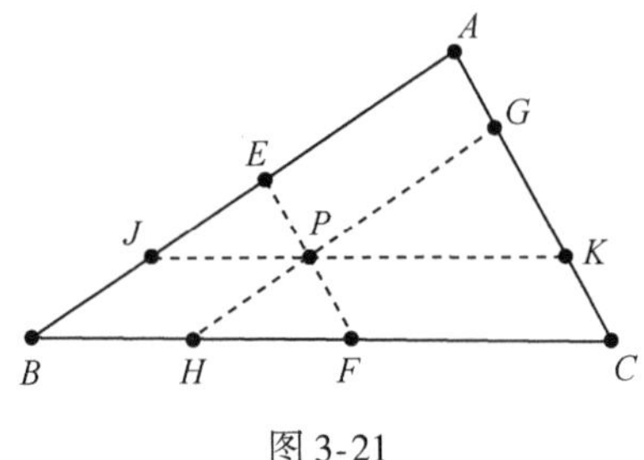

图 3-21

证明 设$\overrightarrow{AE}=m\overrightarrow{AB}$，$\overrightarrow{AG}=n\overrightarrow{AC}$，则$\overrightarrow{EF}=(1-m)\overrightarrow{AC}$，$\overrightarrow{GH}=(1-n)\overrightarrow{AB}$，$\overrightarrow{JP}=\overrightarrow{BH}=n\overrightarrow{BC}$，$\overrightarrow{PK}=\overrightarrow{FC}=m\overrightarrow{BC}$，$\overrightarrow{JK}=\overrightarrow{JP}+\overrightarrow{PK}=(m+n)\overrightarrow{BC}$，所以

$$\frac{GH}{AB}+\frac{EF}{AC}+\frac{JK}{BC}=1-n+1-m+m+n=2.$$

例 3.18 是某位中学老师学习向量法之后，尝试解几何题．确实也有参考资料这样做，事实上完全可以把向量符号去掉．因为此时 J，P，K 三点共线，而 $\overrightarrow{JK}=\overrightarrow{JP}+\overrightarrow{PK}$ 不依赖于三点共线的优势没有用上．

从以上例题可看出，向量回路法如果好好运用，能解不少难题．但不少中学老师掌握情况还不是很理想．下面这道题及原解法抄自某资料．

【例 3.19】 △ABC 外接圆圆心为 O，两条高交于 H，$\overrightarrow{OH}=m(\overrightarrow{OA}+\overrightarrow{OB}+\overrightarrow{OC})$，求 m.（2005 年全国高考试题）

原解 如图 3-22，设 D 是 BC 中点，则$\overrightarrow{OH}=m(\overrightarrow{OA}+\overrightarrow{OB}+\overrightarrow{OC})=m\overrightarrow{OA}+2m\overrightarrow{OD}$,所以$\overrightarrow{OA}+\overrightarrow{AH}=m\overrightarrow{OA}+2m\overrightarrow{OD}$，$\overrightarrow{AH}=(m-1)\overrightarrow{OA}+2m\overrightarrow{OD}$;

而$\overrightarrow{AH}\cdot\overrightarrow{BC}=(m-1)\ \overrightarrow{OA}\cdot\overrightarrow{BC}+2m\ \overrightarrow{OD}\cdot\overrightarrow{BC}$，即 $0=(m-1)\overrightarrow{OA}\cdot\overrightarrow{BC}+0$，所以 $m=1$.

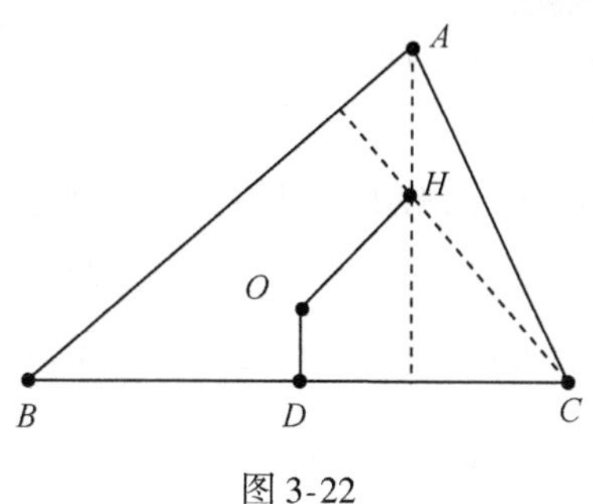

图 3-22

评论　此解法虽然没错，但走了弯路．可以认为解题者对平面向量基本定理还没掌握好．当得到$\overrightarrow{OA}+\overrightarrow{AH}=m\overrightarrow{OA}+2m\overrightarrow{OD}$后，应该立刻得出 $m=1$. 高手解题，讲求一招制敌，追求的是尽可能简单快捷．平时不断注意减少解题时的废招，对提高解题能力大有好处．

严格说来，此题有瑕疵．原题对△ABC 没做任何限制，意味着对任意三角形都成立．若△ABC 为等边三角形，则显然有 $\mathbf{0}=\overrightarrow{OH}=m(\overrightarrow{OA}+\overrightarrow{OB}+\overrightarrow{OC})=m\mathbf{0}$，此时 m 可为任何值．这可能会引起一些争议．

【例 3. 20】　求证：三角形中垂心 H、重心 G、外心 O 三点共线，且 $HG=2GO$.（欧拉线定理）

证明　如图 3-23，设 D 和 E 是 BC 和 AC 的中点，则$\overrightarrow{AB}=2\ \overrightarrow{ED}$，即$\overrightarrow{AH}+\overrightarrow{HB}=2\ \overrightarrow{EO}+2\ \overrightarrow{OD}$，所以$\overrightarrow{AH}=2\ \overrightarrow{OD}$，$\overrightarrow{HB}=2\ \overrightarrow{EO}$. 设 AD 交 HO 于 K，

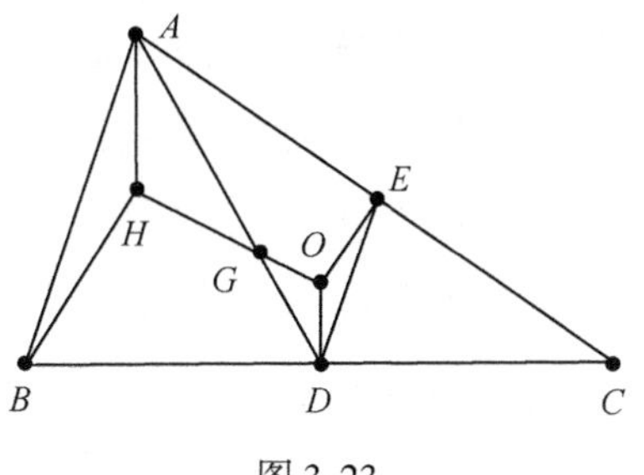

图 3-23

则由$\overrightarrow{AH}=2\overrightarrow{OD}$得$\overrightarrow{AK}+\overrightarrow{KH}=2\overrightarrow{OK}+2\overrightarrow{KD}$，所以$\overrightarrow{KH}=2\overrightarrow{OK}$，$\overrightarrow{AK}=2\overrightarrow{KD}$，原来所设的 K 就是重心 G，即$\overrightarrow{GH}=2\overrightarrow{OG}$. 顺便可得$\overrightarrow{OH}=3\overrightarrow{OG}=\overrightarrow{OA}+\overrightarrow{OB}+\overrightarrow{OC}$.

某些资料给出此题的下列向量证法，基本上就是综合几何证法的简单翻译.

证明 如图 3-24，作$\triangle ABC$的外接圆，延长 BO 交圆于 K，连接 AK，CK；BK 为直径，H 为垂心，则 $AK\perp AB$，$HC\perp AB$ 得 $AK/\!/HC$，同理 $CK/\!/AH$，所以 $AHCK$ 为平行四边形，从而有

$$\overrightarrow{OA}+\overrightarrow{OB}+\overrightarrow{OC}=\overrightarrow{OA}-\overrightarrow{OK}+\overrightarrow{OC}=\overrightarrow{KA}+\overrightarrow{OC}=\overrightarrow{CH}+\overrightarrow{OC}=\overrightarrow{OH};$$

而 $\overrightarrow{OG}=\frac{1}{3}(\overrightarrow{OA}+\overrightarrow{OB}+\overrightarrow{OC})$，所以 $\overrightarrow{OG}=\frac{1}{3}\overrightarrow{OH}$.

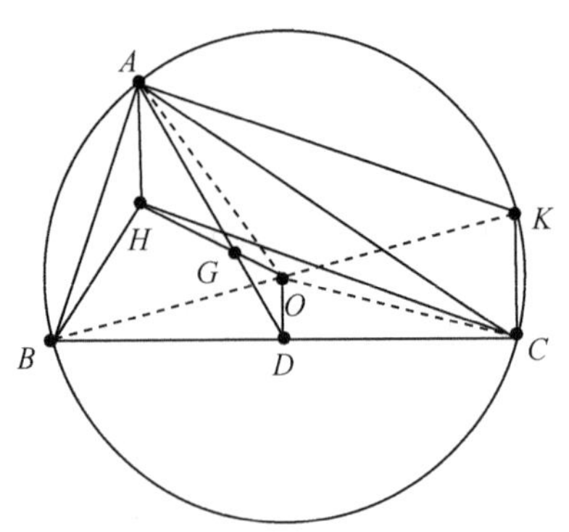

图 3-24

为什么说这种证法是综合几何证法的简单翻译呢？因为它没有突出向量的优势. 作出外接圆后，易得 $AH \underline{\parallel} 2OD$，立刻可得 $AG=2GD$，$HG=2GO$. 事实上，向量法也可以转化为纯几何方法（彭翕成，2012）

当然，我们要辩证地看待事物. 解题的方法多种多样，对于这些方法，我们平时都要进行专项训练，这样才能对各种方法的长短，做到心中有数. 而等到正式解题了，那就无须再受具体招式的限制. 只要能解决问题就是好方法. 所以在以后的解题当中，也不必过分拘束于单纯的向量方法，可结合图形性质，多种方法并用.

向量法是联系中学数学很多知识点的纽带，而向量法解题也确实能够做到把各种解题方法集于一身，值得重视.

【例 3.21】 已知△ABC 中，O 和 H 分别是外心和垂心．R 为其外接圆半径，试将 $AB^2+BC^2+CA^2+OH^2$ 写成关于 R 的函数．

证明 由例 3.19 得 $\overrightarrow{OH}=\overrightarrow{OA}+\overrightarrow{OB}+\overrightarrow{OC}$，那么

$$
\begin{aligned}
&AB^2+BC^2+CA^2+OH^2\\
=&(\overrightarrow{AO}+\overrightarrow{OB})^2+(\overrightarrow{BO}+\overrightarrow{OC})^2+(\overrightarrow{CO}+\overrightarrow{OA})^2+(\overrightarrow{OA}+\overrightarrow{OB}+\overrightarrow{OC})^2\\
=&9R^2.
\end{aligned}
$$

无须展开计算，稍作观察，就可知哪些项会被留下，哪些项会被消去．

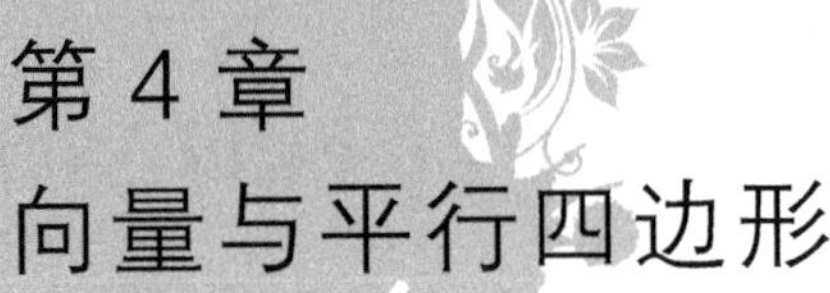

第4章 向量与平行四边形

向量一产生，最早赋予它的性质就是平行四边形法则，这说明向量与平行四边形有着天然的联系．

可以预见，使用向量可轻松推导出平行四边形的很多性质，而用向量法解平行四边形问题，也存在天然的便利（彭翕成，2009）．

本章将基于回路的思想，论证平行四边形相关性质以及求解平行四边形有关问题．希望能为向量与初中平面几何的结合作些探究，为建立符合教学需求的向量几何体系做些准备．

性质 平面上不共线四点 A，B，C，D，若满足$\overrightarrow{AB}=\overrightarrow{DC}$或$\overrightarrow{AD}=\overrightarrow{BC}$，则四边形 $ABCD$ 是平行四边形．

这是用向量定义平行四边形，用到平行四边形的性质：平行四边形的对边平行且相等．其中，$\overrightarrow{AB}=\overrightarrow{DC}$等价于 $B-A=C-D$，即 $D-A=C-B$，等价于$\overrightarrow{AD}=\overrightarrow{BC}$. 这样的变形，联系平行四边形的性质，一下就清楚了．

以平行四边形的符号表示而言，综合几何写作：$AB \mathrel{\underline{\underline{/\!/}}} DC$，其中“平行且相等”的符号一般不参与运算，使得$AB \mathrel{\underline{\underline{/\!/}}} DC$只是一个死的记号而已；而向量表示则不同，运算起来灵活多变，厉害得很!

基于定义，可推出平行四边形种种性质．

（1）两组对边分别平行的四边形是平行四边形.

证明　$\overrightarrow{AC}=\overrightarrow{AB}+\overrightarrow{BC}=\overrightarrow{AD}+\overrightarrow{DC}$，若 $AB\parallel DC$，$AD\parallel BC$，则$\overrightarrow{AB}=\overrightarrow{DC}$，$\overrightarrow{BC}=\overrightarrow{AD}$，所以四边形 $ABCD$ 是平行四边形.

（2）平行四边形对角线互相平分. 反之，对角线互相平分的四边形是平行四边形.

证明　如图 4-1，$\overrightarrow{AO}+\overrightarrow{OB}=\overrightarrow{AB}=\overrightarrow{DC}=\overrightarrow{DO}+\overrightarrow{OC}$；因为$\overrightarrow{AO}$和$\overrightarrow{OC}$共线，$\overrightarrow{DO}$和$\overrightarrow{OB}$共线，但$\overrightarrow{AO}$和$\overrightarrow{OB}$不共线，于是$\overrightarrow{AO}=\overrightarrow{OC}$，$\overrightarrow{OB}=\overrightarrow{DO}$. 反之，若$\overrightarrow{AO}=\overrightarrow{OC}$，$\overrightarrow{OB}=\overrightarrow{DO}$，则$\overrightarrow{AO}+\overrightarrow{OB}=\overrightarrow{DO}+\overrightarrow{OC}$，即$\overrightarrow{AB}=\overrightarrow{DC}$.

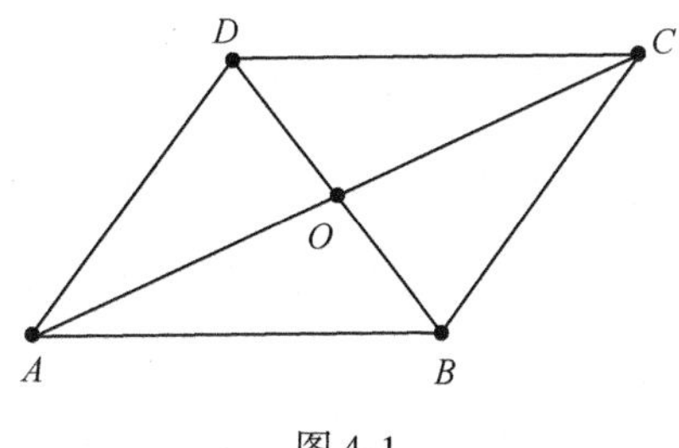

图 4-1

（3）顺次连接四边形中点所构成的图形为平行四边形.

证明　如图 4-2，

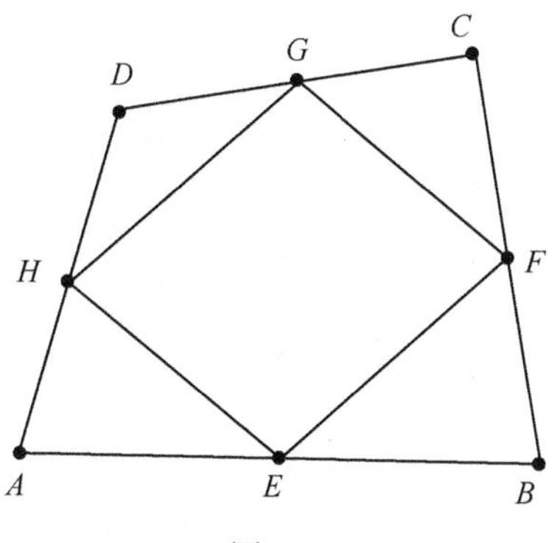

图 4-2

$$\overrightarrow{HE}=\overrightarrow{HA}+\overrightarrow{AE}=\frac{1}{2}\overrightarrow{DA}+\frac{1}{2}\overrightarrow{AB}=\frac{1}{2}\overrightarrow{DB}=\frac{1}{2}\overrightarrow{DC}+\frac{1}{2}\overrightarrow{CB}=\overrightarrow{GC}+\overrightarrow{CF}=\overrightarrow{GF}.$$

（4）平行四边形是中心对称图形，对称中心是两对角线的交点.

证明 如图 4-3，O 为平行四边形对角线交点，在此平行四边形 $ABCD$ 某边上任取点 P，直线 PO 与平行四边形相交得到一个新的交点 P'，则由$\overrightarrow{AO}=\overrightarrow{OC}$得$\overrightarrow{AP}+\overrightarrow{PO}=\overrightarrow{OP'}+\overrightarrow{P'C}$，所以$\overrightarrow{PO}=\overrightarrow{OP'}$.

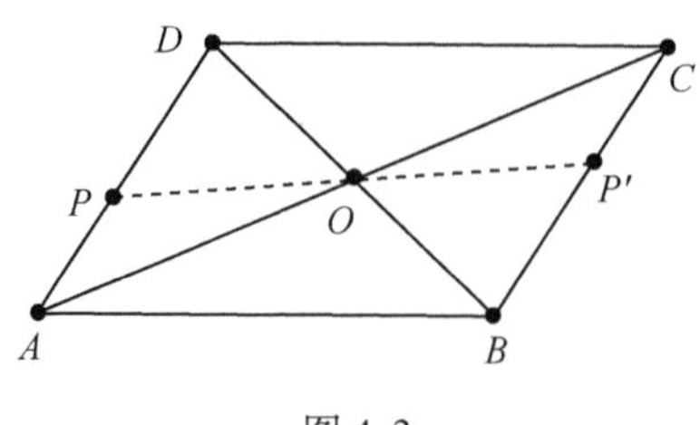

图 4-3

(5) 平行四边形的对角相等，两邻角互补.

证明 平行四边形 $ABCD$ 中，必有$\overrightarrow{AB}=\overrightarrow{DC}$，$\overrightarrow{BC}=\overrightarrow{AD}$，则$\overrightarrow{AB}\cdot\overrightarrow{BC}=\overrightarrow{DC}\cdot\overrightarrow{AD}$，$\angle ABC=\angle ADC$；同理 $\angle DAB=\angle DCB$；$\angle ABC+\angle ADC+\angle DAB+\angle DCB=360°$，所以 $\angle ABC+\angle DAB=180°$.

【例 4.1】 如图 4-4，平行四边形 $ABCD$ 的对角线交于点 O，过 O 作两条直线交四边得到 E，F，G，H 四点，求证：四边形 $EGFH$ 是平行四边形.

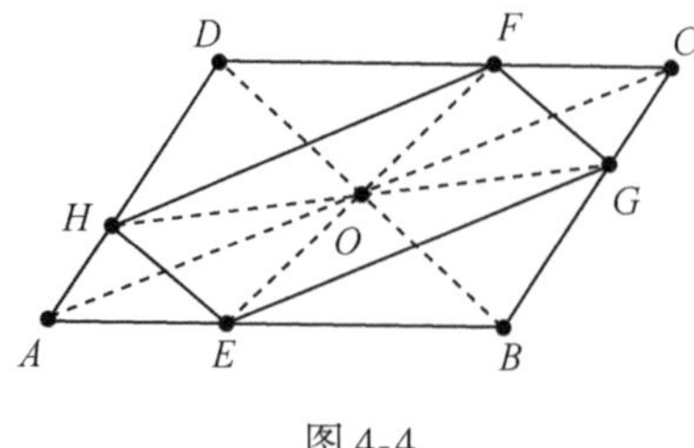

图 4-4

证明 $\overrightarrow{OA}=\overrightarrow{CO}$，即$\overrightarrow{OE}+\overrightarrow{EA}=\overrightarrow{CF}+\overrightarrow{FO}$，得$\overrightarrow{OE}=\overrightarrow{FO}$；同理$\overrightarrow{OH}=\overrightarrow{GO}$，所以四边形 $EGFH$ 是平行四边形.

【例 4.2】 如图 4-5，在平行四边形 $ABCD$ 中，$DE\perp AB$，$BF\perp CD$，$AG=HC$，求证：GH 和 EF 互相平分.

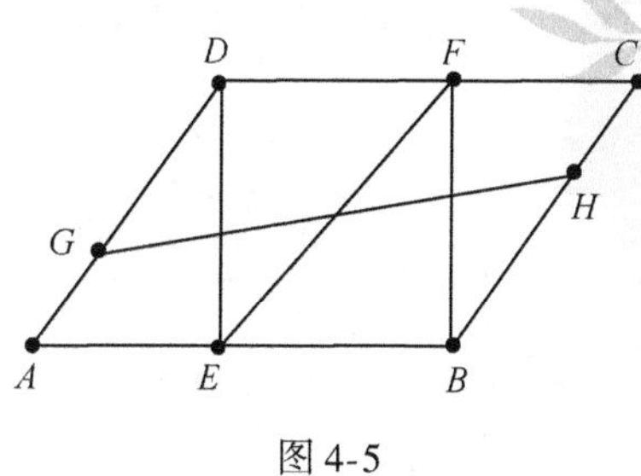

图 4-5

证法 1　由$\overrightarrow{AD}=\overrightarrow{BC}$，即$\overrightarrow{AE}+\overrightarrow{ED}=\overrightarrow{BF}+\overrightarrow{FC}$，得$\overrightarrow{AE}=\overrightarrow{FC}$；又由于$\overrightarrow{AG}=\overrightarrow{HC}$，所以$\overrightarrow{EG}=\overrightarrow{EA}+\overrightarrow{AG}=\overrightarrow{CF}+\overrightarrow{HC}=\overrightarrow{HF}$；四边形 $EHFG$ 是平行四边形，对角线互相平分．

证法 2　由$\overrightarrow{AD}=\overrightarrow{BC}$，即$\overrightarrow{AE}+\overrightarrow{ED}=\overrightarrow{BF}+\overrightarrow{FC}$，得$\overrightarrow{AE}=\overrightarrow{FC}$；又由于$\overrightarrow{AG}=\overrightarrow{HC}$，所以$\overrightarrow{EG}=\overrightarrow{EA}+\overrightarrow{AG}=\overrightarrow{CF}+\overrightarrow{HC}=\overrightarrow{HF}$；设 GH 与 EF 交于点 O，由 $\overrightarrow{EG}=\overrightarrow{HF}$ 得 $\overrightarrow{EO}+\overrightarrow{OG}=\overrightarrow{OF}+\overrightarrow{HO}$，所以 $EO=OF$，$GO=OH$.

【例 4.3】　如图4-6，四边形 $ABCD$ 中，点 E 和 F 分别是 CD 和 AB 的中点，AE，DF，BE，CF 四边中点是 G，H，I，J，求证：四边形 $GHIJ$ 为平行四边形．

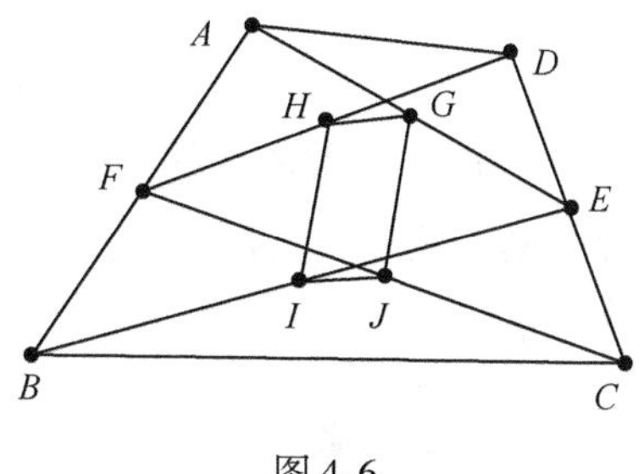

图 4-6

证明　由向量形式的四边形中位线公式得 $2\overrightarrow{HG}=\overrightarrow{DA}+\overrightarrow{FE}$，$2\overrightarrow{JI}=\overrightarrow{CB}+\overrightarrow{FE}$，$2\overrightarrow{FE}=\overrightarrow{AD}+\overrightarrow{BC}$，三式相加得$\overrightarrow{HG}+\overrightarrow{JI}=\mathbf{0}$，所以四边形 $GHIJ$ 为平行四边形．

【例 4.4】　如图4-7，已知 D，E，F 是$\triangle ABC$ 三边的中点，四边

形 $BFGD$ 是平行四边形，求证：四边形 $ECGA$ 是平行四边形．

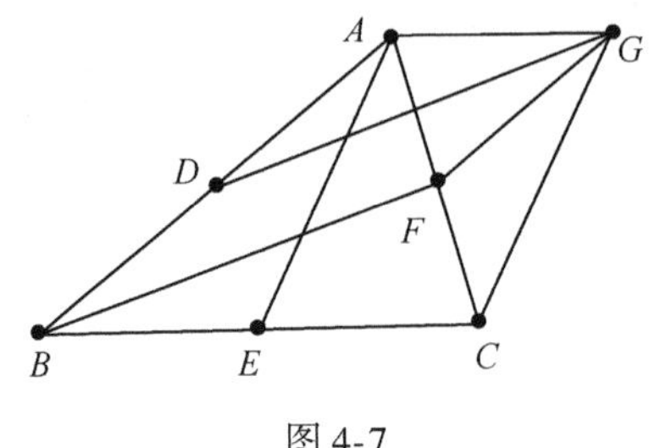

图 4-7

证明 $\overrightarrow{CG}=\overrightarrow{CF}+\overrightarrow{FG}=\frac{1}{2}\overrightarrow{CA}+\frac{1}{2}\overrightarrow{BA}=\overrightarrow{EA}.$

【例 4.5】 四边形 $ABCD$，$AEFG$，$ADFH$，$FIJE$ 和 $BIJC$ 都是平行四边形，求证：四边形 $AFHG$ 也是平行四边形．

分析 此题牵涉如此多平行四边形，画图都是麻烦；但利用向量来解，就如同解代数方程一样，一步步减少未知数个数即可．

证明 由题意得 $\overrightarrow{AB}=\overrightarrow{DC}$，$\overrightarrow{AE}=\overrightarrow{GF}$，$\overrightarrow{AD}=\overrightarrow{HF}$，$\overrightarrow{FI}=\overrightarrow{EJ}$，$\overrightarrow{BI}=\overrightarrow{CJ}$，要求证 $\overrightarrow{AF}=\overrightarrow{GH}$.

由 $\overrightarrow{AE}=\overrightarrow{GF}$，$\overrightarrow{AD}=\overrightarrow{HF}$ 得 $\overrightarrow{DE}=\overrightarrow{GH}$；由 $\overrightarrow{FI}=\overrightarrow{EJ}$，$\overrightarrow{BI}=\overrightarrow{CJ}$ 得 $\overrightarrow{BF}=\overrightarrow{CE}$；

由 $\overrightarrow{AB}=\overrightarrow{DC}$，$\overrightarrow{BF}=\overrightarrow{CE}$ 得 $\overrightarrow{AF}=\overrightarrow{DE}$；所以 $\overrightarrow{AF}=\overrightarrow{GH}$.

【例 4.6】 如图 4-8，在矩形 $ABCD$ 的四边上分别取点 K，L，M，N，已知 $KL/\!/MN$，$KM\perp NL$. 求证：NL 和 MK 的交点在 BD 上.（1991 年全苏数学奥林匹克竞赛题）

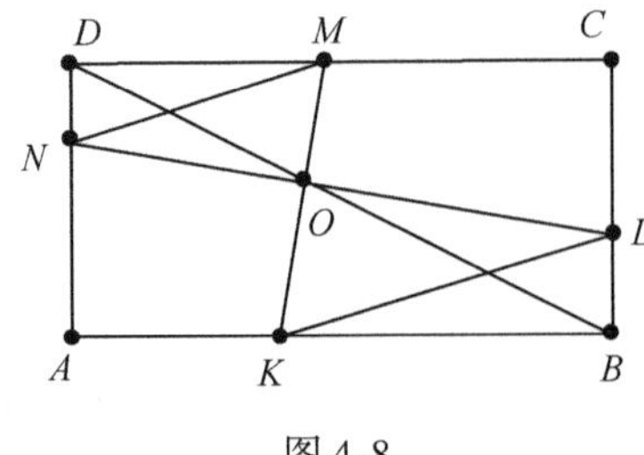

图 4-8

证明　设 NL 和 MK 的交点为 O，由 $KL /\!/ MN$ 得 $\overrightarrow{KL}=k\overrightarrow{NM}$，则 $\overrightarrow{KO}+\overrightarrow{OL}=k(\overrightarrow{NO}+\overrightarrow{OM})$，$\overrightarrow{KB}+\overrightarrow{BL}=k(\overrightarrow{ND}+\overrightarrow{DM})$，可得 $\overrightarrow{KO}=k\overrightarrow{OM}$，$\overrightarrow{KB}=k\overrightarrow{DM}$，从而 $\overrightarrow{KO}-\overrightarrow{KB}=k\overrightarrow{OM}-k\overrightarrow{DM}$，所以 $\overrightarrow{BO}=k\overrightarrow{OD}$，从而可得 NL 和 MK 的交点在 BD 上.

注：矩形 $ABCD$ 可推广为平行四边形 $ABCD$，条件 $KM\perp NL$ 多余.

【例 4.7】　如图 4-9，过平行四边形 $ABCD$ 的 4 个顶点向直线 MN 作垂线段，垂足分别为 E，F，G，H，求证：$HE=FG$；$AE-DH=CF-BG$.

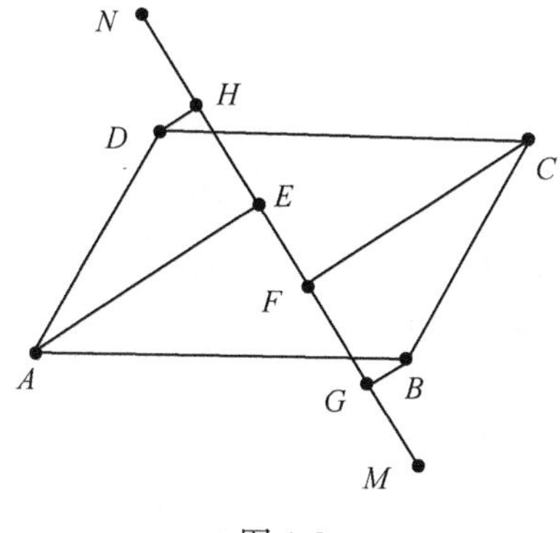

图 4-9

证明　由 $\overrightarrow{AD}=\overrightarrow{BC}$ 即 $\overrightarrow{AE}+\overrightarrow{EH}+\overrightarrow{HD}=\overrightarrow{BG}+\overrightarrow{GF}+\overrightarrow{FC}$，得 $\overrightarrow{AE}+\overrightarrow{HD}=\overrightarrow{BG}+\overrightarrow{FC}$，$\overrightarrow{EH}=\overrightarrow{GF}$，所以 $HE=FG$，$AE-DH=CF-BG$.

【例 4.8】　如图 4-10，平行四边形 $ABCD$ 中，$AE\perp BD$ 于 E，$CF\perp BD$ 于 F，求证：$AE=CF$.

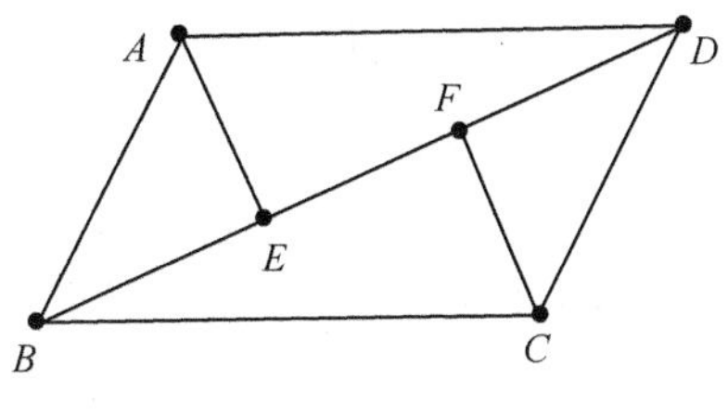

图 4-10

证明 由$\overrightarrow{AD}=\overrightarrow{BC}$，即$\overrightarrow{AE}+\overrightarrow{ED}=\overrightarrow{BF}+\overrightarrow{FC}$，所以$AE=CF$.

以上给出的例题难度不大，但足以说明向量解题的优越性．例4.8可看作例4.7的特例，常被选作全等三角形教学中例题．与综合几何证法相比，向量证题显得简洁．其原因也很简单，综合几何中，要证两条线段相等，首先要证线段所在的两个三角形全等，而证全等通常又得找三个相关条件，使得证题过程变得复杂，这就是综合几何证题常有的弊病："证一找三"，这中间明显信息不对等．而向量法则要简单一些，根据关系列出等式，分解后立刻可得所需结论．

例4.7用"如图4-9"来简化几何关系．若不然，随着直线MN位置不同，线段的长度关系也在发生变化，需要讨论，但其向量关系始终有效，例4.9和例4.10就是这样的例子．

【例4.9】 如图4-11，在正方形$ABCD$中，点E是BC上一动点，点F是AC中点，连接DE，作$AG\perp DE$，$FH\perp DE$，$CI\perp DE$．探究AG，FH，CI这三条线段长度之间的关系？

解 $2\overrightarrow{FH}=(\overrightarrow{FA}+\overrightarrow{AG}+\overrightarrow{GH})+(\overrightarrow{FC}+\overrightarrow{CI}+\overrightarrow{IH})=\overrightarrow{AG}+\overrightarrow{GH}+\overrightarrow{CI}+\overrightarrow{IH}$，即$2\overrightarrow{FH}-\overrightarrow{AG}-\overrightarrow{CI}=\overrightarrow{GH}+\overrightarrow{IH}$，由于$\overrightarrow{FH}$，$\overrightarrow{AG}$，$\overrightarrow{CI}$共线，$\overrightarrow{GH}$和$\overrightarrow{IH}$共线，所以$2\overrightarrow{FH}-\overrightarrow{AG}-\overrightarrow{CI}=\mathbf{0}$．当点$E$在$BC$延长线上时，$2FH=AG+CI$；当点$E$在$BC$上时，$2FH=AG-CI$；当点$E$在$CB$延长线上时，$2FH=CI-AG$.

显然题目中正方形可以推广到平行四边形．

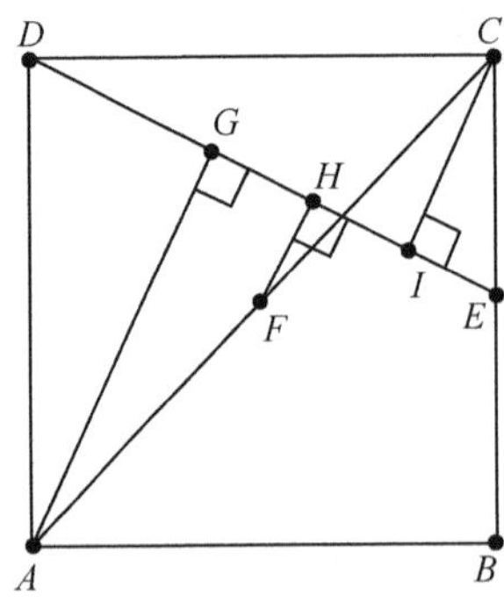

图4-11

【例 4.10】 如图 4-12，设 AC 是平行四边形 $ABCD$ 的长对角线，作 $CE\perp AB$，$CF\perp AD$，求证：$AB\cdot AE+AD\cdot AF=AC^2$.

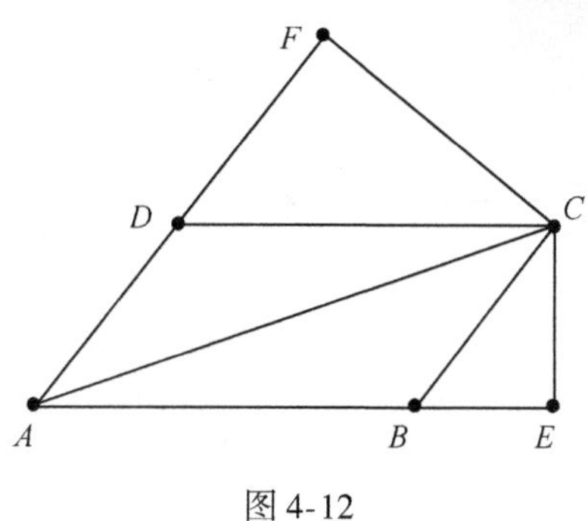

图 4-12

证明 $AC^2=\overrightarrow{AC}^2=\overrightarrow{AC}\cdot(\overrightarrow{AB}+\overrightarrow{AD})=AB\cdot AE+AD\cdot AF.$

注意：题目强调 AC 是长对角线，如果 AC 是较短的对角线又如何？分为两种情形，如图 4-13，点 C 在 AB 和 AD 上的射影都在 AB 和 AD 线段上(包括端点)，则仍然有结论 $AB\cdot AE+AD\cdot AF=AC^2$. 如图 4-14,点 C 在 AB(或 AD) 上的射影在 AB(或 AD) 延长线上，则结论改为 $AD\cdot AF-AB\cdot AE=AC^2$(或 $AB\cdot AE-AD\cdot AF=AC^2$). 与其分情况这么复杂，不如写成向量形式 $\overrightarrow{AC}^2=\overrightarrow{AB}\cdot\overrightarrow{AE}+\overrightarrow{AD}\cdot\overrightarrow{AF}$作一个统一.

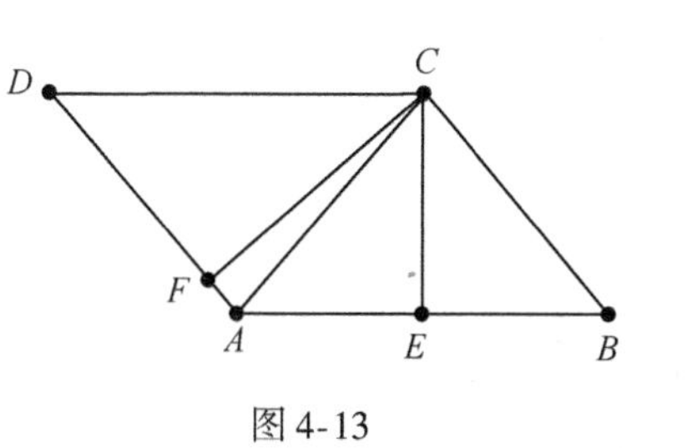

图 4-13

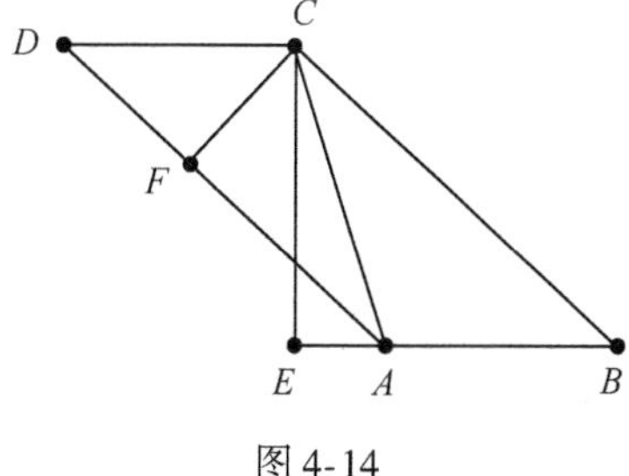

图 4-14

【例 4.11】 如图 4-15，AB 是圆 O 的直径，过 A 和 B 引两条弦 AD 和 BE 交于 C，求证：$AB^2=AD\cdot AC+BE\cdot BC$.

证明 $AB^2=\overrightarrow{AB}^2=\overrightarrow{AB}\cdot(\overrightarrow{AC}+\overrightarrow{CB})=\overrightarrow{AD}\cdot\overrightarrow{AC}+\overrightarrow{EB}\cdot\overrightarrow{CB}=AD\cdot AC+BE\cdot BC.$

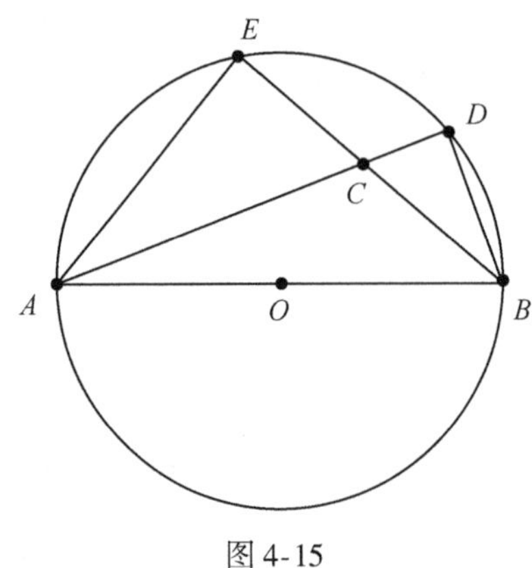

图 4-15

例 4.11 也是因为有“如图 4-15”来简化几何关系．否则，各种情况是复杂的，用向量法则可省事不少．

【例 4.12】 BD 和 CE 是 $\triangle ABC$ 的两条高，探究 BC^2，$BE\cdot BA$，$CD\cdot CA$ 之间的关系．

证明　（1）如图 4-16，如果 $\triangle ABC$ 是锐角三角形，则

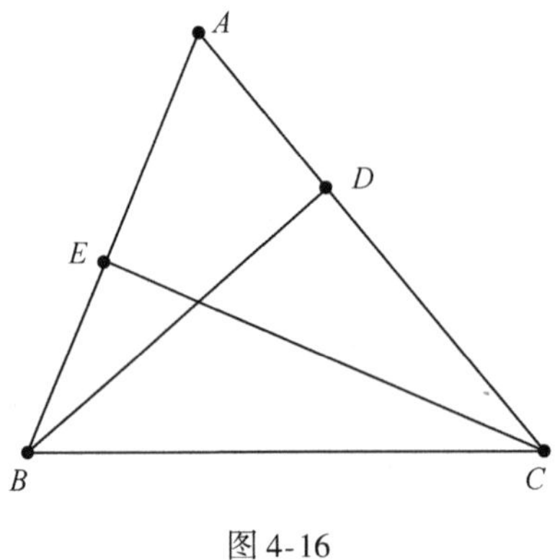

图 4-16

$$BC^2=\overrightarrow{BC}\cdot\overrightarrow{BC}=\overrightarrow{BC}\cdot(\overrightarrow{BA}+\overrightarrow{AC})=BE\cdot BA+CD\cdot CA.$$

（2）如图 4-17，如果△ABC 是直角三角形，此时有两种情形，若∠A 是直角，则

$$BC^2=\overrightarrow{BC}\cdot\overrightarrow{BC}=\overrightarrow{BC}\cdot(\overrightarrow{BA}+\overrightarrow{AC})=BA^2+AC^2,$$

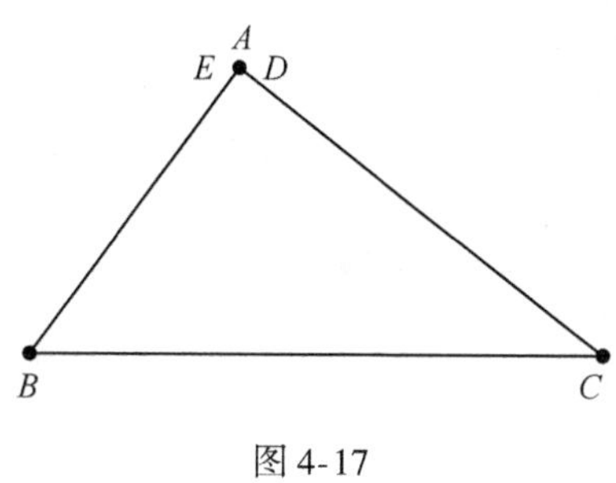

图 4-17

此即勾股定理；

如图 4-18，若∠C（或∠B）是直角，则

$$BC^2=\overrightarrow{BC}\cdot\overrightarrow{BC}=\overrightarrow{BC}\cdot(\overrightarrow{BA}+\overrightarrow{AC})=BE\cdot BA,$$

此即射影定理.

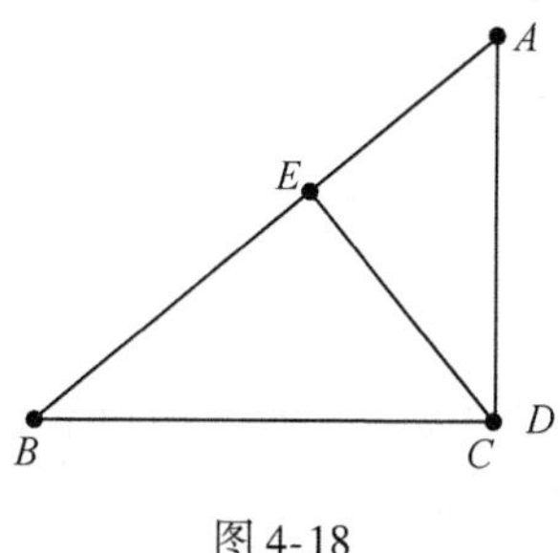

图 4-18

（3）如果△ABC 是钝角三角形，此时有两种情形，若∠A 是钝角，如图 4-19，则

$$BC^2=\overrightarrow{BC}\cdot\overrightarrow{BC}=\overrightarrow{BC}\cdot(\overrightarrow{BA}+\overrightarrow{AC})=BE\cdot BA+CD\cdot CA;$$

若∠C（或∠B）是钝角，如图 4-20，则

$$\overrightarrow{BC}\cdot\overrightarrow{BC}=\overrightarrow{BC}\cdot(\overrightarrow{BA}+\overrightarrow{AC})=BE\cdot BA-CD\cdot CA.$$

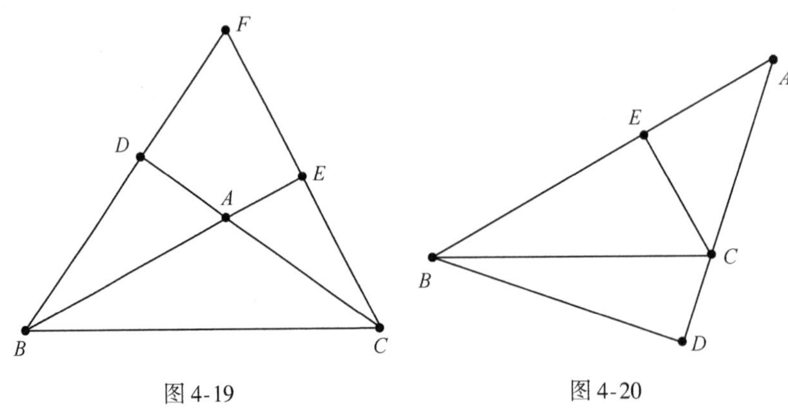

图 4-19　　图 4-20

【例 4.13】 如图 4-21，△ACD 中，E 和 F 分别为 AD 和 CD 的中点，R 和 T 分别为 AC 三等分点，ER 与 FT 交于 B，求证：四边形 $ABCD$ 是平行四边形.

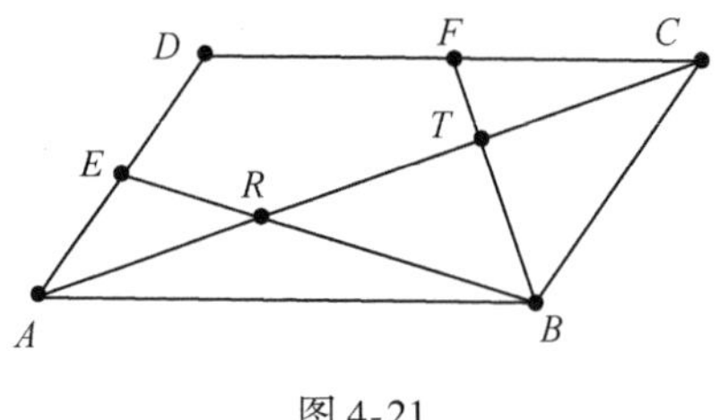

图 4-21

强调：看到此题，切莫以为是第一版前言中已经出现过的那道题.两个问题看似只不过条件和结论调换了一下，但题目步骤却要长不少！

证明 $\overrightarrow{EF}=\overrightarrow{ED}+\overrightarrow{DF}=\frac{1}{2}(\overrightarrow{AD}+\overrightarrow{DC})=\frac{1}{2}\overrightarrow{AC}=\frac{3}{2}\overrightarrow{RT}$，即 $\overrightarrow{EB}+\overrightarrow{BF}=\frac{3}{2}(\overrightarrow{RB}+\overrightarrow{BT})$，则 $\overrightarrow{BF}=\frac{3}{2}\overrightarrow{BT}$，$\overrightarrow{FT}=\frac{1}{2}\overrightarrow{TB}$，所以 $\overrightarrow{FC}=\overrightarrow{FT}+\overrightarrow{TC}=\frac{1}{2}(\overrightarrow{TB}+\overrightarrow{AT})=\frac{1}{2}\overrightarrow{AB}$，$\overrightarrow{AB}=\overrightarrow{DC}$，所以四边形 $ABCD$ 是平行四边形.

【例 4.14】 如图 4-22，在四边形 $PQRS$ 的四边上各有一点 A，B，C，D，已知 $ABCD$ 是平行四边形而且其对角线与 $PQRS$ 的对角线(共四

条线）交于一点 O. 求证四边形 $PQRS$ 是平行四边形.（1978 年北京竞赛题）

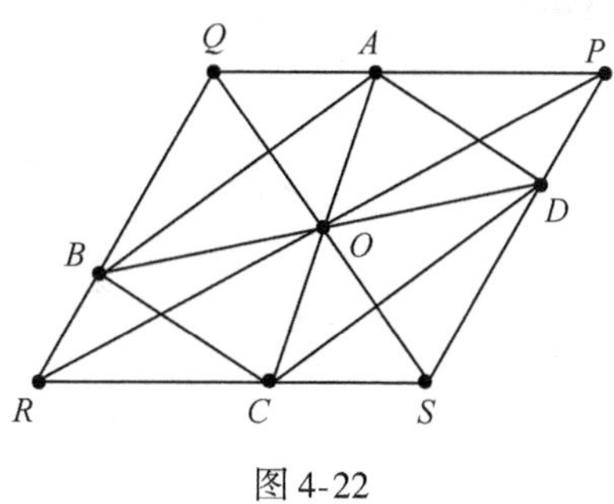

图 4-22

强调：切莫将此题与本章的例 4.1 混淆，条件和结论调换了顺序，题目的难度相差很多. 看似简单的事情，说清楚却并不容易.

证法 1　反证法. 如图 4-23，若四边形 $PQRS$ 不是平行四边形，则其对角线不能互相平分，OQ 和 OS 与 OP 和 OR 两段线段中至少有一对不相等. 不妨设 $OR<OP$，$OQ\leqslant OS$，在 OP 上截取 $OL=OR$，在 OS 上截取 $OM=OQ$（M 可能与 S 重合）. 由 $\overrightarrow{OB}=\overrightarrow{DO}$ 即 $\overrightarrow{OR}+\overrightarrow{RB}=\overrightarrow{DL}+\overrightarrow{LO}$ 可得 $\overrightarrow{RB}=\overrightarrow{DL}$；同理 $\overrightarrow{QB}=\overrightarrow{DM}$，所以 L，D，M 三点共线，L 和 M 应该在 SP 的两侧，产生矛盾，所以四边形 $PQRS$ 是平行四边形.

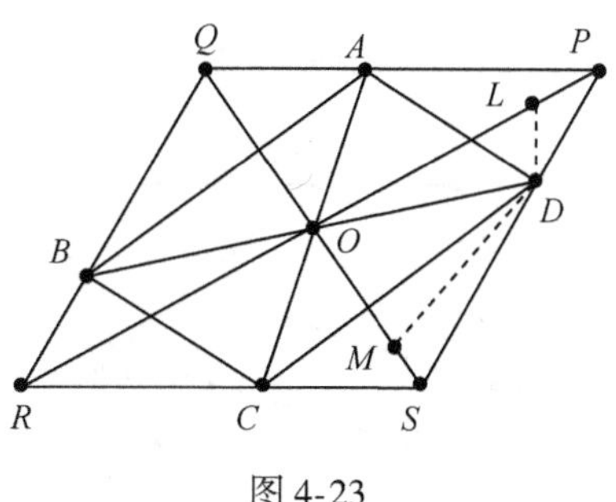

图 4-23

证法 2　反证法. 如图 4-24，若四边形 $PQRS$ 不是平行四边形，则其对角线不能互相平分，OQ 和 OS 与 OP 和 OR 两段线段中至少有一对不相等. 不妨设 $OR<OP$，$OQ\leqslant OS$，在 OP 上截取 $OL=OR$，在 OS

上截取 $OM=OQ$(M 可能与 S 重合),则 $QRML$ 是平行四边形. 设 ML 交 OD 于 N,由$\overrightarrow{OQ}=\overrightarrow{MO}$即$\overrightarrow{OB}+\overrightarrow{BQ}=\overrightarrow{MN}+\overrightarrow{NO}$可得$\overrightarrow{OB}=\overrightarrow{NO}$,这与$\overrightarrow{OB}=\overrightarrow{DO}$矛盾,所以四边形 $PQRS$ 是平行四边形.

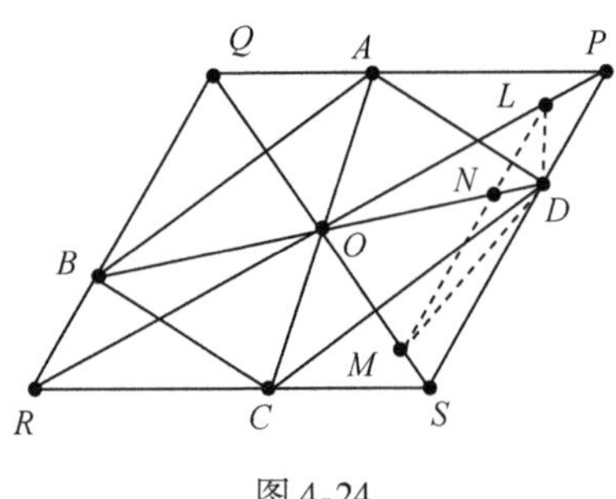

图 4-24

证法 3 正面证法. 设 $RO=uOP$,$SO=vOQ$,不妨设 $u\geqslant v\geqslant 1$.

$$uvS_{\triangle POQ}=S_{\triangle ROS}=S_{\triangle ROC}+S_{\triangle SOC}=uS_{\triangle AOP}+vS_{\triangle AOQ}\leqslant uS_{\triangle POQ},$$

所以 $uv\leqslant u$,推出 $v\leqslant 1$,从而 $v=1$,即$\overrightarrow{SO}=\overrightarrow{OQ}$,于是 $\overrightarrow{SC}=\overrightarrow{SO}+\overrightarrow{OC}=\overrightarrow{OQ}+\overrightarrow{AO}=\overrightarrow{AQ}$,同理$\overrightarrow{SD}=\overrightarrow{BQ}$. 所以四边形 $PQRS$ 是平行四边形.

【例 4.15】 如图 4-25,设 $ABCD$ 是一个平行四边形,E,F,G,H 分别是 AB,BC,CD,DA 上的任意一点,I,J,K,L 分别是 $\triangle AEH$,$\triangle BEF$,$\triangle CFG$,$\triangle DGH$ 的外心,求证:四边形 $IJKL$ 为平行四边形.(1992 年莫斯科世界城市联赛试题)

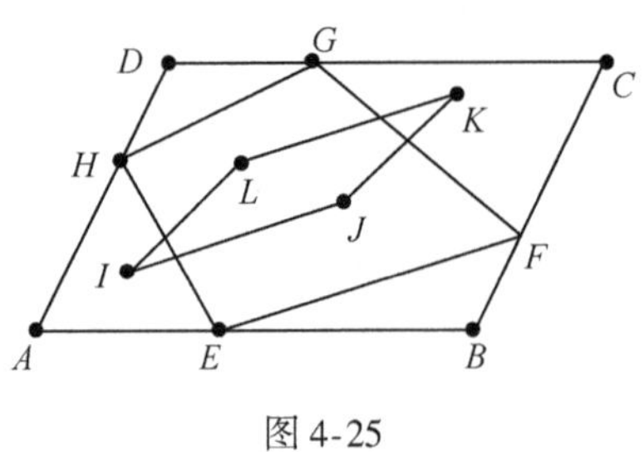

图 4-25

证明 设 $\boldsymbol{u}=\overrightarrow{LK}-\overrightarrow{IJ}$,则

$$\boldsymbol{u}\cdot\overrightarrow{AB}=\overrightarrow{LK}\cdot\overrightarrow{DC}-\overrightarrow{IJ}\cdot\overrightarrow{AB}=(\overrightarrow{LG}+\overrightarrow{GK})\cdot\overrightarrow{DC}-(\overrightarrow{IE}+\overrightarrow{EJ})\cdot\overrightarrow{AB}$$

$$=\frac{1}{2}DC^2-\frac{1}{2}AB^2=0,$$

故 $\boldsymbol{u}\perp\overrightarrow{AB}$.

$$\begin{aligned}\boldsymbol{u}\cdot\overrightarrow{AD}&=\overrightarrow{LK}\cdot\overrightarrow{AD}-\overrightarrow{IJ}\cdot\overrightarrow{AD}\\&=(\overrightarrow{LD}+\overrightarrow{DC}+\overrightarrow{CK})\cdot\overrightarrow{AD}-(\overrightarrow{IA}+\overrightarrow{AB}+\overrightarrow{BJ})\cdot\overrightarrow{AD}\\&=\frac{1}{2}HD\cdot AD-\frac{1}{2}CF\cdot BC-\left(-\frac{1}{2}AH\cdot AD+\frac{1}{2}BF\cdot BC\right)\\&=0,\end{aligned}$$

故 $\boldsymbol{u}\perp\overrightarrow{AD}$.

由于$\overrightarrow{AB}$和$\overrightarrow{AD}$不共线，所以 $\boldsymbol{u}=\boldsymbol{0}$，即$\overrightarrow{LK}=\overrightarrow{IJ}$，所以四边形 $IJKL$ 为平行四边形.

【例 4.16】　如图4-26，设 E 为平行四边形 $ABCD$ 所在平面上的一点，证明：$AE^2+CE^2-BE^2-DE^2$ 的值与点 E 的位置无关，即 $EA^2+EC^2-EB^2-ED^2=2\overrightarrow{AB}\cdot\overrightarrow{AD}$.

证法 1　由$\overrightarrow{DE}+\overrightarrow{EC}=\overrightarrow{AE}+\overrightarrow{EB}$ 得 $\overrightarrow{AE}=\overrightarrow{DE}+\overrightarrow{EC}+\overrightarrow{BE}$.

$$\begin{aligned}AE^2&=(\overrightarrow{DE}+\overrightarrow{EC}+\overrightarrow{BE})^2\\&=DE^2+EC^2+BE^2+2\overrightarrow{DE}\cdot\overrightarrow{EC}+2\overrightarrow{DE}\cdot\overrightarrow{BE}+2\overrightarrow{EC}\cdot\overrightarrow{BE},\end{aligned}$$

$$\begin{aligned}EA^2+EC^2-EB^2-ED^2&=2EC^2+2\overrightarrow{DE}\cdot\overrightarrow{EC}+2\overrightarrow{DE}\cdot\overrightarrow{BE}+2\overrightarrow{EC}\cdot\overrightarrow{BE}\\&=2(\overrightarrow{EC}+\overrightarrow{BE})\cdot(\overrightarrow{EC}+\overrightarrow{DE})=2\overrightarrow{AB}\cdot\overrightarrow{AD}.\end{aligned}$$

证法 2　设 AB 和 DC 中点为 F 和 G，则

$$\begin{aligned}AE^2+CE^2-BE^2-DE^2&=(AE^2-BE^2)+(CE^2-DE^2)\\&=2\overrightarrow{AB}\cdot\overrightarrow{FE}+2\overrightarrow{CD}\cdot\overrightarrow{GE}\\&=2\overrightarrow{AB}\cdot\overrightarrow{FE}+2\overrightarrow{AB}\cdot\overrightarrow{EG}=2\overrightarrow{AB}\cdot\overrightarrow{FG}\\&=2\overrightarrow{AB}\cdot\overrightarrow{AD},\end{aligned}$$

显然与点 E 的位置无关.

最直接的方法还是使用点几何：

$$(A-E)^2+(C-E)^2-(B-E)^2-(A+C-B-E)^2=2(A-B)\cdot(B-C).$$

可进一步求出$\overrightarrow{AB}\cdot\overrightarrow{AD}=\frac{1}{4}(AC^2-BD^2)$. 当四边形 $ABCD$ 是矩形时,

$$AE^2+CE^2=BE^2+DE^2.$$

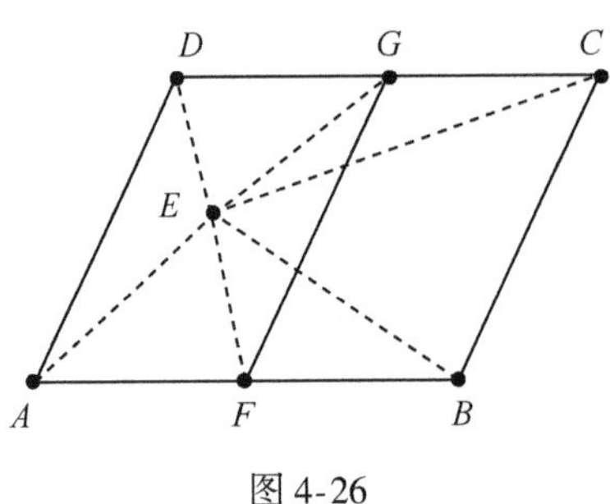

图 4-26

【例 4.17】 如图4-27,过平行四边形 $ABCD$ 的顶点 A 作圆,分别交 AB,AC,AD 于 E,G,F,求证:$AG\cdot AC=AE\cdot AB+AF\cdot AD$.

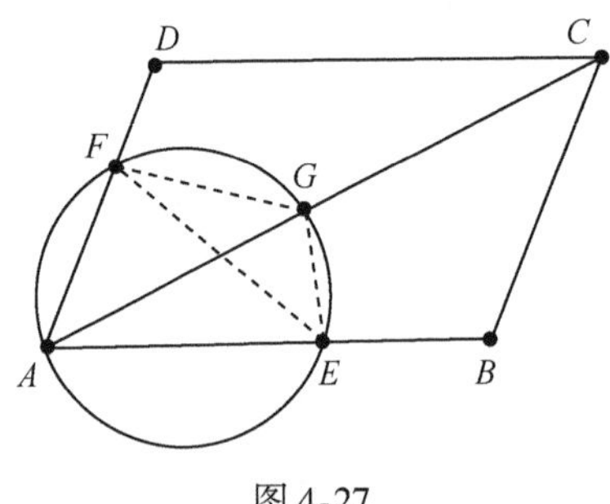

图 4-27

证法 1 $AG\cdot AC=AE\cdot AB+AF\cdot AD$

$$\Leftrightarrow \overrightarrow{AG}\cdot\overrightarrow{AC}=\overrightarrow{AE}\cdot\overrightarrow{AB}+\overrightarrow{AF}\cdot\overrightarrow{AD}$$

$$\Leftrightarrow \overrightarrow{AG}\cdot(\overrightarrow{AB}+\overrightarrow{AD})=\overrightarrow{AE}\cdot\overrightarrow{AB}+\overrightarrow{AF}\cdot\overrightarrow{AD}$$

$$\Leftrightarrow \overrightarrow{AB}\cdot\overrightarrow{EG}=\overrightarrow{AD}\cdot\overrightarrow{GF}\Leftrightarrow AB\cdot EG=AD\cdot GF$$

$$\Leftrightarrow \frac{AD}{AB}=\frac{EG}{GF}\Leftrightarrow\frac{BC}{AB}=\frac{\sin\angle GFE}{\sin\angle GEF}\Leftrightarrow\frac{\sin\angle CAB}{\sin\angle ACB}=\frac{\sin\angle GFE}{\sin\angle GEF}.$$

证法 2 由 $\angle CAB=\angle EFG$,$\angle CBA=\angle EGF$,得 $\triangle CAB\sim\triangle EFG$,于是 $\frac{CA}{EF}=\frac{AB}{FG}=\frac{CB}{EG}$. 由托勒密定理可得 $AG\cdot EF=AE\cdot FG+AF\cdot EG$,所以

$AG \cdot EF \cdot \frac{CA}{EF}=AE \cdot FG \cdot \frac{AB}{FG}+AF \cdot EG \cdot \frac{CB}{EG}$，即 $AG \cdot AC=AE \cdot AB+AF \cdot AD$.

证法 3　设 AK 是直径，则 $AG \cdot AC=\overrightarrow{AK} \cdot \overrightarrow{AC}=\overrightarrow{AK} \cdot (\overrightarrow{AB}+\overrightarrow{AD})=AE \cdot AB+AF \cdot AD$.

证法 1 是希望利用向量的平行四边形法则来分解化简，与证法 2 相比并没有优势．因为证法 2 将三角形相似和托勒密定理一组合，马上得到结论．而证法 3 是最优的，既利用向量的平行四边形法则，又充分利用向量投影的性质，可谓一剑封喉．

反思后发现，用证法 3 可推出本题结论，而该结论再结合三角形相似就等价于托勒密定理．也就是说，我们找到了托勒密定理的一种证法（彭翕成，2014b）．

如图 4-27，过平行四边形 $ABCD$ 的顶点 A 作圆，分别交 AB，AC，AD 于 E，G，F，求证：$AG \cdot EF=AE \cdot FG+AF \cdot EG$.

证明　由 $\angle CAB=\angle EFG$，$\angle CBA=\angle EGF$，得 $\triangle CAB \backsim \triangle EFG$，于是 $\frac{CA}{EF}=\frac{AB}{FG}=\frac{CB}{EG}$. 设 AK 是直径，则

$$AG \cdot AC=\overrightarrow{AK} \cdot \overrightarrow{AC}=\overrightarrow{AK} \cdot (\overrightarrow{AB}+\overrightarrow{AD})=AE \cdot AB+AF \cdot AD,$$

所以

$$AG \cdot EF \cdot \frac{CA}{EF}=AE \cdot FG \cdot \frac{AB}{FG}+AF \cdot EG \cdot \frac{CB}{EG},\text{即 } AG \cdot EF=AE \cdot FG+AF \cdot EG.$$

下面两题是向量投影的应用案例．

【例 4.18】　如图 4-28，在 $\triangle ABC$ 中，M 为 BC 中点，N，P，Q 分别在 AM，AB，AC 上，且 A，P，N，Q 四点共圆，求证：$AP \cdot AB+AQ \cdot AC=2AN \cdot AM$.

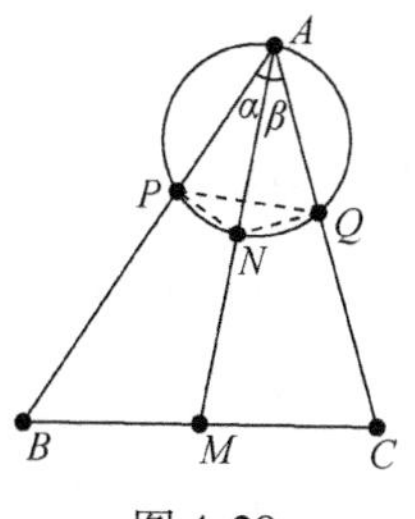

图 4-28

证法 1 设 $\angle BAM=\alpha$，$\angle CAM=\beta$，由 $S_{\triangle ABC}=2S_{\triangle ABM}=2S_{\triangle ACM}$ 得 $\frac{1}{2}AB\cdot AC\sin(\alpha+\beta)=AB\cdot AM\sin\alpha=AM\cdot AC\sin\beta$，于是 $\frac{\sin\alpha}{\sin(\alpha+\beta)}=\frac{AC}{2AM}$，$\frac{\sin\beta}{\sin(\alpha+\beta)}=\frac{AB}{2AM}$. 由正弦定理得 $\frac{NP}{\sin\alpha}=\frac{NQ}{\sin\beta}=\frac{PQ}{\sin(\alpha+\beta)}$. 由托勒密定理得 $AN\cdot PQ=AP\cdot NQ+AQ\cdot NP$，于是

$$AN=AP\cdot\frac{NQ}{PQ}+AQ\cdot\frac{NP}{PQ}=AP\cdot\frac{\sin\beta}{\sin(\alpha+\beta)}+AQ\cdot\frac{\sin\alpha}{\sin(\alpha+\beta)}$$
$$=AP\cdot\frac{AB}{2AM}+AQ\cdot\frac{AC}{2AM},$$

所以

$$AP\cdot AB+AQ\cdot AC=2AN\cdot AM.$$

证法 2 设 AK 是直径，由 $\overrightarrow{AB}+\overrightarrow{AC}=2\overrightarrow{AM}$ 得

$\overrightarrow{AB}\cdot\overrightarrow{AK}+\overrightarrow{AC}\cdot\overrightarrow{AK}=2\overrightarrow{AM}\cdot\overrightarrow{AK}$，即 $AP\cdot AB+AQ\cdot AC=2AN\cdot AM$.

看到圆，想到托勒密定理．然后利用正弦定理和面积关系进行边角转化，这也属于自然的想法．但不料此题还有更简单、更巧妙的解法，只用到一点点向量投影的知识，就轻松秒杀了．

【例 4.19】 如图 4-29，在 $\triangle ABC$ 内有点 O，以 O 为圆心、OA 为半径作圆交 AB 于 D，交 AC 于 E，AO 交 BC 于 F，若 $\angle AFC=60°$，求证：$AD\cdot AB-AE\cdot AC=AO\cdot BC$.

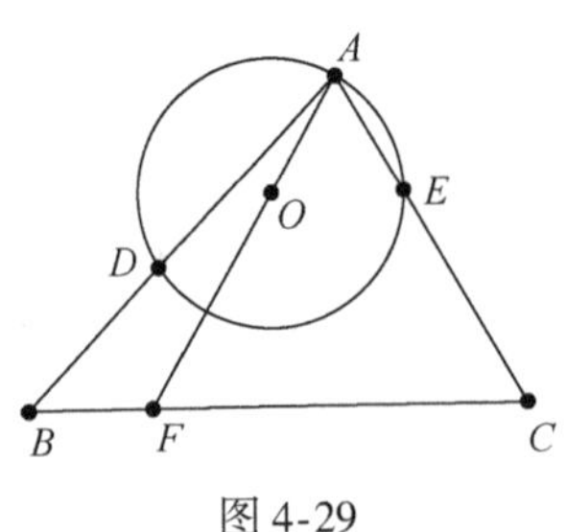

图 4-29

证明 $AD\cdot AB-AE\cdot AC=\overrightarrow{AD}\cdot\overrightarrow{AB}-\overrightarrow{AE}\cdot\overrightarrow{AC}=2\overrightarrow{AO}\cdot\overrightarrow{AB}-2\overrightarrow{AO}\cdot\overrightarrow{AC}$

$$=2\overrightarrow{AO}\cdot\overrightarrow{CB}=2AO\cdot BC\cos 60°=AO\cdot BC.$$

此题充分利用了圆直径所对角为直角和向量投影的性质．注意：$2\overrightarrow{AO}$表示直径，若设 AF 交圆于点 G，则 $AD\perp GD$，$AE\perp GE$.

第 5 章 向量形式的定比分点公式

解析几何的创立，是数学的一次飞跃．从此，千变万化的几何问题可以转化成代数形式，化推理为计算．虽然转化成代数形式之后，可能因为计算量大，有些题目也未必变得简单，但多数情形还是有章可循了．所以把解析法看作解几何题的通法，有其道理.

解析法解题，通常的做法是建立直角坐标系，从而把平面内的点和实数对(x, y)一一对应起来．除直角坐标系外，还有斜坐标系、极坐标系、空间直角坐标系等．那其他的坐标系有何特别之处呢？我们可以通过一个高考题来说明斜坐标系的用法.

【例 5.1】 如图 5-1，在 $\triangle ABC$ 中，点 O 是 BC 的中点，过点 O 的直线分别交直线 AB 和 AC 于不同的两点 M 和 N，若$\overrightarrow{AB}=m\,\overrightarrow{AM}$，$\overrightarrow{AC}=n\,\overrightarrow{AN}$，则 $m+n$ 的值为________．（2007 年江西省高考试题）

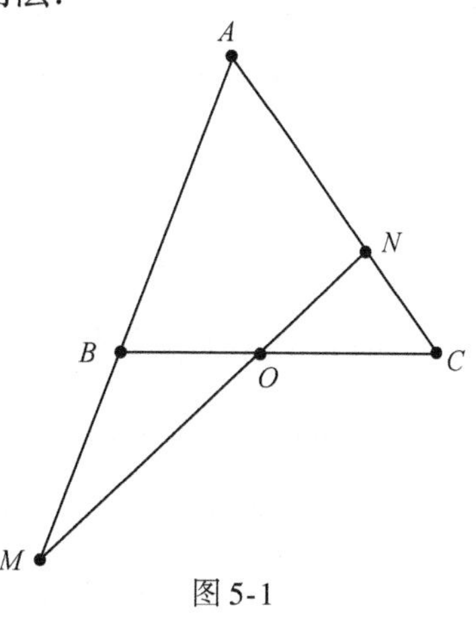

图 5-1

斜坐标证法 以点 A 为原点，AB 所在直线为 x 轴，AC 所在直线为 y 轴建立斜坐标系，设 $B(1, 0)$，$C(0, 1)$,则有

$O\left(\frac{1}{2}, \frac{1}{2}\right)$，$M\left(\frac{1}{m}, 0\right)$，$N\left(0, \frac{1}{n}\right)$，直线 MN 方程为 $mx+ny=1$；将 $O\left(\frac{1}{2}, \frac{1}{2}\right)$代入方程可得 $m+n=2$.

坐标法是数形结合的典范，但向量法解题在数形结合方面做得也不差.

向量证法 $2\overrightarrow{AO}=\overrightarrow{AB}+\overrightarrow{AC}=m\overrightarrow{AM}+n\overrightarrow{AN}$，由 M，N，O 三点共线可得 $m+n=2$.

若直接用回路法，则有

$$m(\overrightarrow{AN}+\overrightarrow{NM})=m\overrightarrow{AM}=\overrightarrow{AB}=\overrightarrow{AC}+\overrightarrow{CB}=\overrightarrow{AC}+2\overrightarrow{CO}=n\overrightarrow{AN}+2\overrightarrow{CN}+2\overrightarrow{NO};$$

比较两端得 $m\overrightarrow{AN}=n\overrightarrow{AN}+2\overrightarrow{CN}=n\overrightarrow{AN}+2(1-n)\overrightarrow{AN}$，即 $m=2-n$.

坐标法需要说明以何为基准建坐标系，这一说明不可缺少，少了别人就看不明白．而向量法根据几何关系列出等式，别人容易理解这是以点 A 为原点，B 和 C 为单位点建立坐标系；或者说是以$\overrightarrow{AB}$和$\overrightarrow{AC}$为基准建立坐标系．建立坐标系之后，线段之间的比例关系可直接代入等式，边写边算，而不要另作说明．比较而言，向量法在表现形式上更先进.

可以把向量几何看作不依赖于坐标系的解析几何，它具备解析几何种种优点，却不被解析几何的种种形式所局限．向量几何之运算，不仅仅是数的运算，还包括图形的运算；向量解题在一定程度上摆脱了辅助线．这可能正是莱布尼茨所设想的几何：同时具有分析和综合的特点，而不像欧几里得几何与笛卡儿几何那样分别只具有综合的与分析的特点.

用向量解决平面几何问题，首先是在图形中选取两个不平行向量$\overrightarrow{OA}$和$\overrightarrow{OB}$，那么平面内其他向量均可用$\overrightarrow{OA}$和$\overrightarrow{OB}$唯一表示，即$\overrightarrow{OP}=m\overrightarrow{OA}+n\overrightarrow{OB}$. 有序实数对（$m$，$n$）可看成$\overrightarrow{OP}$的“坐标”．$\overrightarrow{OA}$和$\overrightarrow{OB}$无须互相垂直，$|\overrightarrow{OA}|$和$|\overrightarrow{OB}|$无须相等，将“不共线三点确定一平面”的性质发挥得淋漓尽致，具备解析几何代数化的优点，解题更加灵活．

向量形式的定比分点公式　如图 5-2，已知$\overrightarrow{AP}=\lambda\overrightarrow{PB}$，则

$$(1+\lambda)\overrightarrow{OP}=\overrightarrow{OA}+\lambda\overrightarrow{OB}.$$

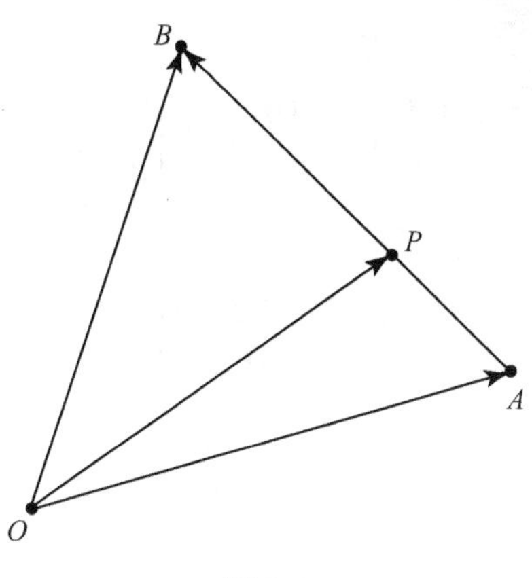

图 5-2

证明　$(1+\lambda)\overrightarrow{OP}=\overrightarrow{OP}+\lambda\overrightarrow{OP}=\overrightarrow{OA}+\overrightarrow{AP}+\lambda(\overrightarrow{OB}-\overrightarrow{PB})=\overrightarrow{OA}+\lambda\overrightarrow{OB}.$

这一公式得来轻松，只用到回路和数乘，但它却是消去定比分点的有效工具．

反之，若$(1+\lambda)\overrightarrow{OP}=\overrightarrow{OA}+\lambda\overrightarrow{OB}$，则$\overrightarrow{AP}=\overrightarrow{OP}-\overrightarrow{OA}=\lambda(\overrightarrow{OB}-\overrightarrow{OP})=\lambda\overrightarrow{PB}$，可得 A，B，P 三点共线．

使用时要注意公式的特点：P，A，B 三点共线，$\overrightarrow{OP}$，$\overrightarrow{OA}$，$\overrightarrow{OB}$三向量共起点，且$\overrightarrow{OP}$前的系数等于$\overrightarrow{OA}$和$\overrightarrow{OB}$前系数之和，所以更多时候是使用$(1+\lambda)\overrightarrow{OP}=\overrightarrow{OA}+\lambda\overrightarrow{OB}$，省去分式之繁．当 $\lambda=-1$ 时，$\overrightarrow{AP}=\overrightarrow{PB}$，$A$ 和 B 两点重合，这种退化情形，通常是不会发生的，稍微留意即可．

5.1　定比分点公式的伸缩形式

向量定比分点公式的伸缩形式（彭翕成，2014a），其实在例 5.1 中已经使用，只是没有正式提出“伸缩形式”这个说法．请看例 5.2.

【例 5.2】　如图 5-3，$\triangle ABC$ 中，AM 是 BC 边上的中线．任作一直线，

使之顺次交 AB, AC, AM 于 P, Q, N. 求证：$\frac{AB}{AP}$, $\frac{AM}{AN}$, $\frac{AC}{AQ}$成等差数列.(1979 年辽宁省竞赛题)

证明 由 $2\overrightarrow{AM}=\overrightarrow{AB}+\overrightarrow{AC}$得

$$2\frac{AM}{AN}\overrightarrow{AN}=\frac{AB}{AP}\overrightarrow{AP}+\frac{AC}{AQ}\overrightarrow{AQ},$$

由于$\overrightarrow{AN}$, $\overrightarrow{AP}$, $\overrightarrow{AQ}$共起点，且 P, Q, N 三点共线，所以

$$2\frac{AM}{AN}=\frac{AB}{AP}+\frac{AC}{AQ}.$$

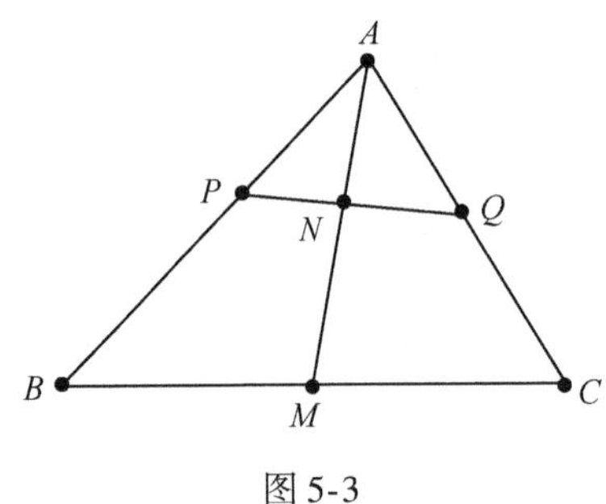

图 5-3

“由于$\overrightarrow{AN}$, $\overrightarrow{AP}$, $\overrightarrow{AQ}$ 共起点，且 P, Q, N 三点共线”这样的说明，熟练之后，可省略. 若 $\overrightarrow{AM}$ 和 $\overrightarrow{AN}$ 同方向，那么 $\frac{\overrightarrow{AM}}{AM}=\frac{\overrightarrow{AN}}{AN}$，即 $\overrightarrow{AM}=\frac{AM}{AN}\overrightarrow{AN}$，这种一伸一缩的转化非常有用.

【例 5.3】 如图 5-4，已知直线 l 与 x 轴的交点为 $A(a,0)$，与 y 轴的交点为 $B(0,b)$，其中 $a\neq0$，$b\neq0$，求直线 l 的方程.

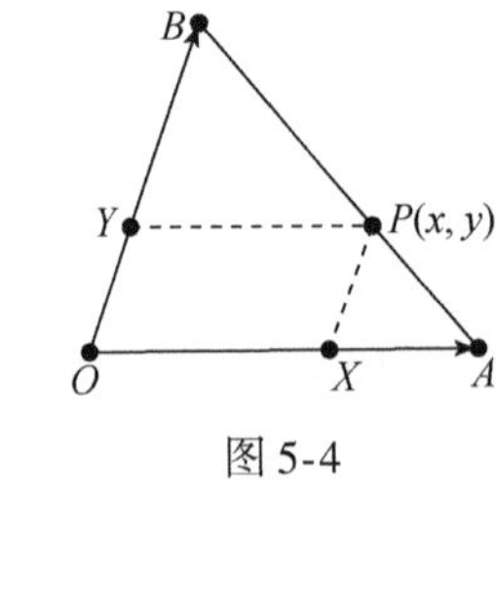

图 5-4

解　设 $P(x,y)$ 是直线上一点，作平行四边形 $OXPY$，则 $\overrightarrow{OP}=\overrightarrow{OX}+\overrightarrow{OY}=\dfrac{OX}{OA}\overrightarrow{OA}+\dfrac{OY}{OB}\overrightarrow{OB}$，所以 $\dfrac{OX}{OA}+\dfrac{OY}{OB}=1$，即 $\dfrac{x}{a}+\dfrac{y}{b}=1$.

说明：这就是斜坐标系下的直线的截距式方程.

【例 5.4】　如图 5-5，已知 G 是 $\triangle ABC$ 的重心，过 G 任作一直线分别交 AB 和 AC 于 E 和 F. 求证：$EG\leqslant 2GF$.

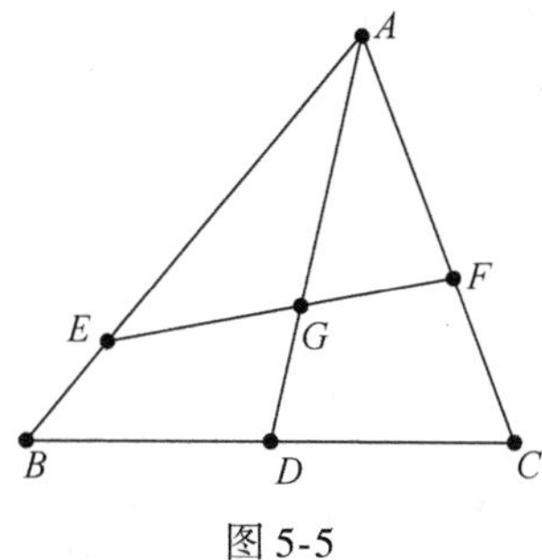

图 5-5

证明　设 BC 中点为 D，则 $2\overrightarrow{AD}=\overrightarrow{AB}+\overrightarrow{AC}$，即 $3\overrightarrow{AG}=\dfrac{AB}{AE}\overrightarrow{AE}+\dfrac{AC}{AF}\overrightarrow{AF}$，则 $3=\dfrac{AB}{AE}+\dfrac{AC}{AF}$，根据面积关系可得 $\dfrac{EG}{GF}=\dfrac{S_{\triangle AEG}}{S_{\triangle AFG}}=\dfrac{AC}{AF}\Big/\dfrac{AB}{AE}\leqslant 2$，当且仅当 E 与 B 重合时等号成立.

【例 5.5】　如图 5-6，点 P 是正方形 $ABCD$ 的边 AB 延长线上的点，$BP=2AB$，M 是 DC 中点，AC 交 BM 于 Q，PQ 交 BC 于 R，求 $\dfrac{CR}{RB}$.

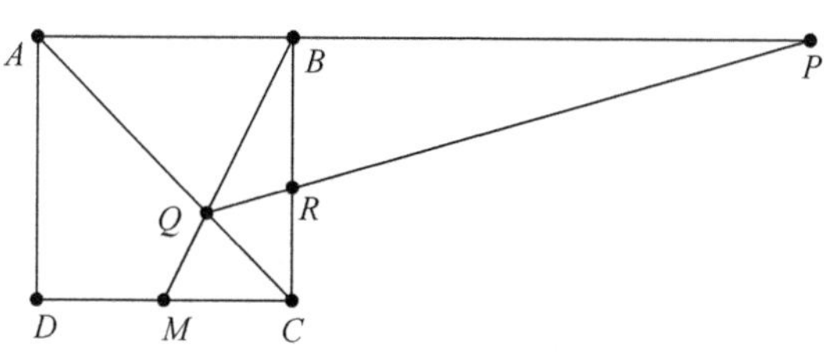

图 5-6

解　$\overrightarrow{CB}=\dfrac{2}{3}\overrightarrow{CA}+\dfrac{1}{3}\overrightarrow{CP}$，$\dfrac{CB}{CR}\overrightarrow{CR}=2\overrightarrow{CQ}+\dfrac{1}{3}\overrightarrow{CP}$，即 $\dfrac{CB}{CR}=2+\dfrac{1}{3}=\dfrac{7}{3}$，所以 $\dfrac{CR}{RB}=\dfrac{3}{4}$.

【例 5.6】 如图5-7，在$\triangle ABC$的边AB和AC上取点P和Q，使$3AP\cdot CQ=2BP\cdot AQ$，在BC的延长线上取点R，使得$CR=2BC$，求证：P，Q，R三点共线.

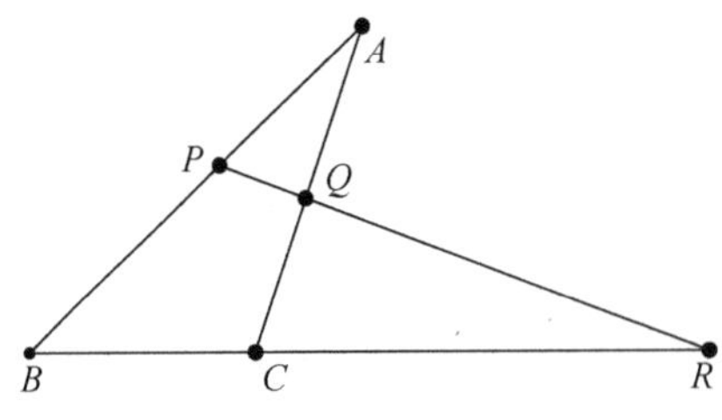

图 5-7

证明 $3\overrightarrow{AC}=2\overrightarrow{AB}+\overrightarrow{AR}$，若$P$，$Q$，$R$三点共线，则有
$3\dfrac{AC}{AQ}\overrightarrow{AQ}=2\dfrac{AB}{AP}\overrightarrow{AP}+\overrightarrow{AR}$，则有$3\dfrac{AC}{AQ}=2\dfrac{AB}{AP}+1$，即
$3\dfrac{AQ+QC}{AQ}=2\dfrac{AP+PB}{AP}+1$，即$3\dfrac{QC}{AQ}=2\dfrac{PB}{AP}$. 以上各式皆可逆推.

【例 5.7】 如图5-8，经过$\triangle ABC$重心G的直线分别交边CA和CB于P和Q，若$\dfrac{CP}{CA}=h$，$\dfrac{CQ}{CB}=k$，求证：$\dfrac{1}{h}+\dfrac{1}{k}=3$.

证明 设AB中点为M，则$\overrightarrow{CG}=\dfrac{2}{3}\overrightarrow{CM}=\dfrac{2}{3}\times\dfrac{1}{2}(\overrightarrow{CA}+\overrightarrow{CB})=\dfrac{1}{3}\left(\dfrac{1}{h}\overrightarrow{CP}+\dfrac{1}{k}\overrightarrow{CQ}\right)$，则$1=\dfrac{1}{3}\left(\dfrac{1}{h}+\dfrac{1}{k}\right)$，即$\dfrac{1}{h}+\dfrac{1}{k}=3$.

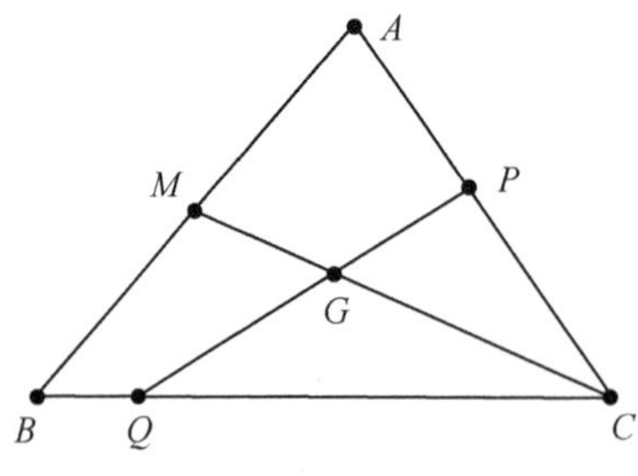

图 5-8

【例 5.8】 如图 5-8，$\triangle ABC$ 中，CM 为中线，P 和 Q 分别在 CA 和 CB 上，且 $\frac{AP}{PC}+\frac{BQ}{QC}=1$，$PQ$ 交 CM 于 G，求证 G 为 $\triangle ABC$ 重心.

证明　由 $\frac{AP}{PC}+\frac{BQ}{QC}=1$ 得 $\frac{CA}{CP}+\frac{CB}{CQ}=3$；由 $2\overrightarrow{CM}=\overrightarrow{CA}+\overrightarrow{CB}$ 得 $2\frac{CM}{CG}\overrightarrow{CG}=\frac{CA}{CP}\overrightarrow{CP}+\frac{CB}{CQ}\overrightarrow{CQ}$，于是 $2\frac{CM}{CG}=\frac{CA}{CP}+\frac{CB}{CQ}=3$，所以 G 为 $\triangle ABC$ 重心.

【例 5.9】 如图 5-9，平面上有 P，Q 两点，从点 P 引出三条射线，由 Q 引出两条射线交于六点，$AB=BC$，求证：$\frac{XA}{XP}+\frac{ZC}{ZP}=2\frac{YB}{YP}$.（1991 年江汉杯数学竞赛试题）

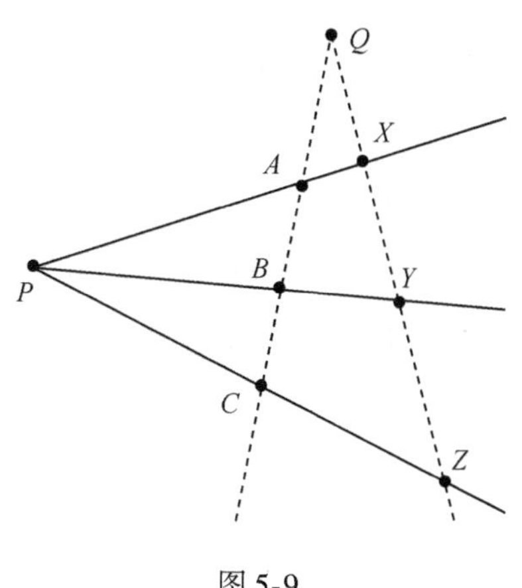

图 5-9

证明　由 $2\overrightarrow{PB}=\overrightarrow{PA}+\overrightarrow{PC}$，即 $2\frac{PB}{PY}\overrightarrow{PY}=\frac{PA}{PX}\overrightarrow{PX}+\frac{PC}{PZ}\overrightarrow{PZ}$，得 $2\frac{PB}{PY}=\frac{PA}{PX}+\frac{PC}{PZ}$，即 $2-2\frac{PB}{PY}=2-\frac{PA}{PX}-\frac{PC}{PZ}$，得 $\frac{XA}{XP}+\frac{ZC}{ZP}=2\frac{YB}{YP}$.

【例 5.10】 如图 5-10，在线段 AB 和平行于 AB 的直线 m 外任取点 C，连接 AC 和 BC 分别交 m 于 D 和 E；连接 AE 和 BD，交点为 O；延长 CO 交 AB 于点 F，求证：F 即为 AB 的中点.

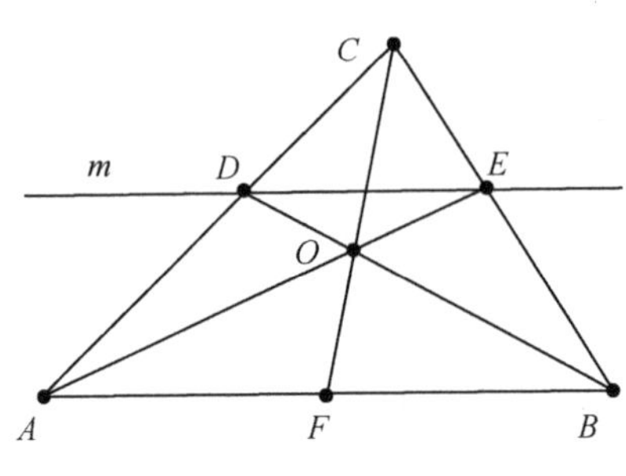

图 5-10

证明 设$\frac{CD}{CA}=\frac{CE}{CB}=\frac{DE}{AB}=k$，则

$$\overrightarrow{CO}=\frac{1}{1+k}\overrightarrow{CD}+\frac{k}{1+k}\overrightarrow{CB}=\frac{k}{1+k}(\overrightarrow{CA}+\overrightarrow{CB})=\frac{2k}{1+k}\frac{\overrightarrow{CA}+\overrightarrow{CB}}{2},$$

所以 CO 通过 AB 中点.

题目背景：1978 年举行全国中学生数学竞赛时，数学大师华罗庚在北京主持命题工作．著名数学家苏步青写信给华罗庚，建议出这样一个题目：在平面上给了两点 A 和 B 及平行于 AB 的一条直线，只用直尺求作 AB 的中点．命题小组认为此题太难，就改成“告诉你怎么找出 AB 中点，但要求你说出道理，即给出证明”.

【例 5.11】 如图 5-11，设 M 和 N 分别是正六边形 $ABCDEF$ 的对角线 AC 和 CE 的内分点，且$\frac{AM}{AC}=\frac{CN}{CE}=\lambda$，若 B，M，N 三点共线，求 λ.

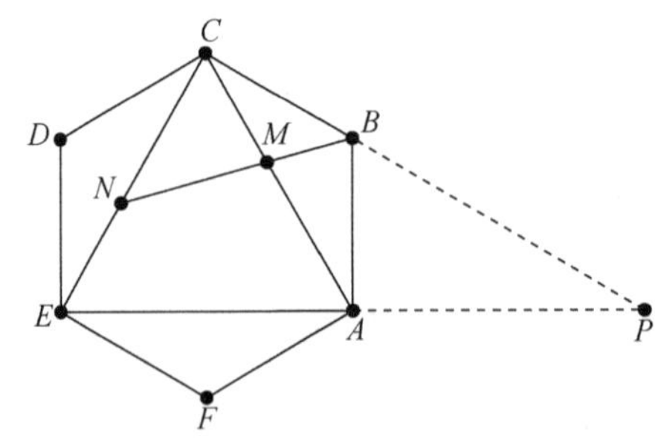

图 5-11

解　设 EA 交 CB 于 P，$2\overrightarrow{CA}=\overrightarrow{CE}+\overrightarrow{CP}$，$2\dfrac{CA}{CM}\overrightarrow{CM}=\dfrac{CE}{CN}\overrightarrow{CN}+\dfrac{CP}{CB}\overrightarrow{CB}$，所以 $2\dfrac{CA}{CM}=\dfrac{CE}{CN}+\dfrac{CP}{CB}$，即 $2\dfrac{1}{1-\lambda}=\dfrac{1}{\lambda}+3$，解得 $\lambda=\dfrac{\sqrt{3}}{3}$.

两行就搞定．这可是曾经的国际数学奥林匹克竞赛试题！

【例 5.12】　如图 5-12，正六边形 $ABCDEF$ 中，M 和 N 分别是 CD 和 DE 的中点，AM 交 BN 于 P，求 $\dfrac{BP}{PN}$.

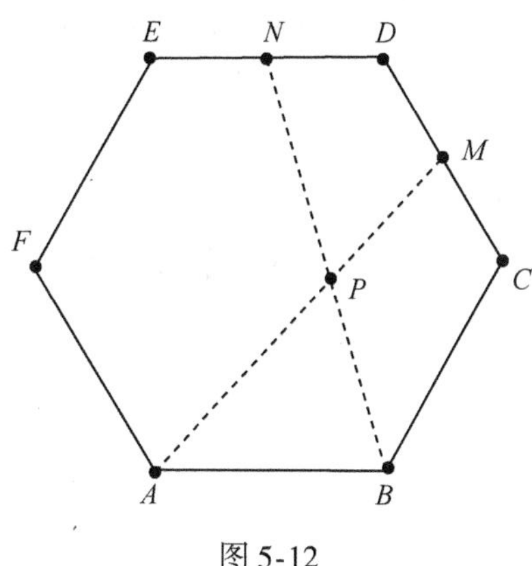

图 5-12

解法 1　设 $\overrightarrow{AN}=\overrightarrow{AE}+\dfrac{1}{2}\overrightarrow{AB}$，$\overrightarrow{AP}=m\overrightarrow{AN}+(1-m)\overrightarrow{AB}=m\overrightarrow{AE}+\left(1-\dfrac{m}{2}\right)\overrightarrow{AB}$；$\overrightarrow{AD}=\overrightarrow{AE}+\overrightarrow{AB}$，$\overrightarrow{AC}=\overrightarrow{AB}+\overrightarrow{BC}=\overrightarrow{AB}+\dfrac{1}{2}(\overrightarrow{AB}+\overrightarrow{AE})$，$\overrightarrow{AM}=\dfrac{1}{2}(\overrightarrow{AC}+\overrightarrow{AD})=\dfrac{3}{4}\overrightarrow{AE}+\dfrac{5}{4}\overrightarrow{AB}$，由 A，P，M 共线可得 $\dfrac{m}{\frac{3}{4}}=\dfrac{1-\frac{m}{2}}{\frac{5}{4}}$，解得 $m=\dfrac{6}{13}$，所以 $\dfrac{BP}{PN}=\dfrac{6}{7}$.

解法 2　设

$$\begin{aligned}\overrightarrow{AP}&=m\overrightarrow{AN}+(1-m)\overrightarrow{AB}=m\left(\overrightarrow{AD}-\frac{1}{2}\overrightarrow{AB}\right)+(1-m)\overrightarrow{AB}\\&=m\overrightarrow{AD}+\left(1-\frac{3}{2}m\right)\overrightarrow{AB}=m\overrightarrow{AD}+\left(1-\frac{3}{2}m\right)\left(\overrightarrow{AC}-\frac{1}{2}\overrightarrow{AD}\right)\end{aligned}$$

$$=\left(1-\frac{3}{2}m\right)\overrightarrow{AC}+\left(\frac{1}{4}m-\frac{1}{2}\right)\overrightarrow{AD},$$

因为 P 在 $\triangle ACD$ 的中线上，所以 $1-\frac{3}{2}m=\frac{1}{4}m-\frac{1}{2}$，解得 $m=\frac{6}{13}$，所以 $\frac{BP}{PN}=\frac{6}{7}$.

解法 3 直接用回路法，注意避免分数计算，则有

$$\begin{aligned}8(\overrightarrow{NP}+\overrightarrow{PM})&=8(\overrightarrow{ND}+\overrightarrow{DM})=4\ \overrightarrow{ED}+4\ \overrightarrow{DC}=4\ \overrightarrow{AB}+2\ \overrightarrow{EB}\\&=4\ \overrightarrow{AB}+2\ \overrightarrow{EN}+2\ \overrightarrow{NB}=5\ \overrightarrow{AB}+2\ \overrightarrow{NB}\\&=5(\overrightarrow{AP}+\overrightarrow{PB})+2(\overrightarrow{NP}+\overrightarrow{PB})=5\ \overrightarrow{AP}+7\ \overrightarrow{PB}+2\ \overrightarrow{NP},\end{aligned}$$

整理并比较两端，得 $6\ \overrightarrow{NP}=7\ \overrightarrow{PB}$.

解法 4 如图 5-13，设 AN 交直线 CD 于 X，AB 交直线 CD 于 Y，由 $\frac{XD}{XY}=\frac{1}{4}$ 得 $\frac{XM}{MY}=\frac{7}{9}$，于是 $16\ \overrightarrow{AM}=7\ \overrightarrow{AY}+9\ \overrightarrow{AX}$，即 $16\ \frac{AM}{AP}\overrightarrow{AP}=7\ \frac{AY}{AB}\overrightarrow{AB}+9\ \frac{AX}{AN}\overrightarrow{AN}$，所以 $\frac{BP}{PN}=\frac{9\ \frac{AX}{AN}}{7\ \frac{AY}{AB}}=\frac{6}{7}$.

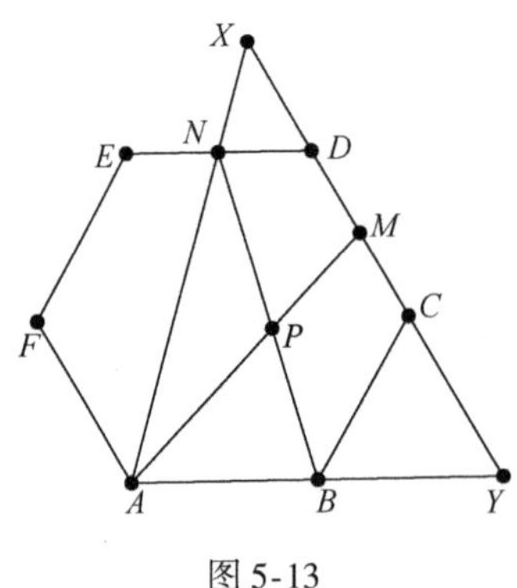

图 5-13

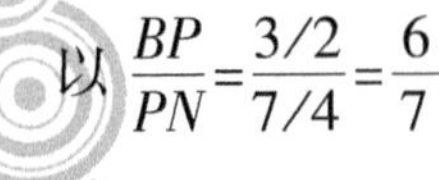

解法 5 $2\ \overrightarrow{AM}=\overrightarrow{AD}+\overrightarrow{AB}+\frac{1}{2}\overrightarrow{AD}=\frac{3}{2}\left(\overrightarrow{AN}+\frac{1}{2}\overrightarrow{AB}\right)+\overrightarrow{AB}=\frac{3}{2}\overrightarrow{AN}+\frac{7}{4}\overrightarrow{AB}$，所以 $\frac{BP}{PN}=\frac{3/2}{7/4}=\frac{6}{7}$.

【例 5.13】　如图 5-14，平行四边形 $ABCD$ 的对角线交于点 O，在 AB 的延长线上取点 E，连接 OE 交 BC 于 F，若 $AB=a$，$AD=c$，$BE=b$，则 $BF=$________．（2001 年山东省竞赛题）

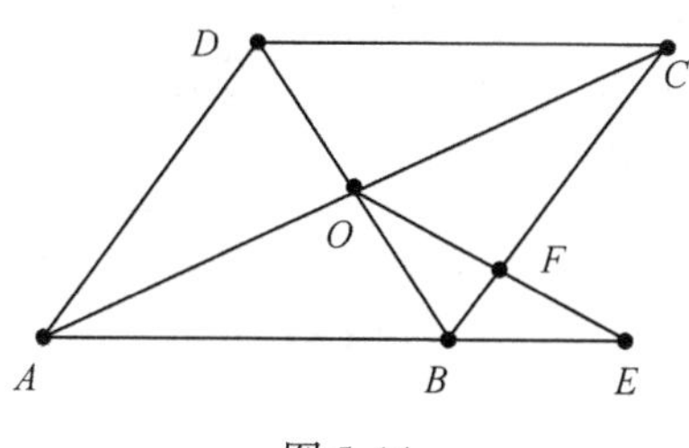

图 5-14

解法 1　设 $\overrightarrow{AF}=\frac{1}{n+1}\overrightarrow{AC}+\frac{n}{n+1}\overrightarrow{AB}=\frac{2}{n+1}\overrightarrow{AO}+\frac{n}{n+1}\frac{a}{a+b}\overrightarrow{AE}$，由 O，F，E 三点共线可得 $\frac{2}{n+1}+\frac{n}{n+1}\frac{a}{a+b}=1$，解得

$$n=\frac{a+b}{b},\quad BF=\frac{1}{n+1}BC=\frac{bc}{a+2b}.$$

解法 2　由

$$b\overrightarrow{BC}=b\overrightarrow{BA}+b\overrightarrow{AC}=a\overrightarrow{EB}+2b\overrightarrow{OC}=a(\overrightarrow{EF}+\overrightarrow{FB})+2b(\overrightarrow{OF}+\overrightarrow{FC}),$$

整理得

$$b\overrightarrow{BC}+a\overrightarrow{BF}-2b\overrightarrow{FC}=a\overrightarrow{EF}+2b\overrightarrow{OF}=\mathbf{0},$$

由 $\overrightarrow{FC}=\overrightarrow{FB}+\overrightarrow{BC}$，从而

$$(a+2b)\overrightarrow{BF}-b\overrightarrow{BC}=\mathbf{0}，故\ BF=\frac{bc}{a+2b}.$$

这样可以避免设未知数，也减少分数计算.

解法 3　设 $(a+b)\overrightarrow{OB}=b\overrightarrow{OA}+a\overrightarrow{OE}$，即 $(a+b)\overrightarrow{OB}+b\overrightarrow{OC}=a\overrightarrow{OE}$，即 $\frac{BF}{FC}=\frac{b}{a+b}$，$BF=\frac{bc}{a+2b}$.

【例 5.14】　如图 5-15，在四边形 $ABCD$ 中，对角线交于点 O，$AE /\!/ DC$，$DF /\!/ AB$，求证：$EF /\!/ BC$.

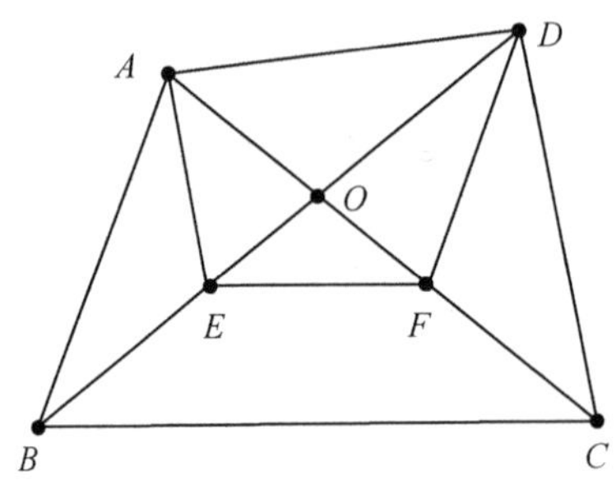

图 5-15

证明 设$\overrightarrow{AE}=m\overrightarrow{DC}$，$\overrightarrow{DF}=n\overrightarrow{AB}$，则$\overrightarrow{EO}=m\overrightarrow{OD}$，$\overrightarrow{AO}=m\overrightarrow{OC}$，$\overrightarrow{OF}=n\overrightarrow{AO}$，$\overrightarrow{OD}=n\overrightarrow{BO}$；$\overrightarrow{BC}=\overrightarrow{BO}+\overrightarrow{OC}=\frac{1}{n}\overrightarrow{OD}+\frac{1}{m}\overrightarrow{AO}$

$$=\frac{1}{mn}(m\overrightarrow{OD}+n\overrightarrow{AO})=\frac{1}{mn}(\overrightarrow{EO}+\overrightarrow{OF})=\frac{1}{mn}\overrightarrow{EF},$$

所以 $EF /\!/ BC$.

【例 5.15】 如图 5-16，已知两直线交于点 O，A，B，C 三点共线，D，E，F 三点共线，若 $AE /\!/ BF$，$BD /\!/ CE$，求证：$AD /\!/ CF$.

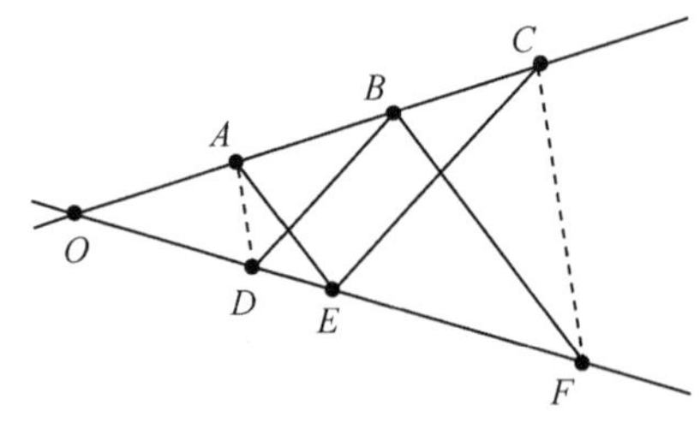

图 5-16

证明 设$\overrightarrow{OB}=m\overrightarrow{OA}$，$\overrightarrow{OC}=n\overrightarrow{OB}$，则$\overrightarrow{OF}=m\overrightarrow{OE}$，$\overrightarrow{OE}=n\overrightarrow{OD}$，$\overrightarrow{OC}=mn\overrightarrow{OA}$，$\overrightarrow{OF}=mn\overrightarrow{OD}$；$\overrightarrow{CF}=\overrightarrow{CO}+\overrightarrow{OF}=mn\overrightarrow{AO}+mn\overrightarrow{OD}=mn\overrightarrow{AD}$，所以 $AD /\!/ CF$.

例 5.14 和例 5.15 看似不同，但解法却极其相似．若用动态几何软件来探究，就会发现这两题本质是一致的．

【例 5.16】 如图 5-17，$\triangle OAB$ 的边 OA 和 OB 上分别有点 C 和 D，且 $\overrightarrow{OC}=\frac{1}{4}\overrightarrow{OA}$，$\overrightarrow{OD}=\frac{1}{2}\overrightarrow{OB}$，$AD$ 和 BC 相交于点 M，过点 M 的直线分别交 OA 和 OB 于点 E 和 F. 如果 $\overrightarrow{OE}=x\overrightarrow{OA}$，$\overrightarrow{OF}=y\overrightarrow{OB}$，试求 x 和 y 应满足的条件.

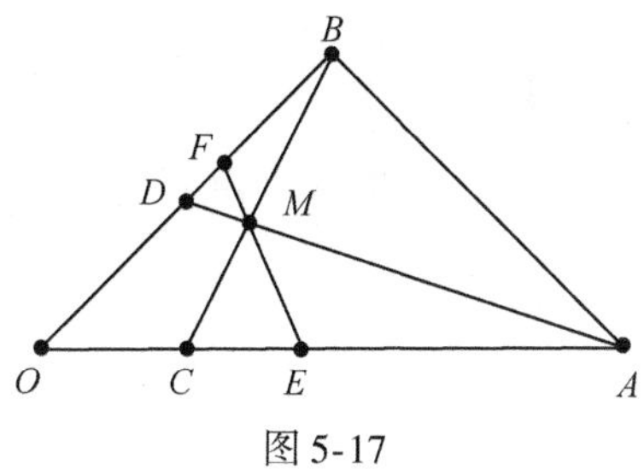

图 5-17

证明 $\overrightarrow{OM}=m\overrightarrow{OD}+(1-m)\overrightarrow{OA}=\frac{m}{2}\overrightarrow{OB}+(1-m)\overrightarrow{OA}$，

$\overrightarrow{OM}=n\overrightarrow{OB}+(1-n)\overrightarrow{OC}=n\overrightarrow{OB}+\frac{1-n}{4}\overrightarrow{OA}$，得 $\frac{m}{2}=n$，$1-m=\frac{1-n}{4}$，解得 $m=\frac{6}{7}$，$n=\frac{3}{7}$. 所以 $\overrightarrow{OM}=\frac{3}{7}\overrightarrow{OB}+\frac{1}{7}\overrightarrow{OA}=\frac{3}{7y}\overrightarrow{OF}+\frac{1}{7x}\overrightarrow{OE}$，得 $\frac{3}{7y}+\frac{1}{7x}=1$.

【例 5.17】 如图 5-18，已知点 P 为平行四边形 $ABCD$ 所在平面上的一点，O 为 AC 和 BD 的交点，M 和 N 分别是 PB 和 PC 的中点，Q 为 AN 和 DM 的交点，求证：(1) P，Q，O 三点共线；(2) $PQ=2QO$. (1998 年全国数学联赛试题)

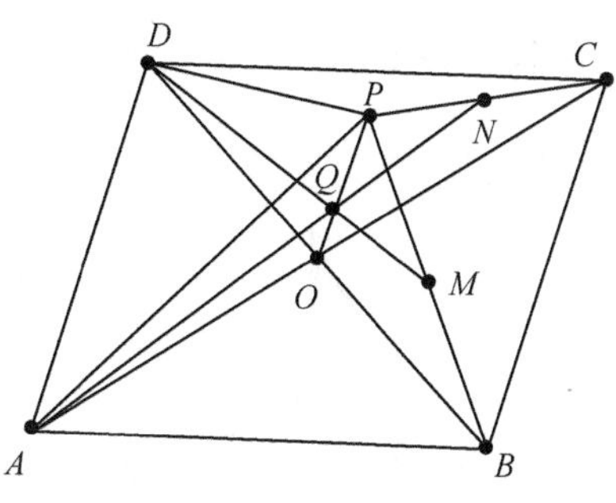

图 5-18

证明 设$\overrightarrow{AP}=m\overrightarrow{AB}+n\overrightarrow{AD}$，$\overrightarrow{AN}=\dfrac{\overrightarrow{AP}+\overrightarrow{AC}}{2}=\dfrac{(m+1)\overrightarrow{AB}+(n+1)\overrightarrow{AD}}{2}$，$\overrightarrow{AM}=\dfrac{\overrightarrow{AP}+\overrightarrow{AB}}{2}=\dfrac{(m+1)\overrightarrow{AB}+n\overrightarrow{AD}}{2}$；由 D，Q，M 三点共线可得

$$\overrightarrow{AQ}=p\overrightarrow{AD}+(1-p)\overrightarrow{AM}=\frac{(1-p)(m+1)}{2}\overrightarrow{AB}+\frac{(1-p)n+2p}{2}\overrightarrow{AD};$$

由 A，Q，N 三点共线可得

$$\frac{(m+1)}{2}:\frac{(1-p)(m+1)}{2}=\frac{(n+1)}{2}:\frac{(1-p)n+2p}{2},$$

解得 $p=\dfrac{1}{3}$.

所以

$$\overrightarrow{AQ}=\frac{m+1}{3}\overrightarrow{AB}+\frac{n+1}{3}\overrightarrow{AD}=\frac{1}{3}(m\overrightarrow{AB}+n\overrightarrow{AD})+\frac{2}{3}\left(\frac{\overrightarrow{AB}+\overrightarrow{AD}}{2}\right)$$
$$=\frac{1}{3}\overrightarrow{AP}+\frac{2}{3}\overrightarrow{AO}.$$

另证 设 AN 交 PO 于 K，显然 K 是$\triangle ACP$ 的重心；在$\triangle PDB$ 中，PO 是中线，且 $PK=2KO$，因此 K 也是$\triangle PDB$ 的中线，也在中线 DM 上．所以 K 可看作是 AN，DM 的交点，即与题中的点 Q 是同一点.

【例 5.18】 如图 5-19，$\triangle OAB$ 中，C 为 OB 上一点，$\overrightarrow{OC}=\dfrac{2}{3}\overrightarrow{OB}$，$D$ 是 AC 中点，过点 B 作 OD 的平行线 l，P 是直线 l 上的动点，若 $\overrightarrow{OP}=\lambda_1\overrightarrow{OA}+\lambda_2\overrightarrow{OC}$，求 $\lambda_1-\lambda_2$.

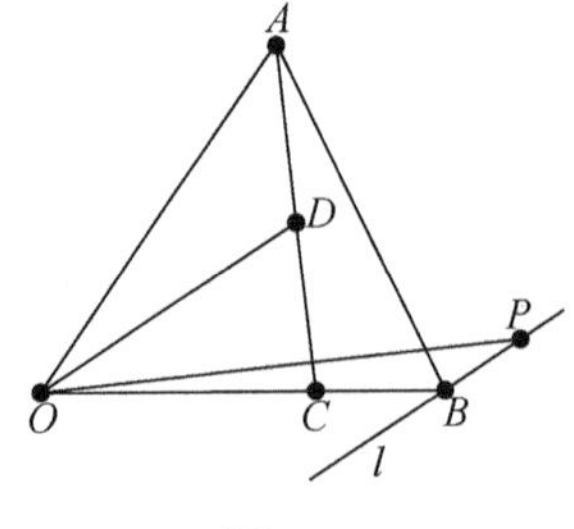

图 5-19

解 $\overrightarrow{OP}=\overrightarrow{OB}+\overrightarrow{BP}=\frac{3}{2}\overrightarrow{OC}+k\overrightarrow{OD}=\frac{3}{2}\overrightarrow{OC}+\frac{k}{2}(\overrightarrow{OA}+\overrightarrow{OC})=\frac{k}{2}\overrightarrow{OA}+\left(\frac{3}{2}+\frac{k}{2}\right)\overrightarrow{OC}$，则 $\lambda_1-\lambda_2=-\frac{3}{2}$.

【例5.19】 如图5-20，扇形 OAB 中，$\angle AOB=60^\circ$，C 为弧 AB 上的一个动点，若 $\overrightarrow{OC}=x\overrightarrow{OA}+y\overrightarrow{OB}$，求 $x+3y$ 的范围.

解 如图5-21，设 $OB=1$，$\overrightarrow{OB'}=\frac{1}{3}\overrightarrow{OB}$，$OC$ 交 $\overrightarrow{AB'}$ 于 C'，由 $\overrightarrow{OC}=x\overrightarrow{OA}+y\overrightarrow{OB}$，即 $\frac{OC}{OC'}\overrightarrow{OC'}=x\overrightarrow{OA}+3y\overrightarrow{OB'}$，于是 $\frac{OC}{OC'}=x+3y$，其中 $OC=1$，$\frac{1}{3}\leqslant OC'\leqslant 1$，所以 $1\leqslant x+3y\leqslant 3$.

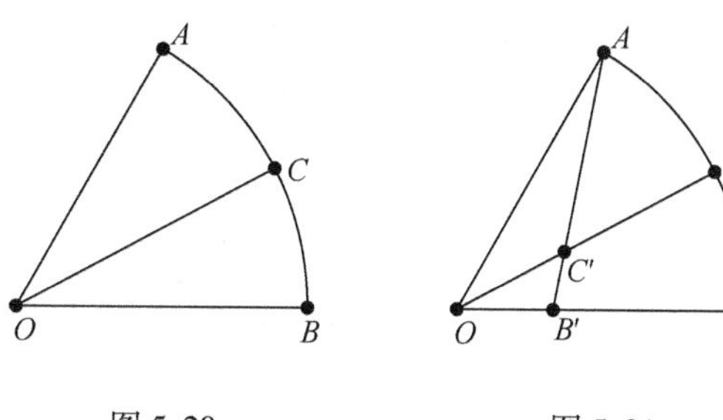

图5-20　　图5-21

【例5.20】 如图5-22，长方形 $ABCD$ 中，$AB=4$，$AD=3$，M 和 N 分别为线段 BC 和 CD 上的点，且 $\frac{1}{CM^2}+\frac{1}{CN^2}=1$，若 $\overrightarrow{AC}=x\overrightarrow{AM}+y\overrightarrow{AN}$，求 $x+y$ 的最小值.

解 设 AC 交 MN 于 C'，$\overrightarrow{AC}=x\overrightarrow{AM}+y\overrightarrow{AN}$，即 $\frac{AC}{AC'}\overrightarrow{AC'}=x\overrightarrow{AM}+y\overrightarrow{AN}$，于是 $\frac{AC}{AC'}=x+y$，因为 $AC=5$，要求 $x+y$ 的最小值，只需求 AC' 的最大值. 由 $\frac{1}{CM^2}+\frac{1}{CN^2}=1$ 得 $MN=CM\cdot CN$，若作 $CK\perp MN$，垂足为 K，则 $CK=1$. 如图5-23，当 $AC\perp MN$，K 与 C' 重合时，AC' 取得最大值4，$x+y$ 的最小值为 $\frac{5}{4}$.

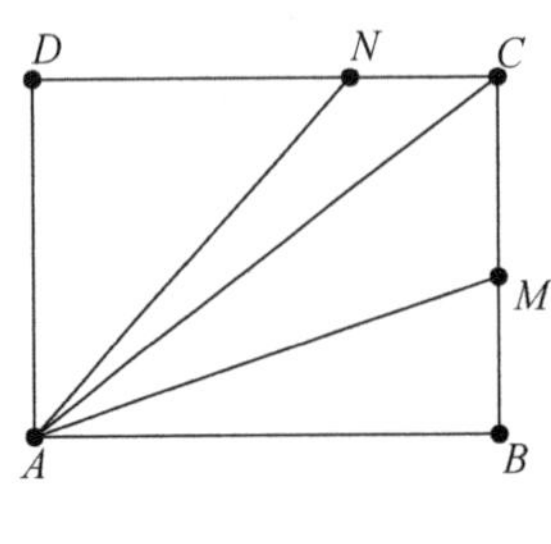

图 5-22

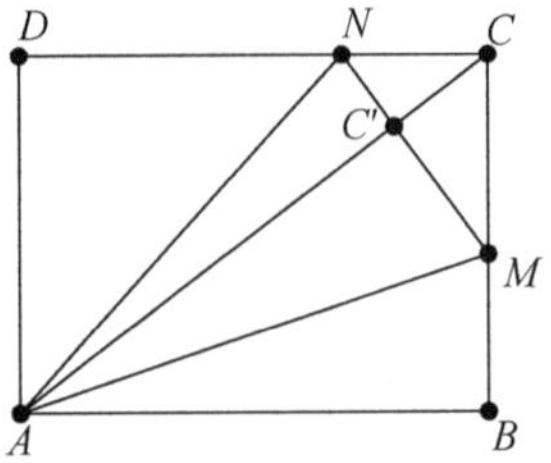

图 5-23

【例 5.21】 如图 5-24，在平行四边形 $ABCD$ 中有点 E，过点 E 作平行四边形两边的平行线段 FG 和 HI，设 AI 和 CF 交于点 J，求证：D，E，J 三点共线.

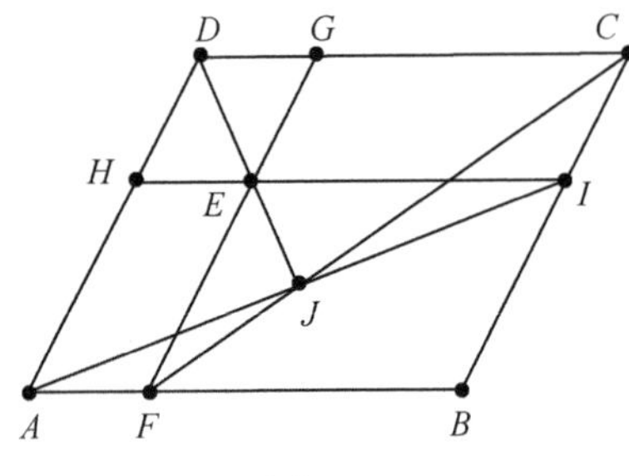

图 5-24

证明　设$\overrightarrow{DG}=m\,\overrightarrow{DC}$，$\overrightarrow{DH}=n\,\overrightarrow{DA}$；

$$\overrightarrow{DJ}=p\,\overrightarrow{DI}+(1-p)\,\overrightarrow{DA}=p\,\overrightarrow{DC}+pn\,\overrightarrow{DA}+(1-p)\,\overrightarrow{DA},$$

$$\overrightarrow{DJ}=q\,\overrightarrow{DF}+(1-q)\,\overrightarrow{DC}=q\,\overrightarrow{DA}+qm\,\overrightarrow{DC}+(1-q)\,\overrightarrow{DC},$$

则 $p=qm+1-q$，$q=pn+1-p$，$pn=qm$；设 $p=mk$，$q=nk$，所以

$$\overrightarrow{DJ}=p\,\overrightarrow{DC}+q\,\overrightarrow{DA}=k(m\,\overrightarrow{DC}+n\,\overrightarrow{DA})=k(\overrightarrow{DG}+\overrightarrow{DH})=k\,\overrightarrow{DE},$$

所以 D，E，J 三点共线.

下面给出回路法证明.

如图 5-24，设$\overrightarrow{DA}=u\,\overrightarrow{DH}$，$\overrightarrow{DC}=v\,\overrightarrow{HE}$，则有

$$\overrightarrow{AJ}+\overrightarrow{JC}=\overrightarrow{AD}+\overrightarrow{DC}=u\,\overrightarrow{IC}+v\,\overrightarrow{AF}=u\,\overrightarrow{IJ}+u\,\overrightarrow{JC}+v\,\overrightarrow{AJ}+v\,\overrightarrow{JF};$$

比较两端得 $\overrightarrow{AJ}=u\,\overrightarrow{IJ}+v\,\overrightarrow{AJ}$，整理得$(u+v-1)\overrightarrow{AJ}=u\,\overrightarrow{AI}$，于是有

$$
\begin{aligned}
(u+v-1)\overrightarrow{DJ}&=(u+v-1)\overrightarrow{DA}+(u+v-1)\overrightarrow{AJ}=(u+v-1)\overrightarrow{DA}+u\,\overrightarrow{AI}\\
&=(u+v-1)\overrightarrow{DA}+u(\overrightarrow{AB}+\overrightarrow{BI})=uv(\overrightarrow{DH}+\overrightarrow{HE})=uv\,\overrightarrow{DE},
\end{aligned}
$$

所以 D，E，J 三点共线.

5.2　向量相交定理

不同方法解几何题风格迥异．欧氏几何方法通常是利用添加辅助线，巧妙联系各条件之间的关系．而解析法，复数法和向量法等，则往往需要将题目中涉及的关键点计算出来．这时计算关键点的繁简显得至关重要．野蛮死算，虽也能得到结论，但耗费大量时间精力，且这样的解答，读者难以接受，因为很少有人愿意再去演算一遍．如何简化计算，则成为一个值得深入研究的问题．向量定比分点公式及其逆命题是向量解题的重要工具．在此基础上，再往前走一步即可得到向量相交定理（邹宇和张景中，2012；李有贵和彭翕成，2021）．

向量相交定理　如图 5-25，设 O 是 AB 与 MN 的交点．若向量$\overrightarrow{AB}$，$\overrightarrow{AM}$和$\overrightarrow{AN}$满足$\overrightarrow{AB}=x\,\overrightarrow{AM}+y\,\overrightarrow{AN}$，则$\overrightarrow{AB}=(x+y)\overrightarrow{AO}$，且$\overrightarrow{MO}:\overrightarrow{ON}=y:x$.

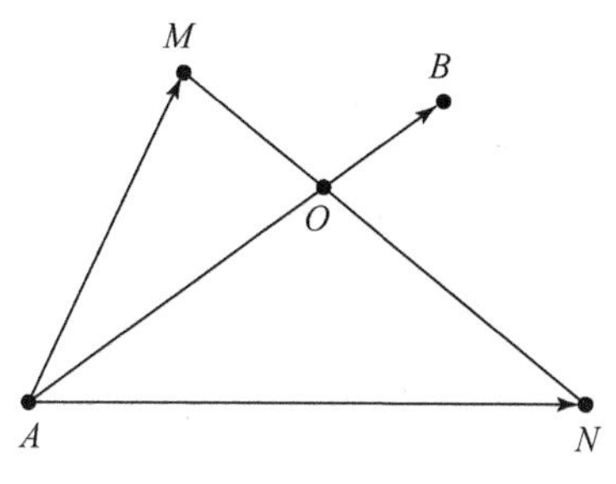

图 5-25

证明　注意 $x+y\neq0$，否则$\overrightarrow{AB}=x\,\overrightarrow{AM}-x\,\overrightarrow{AN}=x\,\overrightarrow{NM}$，与 AB 和 MN 相交矛盾.

由$\overrightarrow{AB}=x\overrightarrow{AM}+y\overrightarrow{AN}$知$\frac{1}{x+y}\overrightarrow{AB}=\frac{x}{x+y}\overrightarrow{AM}+\frac{y}{x+y}\overrightarrow{AN}$. 由于 O 是 AB 与 MN 的交点，设$\overrightarrow{AB}=k\overrightarrow{AO}$，则$\frac{k}{x+y}\overrightarrow{AO}=\frac{x}{x+y}\overrightarrow{AM}+\frac{y}{x+y}\overrightarrow{AN}$. 由定比分点公式可得$\frac{k}{x+y}=\frac{x}{x+y}+\frac{y}{x+y}$，即 $k=x+y$，所以$\overrightarrow{AB}=(x+y)\overrightarrow{AO}$，$\overrightarrow{MO}:\overrightarrow{ON}=y:x$.

显然当 $x+y=1$ 时，B 与 O 重合，即为向量定比分点公式的逆命题. 看似只是将 AO 延伸到 AB，但就是这一点点扩展，则能在求交点方面发挥重要作用. 我们的解题实践表明，此定理若应用得当，则可大大减少计算.

【例 5.22】 如图5-26，$\triangle ABC$ 中，D，E，F 分别是 BC，CA，AB 的中点，求证：AD，BE，CF 交于一点，且该点是中线的三等分点.(重心定理)

分析 $\overrightarrow{AD}=\frac{1}{2}\overrightarrow{AB}+\frac{1}{2}\overrightarrow{AC}=\frac{1}{2}\overrightarrow{AB}+\overrightarrow{AE}$，若设$\frac{1}{2}\overrightarrow{AB}+\overrightarrow{AE}=\left(\frac{1}{2}+1\right)\overrightarrow{AG'}$，则 G'在直线 BE 上；而$\overrightarrow{AD}=\left(\frac{1}{2}+1\right)\overrightarrow{AG'}$，说明 G'在直线 AD 上；于是 G' 是直线 AD 和 BE 的交点. 下文解题将省略这段分析.

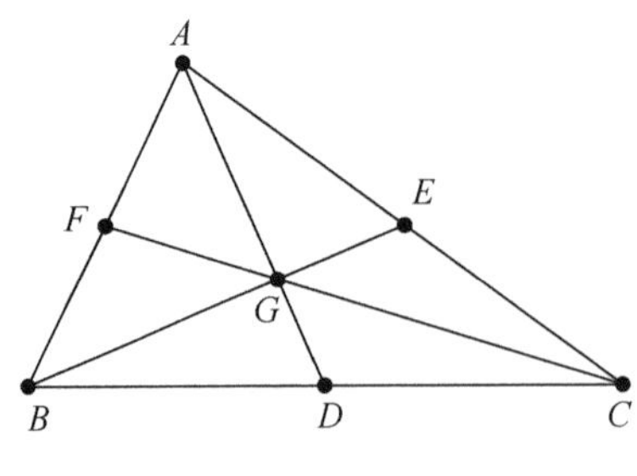

图 5-26

证明 设 G 是直线 AD 和 BE 的交点，则$\overrightarrow{AD}=\frac{1}{2}\overrightarrow{AB}+\frac{1}{2}\overrightarrow{AC}=\frac{1}{2}\overrightarrow{AB}+\overrightarrow{AE}=\left(\frac{1}{2}+1\right)\overrightarrow{AG}$；

而$\left(\frac{1}{2}+1\right)\overrightarrow{AG}=\frac{1}{2}\overrightarrow{AB}+\frac{1}{2}\overrightarrow{AC}=\overrightarrow{AF}+\frac{1}{2}\overrightarrow{AC}$，说明$G$在$CF$上，且$G$是三中线的三等分点.

【例5.23】 如图5-27，在$\triangle ABC$中，D，E，F分别为BC，AC，AB的中点，DM，DN平分$\angle ADB$，$\angle ADC$交AB，AC于M，N，MN交AD于O，EO，FO交AB，AC于P，Q，求证：$AD=PQ$.

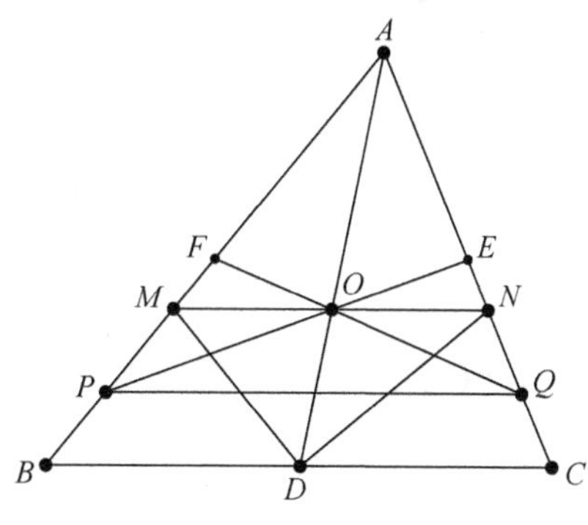

图5-27

证明 设$BC=2t$，$AD=1$，则$\frac{DO}{OA}=\frac{BM}{MA}=\frac{DB}{DA}=\frac{CN}{NA}=t$，

$(1+t)\overrightarrow{AO}=\overrightarrow{AD}=\frac{1}{2}(\overrightarrow{AB}+\overrightarrow{AC})$，即$\frac{1}{2}\overrightarrow{AB}=(1+t)\overrightarrow{AO}-\overrightarrow{AE}=t\,\overrightarrow{AP}$，于是$\overrightarrow{AP}=\frac{1}{2t}\overrightarrow{AB}$.

同理$\overrightarrow{AQ}=\frac{1}{2t}\overrightarrow{AC}$. 所以$\overrightarrow{PQ}=\frac{1}{2t}\overrightarrow{BC}$，即$PQ=\frac{1}{2t}BC=1=AD$.

【例5.24】 如图5-28，设M为正方形$ABCD$的边AD的中点，以点A为圆心，以AB为半径的圆与以CD为直径的圆交于P，N为BP与CD的交点，Q为AN与BM的交点，求证：$\frac{QA}{QN}=\frac{3}{5}$.（《数学教学》(2007年第6期)“数学问题与解答”第706题）

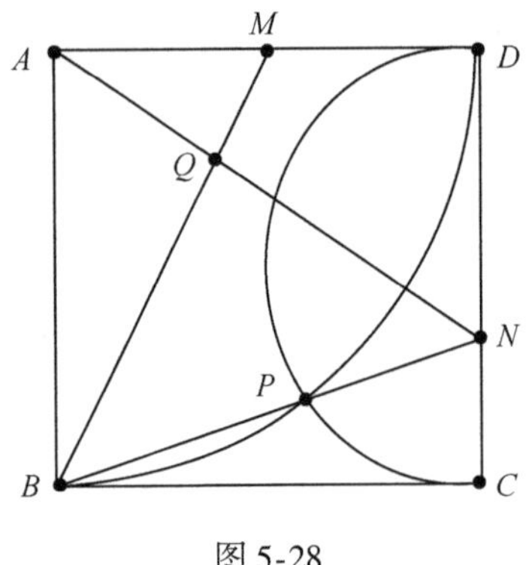

图 5-28

证明　如图5-29，延长 DP 交 BC 于 K，由 $BK^2=KP\cdot KD=KC^2$ 得 $BK=KC$. 设$\overrightarrow{CP}=m\overrightarrow{CK}+(1-m)\overrightarrow{CD}$，由$\overrightarrow{CP}\perp\overrightarrow{KD}$得

$$\overrightarrow{CP}\cdot\overrightarrow{KD}=(m\overrightarrow{CK}+(1-m)\overrightarrow{CD})\cdot(\overrightarrow{KC}+\overrightarrow{CD})=0,$$

解得 $m=\dfrac{4}{5}$.

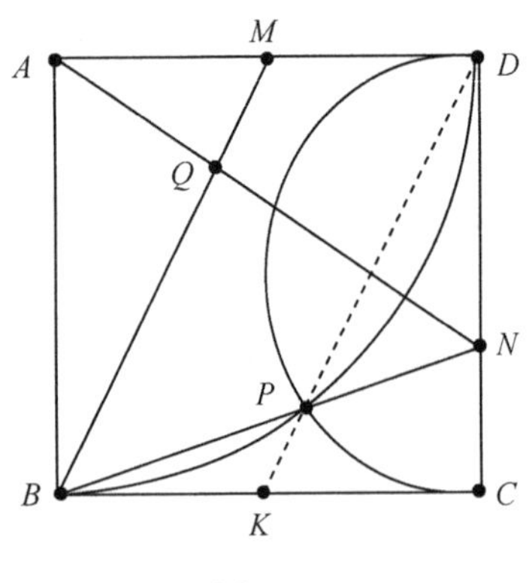

图 5-29

于是$\overrightarrow{CP}=\dfrac{4}{5}\overrightarrow{CK}+\dfrac{1}{5}\overrightarrow{CD}=\dfrac{2}{5}\overrightarrow{CB}+t\overrightarrow{CN}$，解得 $t=\dfrac{3}{5}$，$CN=\dfrac{1}{3}CD$. 设

$$\overrightarrow{BQ}=r\overrightarrow{BA}+(1-r)\overrightarrow{BN}=\frac{1+2r}{3}\overrightarrow{CD}-(1-r)\overrightarrow{CB},\ \overrightarrow{BM}=\overrightarrow{CD}-\frac{1}{2}\overrightarrow{CB},$$

由 B，Q，M 三点共线得 $\dfrac{1+2r}{3}=2(1-r)$，$r=\dfrac{5}{8}$，即 $\dfrac{QA}{QN}=\dfrac{3}{5}$.

【例 5.25】　如图 5-30，L，M，N 分别是 AF，DE，BC 的中点，

求证：L，M，N 三点共线（高斯线）.

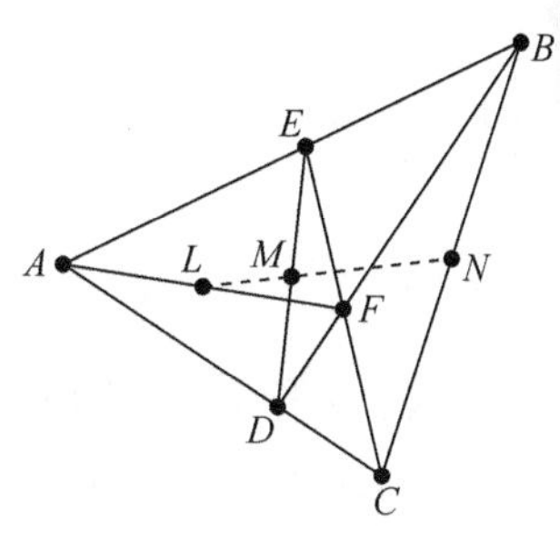

图 5-30

证明　设$\overrightarrow{AF}=a\,\overrightarrow{AB}+b\,\overrightarrow{AC}$,则 $b\,\overrightarrow{AC}=\overrightarrow{AF}-a\,\overrightarrow{AB}=(1-a)\overrightarrow{AD}$,

$a\,\overrightarrow{AB}=\overrightarrow{AF}-b\,\overrightarrow{AC}=(1-b)\overrightarrow{AE}$，所以

$$\overrightarrow{MN}=\overrightarrow{AN}-\overrightarrow{AM}=\frac{1}{2}(\overrightarrow{AB}+\overrightarrow{AC})-\frac{1}{2}(\overrightarrow{AD}+\overrightarrow{AE})=\frac{1-a-b}{2(1-b)}\overrightarrow{AB}+\frac{1-a-b}{2(1-a)}\overrightarrow{AC},$$

$$\overrightarrow{LN}=\overrightarrow{AN}-\overrightarrow{AL}=\frac{1}{2}(\overrightarrow{AB}+\overrightarrow{AC})-\frac{1}{2}\overrightarrow{AF}=\frac{1-a}{2}\overrightarrow{AB}+\frac{1-b}{2}\overrightarrow{AC},$$

则$\dfrac{(1-a)(1-b)}{1-a-b}\overrightarrow{MN}=\overrightarrow{LN}$，即 L，M，N 三点共线.

注意本题解答都是基于最初的设$\overrightarrow{AF}=a\,\overrightarrow{AB}+b\,\overrightarrow{AC}$，然后就是各种变形. 这种操作将会在下面的题目中反复出现. 最后求出系数$\dfrac{(1-a)(1-b)}{1-a-b}$，提示我们思考题目结论成立是建立在 F 不在直线 BC 上的基础上的. 参看例 15.30.

【例 5.26】　如图 5-31，已知线段 BC 的中点为 F，D，E 分别在射线 AB，AC 上，并且 AF，CD，BE 三条直线交于点 G，求证：$DE/\!/BC$.

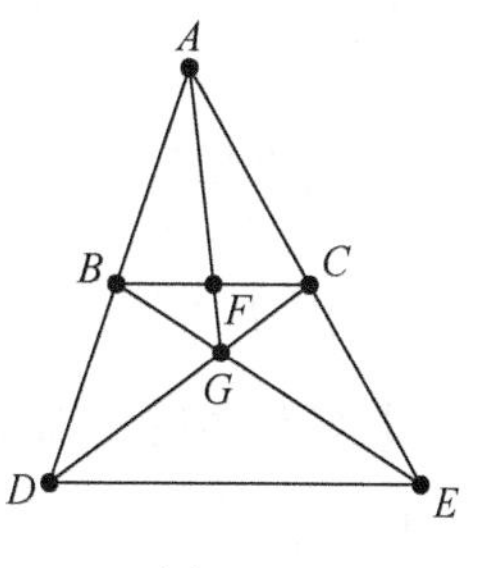

图 5-31

证明　设$\overrightarrow{AG}=m\,\overrightarrow{AF}$，则$\overrightarrow{AG}=\frac{m}{2}\overrightarrow{AB}+\frac{m}{2}\overrightarrow{AC}$，

于是

$$\frac{m}{2}\overrightarrow{AB}=\overrightarrow{AG}-\frac{m}{2}\overrightarrow{AC}=\left(1-\frac{m}{2}\right)\overrightarrow{AD},\ \overrightarrow{AD}=\frac{m}{2-m}\overrightarrow{AB}.$$

而 $\frac{m}{2}\overrightarrow{AC}=\overrightarrow{AG}-\frac{m}{2}\overrightarrow{AB}=\left(1-\frac{m}{2}\right)\overrightarrow{AE}$，$\overrightarrow{AE}=\frac{m}{2-m}\overrightarrow{AC}$，

则$\overrightarrow{DE}=\frac{m}{2-m}\overrightarrow{BC}$，所以 $DE/\!/BC$.

【例 5.27】 如图 5-32，点 D 和 E 分别在线段 AB 和 AC 上，点 B，A，C 不共线，BE 与 CD 交于点 P. 作平行四边形 $DAEF$ 和平行四边形 $BECG$. 证明：$PF/\!/DG$.

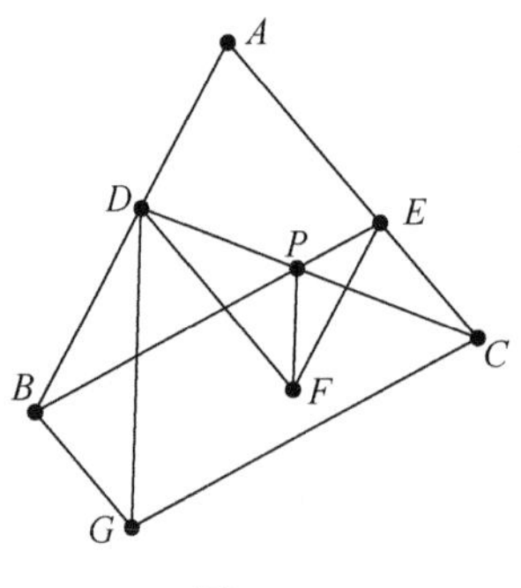

图 5-32

证明 设$\overrightarrow{AP}=a\overrightarrow{AD}+b\overrightarrow{AE}$，则

$$a\overrightarrow{AD}=\overrightarrow{AP}-b\overrightarrow{AE}=(1-b)\overrightarrow{AB},$$

$$b\overrightarrow{AE}=\overrightarrow{AP}-a\overrightarrow{AD}=(1-a)\overrightarrow{AC},$$

$$\overrightarrow{FP}=\overrightarrow{FA}+\overrightarrow{AP}=-(\overrightarrow{AD}+\overrightarrow{AE})+(a\overrightarrow{AD}+b\overrightarrow{AE})=(a-1)\overrightarrow{AD}+(b-1)\overrightarrow{AE},$$

$$\overrightarrow{GD}=\overrightarrow{GB}+\overrightarrow{BD}=(\overrightarrow{CA}-\overrightarrow{EA})+(\overrightarrow{BA}-\overrightarrow{DA})=\left(\frac{b}{a-1}\overrightarrow{AE}-\overrightarrow{EA}\right)+\left(\frac{a}{b-1}\overrightarrow{AD}-\overrightarrow{DA}\right)$$

$$=\frac{a+b-1}{b-1}\overrightarrow{AD}+\frac{a+b-1}{a-1}\overrightarrow{AE}=\frac{a+b-1}{(a-1)(b-1)}\overrightarrow{FP},$$

所以 $PF/\!/DG$.

【例 5.28】 如图 5-33，在△ABC 中，点 D，E 分别在直线 AB，AC 上，直线 BE 与 CD 交于点 H，AH 与 DE 交于点 K. 四边形 $BHCT$ 为平行四边形，AT 与 BC 交于点 G. 求证：$GK/\!/TH$. （2008 年俄罗斯数

学奥林匹克试题)

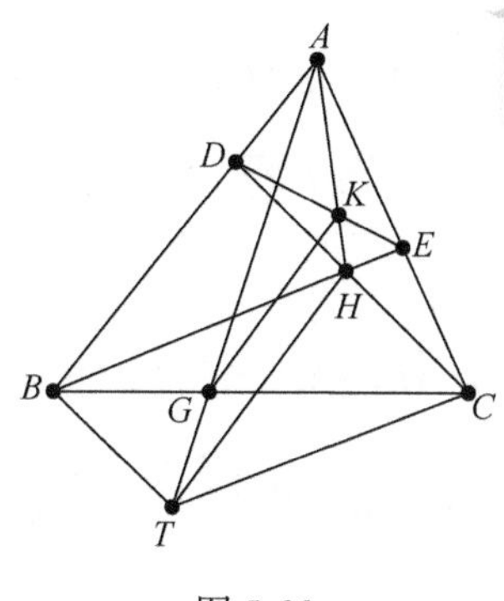

图 5-33

证明 设$\overrightarrow{AH}=a\overrightarrow{AD}+b\overrightarrow{AE}$，则 $(a+b)\overrightarrow{AK}=a\overrightarrow{AD}+b\overrightarrow{AE}$，

$\overrightarrow{AH}-a\overrightarrow{AD}=b\overrightarrow{AE}=(1-a)\overrightarrow{AC}$，$\overrightarrow{AH}-b\overrightarrow{AE}=a\overrightarrow{AD}=(1-b)\overrightarrow{AB}$，

$$\overrightarrow{AT}=\overrightarrow{AB}+\overrightarrow{AC}-\overrightarrow{AH}=\frac{a}{1-b}\overrightarrow{AD}+\frac{b}{1-a}\overrightarrow{AE}-(a\overrightarrow{AD}+b\overrightarrow{AE})$$

$$=\frac{ab}{1-b}\overrightarrow{AD}+\frac{ab}{1-a}\overrightarrow{AE}=b\overrightarrow{AB}+a\overrightarrow{AC}$$，于是$(a+b)\overrightarrow{AG}=b\overrightarrow{AB}+a\overrightarrow{AC}$.

所以 $\frac{AK}{AH}=\frac{1}{a+b}=\frac{AG}{AT}$，$GK /\!/ TH$.

【例 5.29】 如图 5-34，设完全四边形 $ABCD-EF$ 中，AC 交 BD 于 O，过 O 且与 AE 平行的直线分别交 ED，EF 于 M，G. 过 O 且与 AF 平行的直线分别交 FB，FE 于 N，H，求证：MN 是$\triangle OGH$ 的中位线.

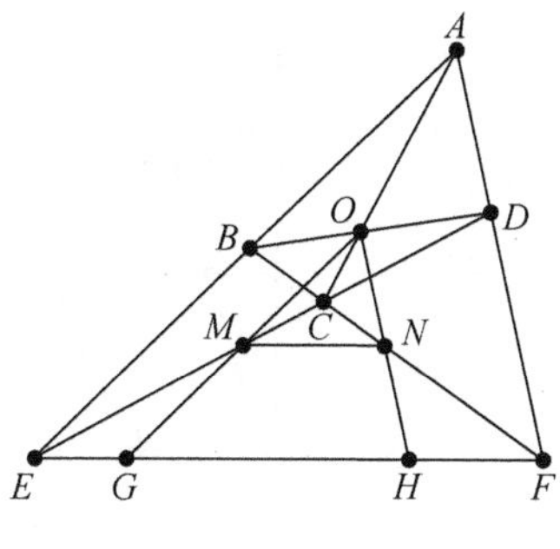

图 5-34

证明 设$\overrightarrow{AC}=a\overrightarrow{AE}+b\overrightarrow{AF}$，则

$$b\overrightarrow{AF}=\overrightarrow{AC}-a\overrightarrow{AE}=(1-a)\overrightarrow{AD},$$

$$a\overrightarrow{AE}=\overrightarrow{AC}-b\overrightarrow{AF}=(1-b)\overrightarrow{AB},$$

两式相加得

$$\overrightarrow{AC}=(1-b)\overrightarrow{AB}+(1-a)\overrightarrow{AD}=(2-a-b)\overrightarrow{AO},$$

$$\overrightarrow{AG}=\overrightarrow{AO}+\overrightarrow{OG}=\frac{a\overrightarrow{AE}+b\overrightarrow{AF}}{2-a-b}+k\overrightarrow{AE},$$

因为E，F，G三点共线，解$\frac{a+b}{2-a-b}+k=1$得$k=\frac{2(-1+a+b)}{-2+a+b}$，于是

$$\overrightarrow{AG}=\frac{(2-a-2b)\overrightarrow{AE}}{2-a-b}+\frac{b\overrightarrow{AF}}{2-a-b}.$$

同理

$$\overrightarrow{AH}=\frac{a\overrightarrow{AE}}{2-a-b}+\frac{(2-2a-b)\overrightarrow{AF}}{2-a-b}.$$

$$\frac{\overrightarrow{AG}+\overrightarrow{AO}}{2}=\frac{(2-2b)\overrightarrow{AE}+2b\overrightarrow{AF}}{2(2-a-b)}=\frac{(2-2b)\overrightarrow{AE}+2(1-a)\overrightarrow{AD}}{2(2-a-b)}.$$

所以GO的中点在DE上，同理OH的中点在BF上，因此MN是$\triangle OGH$的中位线.

【例5.30】 如图5-35，圆O内接正方形$ABCD$，两直径$AC\perp BD$，在弧DC上任取点M，直线MA与BD和DC分别交于P和R，直线MB与AC和DC分别交于Q和S. 求证：$SP\perp RQ$.（法国国家队考试）

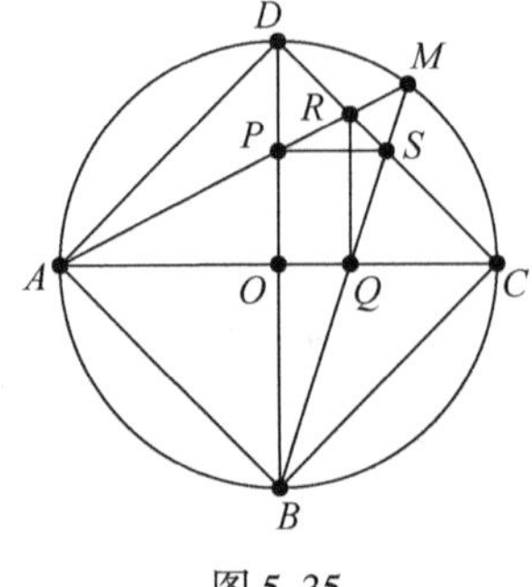

图5-35

证明　设$\overrightarrow{OM}=x\,\overrightarrow{OC}+y\,\overrightarrow{OD}$，$\overrightarrow{OM}+y\,\overrightarrow{OB}=x\,\overrightarrow{OC}=(1+y)\overrightarrow{OQ}$，$\overrightarrow{OM}+x\,\overrightarrow{OA}=y\,\overrightarrow{OD}=(1+x)\overrightarrow{OP}$，

由 $\overrightarrow{OM}=x\,\overrightarrow{OC}+y\,\overrightarrow{OD}$ 得 $\overrightarrow{OM}+k\,\overrightarrow{OA}=(x-k)\overrightarrow{OC}+y\,\overrightarrow{OD}=(x-k+y)\overrightarrow{OR}$，

则 $1+k=x-k+y$，解得 $k=\dfrac{x+y-1}{2}$，所以

$$\overrightarrow{OM}+\frac{x+y-1}{2}\overrightarrow{OA}=\frac{x-y+1}{2}\overrightarrow{OC}+y\,\overrightarrow{OD}=\frac{x+y+1}{2}\overrightarrow{OR}.$$

同理

$$\overrightarrow{OM}+\frac{x+y-1}{2}\overrightarrow{OB}=x\,\overrightarrow{OC}+\frac{y-x+1}{2}\overrightarrow{OD}=\frac{x+y+1}{2}\overrightarrow{OS}.$$

$$\overrightarrow{PS}=\overrightarrow{OS}-\overrightarrow{OP}=\frac{2x}{x+y+1}\overrightarrow{OC}+\left(\frac{y-x+1}{x+y+1}-\frac{y}{x+1}\right)\overrightarrow{OD},$$

$$\overrightarrow{QR}=\overrightarrow{OR}-\overrightarrow{OQ}=\frac{2y}{x+y+1}\overrightarrow{OD}+\left(\frac{x-y+1}{x+y+1}-\frac{x}{y+1}\right)\overrightarrow{OC}.$$

由已知得$\overrightarrow{OM}^2=\overrightarrow{OC}^2=\overrightarrow{OD}^2$，$\overrightarrow{OC}\cdot\overrightarrow{OD}=0$，所以$\overrightarrow{OM}^2=(x\,\overrightarrow{OC})^2+(y\,\overrightarrow{OD})^2$，得 $x^2+y^2=1$.

所以 $\overrightarrow{PS}\cdot\overrightarrow{QR}=\dfrac{2(y-x)(x^2+y^2-1)}{(1+x)(1+y)(1+x+y)}=0$，即 $SP\perp RQ$.

【例 5.31】　如图5-36，四边形 $ABCD$ 的对角线交于点 O，过 O 作直线与四边形四边相交，若 $OE=OF$，求证：$OG=OH$.

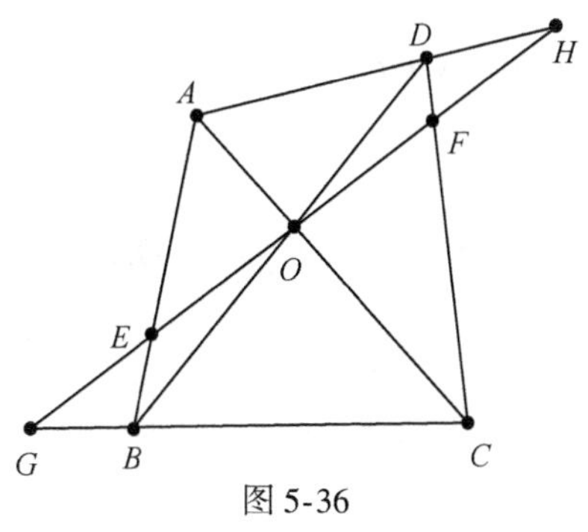

图 5-36

证法 1　先将题目条件“三个三点共线”向量化表示，得到一些约束关系，然后化简即可得到答案.

设 $\overrightarrow{OC}=m\ \overrightarrow{OA}$，$\overrightarrow{OD}=n\ \overrightarrow{OB}$，$\overrightarrow{OG}=p\ \overrightarrow{OE}$，$\overrightarrow{OH}=q\ \overrightarrow{OE}$，$\overrightarrow{OE}=(1-r)\overrightarrow{OA}+r\ \overrightarrow{OB}$，

C，D，F 三点共线：由 $\overrightarrow{OE}=\overrightarrow{FO}$ 得 $-\overrightarrow{OF}=\frac{1-r}{m}\overrightarrow{OC}+\frac{r}{n}\overrightarrow{OD}$，则 $(1-r)n+mr+mn=0$.

G，B，C 三点共线：

$$\overrightarrow{OG}=p\ \overrightarrow{OE}=p(1-r)\overrightarrow{OA}+pr\ \overrightarrow{OB}=\frac{p(1-r)}{m}\overrightarrow{OC}+pr\ \overrightarrow{OB},$$

所以 $1-\frac{p(1-r)}{m}=pr$，即 $p=\frac{m}{1-r+mr}$.

A，D，H 三点共线：

$$\overrightarrow{OH}=q\ \overrightarrow{OE}=q(1-r)\overrightarrow{OA}+\frac{qr}{n}\overrightarrow{OD},$$

所以 $1-q(1-r)=\frac{qr}{n}$，即 $q=\frac{n}{(1-r)n+r}$.

$$p+q=\frac{n}{(1-r)n+r}+\frac{m}{1-r+mr}=\frac{(1-r)n+mr+mn}{((1-r)n+r)(1-r+mr)}=0,$$

得 $p=-q$，所以 $OG=OH$.

证法 2 设 $s\ \overrightarrow{OC}=\overrightarrow{OA}$，$t\ \overrightarrow{OD}=\overrightarrow{OB}$，$\overrightarrow{OG}=a\ \overrightarrow{OA}+b\ \overrightarrow{OB}=(a+b)\overrightarrow{OE}=as\ \overrightarrow{OC}+b\ \overrightarrow{OB}$，

于是 $1=as+b$. 另有 $as\ \overrightarrow{OC}+bt\ \overrightarrow{OD}=-(a+b)\overrightarrow{OF}=a\ \overrightarrow{OA}+bt\ \overrightarrow{OD}=(a+bt)\overrightarrow{OH}$.

于是 $as+bt=-(a+b)$，所以 $a+bt=-1$，$\overrightarrow{OH}=-(a+b)\overrightarrow{OF}=(a+b)\overrightarrow{OE}=-\overrightarrow{OG}$.

说明 为节约篇幅，我们采用了等式连续变形，相等的式子放在一起，也便于查找.

等式 $\overrightarrow{OG}=a\ \overrightarrow{OA}+b\ \overrightarrow{OB}=(a+b)\overrightarrow{OE}=as\ \overrightarrow{OC}+b\ \overrightarrow{OB}$ 中，是设 $\overrightarrow{OG}=a\ \overrightarrow{OA}+b\ \overrightarrow{OB}$，构造出 $(a+b)\overrightarrow{OE}$，既满足 $\overrightarrow{OE}$ 与 $\overrightarrow{OG}$ 共线，且 E 在 AB 上. 这样

就快速求得$\overrightarrow{OE}$与$\overrightarrow{OG}$的比例关系．将 $s\,\overrightarrow{OC}=\overrightarrow{OA}$代入 $a\,\overrightarrow{OA}+b\,\overrightarrow{OB}$后得到$\overrightarrow{OG}=as\,\overrightarrow{OC}+b\,\overrightarrow{OB}$，因为 G，C，B 三点共线得 $1=as+b$. 这样的等式变形，请读者仔细体会并掌握．下文不再一一说明．

【例 5.32】 如图 5-37，点 E 和 F 分别是$\triangle ABC$ 的边 AC 和 AB 上的点，BE 和 CF 交于点 D，AD 和 EF 交于点 G，过点 D 作 BC 的平行线分别交 AB，BG，CG 和 AC 于点 H，K，N 和 M. 试证：$2KN=HM$.（《数学通报》问题征解 2066）

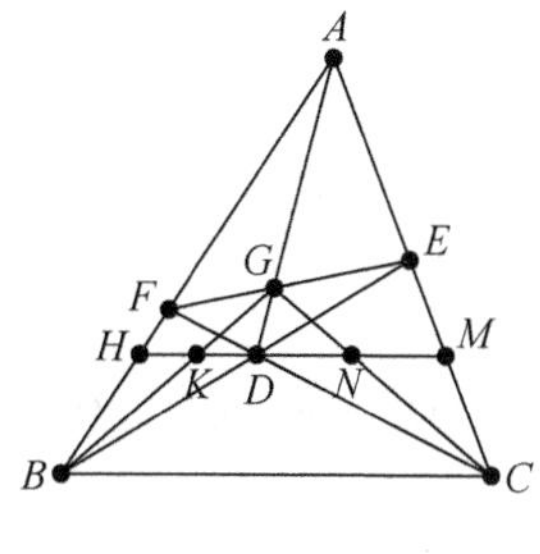

图 5-37

证明　设 $\overrightarrow{AD}=a\,\overrightarrow{AB}+b\,\overrightarrow{AC}$，则 $\overrightarrow{AD}-a\,\overrightarrow{AB}=b\,\overrightarrow{AC}=(1-a)\overrightarrow{AE}$，$\overrightarrow{AD}-b\,\overrightarrow{AC}=a\,\overrightarrow{AB}=(1-b)\overrightarrow{AF}$，

两式相加得 $\overrightarrow{AD}=(1-b)\overrightarrow{AF}+(1-a)\overrightarrow{AE}=(2-a-b)\overrightarrow{AG}$，

$$\overrightarrow{AD}=a\,\overrightarrow{AB}+b\,\overrightarrow{AC}=(a+b)\overrightarrow{AB}+b(\overrightarrow{AC}-\overrightarrow{AB})=\overrightarrow{AH}+\overrightarrow{HD},$$

于是

$$\overrightarrow{AH}=(a+b)\overrightarrow{AB}.$$

$$\overrightarrow{AD}=a\,\overrightarrow{AB}+b\,\overrightarrow{AC}=(a+b)\overrightarrow{AC}+a(\overrightarrow{AB}-\overrightarrow{AC})=\overrightarrow{AM}+\overrightarrow{MD},$$

于是

$$\overrightarrow{AM}=(a+b)\overrightarrow{AC}.$$

$$\overrightarrow{AD}+\overrightarrow{AH}=(2-a-b)\overrightarrow{AG}+(a+b)\overrightarrow{AB}=2\,\overrightarrow{AK},$$

$$\overrightarrow{AD}+\overrightarrow{AM}=(2-a-b)\overrightarrow{AG}+(a+b)\overrightarrow{AC}=2\,\overrightarrow{AN},$$

所以$\overrightarrow{AM}-\overrightarrow{AH}=2(\overrightarrow{AN}-\overrightarrow{AK})$，即$\overrightarrow{HM}=2\,\overrightarrow{KN}$.

【例 5.33】 如图 5-38，在△ABC 中，$AB=BC$，D 是 AB 延长线上一点，E 是 BC 延长线上一点，且 $CE=AD$. 延长 AC 交 DE 于 F，$FG/\!/BE$ 交 CD 于 G，$FH/\!/AD$ 交 AE 于 H. 求证：$FG=FH$，$AF\perp GH$.（《数学通报》征解题 2382）

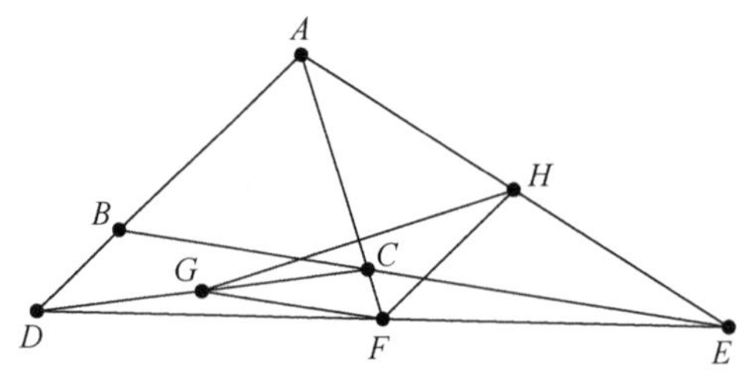

图 5-38

证明 设 $AB=BC=1$，$AD=CE=m$，$\overrightarrow{BD}=(1-m)\overrightarrow{BA}$，$\overrightarrow{BE}=(1+m)\overrightarrow{BC}$，两式相加得 $\overrightarrow{BD}+\overrightarrow{BE}=(1-m)\overrightarrow{BA}+(1+m)\overrightarrow{BC}=2\overrightarrow{BF}$，于是 F 为 DE 的中点. 根据平行线的性质，可得 G 为 CD 的中点，H 为 AE 的中点，$GF=\frac{1}{2}CE=\frac{1}{2}AD=FH$. 所以 $2\overrightarrow{BG}=\overrightarrow{BD}+\overrightarrow{BC}$，$2\overrightarrow{BH}=\overrightarrow{BA}+\overrightarrow{BE}$，

$$\overrightarrow{GH}=\overrightarrow{BH}-\overrightarrow{BG}=\frac{\overrightarrow{BA}+\overrightarrow{BE}-\overrightarrow{BD}-\overrightarrow{BC}}{2}=\frac{m}{2}(\overrightarrow{BA}+\overrightarrow{BC}),$$

$$\overrightarrow{GH}\cdot\overrightarrow{AC}=\frac{m}{2}(\overrightarrow{BA}+\overrightarrow{BC})\cdot(\overrightarrow{BC}-\overrightarrow{BA})=0,$$

所以 $FG=FH$，$AF\perp GH$.

说明 $\overrightarrow{BD}+\overrightarrow{BE}=(1-m)\overrightarrow{BA}+(1+m)\overrightarrow{BC}=2\overrightarrow{BF}$，这一步充分利用了向量形式的定比分点公式及其逆命题.

【例 5.34】 如图 5-39，已知 D，E 分别是△ABC 的边 BC，AB 上的点，$F=AD\cap CE$，$G=BF\cap DE$，过 G 作 BC 的平行线分别交 AB，CE，AC 于 M，H，N，则 $GH=NH$.

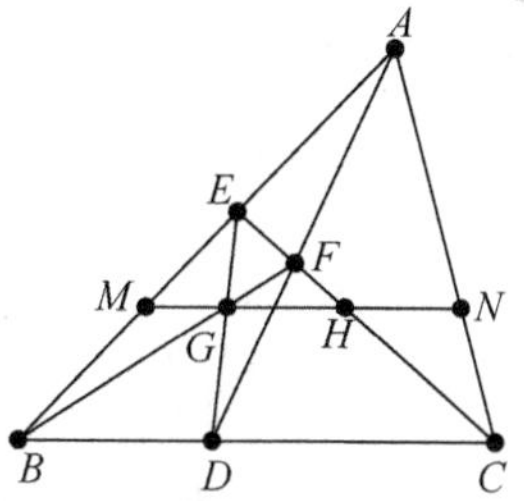

图 5-39

证明　设$\overrightarrow{BF}=a\,\overrightarrow{BA}+b\,\overrightarrow{BC}$，则

$$b\,\overrightarrow{BC}=\overrightarrow{BF}-a\,\overrightarrow{BA}=(1-a)\overrightarrow{BD},\ a\,\overrightarrow{BA}=\overrightarrow{BF}-b\,\overrightarrow{BC}=(1-b)\overrightarrow{BE},$$

两式相加得 $\overrightarrow{BF}=(1-a)\overrightarrow{BD}+(1-b)\overrightarrow{BE}=(2-a-b)\overrightarrow{BG}$，因为 $GH/\!/BC$，于是$\overrightarrow{CF}=(2-a-b)\overrightarrow{CH}$，$\overrightarrow{CB}=\overrightarrow{CF}-\overrightarrow{BF}=(2-a-b)(\overrightarrow{CB}+\overrightarrow{BH}-\overrightarrow{BG})$，所以$(2-a-b)\overrightarrow{GH}=(1-a-b)\overrightarrow{BC}$.

设 $\overrightarrow{BN}=x\,\overrightarrow{BA}+(1-x)\overrightarrow{BC}$，$(2-a-b)\overrightarrow{GN}=(2-a-b)(\overrightarrow{BN}-\overrightarrow{BG})$

$$=(x(2-a-b)-a)\overrightarrow{BA}+((1-x)(2-a-b)-b)\overrightarrow{BC},$$

由于 $GH/\!/BC$，所以 $x=\dfrac{a}{2-a-b}$，$(2-a-b)\overrightarrow{GN}=2(1-a-b)\overrightarrow{BC}$.

所以 $GH=HN$.

说明　如果不希望解方程，可使用同一法.

$$\begin{aligned}(2-a-b)(2\,\overrightarrow{BH}-\overrightarrow{BG})&=2a\,\overrightarrow{BA}-2(a-1)\overrightarrow{BC}-((1-a)\overrightarrow{BD}+(1-b)\overrightarrow{BE})\\&=2a\,\overrightarrow{BA}-2(a-1)\overrightarrow{BC}-(b\,\overrightarrow{BC}+a\,\overrightarrow{BA})\\&=a\,\overrightarrow{BA}+(2-2a-b)\overrightarrow{BC},\end{aligned}$$

因为 $2-a-b=a+(2-2a-b)$，说明 G 关于 H 的对称点在 AC 上，等价于 $GH=NH$.

【例 5.35】　如图 5-40，在四边形 $ABCD$ 中，对角线交于 L，M 和 N 分别是 AB 和 CD 的中点，作 $AK/\!/CB$，$KB/\!/AD$，求证：$LK/\!/NM$.

证法 1　设$\overrightarrow{LC}=m\,\overrightarrow{LA}$，$\overrightarrow{LD}=n\,\overrightarrow{LB}$，则

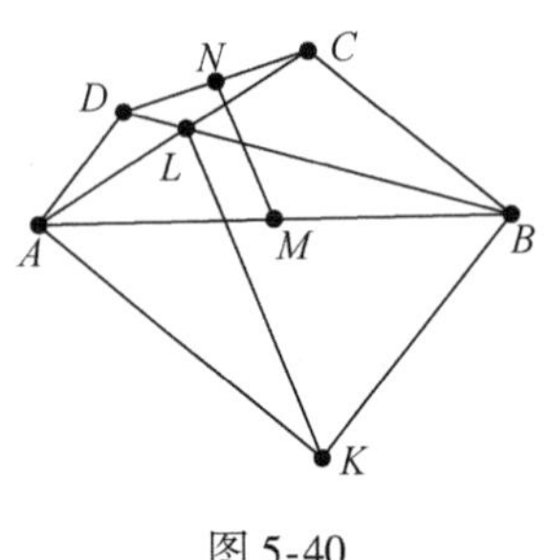

图 5-40

$$2\overrightarrow{LM}=\overrightarrow{LA}+\overrightarrow{LB},\ 2\overrightarrow{LN}=\overrightarrow{LC}+\overrightarrow{LD}=m\overrightarrow{LA}+n\overrightarrow{LB},$$

于是 $2\overrightarrow{MN}=2\overrightarrow{LN}-2\overrightarrow{LM}=(m-1)\overrightarrow{LA}+(n-1)\overrightarrow{LB}$.

设 $\overrightarrow{LK}=a\overrightarrow{LA}+b\overrightarrow{LB}$，$\overrightarrow{AK}=(a-1)\overrightarrow{LA}+b\overrightarrow{LB}$，$\overrightarrow{BC}=m\overrightarrow{LA}-\overrightarrow{LB}$，$\overrightarrow{BK}=a\overrightarrow{LA}+(b-1)\overrightarrow{LB}$，$\overrightarrow{AD}=n\overrightarrow{LB}-\overrightarrow{LA}$，由 $AK/\!/BC$，$BK/\!/AD$ 得 $a-1+bm=0$，$b-1+an=0$，解得 $a=\dfrac{m-1}{mn-1}$，$b=\dfrac{n-1}{mn-1}$，所以 $\overrightarrow{LK}=\dfrac{m-1}{mn-1}\overrightarrow{LA}+\dfrac{n-1}{mn-1}\overrightarrow{LB}=\dfrac{2}{mn-1}\overrightarrow{MN}$，所以 $LK/\!/NM$.

证法 2 作平行四边形$AKBS$，$\overrightarrow{LS}=a\overrightarrow{LA}+b\overrightarrow{LB}$，$\overrightarrow{LS}-b\overrightarrow{LB}=a\overrightarrow{LA}=(1-b)\overrightarrow{LC}$，

$\overrightarrow{LS}-a\overrightarrow{LA}=b\overrightarrow{LB}=(1-a)\overrightarrow{LD}$，$\overrightarrow{LK}=\overrightarrow{LA}+\overrightarrow{LB}-\overrightarrow{LS}=(1-a)\overrightarrow{LA}+(1-b)\overrightarrow{LB}$.

$$2\overrightarrow{MN}=2\overrightarrow{LN}-2\overrightarrow{LM}=\overrightarrow{LC}+\overrightarrow{LD}-(\overrightarrow{LA}+\overrightarrow{LB})$$

$$=\frac{a}{1-b}\overrightarrow{LA}+\frac{b}{1-a}\overrightarrow{LB}-(\overrightarrow{LA}+\overrightarrow{LB})=\frac{a+b-1}{1-b}\overrightarrow{LA}+\frac{a+b-1}{1-a}\overrightarrow{LB}=$$

$\dfrac{a+b-1}{(1-a)(1-b)}\overrightarrow{LK}$，所以 $LK/\!/NM$.

说明 证法 2 巧妙引入了点 S，使得 K 的求解变得简单．可以看到证法 2 不需要联立方程，熟练的话，无须借助方程可以直接解答．

【例 5.36】 如图 5-41，在四边形 $ABCD$ 中，AB 交 CD 于 E，AD 交 BC 于 F，J 和 K 分别是 AC 和 BD 的中点，G 和 H 分别是 DE 和 BF 的中点，BG 交 DH 于 I，求证：$AI/\!/JK$.

证明 设 $\overrightarrow{AC}=a\overrightarrow{AB}+b\overrightarrow{AD}$，$b\overrightarrow{AD}=\overrightarrow{AC}-a\overrightarrow{AB}=(1-a)\overrightarrow{AF}$，

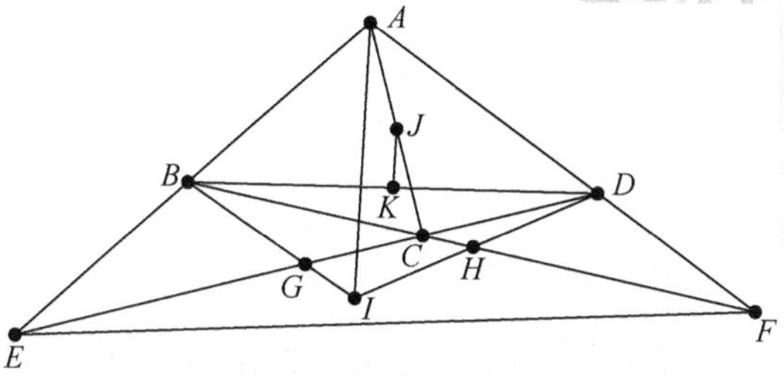

图 5-41

$$a\overrightarrow{AB}=\overrightarrow{AC}-b\overrightarrow{AD}=(1-b)\overrightarrow{AE},\ 2\overrightarrow{AJ}=\overrightarrow{AC},\ 2\overrightarrow{AK}=\overrightarrow{AB}+\overrightarrow{AD}.$$

由 $2\overrightarrow{AG}=\overrightarrow{AD}+\overrightarrow{AE}$，$2\overrightarrow{AH}=\overrightarrow{AB}+\overrightarrow{AF}$，

得 $2(1-b)\overrightarrow{AG}=(1-b)\overrightarrow{AD}+a\overrightarrow{AB}$，$2(1-a)\overrightarrow{AH}=b\overrightarrow{AD}+(1-a)\overrightarrow{AB}$.

两式相减得

$$2(1-a)\overrightarrow{AH}+(1-2b)\overrightarrow{AD}=(1-2a)\overrightarrow{AB}+2(1-b)\overrightarrow{AG}=(3-2a-2b)\overrightarrow{AI},$$

$$(3-2a-2b)\overrightarrow{AI}=(1-2a)\overrightarrow{AB}+(1-b)(\overrightarrow{AD}+\overrightarrow{AE})=(1-a)\overrightarrow{AB}+(1-b)\overrightarrow{AD},$$

$$2\overrightarrow{JK}=2(\overrightarrow{AK}-\overrightarrow{AJ})=\overrightarrow{AB}+\overrightarrow{AD}-\overrightarrow{AC}=(1-a)\overrightarrow{AB}+(1-b)\overrightarrow{AD},$$

则 $AI/\!/JK$.

两线相交求交点，从代数上看，就是联立方程组解方程，这已经深入人心了．线性方程虽然不难解，但如果题目中涉及点较多，反复求解也是繁杂．何况有些方程的系数复杂，增加了求解难度．本章所举案例，有的结论涉及三个或四个要求的交点，但使用本章所介绍的方法，如果运用熟练，甚至不用草稿纸，可直接写出．

第6章 向量数量积的应用

用回路法配合平面向量基本定理能够解决的问题，属于仿射几何的范围，所涉及的几何量，限于平行或共线的线段之比．若问题涉及垂直以及角度的大小，或涉及不平行的线段的比值，则属于度量几何范围，一般要用到向量的内积和绝对值才能解决.

向量的数量积常常用来证明两线垂直，这是大家熟悉的用法.

数量积的另一种用法，是用某个向量 $\boldsymbol{a}$ 点乘一个向量等式的两端，把和 $\boldsymbol{a}$ 垂直的向量消去，达到简化等式的目的．例如，用垂直于$\overrightarrow{BC}$的向量 $\boldsymbol{a}$ 点乘等式$\overrightarrow{AB}+\overrightarrow{BC}=\overrightarrow{AC}$的两端，立刻得到等式 $\boldsymbol{a}\cdot\overrightarrow{AB}=\boldsymbol{a}\cdot\overrightarrow{AC}$. 这种手法在解决较复杂的几何问题时常常用到.

向量数量积的相关性质，前面已经有所介绍.

我们现在要强调其几何意义：$\boldsymbol{a}\cdot\boldsymbol{b}$ 等于 $\boldsymbol{a}$ 的长度与 $\boldsymbol{b}$ 在 $\boldsymbol{a}$ 方向上的投影的乘积．而 $\boldsymbol{a}\cdot\boldsymbol{b}=\boldsymbol{b}\cdot\boldsymbol{a}$，所以 $\boldsymbol{a}\cdot\boldsymbol{b}$ 又可以等于：$\boldsymbol{b}$ 的长度与 $\boldsymbol{a}$ 在 $\boldsymbol{b}$ 方向上的投影的乘积．通俗说来，就是 $\boldsymbol{a}$ 与 $\boldsymbol{b}$，谁往谁身上靠，结果都一样！

一些资料都指出了$(\boldsymbol{a}+\boldsymbol{b})^2=\boldsymbol{a}^2+\boldsymbol{b}^2+2\boldsymbol{a}\cdot\boldsymbol{b}$ 暗藏余弦定理，此事值得进一步研究．在实数运算中，我们容易构建图形说明$(a+b)^2=a^2+b^2+2ab$. 在向量运算中，如何构造图形说明$(\boldsymbol{a}+\boldsymbol{b})^2=\boldsymbol{a}^2+\boldsymbol{b}^2+2\boldsymbol{a}\cdot\boldsymbol{b}$ 呢?

如图 6-1，以$\triangle ABC$的三边为边长向外作三个正方形，三高的延长线将三个正方形分为六个矩形，由 $\boldsymbol{a}\cdot\boldsymbol{b}=\boldsymbol{b}\cdot\boldsymbol{a}$ 得$\overrightarrow{BA}\cdot\overrightarrow{BC}=BA\cdot BL=BJ\cdot BC$，即 $S_{BFMJ}=S_{BLPE}=ac\cos B$，同理

$$S_{CJMG}=S_{CHNK}=ab\cos C,\ S_{AKNI}=S_{ADPL}=bc\cos A,$$

则

$$b^2+c^2=2bc\cos A+ac\cos B+ab\cos C=2bc\cos A+a^2.$$

注意到 J，C，A，L 四点共圆，则$\overrightarrow{BA}\cdot\overrightarrow{BC}=BA\cdot BL=BJ\cdot BC$ 等价于圆幂定理. 所以说，别小看 $\boldsymbol{a}\cdot\boldsymbol{b}=\boldsymbol{b}\cdot\boldsymbol{a}$，不是简单交换顺序那么简单，中间值得研究的东西多着呢!

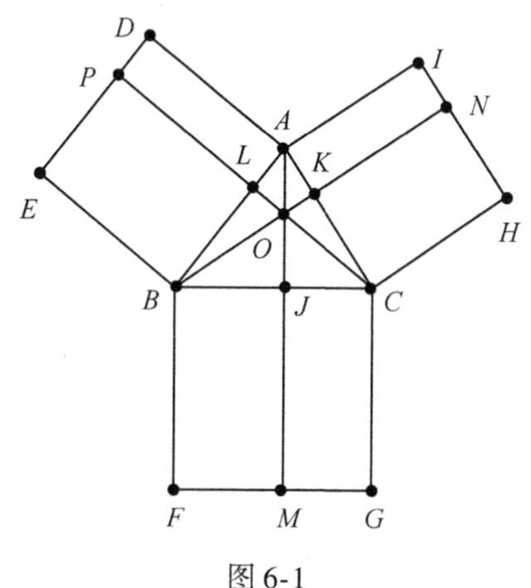

图 6-1

那用向量法来证勾股定理，肯定也没问题. 下面勾股定理的向量法证明，源自 1985 年法国国民教育部数学教育委员会马蒂内访华讲演.

证明　预备知识:由一个角的两边的任何一点向另一边作投影，其压缩的比值相同.

如图6-2，已知 BD 是直角三角形 ABC 斜边 AC 上的高. 在$\angle A$中，$AB=\alpha AC$，$AD=\alpha AB$，则 $AD=\alpha^2 AC$. 在$\angle C$中，$CB=\beta CA$，$CD=\beta CB$，则 $CD=\beta^2 CA$. 由于 $AC=AD+CD=\alpha^2 AC+\beta^2 CA$，因此 $\alpha^2+\beta^2=1$，于是

$$AB^2+CB^2=AC^2(\alpha^2+\beta^2)=AC^2.$$

张奠宙先生认为此证法“将线段投影、三角的余弦，以及未来的向量分解和数量积等知识都拧在一起，并用来证明勾股定理，在思想上更简约、更紧密了”. 对于“多知识点融合”这一看法，我们是赞同的. 但勾股定理作为平面几何的基石，不能够出现得太晚，这也是以前的教材使用相似三角形证明勾股定理，而现在改用面积法证明的原因.

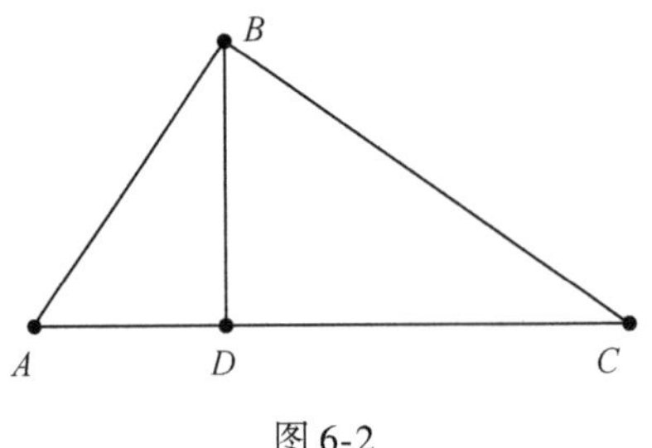

图 6-2

中国古代数学名著《九章算术》中关于勾股定理的一个几何题：今有二人同所立. 甲行率七，乙行率三. 乙东行，甲南行十步而邪(通斜)东北与乙会. 问甲乙行各几何？如图 6-3，假设二人的初始位置为 A，后来会合位置为 B，中间存在关系：$\overrightarrow{AB}=\overrightarrow{AC}+\overrightarrow{CB}$，即$\overrightarrow{CB}=\overrightarrow{CA}+\overrightarrow{AB}$. 将等式两边进行平方得到余弦定理，再运用直角这一条件，即得勾股定理：$CB^2=CA^2+AB^2-2CA\cdot AB\cos\angle CAB=AB^2+BC^2$.

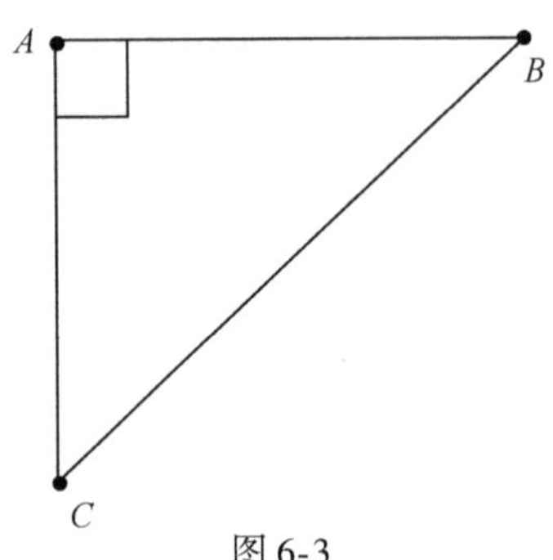

图 6-3

这种证明思路是极其自然的. 既然是三角形，必然存在闭合回路；而结论牵涉线段平方，所以将等式两边平方，得到的本是一般三角形所具有的余弦定理的性质，再加上直角这一条件，可得勾股定理．证明过程将已知条件都用了一遍，且只用了一遍，没有作任何辅助图形，应该是比较简单的了.

这是不是暗示古代数学家已经不自觉地在使用回路呢？有观点认为："勾股定理的出现，显示了人类已经能够初步地掌握方向的变化．两千六百多年前的人已经知道，如果从起点开始向东走四步，再向北走三步，则最后到达的地方离原出发点为五步之遥．也就是说人们已经会变换方向，而不再是单线地在前进".

勾股定理的证法虽说有 400 多种，但无须添加辅助线的证法恐怕不多．而对于勾股定理的逆定理，证法就没那么多了．对勾股定理逆定理的经典证明，是在原三角形外，另外构造一个两直角边与原三角形相等的直角三角形，然后通过三角形全等，说明原三角形是直角三角形．一些老师认为此构造法学生难以想到，于是纷纷进行再创造，结果也不是很理想．但如果采用向量法，其证明是显然的.

【例 6.1】 如图 6-4，$\triangle ABC$ 中，$AB\perp BC$，$BD\perp AC$，求证：$AB^2=AD\cdot AC$，$CB^2=CD\cdot CA$，$BD^2=DA\cdot DC$.（直角三角形中射影定理）

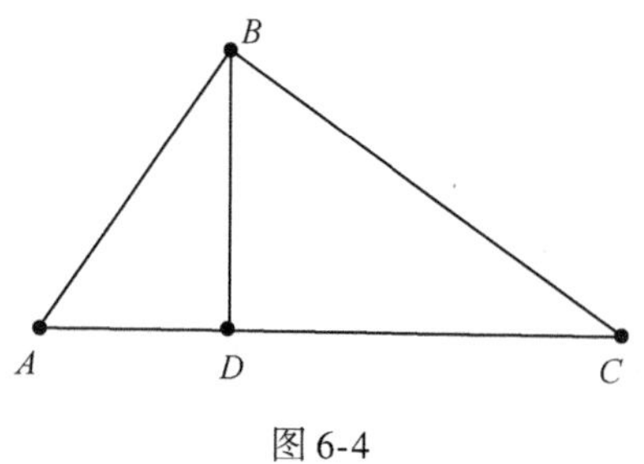

图 6-4

证明 $\overrightarrow{AB}\cdot\overrightarrow{AC}=AD\cdot AC$；$\overrightarrow{AB}\cdot\overrightarrow{AC}=\overrightarrow{AB}\cdot(\overrightarrow{AB}+\overrightarrow{BC})=AB^2$，所以 $AB^2=AD\cdot AC$. 同理 $CB^2=CD\cdot CA$；$\overrightarrow{BD}^2=(\overrightarrow{BA}+\overrightarrow{AD})\cdot(\overrightarrow{BC}+\overrightarrow{CD})=DA\cdot DC$.

【例 6.2】 如图 6-5，$\triangle ABC$ 中，$AB\perp BC$，$AD=DC$，求证：$BD=DA=DC$.（直角三角形斜边上的中线等于斜边的一半）

证明 $\overrightarrow{BA}\cdot\overrightarrow{BC}=(\overrightarrow{BD}+\overrightarrow{DA})\cdot(\overrightarrow{BD}-\overrightarrow{DA})=BD^2-DA^2=0$，所以 $BD=$

$DA=DC$.

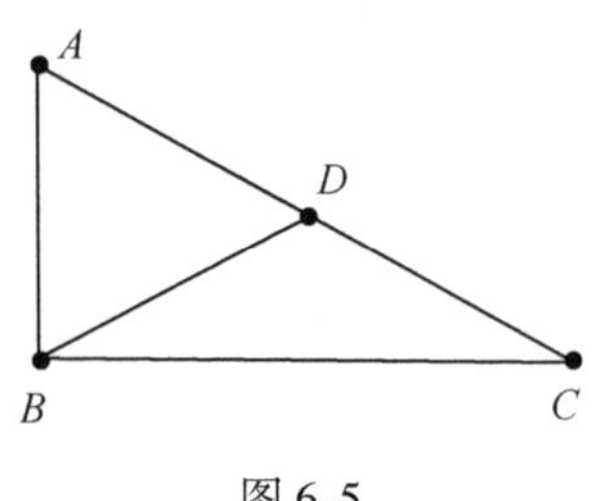

图 6-5

【例 6.3】 如图 6-6，设直线 l 与 $\triangle ABC$ 的边 AB 成 α 角，问 $\triangle ABC$ 的各角与边及 α 之间有何关系？

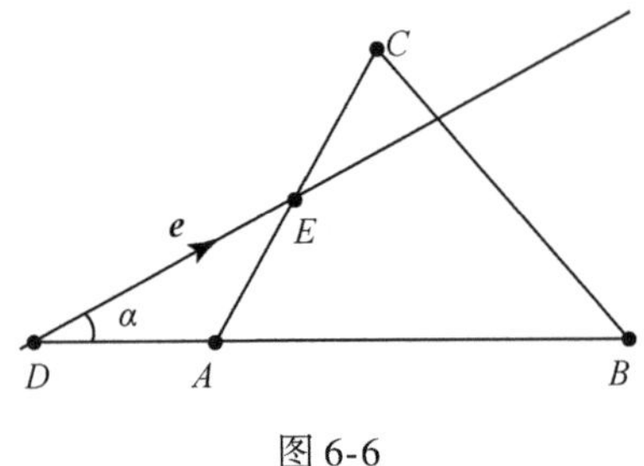

图 6-6

解 设 $\boldsymbol{e}$ 是 l 上的一个单位向量．因为 $\overrightarrow{AB}+\overrightarrow{BC}+\overrightarrow{CA}=\mathbf{0}$，故 $\overrightarrow{AB}\cdot\boldsymbol{e}+\overrightarrow{BC}\cdot\boldsymbol{e}+\overrightarrow{CA}\cdot\boldsymbol{e}=0$，即 $c\cos\alpha+a\cos(\pi-\alpha-B)+b\cos(\pi-A+\alpha)=0$，化简得 $a\cos(\alpha+B)+b\cos(A-\alpha)=c\cos\alpha$.

当 $\alpha=0°$ 时，$a\cos B+b\cos A=c$，此即一般三角形中的射影定理；

当 $\alpha=90°$ 时，$\dfrac{a}{\sin A}=\dfrac{b}{\sin B}$，此即正弦定理.

【例 6.4】 求证：

$$\cos\theta+\cos\left(\theta+\frac{2\pi}{n}\right)+\cos\left(\theta+\frac{4\pi}{n}\right)+\cdots+\cos\left(\theta+\frac{2(n-1)\pi}{n}\right)=0.$$

证明 作一个边长为 1 的正 n 多边形 $A_1A_2\cdots A_n$，设直线 l 与 $\overrightarrow{A_1A_2}$ 夹角为 θ，$\boldsymbol{e}$ 是 l 上的一个单位向量．因为 $\overrightarrow{A_1A_2}\cdot\boldsymbol{e}+\overrightarrow{A_2A_3}\cdot\boldsymbol{e}+\cdots+\overrightarrow{A_nA_1}\cdot\boldsymbol{e}=0$，即

$$\cos\theta+\cos\left(\theta+\frac{2\pi}{n}\right)+\cos\left(\theta+\frac{4\pi}{n}\right)+\cdots+\cos\left(\theta+\frac{2(n-1)\pi}{n}\right)=0.$$

【例 6.5】 求证直径所对的圆周角是直角.

证明　如图 6-7，已知 O 为圆心，AB 为直径，则

$$\begin{aligned}\overrightarrow{PA}\cdot\overrightarrow{PB}&=(\overrightarrow{PO}+\overrightarrow{OA})\cdot(\overrightarrow{PO}+\overrightarrow{OB})\\&=OP^2-OA^2=0,\end{aligned}$$

即$\overrightarrow{PA}\perp\overrightarrow{PB}$.

另证　P 在以 AB 为直径的圆上，等价于 $PO=\frac{AB}{2}$，即$\left(\frac{\overrightarrow{PA}+\overrightarrow{PB}}{2}\right)^2-\left(\frac{\overrightarrow{PA}-\overrightarrow{PB}}{2}\right)^2=0$；

$PA\perp PB$，等价于$\overrightarrow{PA}\cdot\overrightarrow{PB}=0$；

设$\left(\frac{\overrightarrow{PA}+\overrightarrow{PB}}{2}\right)^2-\left(\frac{\overrightarrow{PA}-\overrightarrow{PB}}{2}\right)^2=k\overrightarrow{PA}\cdot\overrightarrow{PB}$，当 $k=1$ 时，得到恒等式$\left(\frac{\overrightarrow{PA}+\overrightarrow{PB}}{2}\right)^2-\left(\frac{\overrightarrow{PA}-\overrightarrow{PB}}{2}\right)^2=\overrightarrow{PA}\cdot\overrightarrow{PB}$.

证明原命题的同时，发现并证明了逆命题：若 $PA\perp PB$，则 P 在以 AB 为直径的圆上.

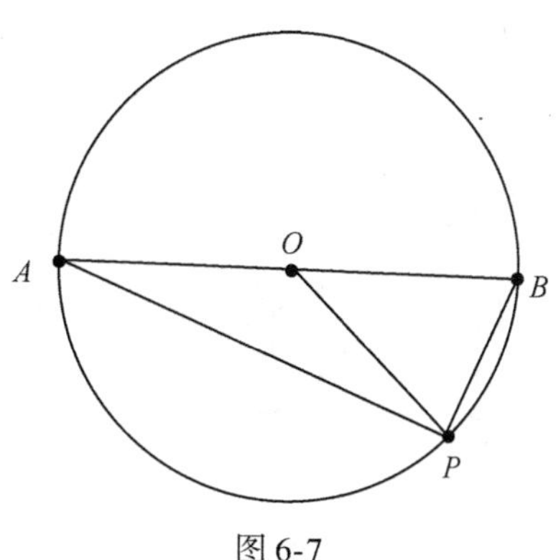

图 6-7

【例 6.6】 圆幂定理：过任意点 P 向圆 O 引两条直线，分别与圆交于 A 和 B(可重合，即切线)与 C 和 D，则

$$PA\cdot PB=PC\cdot PD=\left|PO^2-R^2\right|.$$

其中，圆幂的定义：平面上任意一点对于圆的幂为这个点到圆心的距离与圆的半径的平方差，即 PO^2-OC^2. 点在圆内，幂为负数；圆外的点的幂为正数，圆上的点的幂为零. 圆幂定理是相交弦定理、切割线定理及割线定理的统称.

证法 1 $\overrightarrow{PC}\cdot\overrightarrow{PB}=(\overrightarrow{PO}+\overrightarrow{OC})\cdot(\overrightarrow{PO}+\overrightarrow{OB})=(\overrightarrow{PO}+\overrightarrow{OC})\cdot(\overrightarrow{PO}-\overrightarrow{OC})=PO^2-OC^2$,

如图 6-8，$\overrightarrow{PC}\cdot\overrightarrow{PB}=PC\cdot PB\cdot\cos\angle CPA=PA\cdot PB$;

如图 6-9，$\overrightarrow{PC}\cdot\overrightarrow{PB}=PC\cdot PB\cdot\cos\angle CPB=-PA\cdot PB$;

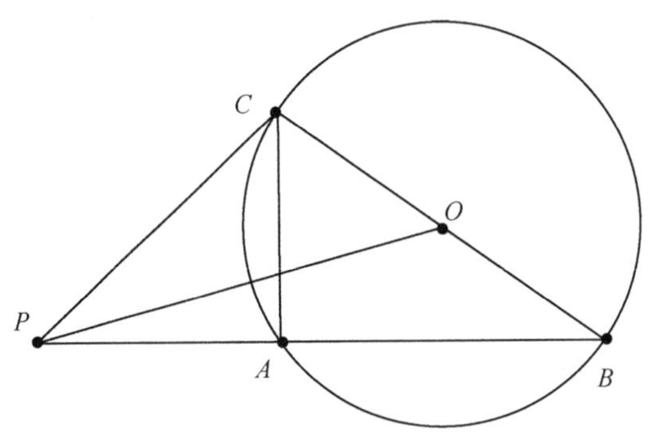

图 6-8

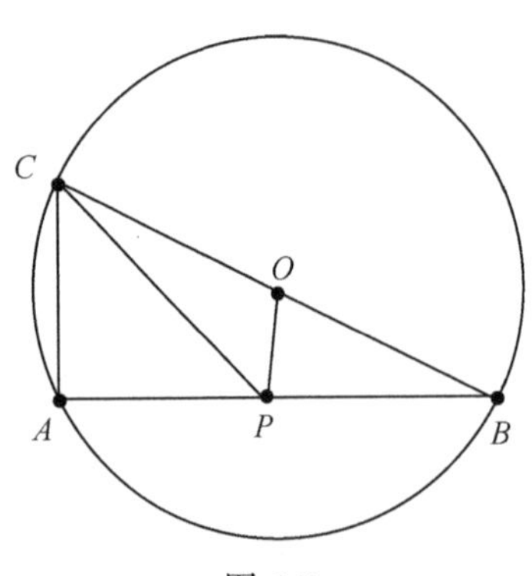

图 6-9

所以 $PA \cdot PB = |PO^2 - OC^2|$.

证法2　如图6-10，过点 P 向圆 O 引一条直线，与圆交于 A 和 B，C 是 AB 的中点，则

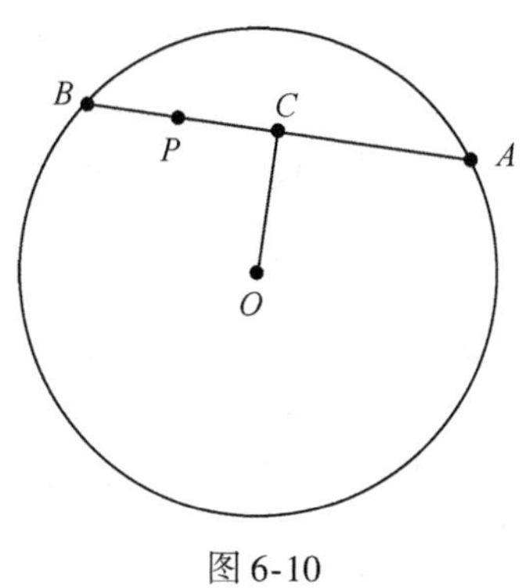

图 6-10

$$\overrightarrow{PA} \cdot \overrightarrow{PB} = (\overrightarrow{PC} + \overrightarrow{CA}) \cdot (\overrightarrow{PC} + \overrightarrow{CB})$$
$$= PC^2 - CA^2 = OP^2 - R^2,$$

所以

$$PA \cdot PB = |PO^2 - R^2|.$$

【例6.7】　如图6-11，设非零向量 $\overrightarrow{OA} = \boldsymbol{a}$，$\overrightarrow{OB} = \boldsymbol{b}$，在平面 AOB 内，P 是线段 AB 的垂直平分线 l 上的动点，设非零向量 $\overrightarrow{OP} = \boldsymbol{p}$，$|\boldsymbol{a}| = 3$，$|\boldsymbol{b}| = 2$，求 $\boldsymbol{p} \cdot (\boldsymbol{a} - \boldsymbol{b})$.

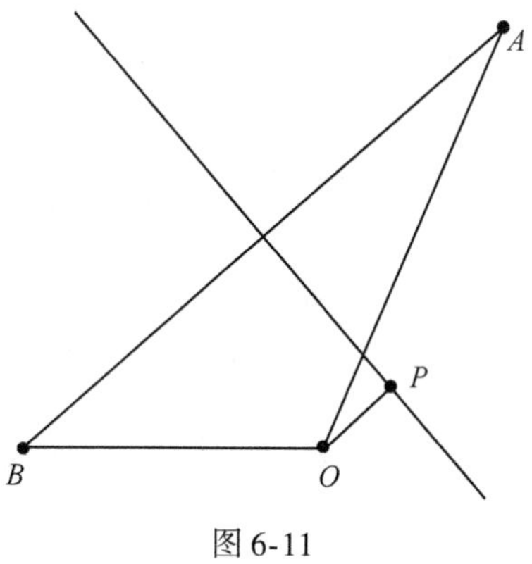

图 6-11

证法1 设 $A(a\cos\alpha, a\sin\alpha)$，$B(b\cos\beta, b\sin\beta)$，$P(x, y)$，由 $PA=PB$ 得

$$\sqrt{(a\cos\alpha-x)^2+(a\sin\alpha-y)^2}=\sqrt{(b\cos\beta-x)^2+(b\sin\beta-y)^2},$$

即

$$ax\cos\alpha-bx\cos\beta+ay\sin\alpha-by\sin\beta=\frac{a^2-b^2}{2}.$$

所以

$$\begin{aligned}\boldsymbol{p}\cdot(\boldsymbol{a}-\boldsymbol{b})&=(x,y)\cdot(a\cos\alpha-b\cos\beta,a\sin\alpha-b\sin\beta)\\&=ax\cos\alpha-bx\cos\beta+ay\sin\alpha-by\sin\beta=\frac{a^2-b^2}{2}=\frac{5}{2}.\end{aligned}$$

证法2 如图6-12，设 O 和 P 在 BA 上的投影是 C 和 D，则

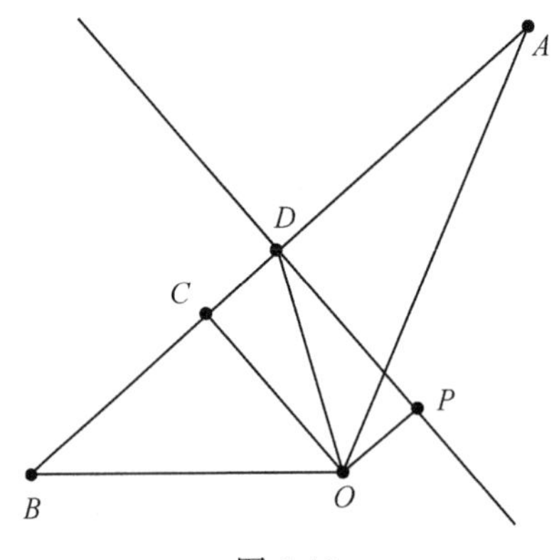

图6-12

$$\begin{aligned}\overrightarrow{OP}\cdot(\overrightarrow{OA}-\overrightarrow{OB})&=\overrightarrow{CD}\cdot(\overrightarrow{CA}-\overrightarrow{CB})\\&=\frac{\overrightarrow{CA}+\overrightarrow{CB}}{2}\cdot(\overrightarrow{CA}-\overrightarrow{CB})\\&=\frac{a^2-b^2}{2}=\frac{5}{2}.\end{aligned}$$

分析 已知 $\dfrac{\overrightarrow{OA}+\overrightarrow{OB}}{2}\cdot(\overrightarrow{CA}-\overrightarrow{CB})=\dfrac{a^2-b^2}{2}$，如果注意到 $\dfrac{\overrightarrow{CA}+\overrightarrow{CB}}{2}=\overrightarrow{OD}$，则可以得出证法3.

证法3 如图6-12，

$$\overrightarrow{OP}\cdot(\overrightarrow{OA}-\overrightarrow{OB})=(\overrightarrow{OD}+\overrightarrow{DP})\cdot(\overrightarrow{OA}-\overrightarrow{OB})=\overrightarrow{OD}\cdot(\overrightarrow{OA}-\overrightarrow{OB})$$
$$=\frac{\overrightarrow{OA}+\overrightarrow{OB}}{2}\cdot(\overrightarrow{OA}-\overrightarrow{OB})=\frac{a^2-b^2}{2}=\frac{5}{2}.$$

由三种证法对比可知，“设$\overrightarrow{OA}=\boldsymbol{a}$”并不能使解题变得简单，反而让人看不到图形之间的几何关系.

证法 1 的坐标化限于计算当中，不如后两种证法注重结合几何性质来处理.

【例 6.8】 设 $A(a,1)$，$B(2,b)$，$C(4,5)$ 为坐标平面上三点，O 为坐标原点，若$\overrightarrow{OA}$与$\overrightarrow{OB}$在$\overrightarrow{OC}$方向上的投影相同，则 a 与 b 满足的关系式为________.

解　由$\overrightarrow{OA}$与$\overrightarrow{OB}$在$\overrightarrow{OC}$方向上的投影相同可得$\overrightarrow{OA}\cdot\overrightarrow{OC}=\overrightarrow{OB}\cdot\overrightarrow{OC}$，即$(a,1)\cdot(4,5)=(2,b)\cdot(4,5)$，得$4a-5b=3$.

【例 6.9】 在$\triangle OAB$ 中，O 为坐标原点，$A(1,\cos\theta)$,$B(\sin\theta,1)$，$\theta\in\left(0,\frac{\pi}{2}\right]$，则$\triangle OAB$ 的面积取得最大值时，$\theta=$________.

解法 1　$|\overrightarrow{OA}|^2|\overrightarrow{OB}|^2=(1+\cos^2\theta)(1+\sin^2\theta)$，$(\overrightarrow{OA}\cdot\overrightarrow{OB})^2=(\sin\theta+\cos\theta)^2$，

$$S_{\triangle OAB}=\frac{1}{2}ab\sin\angle AOB=\frac{1}{2}\sqrt{|\overrightarrow{OA}|^2|\overrightarrow{OB}|^2-(\overrightarrow{OA}\cdot\overrightarrow{OB})^2}$$
$$=\frac{1}{2}-\frac{1}{4}\sin2\theta,$$

当 $\theta=\frac{\pi}{2}$时，面积最大.

解法 2　如图 6-13，

$$S_{\triangle OAB}=1-\frac{1}{2}\sin\theta-\frac{1}{2}\cos\theta-\frac{1}{2}(1-\cos\theta)(1-\sin\theta)=\frac{1}{2}-\frac{1}{4}\sin2\theta,$$

当 $\theta=\frac{\pi}{2}$时，面积最大.

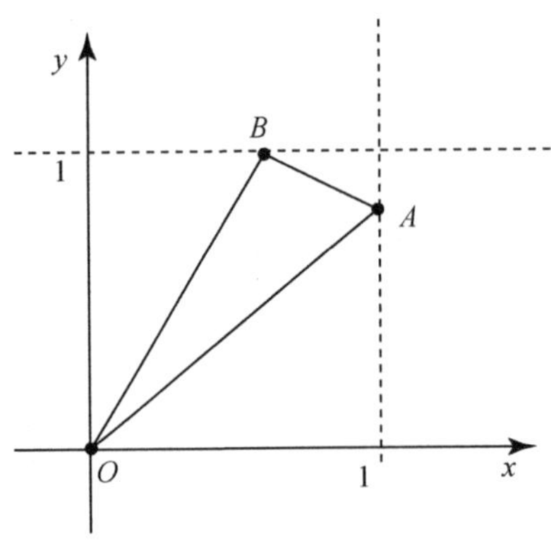

图 6-13

【例 6.10】 如图 6-14，在直角三角形 ABC 中，已知 $BC=a$，若长为 $2a$ 的线段 PQ 以点 A 为中点，问 $\overrightarrow{PQ}$ 与 $\overrightarrow{BC}$ 的夹角 θ 取何值时，$\overrightarrow{BP}\cdot\overrightarrow{CQ}$ 的值最大？并求出这个最大值.

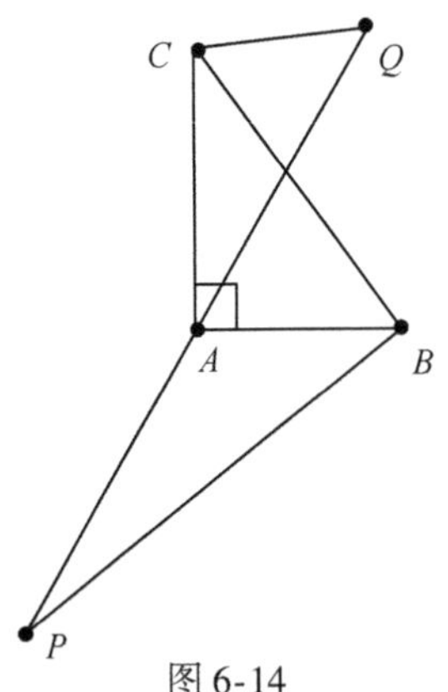

图 6-14

解法 1

$$\begin{aligned}\overrightarrow{BP}\cdot\overrightarrow{CQ}&=(\overrightarrow{AP}-\overrightarrow{AB})\cdot(\overrightarrow{AQ}-\overrightarrow{AC})\\&=\overrightarrow{AP}\cdot\overrightarrow{AQ}-\overrightarrow{AP}\cdot\overrightarrow{AC}-\overrightarrow{AB}\cdot\overrightarrow{AQ}+\overrightarrow{AB}\cdot\overrightarrow{AC}\\&=-a^2-\overrightarrow{AP}\cdot\overrightarrow{AC}+\overrightarrow{AB}\cdot\overrightarrow{AP}=-a^2+\overrightarrow{AP}\cdot(\overrightarrow{AB}-\overrightarrow{AC})\\&=-a^2+\frac{1}{2}\overrightarrow{PQ}\cdot\overrightarrow{BC}=-a^2+a^2\cos\theta,\end{aligned}$$

当 $\cos\theta=1$，即 $\theta=0°$ 时，$\overrightarrow{BP}\cdot\overrightarrow{CQ}$ 取得最大值 0.

解法 2　如图 6-15 建立直角坐标系，则 $A(0,\ 0)$，$B(c,\ 0)$，$C(0,\ b)$，$P(x,\ y)$，$Q(-x,-y)$，$\overrightarrow{BP}=(x-c,y)$，$\overrightarrow{CQ}=(-x,-y-b)$，$\overrightarrow{BC}=(-c,b)$，$\overrightarrow{PQ}=(-2x,\ -2y)$.

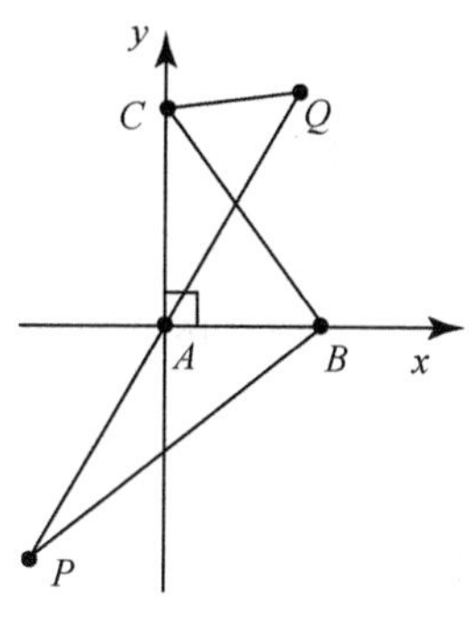

图 6-15

由 $\cos\theta=\dfrac{\overrightarrow{PQ}\cdot\overrightarrow{BC}}{|\overrightarrow{PQ}||\overrightarrow{BC}|}=\dfrac{cx-by}{a^2}$　得 $cx-by=a^2\cos\theta$.

$$\begin{aligned}\overrightarrow{BP}\cdot\overrightarrow{CQ}&=(x-c)(-x)+y(-y-b)\\&=-(x^2+y^2)+cx-by=-a^2+a^2\cos\theta.\end{aligned}$$

当 $\cos\theta=1$，即 $\theta=0°$时，$\overrightarrow{BP}\cdot\overrightarrow{CQ}$取得最大值 0.

【例 6.11】　求证对角线相等的平行四边形是矩形，即已知平行四边形 $ABCD$ 中，$AC=BD$，则四边形 $ABCD$ 是矩形.

证明　由 $AC=BD$ 得$(\overrightarrow{AB}+\overrightarrow{AD})^2=(\overrightarrow{AB}-\overrightarrow{AD})^2$，化简得$\overrightarrow{AB}\cdot\overrightarrow{AD}=0$，$AB\perp AD$.

【例 6.12】　一个四边形，两条邻边相等，另两条邻边也相等，这样的四边形叫作筝形．求证筝形的对角线互相垂直．即如图 6-16，已知四边形 $ABCD$ 中，$AD=AB$，$CD=CB$，求证：$AC\perp BD$.

证明　由 $DC^2=BC^2$ 得$(\overrightarrow{DA}+\overrightarrow{AC})^2=(\overrightarrow{BA}+\overrightarrow{AC})^2$，化简得$\overrightarrow{BD}\cdot\overrightarrow{AC}=0$，$AC\perp BD$.

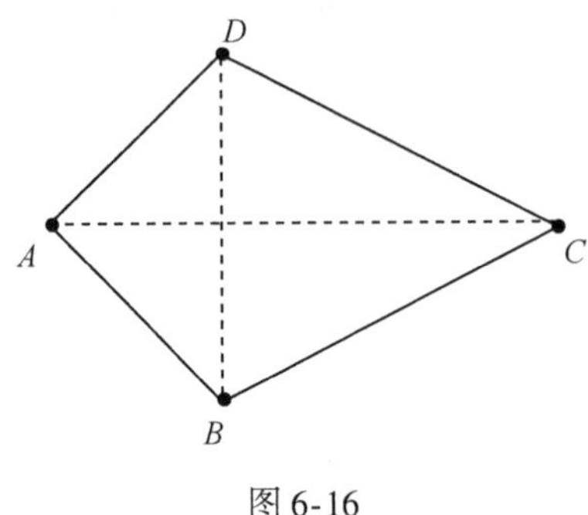

图 6-16

【例 6.13】 如图 6-17，在△ABC 中，$BC^2+CA^2=5AB^2$，证明：BC 和 CA 边上的中线 AD 与 BE 相互垂直.

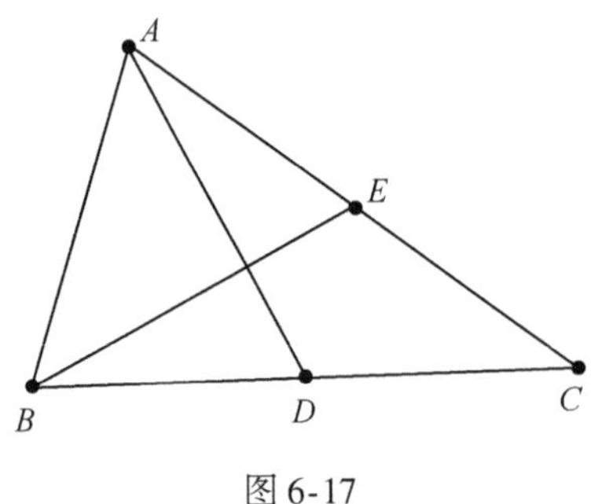

图 6-17

证明

$$\overrightarrow{AD}\cdot\overrightarrow{BE}=\frac{1}{4}(\overrightarrow{AB}+\overrightarrow{AC})\cdot(\overrightarrow{BA}+\overrightarrow{BC})$$

$$=\frac{1}{4}(-AB^2+\overrightarrow{AB}\cdot\overrightarrow{BC}+\overrightarrow{AC}\cdot\overrightarrow{BA}+\overrightarrow{AC}\cdot\overrightarrow{BC})$$

$$=\frac{1}{4}\left(-AB^2-\frac{AB^2+BC^2-AC^2}{2}-\frac{AB^2+CA^2-BC^2}{2}+\frac{AC^2+BC^2-AB^2}{2}\right)$$

$$=\frac{1}{4}\times\frac{AC^2+BC^2-5AB^2}{2}$$

$$=0,$$

所以 $AD\perp BE$.

若采用点几何，解答更简单，就是下面一行恒等式；且由此恒等式能发现并证明此命题的逆命题也成立.

$$(B-C)^2+(C-A)^2-5(A-B)^2=8\left(A-\frac{B+C}{2}\right)\cdot\left(B-\frac{A+C}{2}\right).$$

【例 6.14】 如图 6-18，在四边形 $ABCD$ 中，E 和 F 是 DC 和 CB 上的点，$AB=AD$，$DF\perp AE$，$AB\perp BC$，$AD\perp DC$，求证：$AF\perp BE$.（1995 年俄罗斯联邦区域竞赛试题）

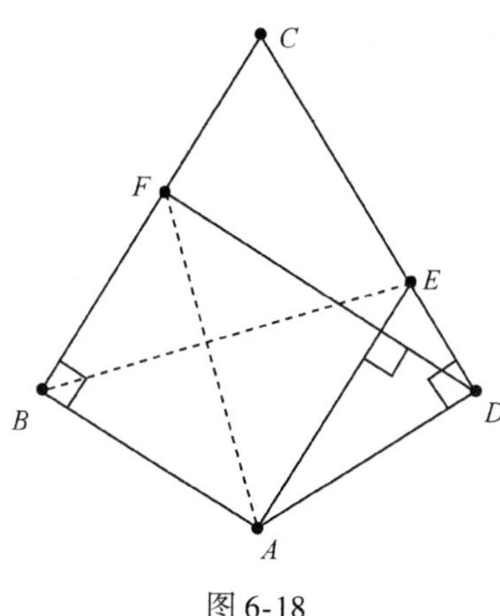

图 6-18

证明

$$\begin{aligned}\overrightarrow{AF}\cdot\overrightarrow{BE}&=(\overrightarrow{AD}+\overrightarrow{DF})\cdot(\overrightarrow{BA}+\overrightarrow{AE})\\&=\overrightarrow{AD}\cdot\overrightarrow{BA}+\overrightarrow{AD}^2+\overrightarrow{DF}\cdot\overrightarrow{BA}\\&=\overrightarrow{AB}\cdot(\overrightarrow{DA}+\overrightarrow{AB}+\overrightarrow{FD})=\overrightarrow{AB}\cdot\overrightarrow{FB}=0,\end{aligned}$$

所以 $AF\perp BE$.

【例 6.15】 如图 6-19，正三角形 ABC 中，D 和 E 分别是 AB 和 BC 上的一个三等分点，且 AE 和 CD 交于点 P，求证：$BP\perp DC$.

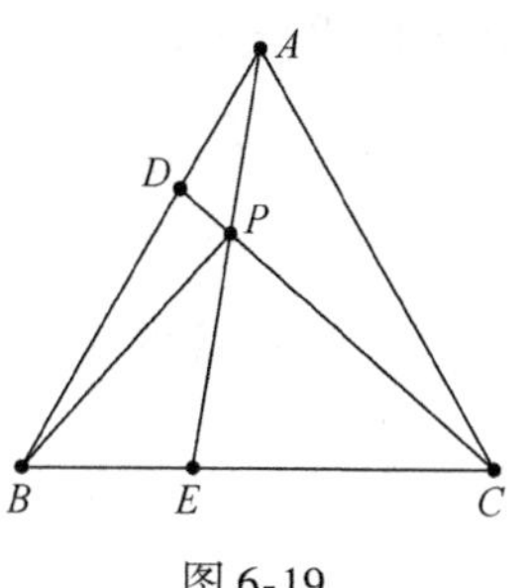

图 6-19

证明 设正三角形边长为 a，$\overrightarrow{AC}=\overrightarrow{AB}+\overrightarrow{BC}=3(\overrightarrow{AP}+\overrightarrow{PD})-\frac{3}{2}(\overrightarrow{CP}+\overrightarrow{PE})=\overrightarrow{AP}+\overrightarrow{PC}$，则$\overrightarrow{AP}=3\overrightarrow{AP}-\frac{3}{2}\overrightarrow{PE}$，即$\overrightarrow{AP}=\frac{3}{7}\overrightarrow{AE}$.

$$\begin{aligned}\overrightarrow{BP}\cdot\overrightarrow{DC}&=(\overrightarrow{BA}+\overrightarrow{AP})\cdot(\overrightarrow{DB}+\overrightarrow{BC})\\&=\left(\overrightarrow{BA}+\frac{3}{7}(\overrightarrow{AB}+\overrightarrow{BE})\right)\cdot\left(\frac{2}{3}\overrightarrow{AB}+\overrightarrow{BC}\right)\\&=\frac{1}{21}(\overrightarrow{BC}-4\overrightarrow{AB})\cdot(2\overrightarrow{AB}+3\overrightarrow{BC})\\&=\frac{1}{21}(2a^2\cos120°+3a^2-8a^2-12a^2\cos120°)=0.\end{aligned}$$

【例 6.16】 如图 6-20，BD 和 CE 是$\triangle ABC$ 的两条高，分别在 BD 和 CE 的延长线上取点 F 和 G(或者两者都在反向延长线上取点)，使得 $BF=AC$，$CG=AB$，求证：$AF\perp AG$.

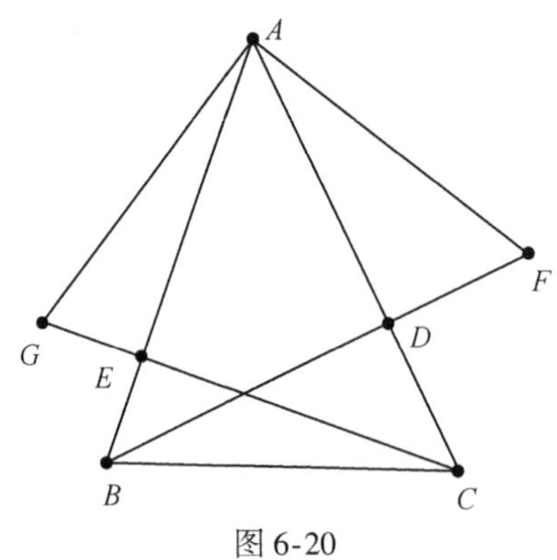

图 6-20

证明

$$\begin{aligned}\overrightarrow{AF}\cdot\overrightarrow{AG}&=(\overrightarrow{AB}+\overrightarrow{BF})\cdot(\overrightarrow{AC}+\overrightarrow{CG})\\&=\overrightarrow{AB}\cdot\overrightarrow{AC}+\overrightarrow{BF}\cdot\overrightarrow{CG}=0,\end{aligned}$$

所以 $AF\perp AG$.

【例 6.17】 如图 6-21，$\triangle ABC$ 应满足什么条件，才使得$\angle A$ 的角平分线和从 B 引出的中线互相垂直.

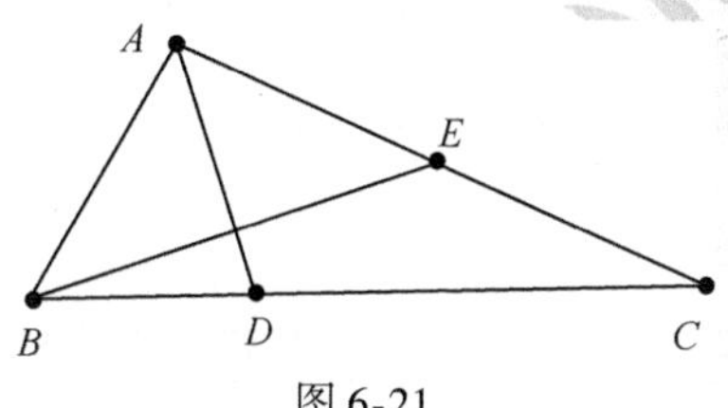

图 6-21

证明　由$\overrightarrow{AD}\cdot\overrightarrow{BE}=\overrightarrow{AD}\cdot(\overrightarrow{BA}+\overrightarrow{AE})=\overrightarrow{AD}\cdot\overrightarrow{BA}+\overrightarrow{AD}\cdot\overrightarrow{AE}=0$，得$\overrightarrow{AD}\cdot\overrightarrow{AB}=\overrightarrow{AD}\cdot\overrightarrow{AE}$，即

$$AD\cdot AB\cos\angle BAD=AD\cdot AE\cos\angle EAD,$$

所以$AB=AE=\dfrac{1}{2}AC$.

【例 6.18】　如图 6-22，D 是$\triangle ABC$ 边 AC 上一点，且 $AD:DC=2:1$，$\angle ACB=45°$，$\angle ADB=60°$，作$\triangle BCD$ 的外接圆，圆心为 O，求证：AB 是圆 O 的切线.

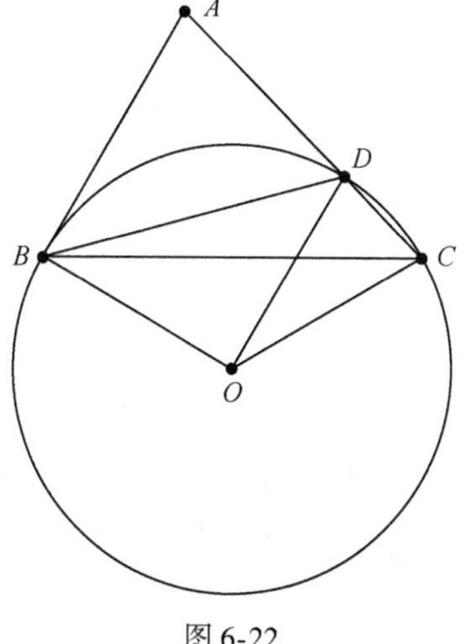

图 6-22

证明　由$\angle ACB=45°$，$\angle ADB=60°$得$\angle BOC=120°$，$\angle BOD=90°$；$\overrightarrow{AB}\cdot\overrightarrow{OB}=(\overrightarrow{OB}-\overrightarrow{OA})\cdot\overrightarrow{OB}=(\overrightarrow{OB}-3\ \overrightarrow{OD}+2\ \overrightarrow{OC})\cdot\overrightarrow{OB}=\overrightarrow{OB}^2+2\ \overrightarrow{OB}^2\cdot\cos\angle 120°=0$，所以 $AB\perp OB$,AB 是圆 O 的切线.

【例 6.19】 如图6-23，$\triangle ABC$ 中，$AC\perp CB$，CD 为角平分线，$DE\perp BC$，$DF\perp AC$，AE 交 BF 于 G，求证：$CG\perp AB$.

证法 1

$$\overrightarrow{CG}=m\,\overrightarrow{CF}+(1-m)\,\overrightarrow{CB}=m\,\frac{CF}{CA}\overrightarrow{CA}+(1-m)\,\overrightarrow{CB}$$

$$=m\,\frac{DB}{AB}\overrightarrow{CA}+(1-m)\,\overrightarrow{CB}$$

$$=m\,\frac{BC}{BC+AC}\overrightarrow{CA}+(1-m)\,\overrightarrow{CB},$$

$$\overrightarrow{CG}=n\,\overrightarrow{CE}+(1-n)\,\overrightarrow{CA}$$

$$=n\,\frac{CE}{CB}\overrightarrow{CB}+(1-n)\,\overrightarrow{CA}=n\,\frac{AD}{AB}\overrightarrow{CB}+(1-n)\,\overrightarrow{CA}$$

$$=n\,\frac{AC}{AC+BC}\overrightarrow{CB}+(1-n)\,\overrightarrow{CA},$$

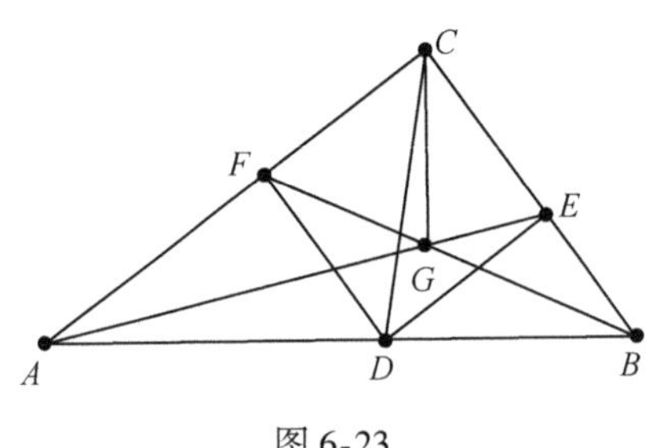

图 6-23

于是 $m\,\frac{BC}{BC+AC}=1-n$，$n\,\frac{AC}{BC+AC}=1-m$，解得 $m=\frac{-BC(BC+AC)}{AC\cdot BC-(BC+AC)^2}$.

$$\overrightarrow{CG}\cdot\overrightarrow{AB}=\left(m\,\frac{BC}{BC+AC}\overrightarrow{CA}+(1-m)\,\overrightarrow{CB}\right)\cdot(\overrightarrow{AC}+\overrightarrow{CB})=0,$$

所以 $CG\perp AB$.

证法 2 设 $\frac{AF}{AC}=\frac{AD}{AB}=\frac{b}{a+b}$，$\frac{BE}{BC}=\frac{BD}{AB}=\frac{a}{a+b}$，于是

$$G=\frac{a^2A+b^2B+abC}{a^2+b^2+ab},\ \overrightarrow{CG}=\frac{a^2\ \overrightarrow{CA}+b^2\ \overrightarrow{CB}}{a^2+b^2+ab},$$

$$(a^2+b^2+ab)\overrightarrow{CG}\cdot\overrightarrow{AB}=(a^2\ \overrightarrow{CA}+b^2\ \overrightarrow{CB})\cdot(\overrightarrow{AC}+\overrightarrow{CB})=0.$$

【例 6.20】 如图6-24，在正方形 $ABCD$ 和 $CGEF$ 中，点 M 是线段 AE 的中点，连接 MD 和 MF，试探究线段 MD 与 MF 的关系.

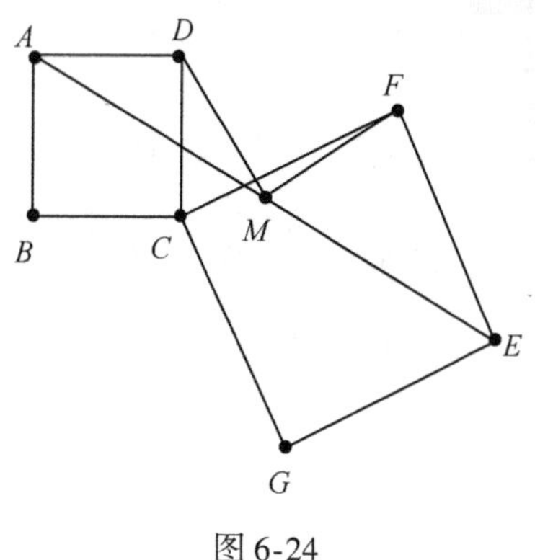

图 6-24

证明

$$\overrightarrow{DM}=\frac{1}{2}(\overrightarrow{DA}+\overrightarrow{DE})=\frac{1}{2}(\overrightarrow{DA}+\overrightarrow{DF}+\overrightarrow{FE}),$$

$$\overrightarrow{FM}=\frac{1}{2}(\overrightarrow{FA}+\overrightarrow{FE})=\frac{1}{2}(\overrightarrow{FD}+\overrightarrow{DA}+\overrightarrow{FE}),$$

以 DM 和 FM 为边构造平行四边形，则$\overrightarrow{FM}+\overrightarrow{DM}$和$\overrightarrow{DF}$为平行四边形的对角线，

$$\begin{aligned}(\overrightarrow{FM}+\overrightarrow{DM})\cdot\overrightarrow{DF}&=\frac{1}{2}(\overrightarrow{FD}+\overrightarrow{DA}+\overrightarrow{FE}+\overrightarrow{DA}+\overrightarrow{DF}+\overrightarrow{FE})\cdot\overrightarrow{DF}\\&=(\overrightarrow{DA}+\overrightarrow{FE})\cdot(\overrightarrow{DC}+\overrightarrow{CF})\\&=\overrightarrow{CB}\cdot\overrightarrow{CF}-\overrightarrow{CG}\cdot\overrightarrow{CD}=0,\end{aligned}$$

所以该平行四边形为菱形. 又由于

$$\begin{aligned}\overrightarrow{DM}\cdot\overrightarrow{FM}&=\frac{1}{4}(\overrightarrow{DA}+\overrightarrow{DF}+\overrightarrow{FE})\cdot(\overrightarrow{FD}+\overrightarrow{DA}+\overrightarrow{FE})\\&=\frac{1}{4}(DA^2+FE^2+2\,\overrightarrow{DA}\cdot\overrightarrow{FE}-DF^2)=0,\end{aligned}$$

则该菱形为正方形，所以 $DM=FM$ 且 $DM\perp FM$.

注意：MF 和 MD 既垂直又相等，是否可将 MD 看作 MF 旋转 90° 得到呢. 由此想到另证：

$$\overrightarrow{FM}=\frac{1}{2}(\overrightarrow{FA}+\overrightarrow{FE})=\frac{1}{2}(\overrightarrow{FC}+\overrightarrow{CD}+\overrightarrow{DA}+\overrightarrow{FE}),$$

$$\overrightarrow{DM}=\frac{1}{2}(\overrightarrow{DA}+\overrightarrow{DE})=\frac{1}{2}(\overrightarrow{DA}+\overrightarrow{DC}+\overrightarrow{CF}+\overrightarrow{FE}),$$

用记号$\overrightarrow{AB}\cdot \mathrm{i}$表示将$\overrightarrow{AB}$反时针旋转 90°得到的向量,则有

$$\overrightarrow{FM}\cdot \mathrm{i}=\frac{1}{2}(\overrightarrow{FC}+\overrightarrow{CD}+\overrightarrow{DA}+\overrightarrow{FE})\cdot \mathrm{i}$$
$$=\frac{1}{2}(\overrightarrow{FE}+\overrightarrow{DA}+\overrightarrow{DC}+\overrightarrow{CF})=\overrightarrow{DM},$$

所以 $DM=FM$ 且 $DM\perp FM$.

此方法利用了向量旋转，减少了很多运算．更多相关案例，参看第 8 章复数.

【例 6.21】 如图 6-25，分别以$\triangle ABC$ 的两边 AB 和 AC 向外作两个正方形，AH 为 BC 边上的高，延长 HA 交 DG 于 I，求证：$DI=IG$. 反之，若点 I 为 DG 中点，延长 IA 交 BC 于 H，求证：$AH\perp BC$.

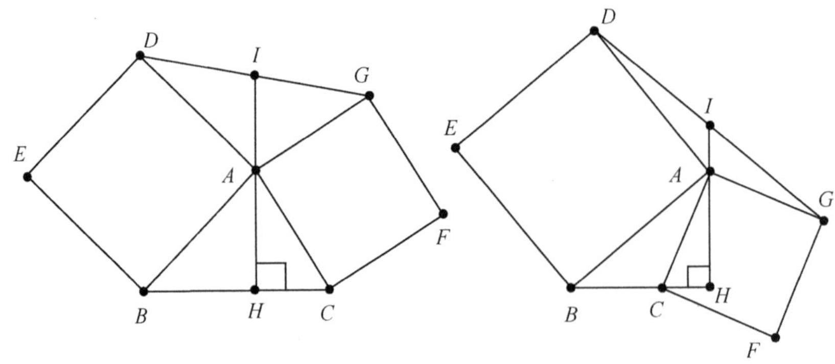

图 6-25

证明 若$\overrightarrow{AI}\perp\overrightarrow{BC}$，则$\overrightarrow{AI}\cdot\overrightarrow{BC}=0$，而

$$(\overrightarrow{AD}+\overrightarrow{AG})\cdot(\overrightarrow{BA}+\overrightarrow{AC})=\overrightarrow{AD}\cdot\overrightarrow{AC}+\overrightarrow{AG}\cdot\overrightarrow{BA}=0,$$

所以$\overrightarrow{AD}+\overrightarrow{AG}=t\,\overrightarrow{AI}$；又由于$\overrightarrow{AD}$，$\overrightarrow{AG}$，$\overrightarrow{AI}$共起点，且 D，G，I 三点共线，所以 $t=2$，即 $DI=IG$.

若 $DI=IG$，则 $2\overrightarrow{AI}\cdot\overrightarrow{BC}=(\overrightarrow{AD}+\overrightarrow{AG})\cdot(\overrightarrow{BA}+\overrightarrow{AC})=\overrightarrow{AD}\cdot\overrightarrow{AC}+\overrightarrow{AG}\cdot\overrightarrow{BA}=0$，所以 $AH\perp BC$.

【例 6.22】 如图 6-26，已知四边形 $ABCD$ 中 $AD=BC$，E 和 F 分别是 AB 和 CD 的中点，设 AD 与 EF 交于 G，BC 与 EF 交于 H. 求证：$\angle AGE=\angle BHE$.

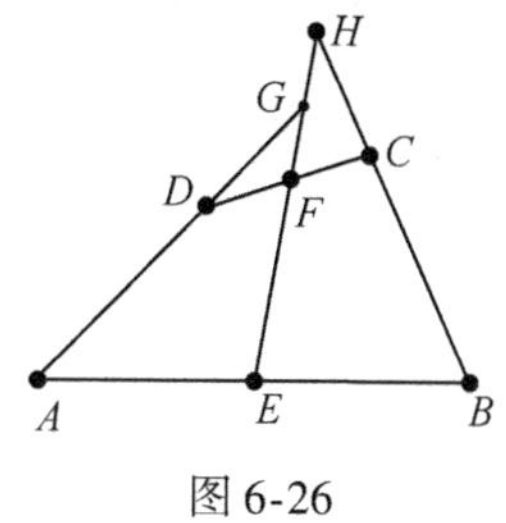

图 6-26

证明 由 $2\overrightarrow{EF}=\overrightarrow{AD}+\overrightarrow{BC}$ 得 $2\overrightarrow{EF}\cdot\overrightarrow{AD}=AD^2+\overrightarrow{BC}\cdot\overrightarrow{AD}$，$2\overrightarrow{EF}\cdot\overrightarrow{BC}=BC^2+\overrightarrow{AD}\cdot\overrightarrow{BC}$；由 $AD=BC$ 得 $\overrightarrow{EF}\cdot\overrightarrow{AD}=\overrightarrow{EF}\cdot\overrightarrow{BC}$，即

$$|\overrightarrow{EF}||\overrightarrow{AD}|\cos\angle AGE=|\overrightarrow{EF}||\overrightarrow{BC}|\cos\angle BHE,$$

所以 $\angle AGE=\angle BHE$.

综合几何解题思路：如图 6-27，连接 BD，作中点 I，连接 EI 和 FI，易证 $\angle AGE=\angle IEF=\angle IFE=\angle BHE$. 添加辅助线不是很容易想到.

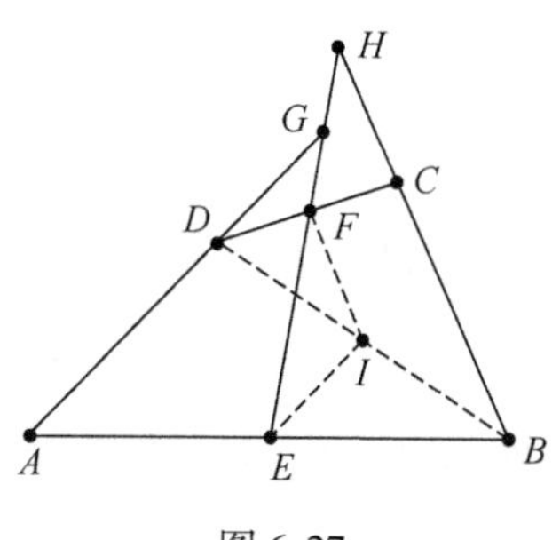

图 6-27

此题更一般的形式：如图 6-26，已知四边形 $ABCD$ 中，E 和 F 分别是 AB 和 CD 上的点，$\dfrac{AD}{BC}=\dfrac{AE}{EB}=\dfrac{DF}{FC}$，设 AD 与 EF 交于 G，BC 与 EF

交于H. 求证：$\angle AGE=\angle BHE$.

【例 6.23】 如图 6-28，在等边三角形 ABC 中，$AD=BE=CF$，AE，BF，CD 相交得到 H，I，G，求证：$\triangle HIG$ 是等边三角形.

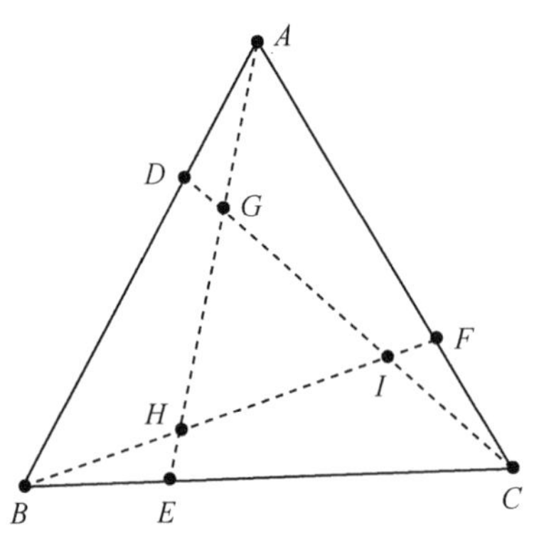

图 6-28

证明 证明三角形为等边三角形，可证三边相等或证三个角都为 60°. 此题中证三边相等，则会牵涉较多的线段交点，运算较繁；证三个角为 60°则简单一些.

设 $BC=1$，$BE=k$，$\overrightarrow{BF}=\overrightarrow{BC}+\overrightarrow{CF}=\overrightarrow{BC}+k\overrightarrow{CA}$，

$$\overrightarrow{DC}=\overrightarrow{DA}+\overrightarrow{AC}=k\overrightarrow{BA}+\overrightarrow{AC},$$

$$\cos\angle CIF=\frac{\overrightarrow{BF}\cdot\overrightarrow{DC}}{|\overrightarrow{BF}||\overrightarrow{DC}|}=\frac{(\overrightarrow{BC}+k\overrightarrow{CA})\cdot(k\overrightarrow{BA}+\overrightarrow{AC})}{|\overrightarrow{BC}+k\overrightarrow{CA}||k\overrightarrow{BA}+\overrightarrow{AC}|}=\frac{1}{2},$$

所以 $\angle HIG=\angle CIF=60°$；同理可证 $\angle GHI=\angle HGI=60°$，所以 $\triangle HMG$ 是等边三角形.

【例 6.24】 平面上四点 A，B，C，D 满足$(\overrightarrow{AB}-\overrightarrow{BC})\cdot(\overrightarrow{AD}-\overrightarrow{CD})=0$，求$\triangle ABC$ 的形状.

解法 1 $(\overrightarrow{AB}-\overrightarrow{BC})\cdot(\overrightarrow{AD}-\overrightarrow{CD})=0$，即$(\overrightarrow{AB}-\overrightarrow{BC})\cdot\overrightarrow{AC}=0$，即 $\overrightarrow{AB}\cdot\overrightarrow{AC}=\overrightarrow{BC}\cdot\overrightarrow{AC}$，即 $AB\cos A=BC\cos C$，即 $\sin C\cos A=\sin A\cos C$，于是 $\sin(A-C)=0$，所以$\triangle ABC$ 是等腰三角形.

解法2 $(\overrightarrow{AB}-\overrightarrow{BC})\cdot(\overrightarrow{AD}-\overrightarrow{CD})=0$，即$(\overrightarrow{AB}-\overrightarrow{BC})\cdot\overrightarrow{AC}=0$，即$(\overrightarrow{AB}-\overrightarrow{BC})\cdot(\overrightarrow{AB}+\overrightarrow{BC})=0$，即 $AB^2-BC^2=0$，所以$\triangle ABC$是等腰三角形.

先利用回路，消去与$\triangle ABC$无关的点D；再利用回路消去向量符号，得到边长之间的关系．解法2显然比解法1过程简单，而且少用一次三角公式.

从解答过程中，我们看到A，B，C，D可以不在一个平面上.

解法3 设AC中点为M，$(\overrightarrow{AB}-\overrightarrow{BC})\cdot(\overrightarrow{AD}-\overrightarrow{CD})=0$，即$-(\overrightarrow{BA}+\overrightarrow{BC})\cdot\overrightarrow{AC}=0$，即$-\overrightarrow{BM}\cdot\overrightarrow{AC}=0$，说明$BM$既是中线又是高，所以$\triangle ABC$是等腰三角形.

解法4 $(B-A+B-C)\cdot(D-A+C-D)=(A-C)\cdot(A-2B+C)=(A-B)^2-(C-B)^2=0$，所以$\triangle ABC$是等腰三角形.

【例6.25】 求证$\triangle ABC$为正三角形的充要条件是

$$\overrightarrow{AB}\cdot\overrightarrow{BC}=\overrightarrow{BC}\cdot\overrightarrow{CA}=\overrightarrow{CA}\cdot\overrightarrow{AB}.$$

充分性.

证法1 由$\overrightarrow{AB}\cdot\overrightarrow{BC}=\overrightarrow{BC}\cdot\overrightarrow{CA}=\overrightarrow{CA}\cdot\overrightarrow{AB}$得$\overrightarrow{AB}\cdot\overrightarrow{BC}+\overrightarrow{BC}\cdot\overrightarrow{CA}=\overrightarrow{2CA}\cdot\overrightarrow{AB}$，$\overrightarrow{BC}^2=2\,\overrightarrow{AC}\cdot\overrightarrow{AB}$；同理$\overrightarrow{AB}^2=2\,\overrightarrow{CB}\cdot\overrightarrow{CA}$，$\overrightarrow{AC}^2=2\,\overrightarrow{BA}\cdot\overrightarrow{BC}$，所以$AB=BC=CA$.

证法2 $\overrightarrow{AB}\cdot\overrightarrow{BC}=\overrightarrow{BC}\cdot\overrightarrow{CA}$，即$\overrightarrow{BC}\cdot(\overrightarrow{AB}+\overrightarrow{AC})=0$，设$BC$中点为$D$，则$\overrightarrow{BC}\cdot 2\,\overrightarrow{AD}=0$，所以$BC\perp AD$，$AB=AC$. 同理可证$BA=BC$.

证法3 $\overrightarrow{AB}\cdot\overrightarrow{BC}=\overrightarrow{BC}\cdot\overrightarrow{CA}$，即$\overrightarrow{BC}\cdot(\overrightarrow{AB}+\overrightarrow{AC})=0$，即$(\overrightarrow{AC}-\overrightarrow{AB})\cdot(\overrightarrow{AB}+\overrightarrow{AC})=0$，即$\overrightarrow{AC}^2-\overrightarrow{AB}^2=0$，所以$AB=AC$. 同理可证$BA=BC$.

必要性．由$AB=BC=CA$得$BC^2=2CA\cdot AB\cos 60°$，即$\overrightarrow{BC}^2=2\,\overrightarrow{AC}\cdot\overrightarrow{AB}$；同理$\overrightarrow{AB}^2=2\,\overrightarrow{CB}\cdot\overrightarrow{CA}$，$\overrightarrow{AC}^2=2\,\overrightarrow{BA}\cdot\overrightarrow{BC}$，所以$\overrightarrow{AB}\cdot\overrightarrow{BC}=\overrightarrow{BC}\cdot\overrightarrow{CA}=\overrightarrow{CA}\cdot\overrightarrow{AB}$.

基于此题，我们可以类比.

【例 6.26】 在四边形 $ABCD$ 中，若 $\overrightarrow{AB}\cdot\overrightarrow{BC}=\overrightarrow{BC}\cdot\overrightarrow{CD}=\overrightarrow{CD}\cdot\overrightarrow{DA}=\overrightarrow{DA}\cdot\overrightarrow{AB}$，判定四边形 $ABCD$ 的形状.

常规证法 由 $\overrightarrow{AB}\cdot\overrightarrow{BC}=\overrightarrow{BC}\cdot\overrightarrow{CD}$ 得 $(\overrightarrow{AB}-\overrightarrow{CD})\cdot\overrightarrow{BC}=0$，于是 $(\overrightarrow{AB}-\overrightarrow{CD})\perp\overrightarrow{BC}$；同理 $(\overrightarrow{AB}-\overrightarrow{CD})\perp\overrightarrow{DA}$；于是 $\overrightarrow{BC}/\!/\overrightarrow{DA}$；同理 $\overrightarrow{AB}/\!/\overrightarrow{CD}$. 所以四边形 $ABCD$ 是平行四边形，于是 $\overrightarrow{AB}-\overrightarrow{CD}=2\overrightarrow{AB}$，得 $\overrightarrow{AB}\perp\overrightarrow{BC}$，所以平行四边形 $ABCD$ 是矩形.

巧证 设 $\overrightarrow{AB}\cdot\overrightarrow{BC}=\overrightarrow{BC}\cdot\overrightarrow{CD}=\overrightarrow{CD}\cdot\overrightarrow{DA}=\overrightarrow{DA}\cdot\overrightarrow{AB}=k$，若 $k>0$，则四边形 $ABCD$ 四个内角都是钝角，内角和大于 360°；若 $k<0$，则四边形 $ABCD$ 四个内角都是锐角，内角和小于 360°；这都不可能，所以 $k=0$.

【例 6.27】 如图 6-29，$\angle AFE=\angle ACB$，$\triangle AEF$ 和 $\triangle ABC$ 的面积相等，$EC\perp AB$，$FB\perp AE$. 求证：$AB=AE$.

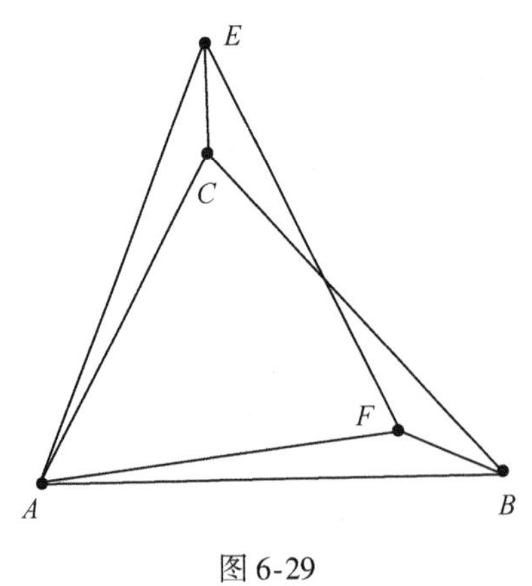

图 6-29

证明

$$\begin{aligned}\overrightarrow{AE}\cdot\overrightarrow{FB}&=(\overrightarrow{AF}+\overrightarrow{FE})\cdot(\overrightarrow{FA}+\overrightarrow{AC}+\overrightarrow{CB})\\&=-\overrightarrow{AF}^2+\overrightarrow{AF}\cdot\overrightarrow{AC}+\overrightarrow{AF}\cdot\overrightarrow{CB}+\overrightarrow{FE}\cdot\overrightarrow{FA}\\&\quad+\overrightarrow{FE}\cdot\overrightarrow{AC}+\overrightarrow{FE}\cdot\overrightarrow{CB},\end{aligned}$$

$$\begin{aligned}\overrightarrow{AB}\cdot\overrightarrow{CE}&=(\overrightarrow{AC}+\overrightarrow{CB})\cdot(\overrightarrow{CA}+\overrightarrow{AF}+\overrightarrow{FE})\\&=-\overrightarrow{AC}^2+\overrightarrow{AC}\cdot\overrightarrow{AF}+\overrightarrow{AC}\cdot\overrightarrow{FE}\end{aligned}$$

$$+\overrightarrow{CB}\cdot\overrightarrow{CA}+\overrightarrow{CB}\cdot\overrightarrow{AF}+\overrightarrow{CB}\cdot\overrightarrow{FE},$$

从而$\overrightarrow{AE}\cdot\overrightarrow{FB}-\overrightarrow{AB}\cdot\overrightarrow{CE}=AC^2-AF^2+\overrightarrow{FE}\cdot\overrightarrow{FA}-\overrightarrow{CB}\cdot\overrightarrow{CA}=AC^2-AF^2=0$，所以 $AC=AF$，$CB=FE$；$AB^2=AC^2+CB^2-2AC\cdot CB\cdot\cos\angle ACB$，$AE^2=AF^2+FE^2-2AF\cdot FE\cdot\cos\angle AFE$，所以 $AB=AE$.

【例 6.28】 如图 6-30，四面体 $ABCD$ 中，$\angle BAC=\angle ACD$，$\angle ABD=\angle BDC$，求证：$AB=CD$.

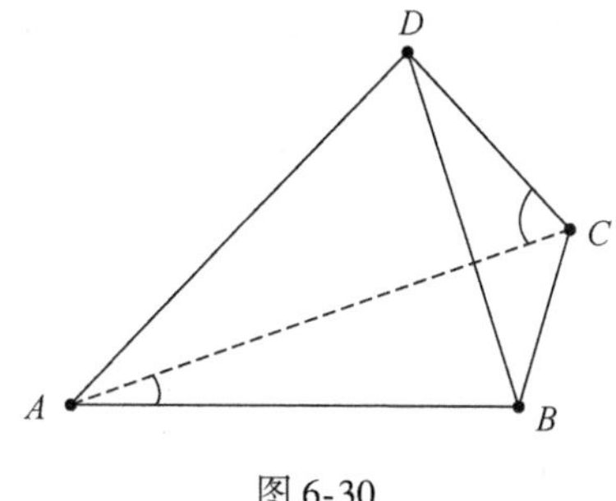

图 6-30

证明 由 $\angle BAC=\angle ACD$ 得 $\cos\angle BAC=\cos\angle ACD$，即

$$\frac{\overrightarrow{AB}\cdot\overrightarrow{AC}}{AB\cdot AC}=\frac{\overrightarrow{CA}\cdot\overrightarrow{CD}}{CA\cdot CD},\quad\left(\frac{\overrightarrow{AB}}{AB}+\frac{\overrightarrow{CD}}{CD}\right)\cdot\overrightarrow{AC}=0;$$

同理可得$\left(\frac{\overrightarrow{AB}}{AB}+\frac{\overrightarrow{CD}}{CD}\right)\cdot\overrightarrow{BD}=0$；两式相减得$\left(\frac{\overrightarrow{AB}}{AB}+\frac{\overrightarrow{CD}}{CD}\right)\cdot(\overrightarrow{AC}-\overrightarrow{BD})=0$，即$\left(\frac{\overrightarrow{AB}}{AB}+\frac{\overrightarrow{CD}}{CD}\right)\cdot(\overrightarrow{AB}-\overrightarrow{CD})=0$，即$AB-CD+\frac{\overrightarrow{AB}\cdot\overrightarrow{CD}}{CD}-\frac{\overrightarrow{AB}\cdot\overrightarrow{CD}}{AB}=0$，亦即$(AB-CD)\left(1+\frac{\overrightarrow{AB}\cdot\overrightarrow{CD}}{AB\cdot CD}\right)=0$；若 $1+\frac{\overrightarrow{AB}\cdot\overrightarrow{CD}}{AB\cdot CD}=0$，则$\overrightarrow{AB}=-\overrightarrow{CD}$，此时 $ABCD$ 四点共面，与题意矛盾；所以只能 $AB=CD$.

向量法处理线段和问题较为困难，但也并不是不可能，如下例.

【例 6.29】 如图 6-31，已知正方形 $ABCD$ 中，E 为 BC 上任一点，$\angle EAD$ 的平分线交 DC 于 F. 求证：$BE+DF=AE$.

证明 由$\overrightarrow{AE}=\overrightarrow{AB}+\overrightarrow{BE}$得$\overrightarrow{AE}\cdot\overrightarrow{AF}=\overrightarrow{AB}\cdot\overrightarrow{AF}+\overrightarrow{BE}\cdot\overrightarrow{AF}$，令 $\angle DAF=\angle FAE=\theta$，则 $AE\cdot AF\cos\theta=AB\cdot AF\cos\left(\frac{\pi}{2}-\theta\right)+BE\cdot AF\cos\theta$，化简得

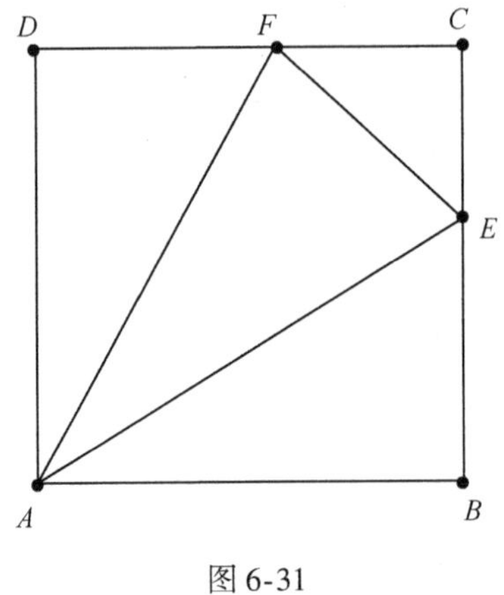

图 6-31

$BE+DF=AE$.

【例 6.30】 如图 6-32，设点 O 在$\triangle ABC$ 内部，且有$\overrightarrow{OA}+2\overrightarrow{OB}+3\overrightarrow{OC}=\mathbf{0}$，求$\triangle ABC$ 和$\triangle AOC$ 面积之比 .（2004 年希望杯竞赛训练题）

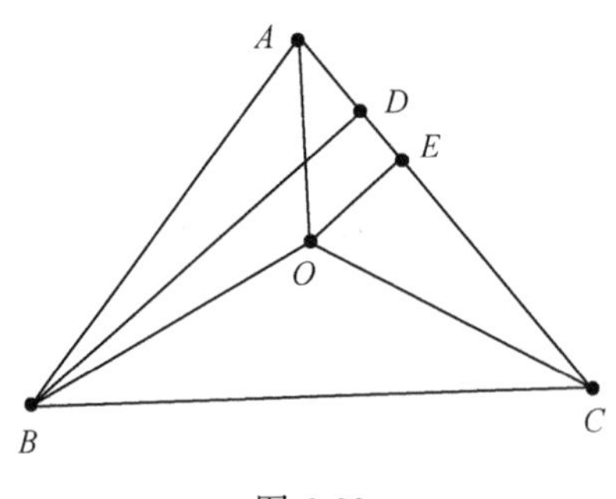

图 6-32

解 设 $\boldsymbol{e}$ 为$\overrightarrow{AC}$的单位法向量，作 $BD\perp AC$，$OE\perp AC$，

$$BD=\overrightarrow{AB}\cdot\boldsymbol{e}=(\overrightarrow{AO}+\overrightarrow{OB})\cdot\boldsymbol{e}=\left(\overrightarrow{AO}+\frac{\overrightarrow{AO}+3\overrightarrow{CO}}{2}\right)\cdot\boldsymbol{e}$$

$$=OE+\frac{OE+3OE}{2}=3OE.$$

所以$\triangle ABC$ 面积是$\triangle AOC$ 面积的三倍.

【例 6.31】 如图6-33，F 为$\triangle ABC$ 中位线上一点，BF 交 AC 于 G，CF 交 AB 于 H. 求证 $\frac{AG}{GC}+\frac{AH}{HB}=1$.（1985 年齐齐哈尔、大庆市竞赛题）

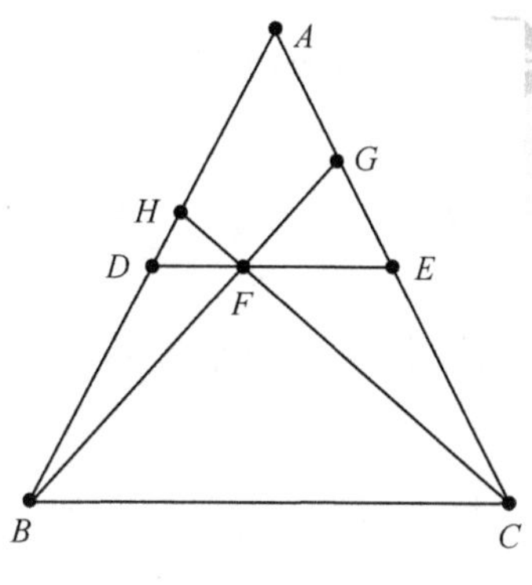

图 6-33

证法 1　设$\overrightarrow{BG}$的单位法向量为 $\boldsymbol{e}$，则

$$\frac{AG}{GC}=\frac{\overrightarrow{AG}\cdot \boldsymbol{e}}{\overrightarrow{GC}\cdot \boldsymbol{e}}=\frac{\overrightarrow{AB}\cdot \boldsymbol{e}}{\overrightarrow{BC}\cdot \boldsymbol{e}}=\frac{\overrightarrow{DB}\cdot \boldsymbol{e}}{\overrightarrow{DE}\cdot \boldsymbol{e}}=\frac{\overrightarrow{DF}\cdot \boldsymbol{e}}{\overrightarrow{DE}\cdot \boldsymbol{e}}=\frac{DF}{DE},$$

同理 $\frac{AH}{HB}=\frac{EF}{ED}$，所以

$$\frac{AG}{GC}+\frac{AH}{HB}=\frac{DF}{DE}+\frac{EF}{ED}=1.$$

证法 2

$$2\overrightarrow{AF}=m\overrightarrow{AB}+(1-m)\overrightarrow{AC}=m\frac{AB}{AH}\overrightarrow{AH}+(1-m)\overrightarrow{AC}$$

$$=m\overrightarrow{AB}+(1-m)\frac{AC}{AG}\overrightarrow{AG},$$

于是

$$m\frac{AB}{AH}+(1-m)=2,m+(1-m)\frac{AC}{AG}=2,$$

解得 $\frac{AH}{HB}=m$，$\frac{AG}{GC}=1-m$，所以 $\frac{AG}{GC}+\frac{AH}{HB}=1$.

证法 3　直接用回路法，注意到$(1-m)\overrightarrow{HA}=2m\overrightarrow{DH}$，则有

$$(1-m)(\overrightarrow{HF}+\overrightarrow{FE})=(1-m)(\overrightarrow{HA}+\overrightarrow{AE})=2m\overrightarrow{DH}+(1-m)\overrightarrow{EC}$$

$$=2m(\overrightarrow{DF}+\overrightarrow{FH})+(1-m)(\overrightarrow{EF}+\overrightarrow{FC}),$$

比较两端得$(1-m)\overrightarrow{FE}=2m\overrightarrow{DF}+(1-m)\overrightarrow{EF}$，即$(1-m)\overrightarrow{FE}=m\overrightarrow{DF}$，

同理有$(1-n)\overrightarrow{DF}=n\overrightarrow{FE}$，从而$(1-m)(1-n)=mn$，即$m+n=1$.

证法4 用面积法较简单：

$$\frac{AG}{GC}+\frac{AH}{HB}=\frac{S_{\triangle ABF}}{S_{\triangle CBF}}+\frac{S_{\triangle ACF}}{S_{\triangle BCF}}=\frac{S_{\triangle ABE}}{S_{\triangle CBE}}=1.$$

高考对向量数量积考察较多，但难度不大，举数例说明(例6.32～例6.35).

【例6.32】 已知向量$\boldsymbol{a}=(\cos\alpha,\ \sin\alpha)$，$\boldsymbol{b}=(\cos\beta,\ \sin\beta)$，且$\boldsymbol{a}\neq\boldsymbol{b}$，那么$\boldsymbol{a}+\boldsymbol{b}$和$\boldsymbol{a}-\boldsymbol{b}$的夹角大小是________.

解

$$\cos\langle\boldsymbol{a}+\boldsymbol{b},\boldsymbol{a}-\boldsymbol{b}\rangle=\frac{(\boldsymbol{a}+\boldsymbol{b})\cdot(\boldsymbol{a}-\boldsymbol{b})}{|\boldsymbol{a}+\boldsymbol{b}||\boldsymbol{a}-\boldsymbol{b}|}=\frac{\boldsymbol{a}^2-\boldsymbol{b}^2}{|\boldsymbol{a}+\boldsymbol{b}||\boldsymbol{a}-\boldsymbol{b}|}=0,$$

所以$\langle\boldsymbol{a}+\boldsymbol{b},\ \boldsymbol{a}-\boldsymbol{b}\rangle=90°$

其实此题根本无须动笔，$\boldsymbol{a}+\boldsymbol{b}$和$\boldsymbol{a}-\boldsymbol{b}$是以$a$和$b$为邻边的平行四边形的两对角线，由于$|\boldsymbol{a}|=|\boldsymbol{b}|$，平行四边形是菱形，对角线互相垂直.

【例6.33】 若向量$\boldsymbol{a}$与$\boldsymbol{b}$不共线，$\boldsymbol{a}\cdot\boldsymbol{b}\neq0$，且$\boldsymbol{c}=\boldsymbol{a}-\left(\dfrac{\boldsymbol{a}\cdot\boldsymbol{a}}{\boldsymbol{a}\cdot\boldsymbol{b}}\right)\boldsymbol{b}$,则向量$\boldsymbol{a}$与$\boldsymbol{c}$的夹角为________.

解 $\boldsymbol{c}\cdot\boldsymbol{a}=\boldsymbol{a}\cdot\boldsymbol{a}-\left(\dfrac{\boldsymbol{a}\cdot\boldsymbol{a}}{\boldsymbol{a}\cdot\boldsymbol{b}}\right)\boldsymbol{b}\cdot\boldsymbol{a}=\boldsymbol{a}^2-\boldsymbol{a}^2=0$，所以夹角为90°.

【例6.34】 P是$\triangle ABC$所在平面上一点，若$\overrightarrow{PA}\cdot\overrightarrow{PB}=\overrightarrow{PB}\cdot\overrightarrow{PC}=\overrightarrow{PC}\cdot\overrightarrow{PA}$，则$P$是$\triangle ABC$的（　　）.

A. 外心　　B. 内心　　C. 重心　　D. 垂心

解 由$\overrightarrow{PA}\cdot\overrightarrow{PB}=\overrightarrow{PB}\cdot\overrightarrow{PC}$得$\overrightarrow{CA}\cdot\overrightarrow{PB}=(\overrightarrow{PA}-\overrightarrow{PC})\cdot\overrightarrow{PB}=0$，$CA\perp PB$；同理可证$CB\perp PA$，$BA\perp PC$，所以点$P$是$\triangle ABC$的垂心.

【例6.35】 已知向量$\boldsymbol{e}$和$\boldsymbol{a}$，$|\boldsymbol{e}|=1$，对任意$t\in\mathbf{R}$，恒有$|\boldsymbol{a}-t\boldsymbol{e}|\geqslant|\boldsymbol{a}-\boldsymbol{e}|$，则（　　）.

A. $\boldsymbol{a}\perp\boldsymbol{e}$　　　　B. $\boldsymbol{a}\perp(\boldsymbol{a}-\boldsymbol{e})$

C. $\boldsymbol{e}\perp(\boldsymbol{a}-\boldsymbol{e})$　　　　D. $(\boldsymbol{a}+\boldsymbol{e})\perp(\boldsymbol{a}-\boldsymbol{e})$

解　由$|\boldsymbol{a}-t\boldsymbol{e}|\geqslant|\boldsymbol{a}-\boldsymbol{e}|$得$t^2-2\boldsymbol{e}\cdot\boldsymbol{a}t+2\boldsymbol{e}\cdot\boldsymbol{a}-\boldsymbol{e}^2\geqslant0$；因为该不等式对任意$t\in\mathbf{R}$恒成立，则$\Delta=4(\boldsymbol{e}\cdot\boldsymbol{a})^2-8\boldsymbol{e}\cdot\boldsymbol{a}+4\boldsymbol{e}^2\leqslant0$，即$(\boldsymbol{e}\cdot\boldsymbol{a}-1)^2\leqslant0$. 于是$\boldsymbol{e}\cdot\boldsymbol{a}-\boldsymbol{e}^2=0$，$\boldsymbol{e}\cdot(\boldsymbol{a}-\boldsymbol{e})=0$，所以$\boldsymbol{e}\perp(\boldsymbol{a}-\boldsymbol{e})$.

另解　此题实质是考察“点到直线的距离以垂线段最短”. 如图6-34，$CA\perp CB$，P为BC上任意一点，$\overrightarrow{BP}=t\boldsymbol{e}$，$AP=|\boldsymbol{a}-t\boldsymbol{e}|$，$AP$始终大于$AC$.

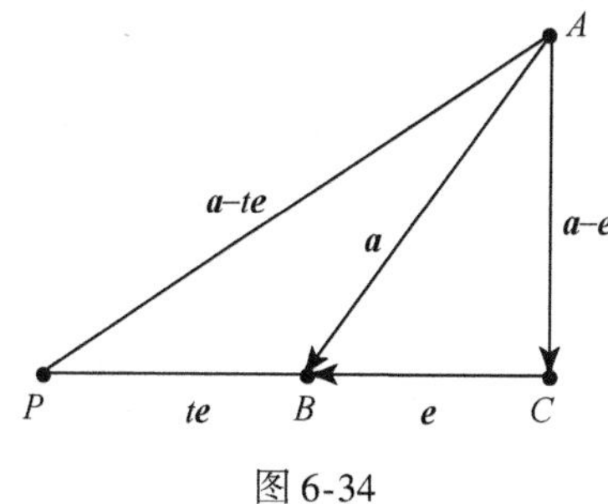

图6-34

【例6.36】　如图6-35，$\triangle ABC$的内切圆交AB和BC于N和M，I是内心，直线CI交MN于P，求证：$PA\perp PC$.

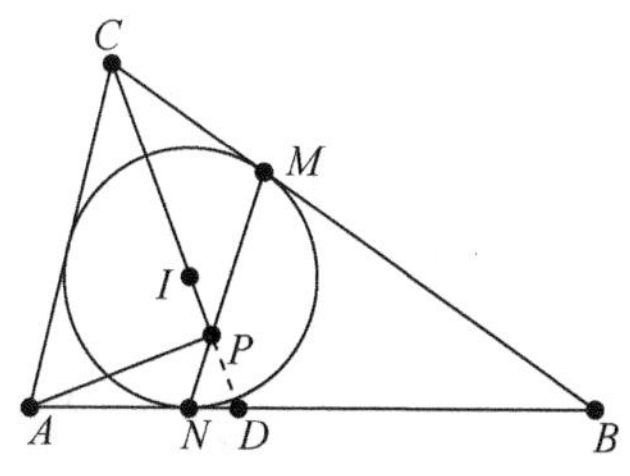

图6-35

证明　$\overrightarrow{CM}=\dfrac{a+b-c}{2a}\overrightarrow{CB}$，$\overrightarrow{CN}=\dfrac{a+c-b}{2c}\overrightarrow{CA}+\dfrac{b+c-a}{2c}\overrightarrow{CB}$，

设CD为角平分线，则$(a+b)\overrightarrow{CD}=a\overrightarrow{CA}+b\overrightarrow{CB}$，$\dfrac{CI}{ID}=\dfrac{BC}{BD}=\dfrac{a}{\dfrac{ac}{a+b}}=\dfrac{a+b}{c}$，

所以$\dfrac{CI}{CD}=\dfrac{a+b}{a+b+c}$，$(a+b+c)\overrightarrow{CI}=a\overrightarrow{CA}+b\overrightarrow{CB}$.

$2c\,\overrightarrow{CN}=(a+c-b)\overrightarrow{CA}+(b+c-a)\overrightarrow{CB}$，$2a\,\overrightarrow{CM}=(a+b-c)\overrightarrow{CB}$，于是

$$(a+b+c)(a+c-b)\overrightarrow{CI}=2ac\,\overrightarrow{CN}+2a(a-b)\overrightarrow{CM}=2a(a+c-b)\overrightarrow{CP},$$

可得

$$2a\,\overrightarrow{CP}=a\,\overrightarrow{CA}+b\,\overrightarrow{CB},\ 2a\,\overrightarrow{AP}=2a(\overrightarrow{CP}-\overrightarrow{CA})=b\,\overrightarrow{CB}-a\,\overrightarrow{CA},$$

所以

$$4a^2\,\overrightarrow{AP}\cdot\overrightarrow{CP}=(b\,\overrightarrow{CB}-a\,\overrightarrow{CA})\cdot(a\,\overrightarrow{CA}+b\,\overrightarrow{CB})=b^2a^2-a^2b^2=0,$$

所以 $PA\perp PC$.

【例 6.37】 如图 6-36，在 $\triangle ABC$ 中，$\angle B=90°$，$AD=BC$，$CE=BD$，CD 交 AE 于 G，四边形 $DBEF$ 是矩形，求证 $FG\perp CD$.

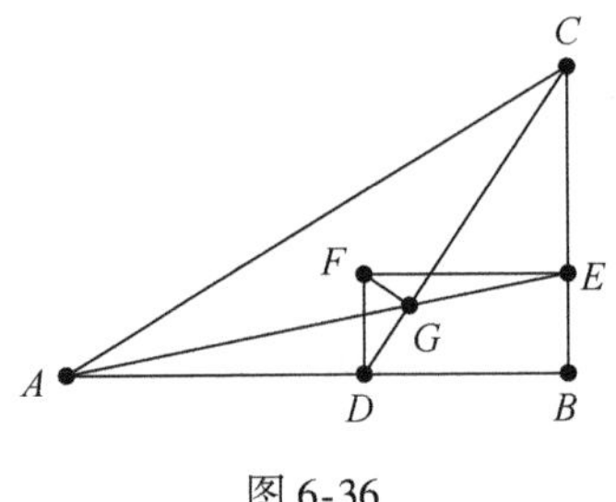

图 6-36

证明 设 $BD=CE=a$，$AD=BC=b$，$(a+b)\overrightarrow{BD}=a\,\overrightarrow{BA}$，$b\,\overrightarrow{BE}=(b-a)\overrightarrow{BC}$，$(a^2+ab)\overrightarrow{BD}=a^2\,\overrightarrow{BA}$，$(b^2-ab)\overrightarrow{BC}=b^2\,\overrightarrow{BE}$，

两式相加得

$$(a^2+ab)\overrightarrow{BD}+(b^2-ab)\overrightarrow{BC}=a^2\,\overrightarrow{BA}+b^2\,\overrightarrow{BE}=(a^2+b^2)\overrightarrow{BG},$$

所以

$$(a^2+b^2)\overrightarrow{BG}=a^2\,\overrightarrow{BA}+(b^2-ab)\overrightarrow{BC},$$

$$(a+b)\overrightarrow{CD}=(a+b)(\overrightarrow{BD}-\overrightarrow{BC})=a\,\overrightarrow{BA}-(a+b)\overrightarrow{BC},$$

$$\begin{aligned}(a^2+b^2)\overrightarrow{FG}&=(a^2+b^2)(\overrightarrow{BG}-\overrightarrow{BF})=a^2\,\overrightarrow{BA}+(b^2-ab)\overrightarrow{BC}-(a^2+b^2)\overrightarrow{BF}\\&=a^2\,\overrightarrow{BA}+(b^2-ab)\overrightarrow{BC}-\frac{a^2+b^2}{b}(b-a)\overrightarrow{BC}-\frac{a^2+b^2}{a+b}a\,\overrightarrow{BA}\\&=\frac{ab(a-b)}{a+b}\overrightarrow{BA}-\frac{a^2(b-a)}{b}\overrightarrow{BC},\end{aligned}$$

$$(a^2+b^2)\overrightarrow{FG}\cdot(a+b)\overrightarrow{CD}=\left(\frac{ab(a-b)}{a+b}\overrightarrow{BA}-\frac{a^2(b-a)}{b}\overrightarrow{BC}\right)\cdot(a\overrightarrow{BA}-(a+b)\overrightarrow{BC})$$
$$=a^2b(a-b)(a+b)+a^2b(b-a)(a+b)=0,$$

所以 $FG\perp CD$.

【例6.38】 如图6-37，在矩形 $ABCD$ 外接圆的弧 AB 上取一个不同于顶点 A 和 B 的点 M. 点 P，Q，R，S 是 M 分别在直线 AD，AB，BC 与 CD 上的投影．证明：$PQ\perp RS$，并且它们与矩形的某条对角线交于一点．（1983 南斯拉夫数学竞赛）

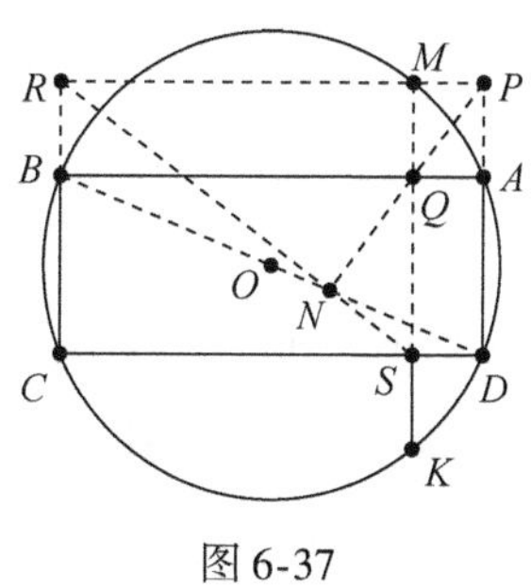

图6-37

证明　延长 MS 交圆于点 K,

$\overrightarrow{PQ}\cdot\overrightarrow{RS}=(\overrightarrow{PM}+\overrightarrow{PA})\cdot(\overrightarrow{RC}+\overrightarrow{RM})=\overrightarrow{PM}\cdot\overrightarrow{RM}+\overrightarrow{PA}\cdot\overrightarrow{PD}=\overrightarrow{DS}\cdot\overrightarrow{CS}+\overrightarrow{SK}\cdot\overrightarrow{MS}=0$，所以 $PQ\perp RS$. 设 $\overrightarrow{PR}=m\overrightarrow{PM}$，$\overrightarrow{PD}=n\overrightarrow{PA}$，设 RS 和 BD 交于点 N，则 $\overrightarrow{PN}=s\overrightarrow{PB}+(1-s)\overrightarrow{PD}=s(m\overrightarrow{PM}+\overrightarrow{PA})+(1-s)n\overrightarrow{PA}=sm\overrightarrow{PM}+(s+(1-s)n)\overrightarrow{PA}$，$\overrightarrow{PN}=t\overrightarrow{PR}+(1-t)\overrightarrow{PS}=tm\overrightarrow{PM}+(1-t)(n\overrightarrow{PA}+\overrightarrow{PM})=(tm+1-t)\overrightarrow{PM}+(1-t)n\overrightarrow{PA}$，则 $sm=tm+1-t$，$s+(1-s)n=(1-t)n$，解得 $s=t+\frac{1-t}{m}$，$t=\frac{n-1}{m+n-1}$；所以 $\overrightarrow{PN}=(tm+1-t)\overrightarrow{PM}+(1-t)n\overrightarrow{PA}=\left(\frac{n-1}{m+n-1}m+1-\frac{n-1}{m+n-1}\right)\overrightarrow{PM}+\left(1-\frac{n-1}{m+n-1}\right)n\overrightarrow{PA}=\frac{mn}{m+n-1}\overrightarrow{PM}+\frac{mn}{m+n-1}\overrightarrow{PA}=\frac{mn}{m+n-1}(\overrightarrow{PM}+\overrightarrow{PA})=\frac{mn}{m+n-1}\overrightarrow{PQ}$，所以 RS 与 PQ 和 BD 交于点 N.

对于第二小问，解答时并没有利用矩形的直角的性质，仅用了平行四边形的性质．也就是说，对于该结论，平行四边形也是成立的．

第 7 章
向量坐标证垂直

向量法与解析法的联系和区别，前面已经有所论述．向量回路法是向量法解题的根本，但向量法并不排斥与其他方法合作，譬如向量法与坐标法合作，就会产生向量坐标法，大家可以通过后面的例题分析，比较它与一般坐标法的异同．

在几何中，垂直是一种特殊的位置关系．很多几何题都涉及垂直的证明，沈文选先生对此作了较为详细的总结，认为可从角、线、形等多方面考虑．这其中需要牵涉很多的几何知识．而向量法证垂直，思路简单，无须灵光一现的顿悟，只需按部就班操作；无须用到繁杂的几何性质，只需用到向量回路和点乘的基本知识．

本章将以垂直问题为例，给出向量回路证法，以及向量转成的坐标解法（彭翕成，2010）．

一些资料上介绍的坐标法常会碰到计算烦琐的麻烦．其实，不少问题是可以采取设而不求的思想，列式相消，不在中间作不必要停留，直奔结果而去．对坐标法感兴趣或是有疑问的读者，应该是能从本章给出的坐标解法中有所获取．

向量坐标还有一般坐标没有的好处：形式上要好一些，便于计算．譬如证垂直，一般坐标法写作两直线斜率之积为−1，式子左边会出现分式，右边是−1；而向量坐标化，左边是关于 x 和 y 的一般线性方程形式，右边是0. 另外，向量坐标避开了斜率不存在的情形.

向量证垂直，最经典的案例就是证明垂心定理. 我们就将此题详细分析，比较向量回路法和向量坐标法.

【例 7.1】 如图7-1，$\triangle ABC$ 中，$AD \perp BC$，$BE \perp AC$，AD 交 BE 于 F，求证：$CF \perp AB$.

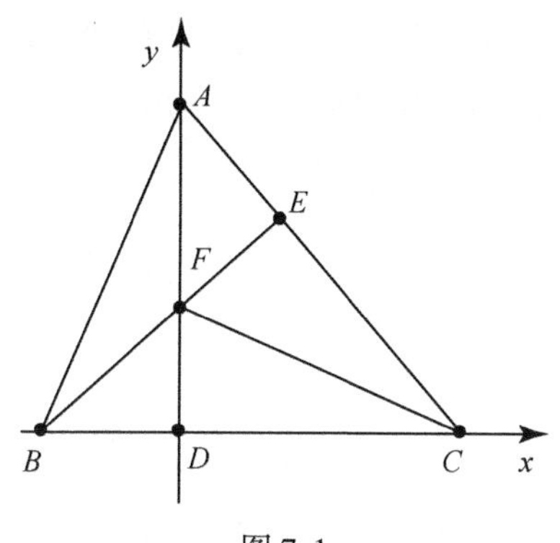

图 7-1

证法 1　由 $BF \perp AC$ 得 $\overrightarrow{BF} \cdot (\overrightarrow{AF}+\overrightarrow{FC})=0$；由 $AF \perp BC$ 得 $\overrightarrow{AF} \cdot (\overrightarrow{BF}+\overrightarrow{FC})=0$，两式相减得 $\overrightarrow{BA} \cdot \overrightarrow{FC}=0$，所以 $CF \perp AB$.

证法 2

$$\overrightarrow{CF} \cdot \overrightarrow{AB}=\overrightarrow{CF} \cdot (\overrightarrow{AC}+\overrightarrow{CB})=(\overrightarrow{CB}+\overrightarrow{BF}) \cdot \overrightarrow{AC}+(\overrightarrow{CA}+\overrightarrow{AF}) \cdot \overrightarrow{CB}$$

$$=\overrightarrow{CB} \cdot \overrightarrow{AC}+\overrightarrow{CA} \cdot \overrightarrow{CB}=0,\text{所以 } CF \perp AB.$$

证法 3　$\overrightarrow{CF} \cdot \overrightarrow{AB}=\overrightarrow{CF} \cdot (\overrightarrow{AC}+\overrightarrow{CB})=-CE \cdot CA+CD \cdot CB=0$，所以 $CF \perp AB$.

证法 4　设 $A(0,\ a)$，$B(-1,\ 0)$，$C(c,\ 0)$，$D(0,\ 0)$，$F(0,\ f)$，由 $BE \perp AC$ 得 $BF \perp AC$，即 $\overrightarrow{BF} \cdot \overrightarrow{AC}=0$，即 $(1,\ f) \cdot (c,-a)=0$，即 $c-af=0$（注：到此所有条件已经用了一遍）. 而需要求证的 $CF \perp AB$，即 $\overrightarrow{CF} \cdot \overrightarrow{AB}=0$，即 $(-c,\ f) \cdot (-1,-a)=0$，即 $c-af=0$. 命题得证.

比较这四种证法，证法 4 建立坐标系时，利用了一个垂直条件，使得剩下的垂直条件和要证明的垂直结论是等价的. 写法上吸取了向量的优势，比较简练. 证法 1 属于综合法，是较常见的证法，先将条件用一次，然后将所得式子向求证式子靠拢．证法 2、证法 3 和证法 1 相比，显得目标更明确一些．证法 2 只用到向量回路，但回路选取上有一定技巧；证法 3 用到圆幂定理，写法上显得简练.

判断一个解法是否好，其中一个评价标准就是能否广泛应用于同一类型的题目以及变式．由于本题难度不大，四种解法看起来差不多．我们尝试来解本题的两个推广形式．看看哪种解法的可移植性更强！

推广 1 如图 7-1，在空间四边形 $ABCF$ 中，$AF\perp BC$，$BF\perp AC$，求证：$CF\perp AB$.

题目条件虽然已经从平面换到空间，但还是可以一字不改照搬证法 1 和证法 2. 从这可以看出向量法解题，有利于从平面到空间的推广．证法 4 则需要重新建立坐标系.

推广 2 如图 7-2，设 $ABCD$ 为矩形，点 E 为平面上一点，连接 AE 和 BE，作 $CF\perp AE$，$DG\perp BE$，CF 和 DG 交于点 H，求证：$EH\perp AB$.（1991 年第 17 届全俄数学奥林匹克竞赛试题）

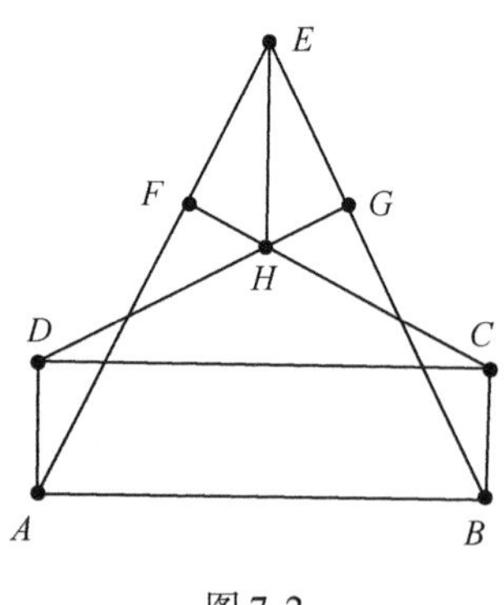

图 7-2

回路证法

$$\overrightarrow{EH}\cdot\overrightarrow{AB}=\overrightarrow{EH}\cdot(\overrightarrow{AE}+\overrightarrow{EB})$$
$$=-EF\cdot EA+EG\cdot EB=0.$$

最后一步用到 $ABGF$ 四点共圆，而这可以由 $ABCD$ 四点共圆和 $ABCF$ 四点共圆及 $ABGD$ 四点共圆得到.

坐标证法 如图 7-3，建立坐标系，设 E 在 DC 的射影为 O，设 $O(0, 0)$，$A(a, b)$，$B(1, b)$，$C(1, 0)$，$D(a, 0)$，$E(0, e)$，

$H(x, y)$，需求证 $x=0$.

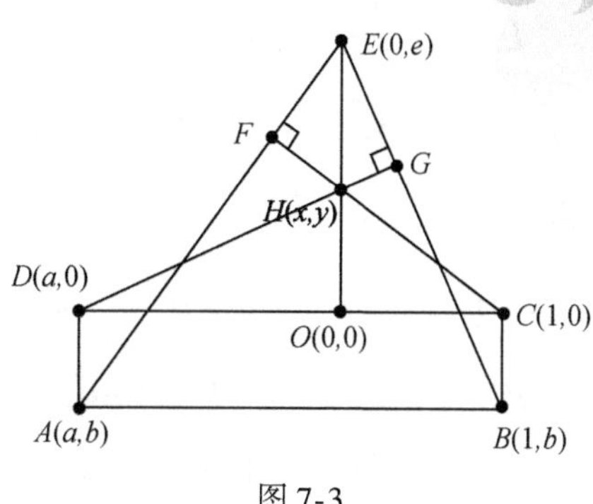

图 7-3

由 $CF\perp AE$ 得 $\overrightarrow{CH}\cdot\overrightarrow{AE}=0$，即 $(x-1,y)\cdot(-a,e-b)=0$，亦即

$$-a(x-1)+y(e-b)=0.$$

由 $DG\perp BE$ 得 $\overrightarrow{DH}\cdot\overrightarrow{BE}=0$，即 $(x-a,y)\cdot(-1,e-b)=0$，亦即

$$-(x-a)+y(e-b)=0.$$

将所得两式相减得 $(1-a)x=0$，若 $a=1$ 则矩形退化，所以只能是 $x=0$.

单从此题来看，向量回路法要稍占上风．我们将以更多的例子来论述．下面所选案例从易到难，循序渐进．读者也可尝试用其他方法证明，以比较解法优劣．为节省篇幅，建立坐标系就没有重新作图和详细叙述了．

【例 7.2】 如图 7-4，在正方形 $ABCD$ 中，E 是 AB 中点，$3BF=FC$，求证：$DE\perp EF$.

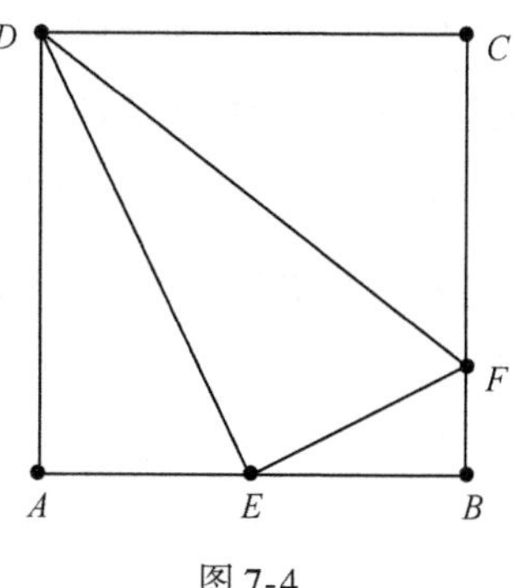

图 7-4

回路证法

$$\overrightarrow{DE}\cdot\overrightarrow{EF}=(\overrightarrow{DA}+\overrightarrow{AE})\cdot(\overrightarrow{EB}+\overrightarrow{BF})$$
$$=(-\overrightarrow{AD}+\frac{1}{2}\overrightarrow{AB})\cdot(\frac{1}{2}\overrightarrow{AB}+\frac{1}{4}\overrightarrow{AD})=0,$$

所以 $DE\perp EF$.

坐标证法 设$\overrightarrow{DE}=(2,-4)$，$\overrightarrow{EF}=(2,1)$，则

$$\overrightarrow{DE}\cdot\overrightarrow{EF}=2\times2+(-4)\times1=0.$$

【例 7.3】 如图 7-5，以直角三角形 ABC 的 AB 和 BC 边分别向外作等边$\triangle ABD$ 和$\triangle BCE$，$AB\perp BC$，求证：$BE\perp AD$.

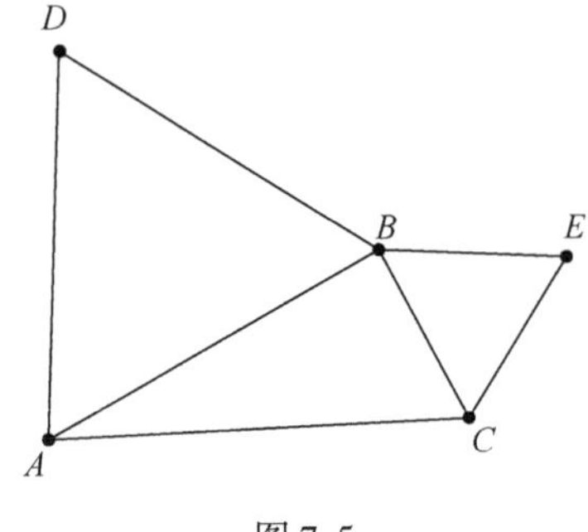

图 7-5

回路证法 由

$$\overrightarrow{BE}\cdot\overrightarrow{DA}=\overrightarrow{BE}\cdot(\overrightarrow{DB}+\overrightarrow{BA})=BE\cdot DB\cos30^\circ+BE\cdot AB\cos150^\circ=0,$$

得 $BE\perp AD$.

坐标证法 设 $B(0,\ 0)$，$A(-2a,\ 0)$，$C(0,\ -2)$，$D(-a,\ ak)$，$E(k,-1)$，其中 $k^2=3$，则$\overrightarrow{AD}=(a,\ ak)$，$\overrightarrow{BE}=(k,-1)$，$\overrightarrow{AD}\cdot\overrightarrow{BE}=ak-ak=0$.

此证法中的坐标来之不易，请仔细琢磨．譬如已知 $A(-2a,\ 0)$，根据几何关系 D 在 BA 上的投影长为$-a$，所以 D 的横坐标为$-a$. 而 BD 距离要等于 $4a^2$，所以可设 D 的纵坐标为 ak，其中 $k^2=3$.

这种设未知数的方法，对于解等边三角形问题，是一种新思路，特别是对于这种无须求出 D 的具体位置，只需以 D 来过渡的题目，尤其有效.

【例 7.4】 如图 7-6，BD 和 CE 是$\triangle ABC$ 的两条高，F 和 G 分别

是 BC 和 ED 的中点，求证：$FG\perp ED$.

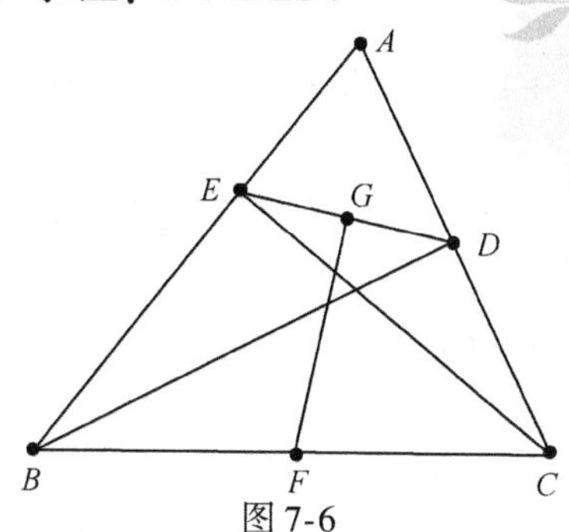

图 7-6

回路证法

$$2\overrightarrow{FG}\cdot\overrightarrow{ED}=(\overrightarrow{BE}+\overrightarrow{CD})\cdot\overrightarrow{ED}=\overrightarrow{BE}\cdot(\overrightarrow{EC}+\overrightarrow{CD})+\overrightarrow{CD}\cdot(\overrightarrow{EB}+\overrightarrow{BD})$$
$$=\overrightarrow{BE}\cdot\overrightarrow{CD}+\overrightarrow{CD}\cdot\overrightarrow{EB}=0,$$

所以 $FG\perp ED$.

坐标证法　设 $D(0,0),A(2,0),B(0,2h),C(2a,0),F(a,h)$，则 $\overrightarrow{AB}=(-2,2h),\overrightarrow{AE}=k\overrightarrow{AB}=k(-2,2h),E(2-2k,2kh),G(1-k,kh)$，$\overrightarrow{CE}=(2-2k-2a,2kh),\overrightarrow{DE}=(2-2k,2kh),\overrightarrow{FG}=(1-k-a,(k-1)h)$，由 $\overrightarrow{AB}\cdot\overrightarrow{CE}=4(a+k-1+kh^2)=0$ 得 $\overrightarrow{FG}\cdot\overrightarrow{DE}=2(1-k)(1-k-a)+2k(k-1)h^2=2(k-1)(a+k-1+kh^2)=0$.

【例 7.5】　如图 7-7，在 $\triangle ABC$ 中，$AB=AC$，D 是 BC 的中点，E 是从 D 作 AC 的垂线的垂足，F 是 DE 的中点，求证：$AF\perp BE$.（1962 年全俄数学竞赛试题）

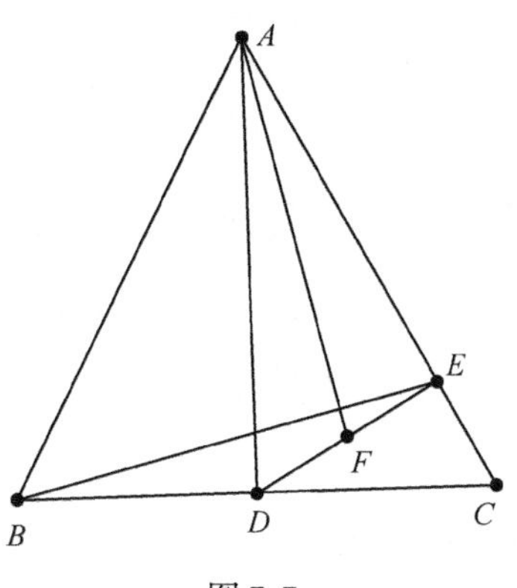

图 7-7

回路证法

$$\overrightarrow{AF}\cdot\overrightarrow{BE}=\frac{1}{2}(\overrightarrow{AD}+\overrightarrow{AE})\cdot(\overrightarrow{BD}+\overrightarrow{DE})=\frac{1}{2}(\overrightarrow{AD}\cdot\overrightarrow{DE}+\overrightarrow{AE}\cdot\overrightarrow{BD})$$

$$=\frac{1}{2}((\overrightarrow{AE}+\overrightarrow{ED})\cdot\overrightarrow{DE}+\overrightarrow{AE}\cdot(\overrightarrow{DE}-\overrightarrow{CE}))$$

$$=\frac{1}{2}(-ED\cdot DE+AE\cdot CE)=0,$$

故$\overrightarrow{AF}\perp\overrightarrow{BE}$.

坐标证法 设 $D(0,0)$，$A(0,2h)$，$C(2,0)$，则

$$\overrightarrow{CA}=(-2,2h),\ \overrightarrow{CE}=k\,\overrightarrow{CA}=k(-2,2h),$$

$$\overrightarrow{DE}=(2-2k,2kh),\ F(1-k,kh),$$

由$\overrightarrow{DE}\cdot\overrightarrow{CA}=4(k-1+kh^2)=0$，得

$$\overrightarrow{AF}\cdot\overrightarrow{BE}=(1-k,kh-2h)\cdot(4-2k,2kh)$$

$$=2(k-2)(k-1+kh^2)=0.$$

【例 7.6】 如图7-8，$AB\perp BC$，点 D 是 AC 中点，E 和 F 分别是 BC 和 AB 上的点，作 $EH\perp AC$，$FG\perp AC$，且 $2GH=AC$，求证：$DE\perp DF$.

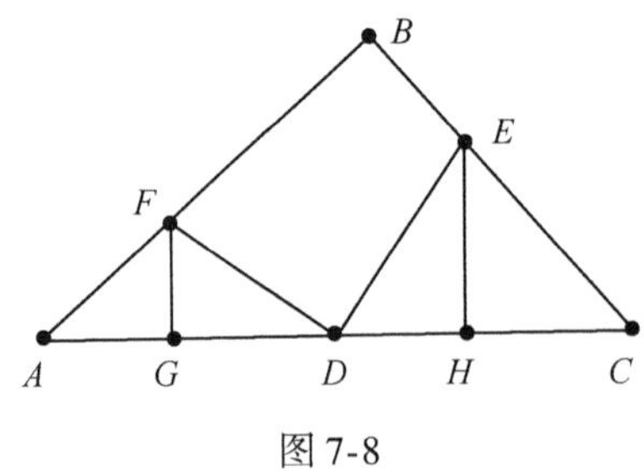

图 7-8

回路证法

$$\overrightarrow{DE}\cdot\overrightarrow{DF}=(\overrightarrow{DC}+\overrightarrow{CE})\cdot(\overrightarrow{DA}+\overrightarrow{AF})$$

$$=-DA^2+AG\cdot AD+CH\cdot CD$$

$$=-DA^2+DA^2=0,$$

所以 $DE\perp DF$.

坐标证法 设 $D(0,0)$，$A(-1,0)$，$C(1,0)$，$E(x,h)$，

$F(x-1, k)$，由

$$\overrightarrow{AF} \cdot \overrightarrow{CE}=(x,k) \cdot (x-1,h)=x(x-1)+kh=0,$$

故

$$\overrightarrow{DF} \cdot \overrightarrow{DE}=(x-1,h) \cdot (x,k)=x(x-1)+kh=0.$$

【例7.7】 如图7-9，过$\angle AOB$内点C，作$CD\perp OA$，$CE\perp OB$，$EF\perp OA$，$DG\perp OB$，求证：$OC\perp FG$.

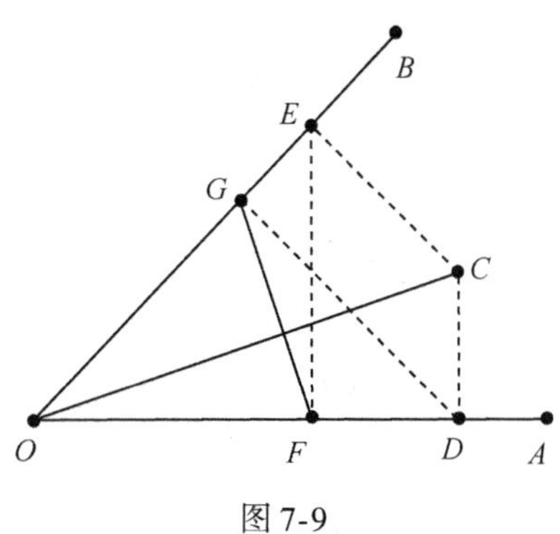

图7-9

提醒 此题可看作是例7.3的演变升级.

回路证法

$$\begin{aligned}\overrightarrow{OC} \cdot \overrightarrow{FG}&=\overrightarrow{OC} \cdot (\overrightarrow{FO}+\overrightarrow{OG})=-OD \cdot OF+OG \cdot OE\\&=-OD \cdot OE\cos\angle AOB+OD \cdot OE\cos\angle AOB=0,\end{aligned}$$

所以$OC\perp FG$.

坐标证法 设$F(0, 0)$，$D(1, 0)$，$C(1, h)$，$E(0, H)$，$O(-a, 0)$，$\overrightarrow{OG}=k\overrightarrow{OE}=k(a, H)$，$\overrightarrow{FG}=((k-1)a, kH)$，

由$\overrightarrow{CE} \cdot \overrightarrow{OE}=(-1,H-h) \cdot (a,H)=-a+H(H-h)=0$，即$H^2=a+hH$；

$$\overrightarrow{DG} \cdot \overrightarrow{OE}=(a(k-1)-1,kH) \cdot (a,H)=0,$$

即

$$a(1+a)(k-1)+khH=0,$$

故

$$\overrightarrow{OC} \cdot \overrightarrow{FG}=(1+a,h) \cdot ((k-1)a, kH)=a(1+a)(k-1)+khH=0.$$

【例 7.8】 如图 7-10，在矩形 $ABCD$ 的两边 AB 和 BC 上向外作等边三角形 ABE 和 BCF，EA 和 FC 的延长线交于 M. 求证：$BM\perp EF$.

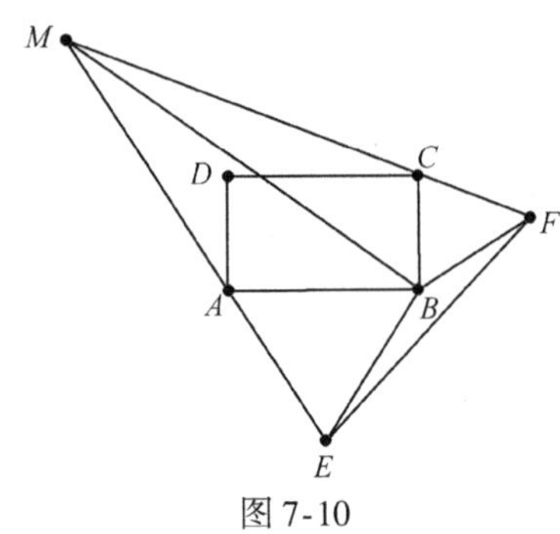

图 7-10

回路证法

$$\overrightarrow{BF}\cdot\overrightarrow{AE}=\overrightarrow{BF}\cdot(\overrightarrow{AB}+\overrightarrow{BE})=\overrightarrow{BF}\cdot\overrightarrow{AB}+\overrightarrow{BF}\cdot\overrightarrow{BE}=0,$$

所以 $BF\perp AE$；同理可证 $BE\perp CF$；于是点 B 为 $\triangle EFM$ 的垂心，所以 $BM\perp EF$.

坐标证法 设 $B(0,\ 0)$，$A(-2,\ 0)$，$C(0,\ 2h)$，$E(-1,\ -k)$，$F(kh,\ h)$，$M(x,\ y)$，其中 $k^2=3$；由共线条件 $x=k(2h-y)$，$y=k(-2-x)$，得 $x=2hk+3(2+x)$ 即 $x+hk+3=0$，故

$$\begin{aligned}\overrightarrow{BM}\cdot\overrightarrow{EF}&=(x,y)\cdot(kh+1,h+k)=(1+kh)x+(k+h)y\\&=(1+kh)x+(k+h)k(-2-x)=-2x-2kh-6=0.\end{aligned}$$

【例 7.9】 如图 7-11，已知等腰直角 $\triangle ABC$ 斜边 BC 上任一点 D，过 D 分别作 $DE\perp AB$ 于 E，作 $DF\perp AC$ 于 F，BC 的中点为 M. 求证：D，E，F，M 四点共圆，$ME\perp MF$.

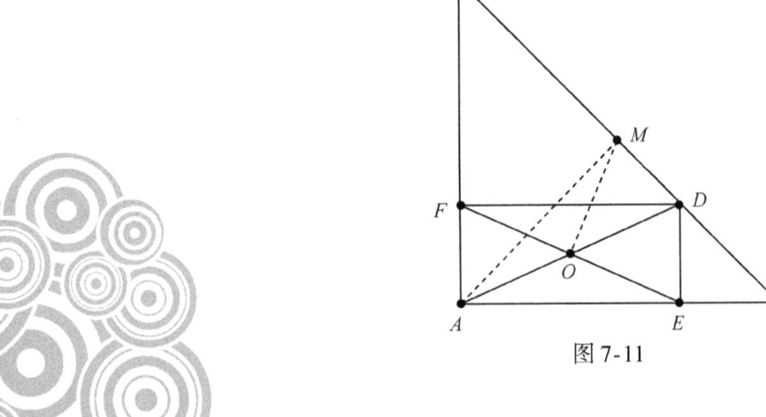

图 7-11

回路证法　设$\overrightarrow{AD}=m\overrightarrow{AB}+(1-m)\overrightarrow{AC}$，则

$$\overrightarrow{OM}=\overrightarrow{AM}-\overrightarrow{AO}=\frac{1}{2}(\overrightarrow{AB}+\overrightarrow{AC})-\frac{m}{2}\overrightarrow{AB}-\frac{(1-m)}{2}\overrightarrow{AC}$$

$$=\frac{1-m}{2}\overrightarrow{AB}+\frac{m}{2}\overrightarrow{AC},$$

由于$AB=AC$，$AB\perp AC$，所以$OM^2=AO^2$；又由于$AEDF$是矩形，所以$OD=OE=OF=OM$，D，E，F，M四点共圆，而EF是直径，所以$ME\perp MF$.

坐标证法　设$A(0,0)$，$D(2x,2)$，$B(2x+2,0)$，$C(0,2x+2)$，$M(x+1,x+1)$，$E(2x,0)$，$F(0,2)$，则

$$\overrightarrow{EM}\cdot\overrightarrow{FM}=(1-x,1+x)\cdot(1+x,x-1)=1-x^2+x^2-1=0.$$

【例7.10】　如图7-12，在$\triangle ABC$中，O是外心，三高交于H，D，E，F为垂足，直线ED和AB交于M，直线FD和AC交于N. 求证：$OB\perp DF$，$OC\perp DE$，$OH\perp MN$.（2001年全国高中数学联赛题）

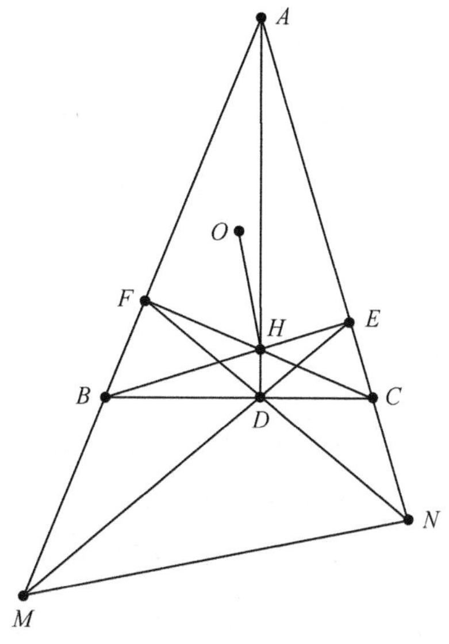

图7-12

回路证法

$$\overrightarrow{BO}\cdot\overrightarrow{DF}=\overrightarrow{BO}\cdot(\overrightarrow{DB}+\overrightarrow{BF})=\frac{1}{2}(-BC\cdot BD+BF\cdot BA)$$

$$=\frac{1}{2}(-\overrightarrow{BA}\cdot\overrightarrow{BC}+\overrightarrow{BA}\cdot\overrightarrow{BC})=0,$$

所以 $OB\perp DF$；同理 $OC\perp DE$.

$$\begin{aligned}\overrightarrow{OH}\cdot\overrightarrow{MN}&=(\overrightarrow{OA}+\overrightarrow{OB}+\overrightarrow{OC})\cdot(\overrightarrow{MA}+\overrightarrow{AN})\\&=(\overrightarrow{OA}+\overrightarrow{OC})\cdot\overrightarrow{AN}+(\overrightarrow{OA}+\overrightarrow{OB})\cdot\overrightarrow{MA}+\overrightarrow{OC}\cdot\overrightarrow{MA}+\overrightarrow{OB}\cdot\overrightarrow{AN}\\&=\overrightarrow{OC}\cdot\overrightarrow{MA}+\overrightarrow{OB}\cdot\overrightarrow{AN}=\overrightarrow{OC}\cdot(\overrightarrow{ME}+\overrightarrow{EA})+\overrightarrow{OB}\cdot(\overrightarrow{AF}+\overrightarrow{FN})\\&=\overrightarrow{OC}\cdot\overrightarrow{EA}+\overrightarrow{OB}\cdot\overrightarrow{AF}=\frac{1}{2}(-AC\cdot AE+AF\cdot BA)\\&=\frac{1}{2}(-\overrightarrow{AB}\cdot\overrightarrow{AC}+\overrightarrow{AB}\cdot\overrightarrow{AC})=0,\end{aligned}$$

所以 $OH\perp MN$.

坐标证法 设 $D(0,0)$，$A(0,2)$，$B(2a,0)$，$C(2b,0)$，$H(0,c)$，$O(a+b,d)$，$P(a,1)$，其中 P 为 AB 的中点.

由 $\overrightarrow{OP}\cdot\overrightarrow{AB}=(-b,1-d)\cdot(2a,-2)=-2ab-2(1-d)=0\Rightarrow d=1+ab$,

由 $\overrightarrow{CH}\cdot\overrightarrow{AB}=(-2b,c)\cdot(2a,-2)=-2(2ab+c)=0\Rightarrow c=-2ab$.

(1) $\overrightarrow{AF}=m\overrightarrow{AB}=(2ma,-2m)$，$\overrightarrow{AE}=n\overrightarrow{AC}=(2nb,-2n)$，

由 $\overrightarrow{CF}\cdot\overrightarrow{AB}=(2ma-2b,2-2m)\cdot(2a,-2)=4a(ma-b)+4(m-1)=0\Rightarrow$ $(1+a^2)m=1+ab$.

(2) 故

$$\begin{aligned}\overrightarrow{BO}\cdot\overrightarrow{DF}&=(b-a,1+ab)\cdot(2ma,2(1-m))\\&=2ma(b-a)+2(ab+1)(1-m)\\&=2ma(b-a)+2ab(1-m)+2a(ma-b)=0.\end{aligned}$$

(3) $\overrightarrow{BE}\cdot\overrightarrow{AC}=(2nb-2a,2-2n)\cdot(2b,-2)=0\Rightarrow n(1+b^2)=1+ab$.

(4) 设 $\overrightarrow{AM}=p\overrightarrow{AB}=(2pa,-2p)$，$\overrightarrow{AN}=q\overrightarrow{AC}=(2qb,-2q)$，$\overrightarrow{DM}=\overrightarrow{DA}+\overrightarrow{AM}=(2pa,2(1-p))$，$\overrightarrow{DN}=\overrightarrow{DA}+\overrightarrow{AN}=(2qb,2(1-q))$，

比较 $\overrightarrow{DF}=\overrightarrow{DA}+\overrightarrow{AF}=(2ma,2(1-m))$，$\overrightarrow{DE}=\overrightarrow{DA}+\overrightarrow{AE}=(2nb,2(1-n))$，

得到 $ma(1-q)=qb(1-m)$，$pa(1-n)=nb(1-p)$，

$$q=\frac{1+ab}{1+2ab-b^2},\ p=\frac{1+ab}{1+2ab-a^2},$$

故

$$\begin{aligned}&\overrightarrow{HO}\cdot\overrightarrow{MN}\\&=(a+b,1+3ab)\cdot(2(qb-pa),2(p-q))\\&=\frac{2(1+ab)((a+b)(b-a+3ab^2-3a^2b)+(1+3ab)(a^2-b^2))}{(1+2ab-b^2)(1+2ab-a^2)}=0.\end{aligned}$$

【例 7.11】 如图 7-13，在正方形 $ABCD$ 中，E 是 DA 边上的点，连接 CE，作 $DF\perp CE$，在 DC 作点 G，使得 $DE=DG$. 求证：$FG\perp FB$.

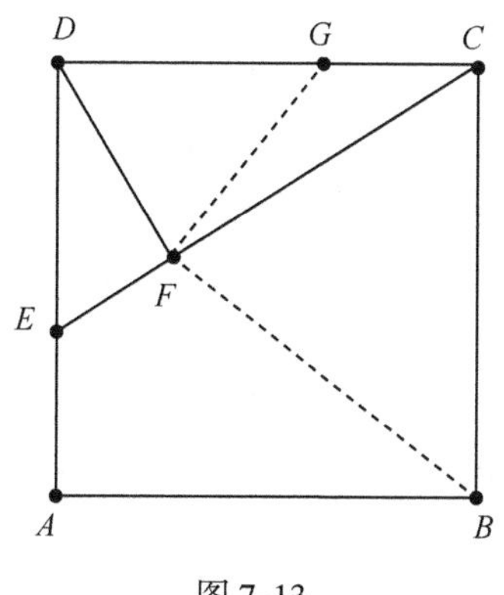

图 7-13

回路证法　设$\overrightarrow{DE}=m\overrightarrow{DA}$，$\overrightarrow{DG}=m\overrightarrow{DC}$，$\overrightarrow{DF}=n\overrightarrow{DE}+(1-n)\overrightarrow{DC}=mn\overrightarrow{DA}+(1-n)\overrightarrow{DC}$，由 $DF\perp CE$ 得$\overrightarrow{DF}\cdot\overrightarrow{CE}=0$，即$(mn\overrightarrow{DA}+(1-n)\overrightarrow{DC})\cdot(\overrightarrow{CD}+m\overrightarrow{DA})=0$，得 $m^2n+n-1=0$.

$$\begin{aligned}\overrightarrow{GF}\cdot\overrightarrow{FB}&=(\overrightarrow{GD}+\overrightarrow{DF})\cdot(\overrightarrow{DA}+\overrightarrow{DC}-\overrightarrow{DF})\\&=(mn\overrightarrow{DA}+(1-n-m)\overrightarrow{DC})\cdot((1-mn)\overrightarrow{DA}+n\overrightarrow{DC})\\&=-n(m^2n+n-1)\overrightarrow{DA}^2=0,\end{aligned}$$

所以 $FG\perp FB$.

坐标证法　设 $A(0,\ 0)$，$B(1,\ 0)$，$C(1,\ 1)$，$D(0,\ 1)$，$E(0,\ 1-h)$，$G(h,\ 1)$，

$$\overrightarrow{EF}=k\overrightarrow{EC}=k(1,h),\overrightarrow{DF}=\overrightarrow{DE}+\overrightarrow{EF}=(k,kh-h),$$

$$\overrightarrow{DF}\cdot\overrightarrow{EC}=(k,kh-h)\cdot(1,h)=k+(k-1)h^2=0,$$

$$\overrightarrow{AF}=\overrightarrow{AD}+\overrightarrow{DF}=(k,1+kh-h),$$

$$\begin{aligned}\overrightarrow{FG}\cdot\overrightarrow{FB}&=(h-k,h-kh)\cdot(1-k,-1-kh+h)\\&=(1-k)(h-k-h(1+kh-h))\\&=-(1-k)(k+(k-1)h^2)=0.\end{aligned}$$

【例 7.12】 如图7-14，设 O 是 $\triangle ABC$ 的外心，D 是 AB 的中点，E 是 $\triangle ACD$ 的重心，且 $AB=AC$. 求证：$OE\perp CD$.（1983 年英国奥林匹克竞赛试题）

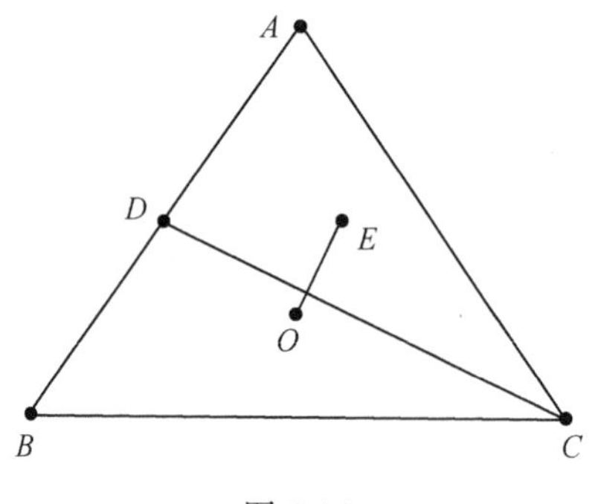

图 7-14

回路证法 已知$\overrightarrow{OD}=\frac{1}{2}(\overrightarrow{OA}+\overrightarrow{OB})$，$\overrightarrow{OE}=\frac{1}{3}(\overrightarrow{OA}+\overrightarrow{OD}+\overrightarrow{OC})$，则

$$\begin{aligned}\overrightarrow{OE}\cdot\overrightarrow{CD}&=\frac{1}{3}(\overrightarrow{OA}+\overrightarrow{OD}+\overrightarrow{OC})\cdot(\overrightarrow{OD}-\overrightarrow{OC})\\&=\frac{1}{3}\left(\frac{3}{2}\overrightarrow{OA}+\overrightarrow{OC}+\frac{1}{2}\overrightarrow{OB}\right)\cdot\left(\frac{1}{2}(\overrightarrow{OA}+\overrightarrow{OB})-\overrightarrow{OC}\right)\\&=\frac{1}{3}\left(\left(\frac{3}{4}\overrightarrow{OA}^2+\frac{1}{4}\overrightarrow{OB}^2-\overrightarrow{OC}^2\right)+\overrightarrow{OA}\cdot\overrightarrow{CB}\right)=0.\end{aligned}$$

坐标证法 $A(0,\ 2h)$，$B(-12,\ 0)$，$C(12,\ 0)$，$O(0,\ d)$，$D(-6,\ h)$，$E(2,\ h)$，由$\overrightarrow{OD}\cdot\overrightarrow{BA}=(-6,h-d)\cdot(12,2h)=2(-36+h(h-d))=0$ 得

$$\overrightarrow{OE}\cdot\overrightarrow{CD}=(2,h-d)\cdot(-18,h)=-36+h(h-d)=0.$$

【例 7.13】 如图 7-15，四边形 $ABCD$ 的两对角线交于点 O，$\triangle ADO$ 和 $\triangle BCO$ 的垂心分别为 M 和 N，$\triangle ABO$ 和 $\triangle CDO$ 的重心分别为 S 和 R，求证：$SR \perp MN$.（1972 年第 3 届全苏数学奥林匹克竞赛试题）

回路证法 设 P 为平面上任意一点，由重心性质得

$3\overrightarrow{PR}=\overrightarrow{PD}+\overrightarrow{PC}+\overrightarrow{PO}$，$3\overrightarrow{PS}=\overrightarrow{PA}+\overrightarrow{PB}+\overrightarrow{PO}$，则 $3\overrightarrow{SR}=3\overrightarrow{PR}-3\overrightarrow{PS}=\overrightarrow{AC}+\overrightarrow{BD}$.

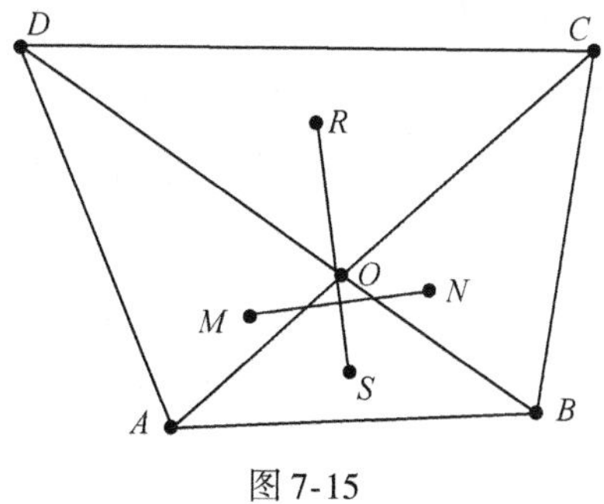

图 7-15

$$3\overrightarrow{SR}\cdot\overrightarrow{MN}=\overrightarrow{AC}\cdot(\overrightarrow{MD}+\overrightarrow{DB}+\overrightarrow{BN})+\overrightarrow{BD}\cdot(\overrightarrow{MA}+\overrightarrow{AC}+\overrightarrow{CN})$$
$$=\overrightarrow{AC}\cdot\overrightarrow{DB}+\overrightarrow{BD}\cdot\overrightarrow{AC}=0,$$

所以 $SR \perp MN$.

图 7-16 将几条高线作出来了．本来从证明过程来看无须用到 E，F，G，I 四点，但添加辅助线使证明过程更有利于理解.

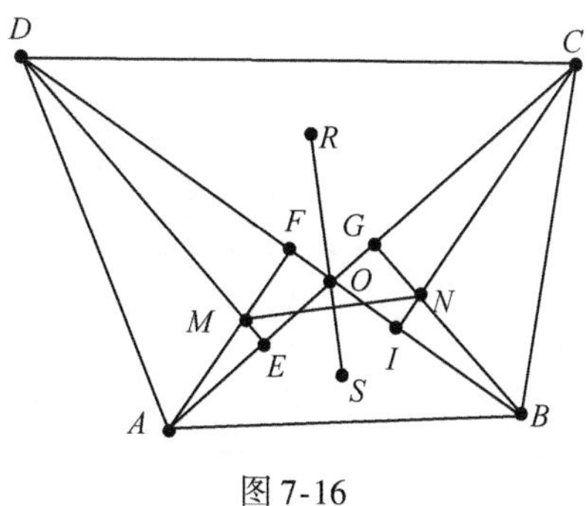

图 7-16

坐标证法 $O(0,\ 0)$，$A(3a,\ 0)$，$C(3,\ 0)$，$B(3x,\ 3y)$，

$R(1+kx,\ ky)$，$S(a+x,\ y)$，$M(3kx,\ h)$，$N(3x,\ g)$，由条件得

$$\overrightarrow{OM}\cdot\overrightarrow{AD}=(3kx,h)\cdot(3kx-3a,\ 3ky)=0\Rightarrow hy=-3x\,(kx-a),$$

$$\overrightarrow{ON}\cdot\overrightarrow{BC}=(3x,g)\cdot(3-3x,-3y)=0\Rightarrow gy=3x(1-x)$$

$$\Rightarrow (g-h)y=3x(1+kx-a-x)),$$

故

$$\overrightarrow{SR}\cdot\overrightarrow{BC}=(1+kx-a-x,ky-y)\cdot(3x-3kx,g-h)$$
$$=(1-k)(3x(1+kx-a-x)-(g-h)y)=0.$$

【例 7.14】 如图 7-17，在△ABC 中，CP 和 BQ 是高，PQ 与中位线 MN 交于点 E，H 是垂心，O 是外心，求证：$AE\perp OH$.

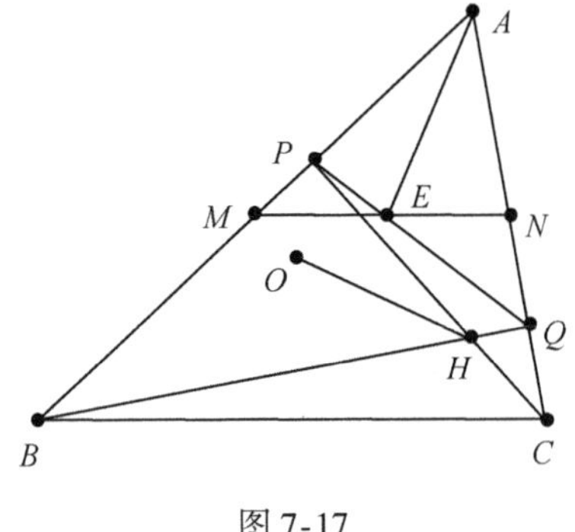

图 7-17

回路证法 如图 7-18，作 $PR/\!/BC$，点 O 和 H 在 BC 边上的射影为 S 和 T，

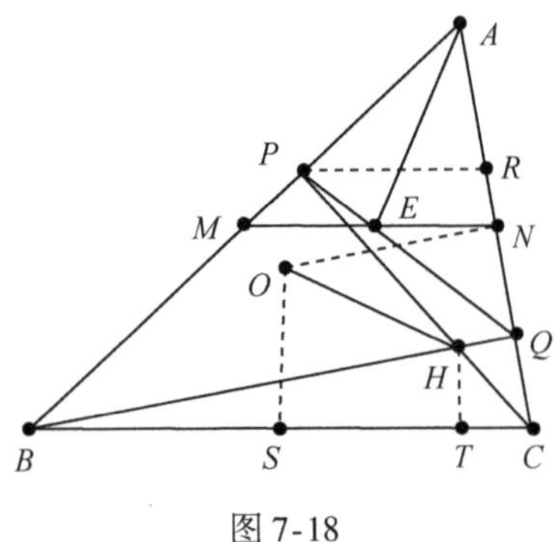

图 7-18

$$\begin{aligned}\overrightarrow{AE}\cdot\overrightarrow{OH}&=\overrightarrow{AN}\cdot\overrightarrow{OH}+\overrightarrow{NE}\cdot\overrightarrow{OH}=\overrightarrow{AN}\cdot(\overrightarrow{ON}+\overrightarrow{NQ}+\overrightarrow{QH})\\&\quad+\overrightarrow{NE}\cdot(\overrightarrow{OS}+\overrightarrow{ST}+\overrightarrow{TH})\\&=\overrightarrow{AN}\cdot\overrightarrow{NQ}+\overrightarrow{NE}\cdot\overrightarrow{ST}=k(\overrightarrow{AN}\cdot\overrightarrow{RQ}+\overrightarrow{PR}\cdot\overrightarrow{ST})\\&=k\left(\frac{b}{2}(c\cos A-AR)-\frac{AP}{c}a\left(c\cos B-\frac{a}{2}\right)\right)\\&=k\left(\frac{b}{2}\left(c\cos A-\frac{b\cos A}{c}b\right)-\frac{b\cos A}{c}a\left(c\cos B-\frac{a}{2}\right)\right)\\&=kb\cos A\left(\frac{c^2-b^2-2ac\cos B+a^2}{2c}\right)=0,\end{aligned}$$

所以 $AE\perp OH$.

坐标证法 设 $Q(0,\ 0)$，$A(2,\ 0)$，$C(2a,\ 0)$，$B(0,\ 2h)$，$N(a+1,\ 0)$，$M(1,\ h)$，$H(0,\ d)$，$O(a+1,\ c)$，$E(a+1,\ b)$，$\overrightarrow{AP}=t\overrightarrow{AB}=(-2t,\ 2ht)$，$\overrightarrow{NE}=k\overrightarrow{NM}=(-ka,\ kh)$，$\overrightarrow{QE}=\overrightarrow{QN}+\overrightarrow{NE}=(1+a-ka,\ kh)$，由条件得

（1）$\overrightarrow{CH}\cdot\overrightarrow{AB}=(-2a,\ d)\cdot(-2,2h)=4a+2hd=0\Rightarrow dh=-2a$.

（2）$\overrightarrow{OM}\cdot\overrightarrow{AB}=(-a,\ h-c)\cdot(-2,2h)=2a+2h(h-c)=0\Rightarrow ch=a+h^2$.

（3）$(\overrightarrow{CA}+\overrightarrow{AP})\cdot\overrightarrow{AB}=(2-2a-2t,2ht)\cdot(-2,2h)=4(th^2-1+a+t)=0$.

（4）由 E 在 QP 上得 $ht(1+a-ka)=kh(1-t)\Rightarrow t(1+a)=k(1-t+at)$，所以

$$\begin{aligned}(\overrightarrow{AQ}+\overrightarrow{QE})\cdot\overrightarrow{OH}&=(a-ka-1,\ kh)\cdot(-a-1,d-c)\\&=(1+a)(1-a+ka)+kh(d-c)\\&=(1+a)(1-a+ka)+k(3a+h^2)\\&=(1+a)((1-a)(1-t+at)+at(1+a))\\&\quad-t(1+a)(3a+h^2)=-(1+a)(th^2-1+a+t)=0.\end{aligned}$$

【例7.15】 如图7-19，AD，BE，CF 是 $\triangle ABC$ 的三高，过点 D 作 $DG\perp BE$，$DH\perp CF$，$DI\perp AB$，$DJ\perp AC$，求证：G，H，I，J 四点共线；$GH/\!/FE$.

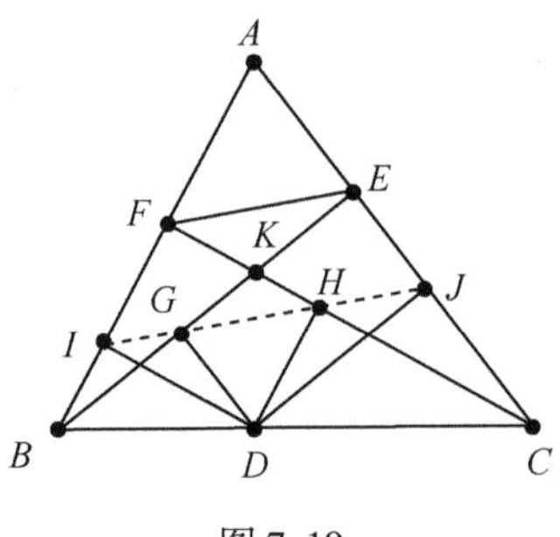

图 7-19

回路证法 (i) 设$\overrightarrow{AK}=t\,\overrightarrow{AD}$，则$\overrightarrow{KE}=t\,\overrightarrow{DJ}$，$\overrightarrow{FK}=t\,\overrightarrow{ID}$；

于是$\overrightarrow{FE}=\overrightarrow{FK}+\overrightarrow{KE}=t\,\overrightarrow{ID}+t\,\overrightarrow{DJ}=t\,\overrightarrow{IJ}$，即 $FE/\!/IJ$.

(ii) 同理，设$\overrightarrow{AK}=u\,\overrightarrow{DK}$，则$\overrightarrow{FK}=u\,\overrightarrow{HK}$，$\overrightarrow{KE}=u\,\overrightarrow{KG}$，

于是$\overrightarrow{FE}=\overrightarrow{FK}+\overrightarrow{KE}=u\,\overrightarrow{HK}+u\,\overrightarrow{KG}=u\,\overrightarrow{HG}$，即 $FE/\!/GH$.

(iii) 类似地，设$\overrightarrow{BD}=v\,\overrightarrow{BC}$，则$\overrightarrow{GD}=v\,\overrightarrow{EC}$，$\overrightarrow{DI}=v\,\overrightarrow{CF}$，

于是$\overrightarrow{GI}=\overrightarrow{GD}+\overrightarrow{DI}=v\,\overrightarrow{EC}+v\,\overrightarrow{CF}=v\,\overrightarrow{EF}$，即 $IG/\!/EF$.

坐标证法 $F(0,0)$，$A(a,0)$，$B(b,0)$，$C(0,1)$，$\overrightarrow{BD}=k\,\overrightarrow{BC}=(-kb,k)$，$D(b-kb,k)$，$H(0,k)$，$I(b-kb,0)$，$\overrightarrow{AE}=t\,\overrightarrow{AC}=(-at,t)$，$E(a-at,t)$，$\overrightarrow{AJ}=s\,\overrightarrow{AC}=(-as,s)$，$J(a-as,s)$，注意 $DG/\!/CE$，故

$$\overrightarrow{BG}=k\,\overrightarrow{BE}=(k(a-at-b),kt),$$
$$\overrightarrow{FG}=\overrightarrow{FB}+\overrightarrow{BG}=(b+k(a-b-at),kt).$$

以下记 $X=1+a^2$，$Y=1+b^2$.

由 $AD\perp BC$，$BE\perp AC$，$DJ\perp AC$，$DG\perp BE$，得

(1) $\overrightarrow{AD}\cdot\overrightarrow{BC}=(b-kb-a,k)\cdot(-b,1)=k+ab+kb^2-b^2=0\Rightarrow Yk=b(b-a)$.

(2) $\overrightarrow{BE}\cdot\overrightarrow{AC}=(a-at-b,t)\cdot(-a,1)=ab+ta^2-a^2+t=0\Rightarrow tX=a(a-b)$.

(3) $\overrightarrow{DJ}\cdot\overrightarrow{AC}=(a(1-s)-b(1-k),s-k)\cdot(-a,1)$

$$=-a^2(1-s)+ab(1-k)+s-k=0$$
$$\Rightarrow s(1+a^2)=k+a^2-ab+kab$$
$$\Rightarrow sXY=b(b-a)+(a^2-ab)(1+b^2)$$

$$+ab^2(b-a)=(a-b)^2.$$

以下只要证明 IG，IH，IJ 都平行于 FE 即可.

（i）$\overrightarrow{IH}=(bk-b,k)$，$\overrightarrow{FE}=(a-at,t)$，由（1）和（2）得

$$XY(ka(1-t)+tb(k-1))=ab(b-a)((1+a^2)-a(a-b))$$
$$-ab(a-b)(b(b-a)-(1+b^2))=0,$$

即 $ka(1-t)=tb(1-k)$，$IH/\!/FE$.

（ii）$\overrightarrow{IG}=(k(a-at),kt)=k(a-at,t)$，$\overrightarrow{FE}=(a-at,t)$，故 $IG/\!/FE$.

（iii）$\overrightarrow{IJ}=(a-b+kb-as,s)$，$\overrightarrow{FE}=(a-at,t)$，于是

$$\begin{aligned}&X^2Y(s(a-at)-t(a-b+kb-as))\\&=sXY(aX-atX)-tX((a-b)XY+Xb(kY)-a(sXY))\\&=a(b-a)^2(1+ab)-a(a-b)^2((1+a^2)(1+b^2)\\&\quad-(1+a^2)b^2-a(a-b))=0.\end{aligned}$$

这证明 $IJ/\!/FE$.

一般使用的坐标法，常常需要借助题目本身的垂直关系，比起斜坐标系来，局限不小. 而向量回路法则更灵活一些，譬如下面这道题. 多一个和少一个直角关系，对向量证法都没什么影响.

【例 7.16】 如图 7-20，以直角三角形 ABC 的两条直角边 AB 和 BC 向形外分别作正方形 $ABED$ 和正方形 $BFGC$. 连接 DC 和 AG，两条直线交于点 I. 求证：$BI\perp AC$.

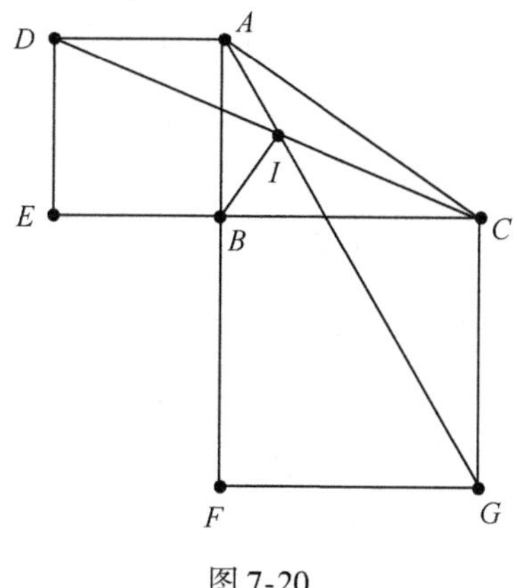

图 7-20

这是一本教材上的一个例题．教材的编写者可能是看中了直角三角形以及正方形中包含了不少的垂直关系，容易建立直角坐标系．与该小节所要讲的知识点比较切合，所以选用了此题.

其实，此题条件多余，因为该结论对于任意三角形也成立.

证明　如图 7-21，设四边形 $FBEH$ 是平行四边形，则 $\overrightarrow{HC}\cdot\overrightarrow{AG}=(\overrightarrow{HF}+\overrightarrow{FB}+\overrightarrow{BC})\cdot(\overrightarrow{AB}+\overrightarrow{BC}+\overrightarrow{CG})=0$，从而 $HC\perp AG$，同理 $HA\perp CD$，所以点 I 是 $\triangle AHC$ 的垂心，$HI\perp AC$. 又由于 $\overrightarrow{HB}\cdot\overrightarrow{AC}=(\overrightarrow{HF}+\overrightarrow{FB})\cdot(\overrightarrow{AB}+\overrightarrow{BC})=0$，所以 $HB\perp AC$，从而 H，B，I 三点共线，$BI\perp AC$.

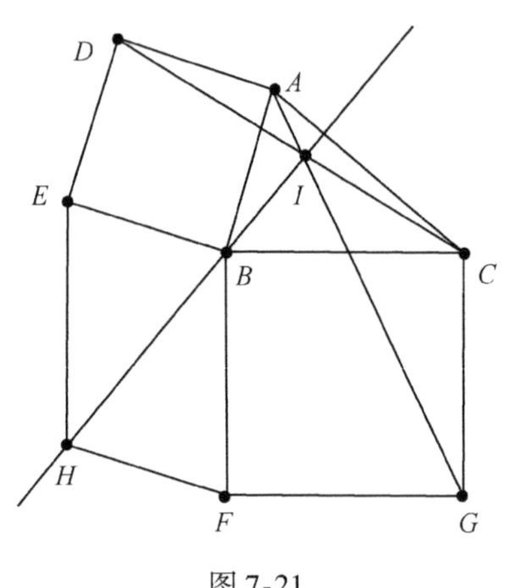

图 7-21

从上述解法来看，向量回路法解题确实是好生了得．而向量坐标法充分发挥斜坐标系的优势，题目也都解决了，但过程要显得复杂一些．当然，就此否定向量坐标法还为时过早，还需选择更多类型的题目来做比较.

下面这道题由于有天然的垂直关系，而向量回路法使用条件 $BC+CE=AE$ 较为困难，而用坐标法则很简单.

【例 7.17】　如图 7-22，在正方形 $ABCD$ 的 CD 边上取点 E，使得 $BC+CE=AE$，若 H 为 CD 中点，求证：$\angle BAE=2\angle HAD$.

证明　如图建立直角坐标系，$A(0,\ 1)$，$B(0,\ 0)$，$C(1,\ 0)$，$D(1,\ 1)$，$H\left(1,\ \dfrac{1}{2}\right)$，$E(1,\ y)$，$\overrightarrow{AE}=(1,\ y-1)$，由 $BC+CE=AE$ 得

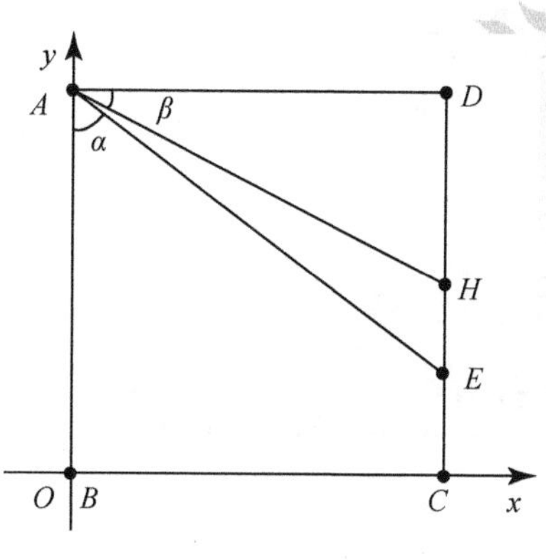

图 7-22

$1+y=\sqrt{1+(y-1)^2}$，解得 $y=\dfrac{1}{4}$，故 $\overrightarrow{AE}=\left(1,-\dfrac{3}{4}\right)$，$\overrightarrow{AB}=(0,\ -1)$，$\overrightarrow{AD}=(1,0)$，$\overrightarrow{AH}=\left(1,-\dfrac{1}{2}\right)$，

$$\cos\alpha=\frac{\overrightarrow{AE}\cdot\overrightarrow{AB}}{AE\cdot AB}=\frac{3}{5},\quad \cos\beta=\frac{\overrightarrow{AH}\cdot\overrightarrow{AD}}{AH\cdot AD}=\frac{2}{\sqrt{5}},$$

$$\cos2\beta=2\cos^2\beta-1=2\times\left(\frac{2}{\sqrt{5}}\right)^2-1=\frac{3}{5}=\cos\alpha,$$

且 α 和 β 为锐角，所以 $2\beta=\alpha$，即 $\angle BAE=2\angle HAD$.

其实，此题老老实实用基本的几何三角知识计算起来很简单．设 $AB=1$，$CE=x$，根据条件 $BC+CE=AE$ 列方程 $(1+x)^2=1+(1-x)^2$，解得 $CE=x=\dfrac{1}{4}$，由 H 为 CD 中点得 $\tan\beta=0.5$，故

$$\tan\alpha=\frac{4}{3}=\frac{1}{1-\frac{1}{4}}=\frac{2\tan\beta}{1-\tan^2\beta},$$

即 $2\beta=\alpha$. 可见基本功的重要.

此题最简单的解法，是取 BC 中点 M，作直线 EM 与直线 AB 交于点 N，于是 $AN=AE$，立刻解决．这样用的知识也最少．

第8章 向量法与复数

复数 $z=a+b\mathrm{i}(a, b\in\mathbf{R})$ 与复平面上的点 $Z(a, b)$ 一一对应，而点 $Z(a, b)$ 与向量 $\overrightarrow{OZ}$ 一一对应，可以将 $Z(a, b)$ 和 $\overrightarrow{OZ}$ 都看成是复数 $z=a+b\mathrm{i}$ 的几何形式.

从向量发展历史来看，向量能够进入数学并得到发展，复数在其中出力不少. 复数的几何表示的提出，既使得“虚幻”的复数有了实际的模型，不再虚幻，又使得人们在逐步接受复数的同时，学会利用复数来表示和研究平面中的向量，向量从此得到发展.

发展至今天的向量，如果与复数再度携手，又能在哪些方面有所作为呢?

有不少资料在引入复数的时候，总强调数学家引入复数的目的是使得 $x^2+1=0$ 有解. 其实，从数学史来看，数学家原来认为对于 $x^2+1=0$ 这样的方程是无解的，也没想到过引入复数；直到解三次方程时，才被迫引入了新的虚数单位. 这是因为数学崇尚简单，主张：如无必要，莫增实体!

而在教学中，由于教科书之前过多强调一个数的平方非负，所以当引入虚数单位 i 的时候，很多学生觉得难以接受. 为了说明 $\mathrm{i}^2=-1$ 这一基本性质并不神秘，可以将 i 解释为“向左转”. 诗云：“平方得负岂荒唐，左转两番朝后方.”（此诗见湖南教育出版社高中数学教材，李尚志作）和$(-1)^2=1$相对照：后转两次转向前，负负为正很显然．“左转两番朝后方”是众所周知的常识，又有什么荒唐的呢？就这样，把复数与旋转联系起来.

也可构造模型来帮助理解 $i^2=-1$. 直角三角形中的射影定理（图 8-1），是大家熟悉的，$AC\perp BC$，$CD\perp AB$，则 $CD^2=DA\cdot DB$. 如果将这模型与坐标平面联系起来（图 8-2），不就成了 $i^2=(-1)\cdot 1=-1$了吗！

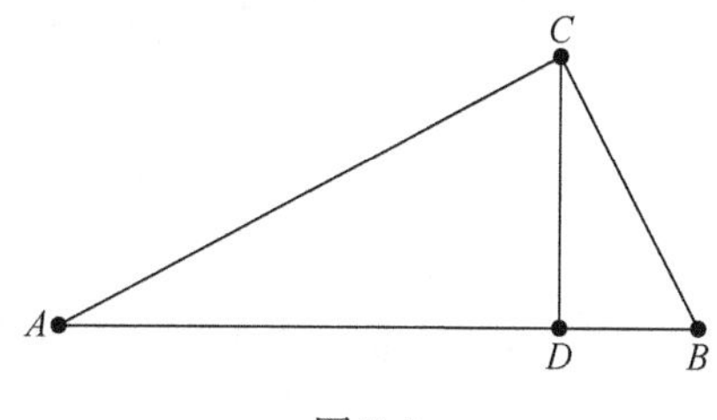

图 8-1

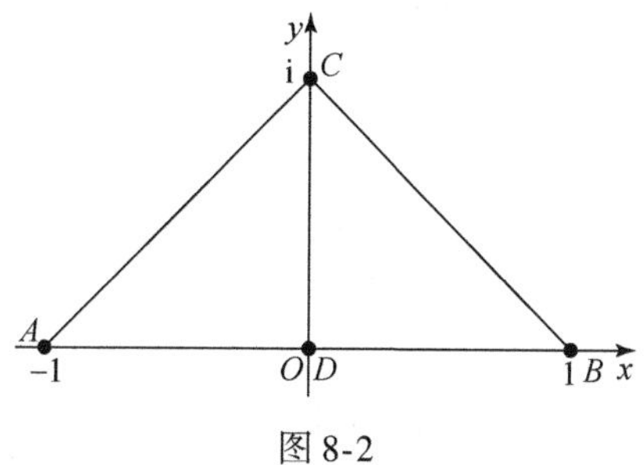

图 8-2

两向量可通过旋转放缩相互转化.

定义　$\overrightarrow{OP}\cdot(\cos\alpha+i\sin\alpha)$是指以 O 为旋转中心，将 OP 逆时针旋转 α 所得的向量．特别地，$\overrightarrow{OP}\cdot i$ 为以点 O 为中心，将 OP 逆时针旋转 90°所得的向量；

通常记 $e^{i\alpha}=\cos\alpha+i\sin\alpha$，容易验证 $e^{i\alpha}\cdot e^{i\beta}=e^{i(\alpha+\beta)}$.

如图 8-3，存在关系$\frac{\overrightarrow{AB}}{|AB|}e^{i\theta}=\frac{\overrightarrow{AC}}{|AC|}$，其中 θ 为向量夹角，$e^{i\theta}=\cos\theta+i\sin\theta$.

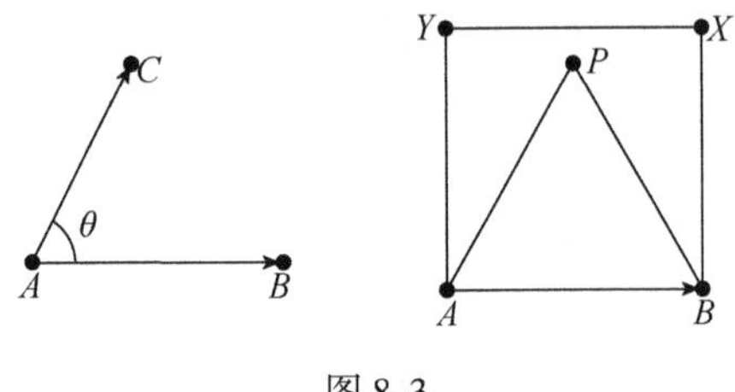

图 8-3

特别地，在正三角形 ABP 和正方形 $ABXY$ 中，有

$$\overrightarrow{AB}e^{\frac{\pi}{3}i}=\overrightarrow{AB}\left(\cos\frac{\pi}{3}+i\sin\frac{\pi}{3}\right)=\overrightarrow{AB}\left(\frac{1}{2}+\frac{\sqrt{3}}{2}i\right)=\overrightarrow{AP},$$

$$\sqrt{2}\,\overrightarrow{AB}e^{\frac{\pi}{4}i}=\sqrt{2}\,\overrightarrow{AB}\left(\cos\frac{\pi}{4}+i\sin\frac{\pi}{4}\right)=\sqrt{2}\,\overrightarrow{AB}\left(\frac{\sqrt{2}}{2}+\frac{\sqrt{2}}{2}i\right)=\overrightarrow{AX},$$

$$\overrightarrow{AB}e^{\frac{\pi}{2}i}=\overrightarrow{AB}\left(\cos\frac{\pi}{2}+i\sin\frac{\pi}{2}\right)=\overrightarrow{AB}\cdot i=\overrightarrow{AY}.$$

要注意，向量乘以复数和向量之间的内积不是同一种运算，对它们不能使用乘法的交换律和结合律．例如，显然有 $\overrightarrow{AB}\cdot i\cdot\overrightarrow{CD}\cdot i=\overrightarrow{AB}\cdot\overrightarrow{CD}$，因为两个向量都按同样方向旋转同样角度时内积不变．而如果要对它们用乘法的交换律和结合律，成为

$$\overrightarrow{AB}\cdot i\cdot\overrightarrow{CD}\cdot i=(i\cdot i)\ \overrightarrow{AB}\cdot\overrightarrow{CD}=(-1)\ \overrightarrow{AB}\cdot\overrightarrow{CD}=-\overrightarrow{AB}\cdot\overrightarrow{CD},$$

就错了.

复数的相关性质，一般资料上都有（常庚哲，1980；彭翕成，2014d），此处从略.

8.1 复数与旋转

向量法解垂直问题，前已举例不少．但若要证两线段既垂直，且相等，又有什么好办法呢？这种情形在有多个正方形的问题中，出现较多（彭翕成，2008c；彭翕成，2015；彭翕成和钱刚，2018）．

【例 8.1】 如图 8-4，以△ABC 的边 AB 和 AC 分别为一边，向形内作正方形 $ABDE$ 和 $ACGF$.

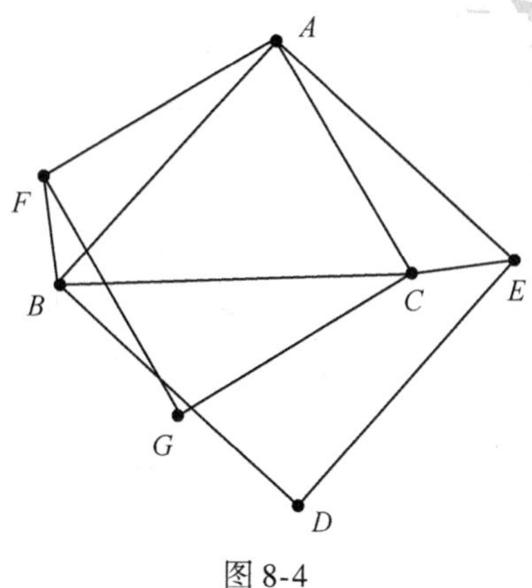

图 8-4

求证 $BF=CE$ 且 $BF\perp CE$.（1985 年扬州竞赛试题）

证明 $\overrightarrow{BF}\cdot \mathrm{i}=(\overrightarrow{BA}+\overrightarrow{AF})\cdot \mathrm{i}=\overrightarrow{EA}+\overrightarrow{AC}=\overrightarrow{EC}$，所以 $BF=CE$ 且 $BF\perp CE$.

【例 8.2】 如图 8-5，已知 $ABCD$ 是平行四边形，以 CD 为边作正方形 $CDEF$，以 BC 为边作正方形 $CBHG$，连接 GF 和 AC，求证：$AC=FG$ 且 $AC\perp FG$.

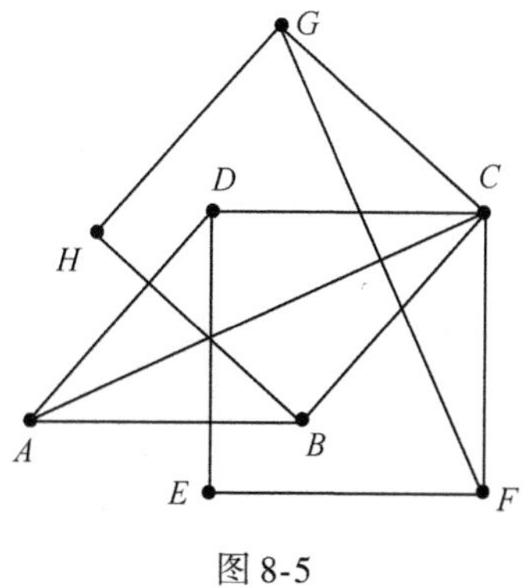

图 8-5

证明 $\overrightarrow{AC}\cdot \mathrm{i}=(\overrightarrow{AB}+\overrightarrow{BC})\cdot \mathrm{i}=\overrightarrow{FC}+\overrightarrow{CG}=\overrightarrow{FG}$，所以 $AC=FG$ 且 $AC\perp FG$.

【例 8.3】 如图 8-6，已知 $ABCD$ 和 $EFGH$ 都是正方形，点 I，J，K，L 分别为 AE，BF，CG，DH 的中点，求证：$IJKL$ 为正方形.

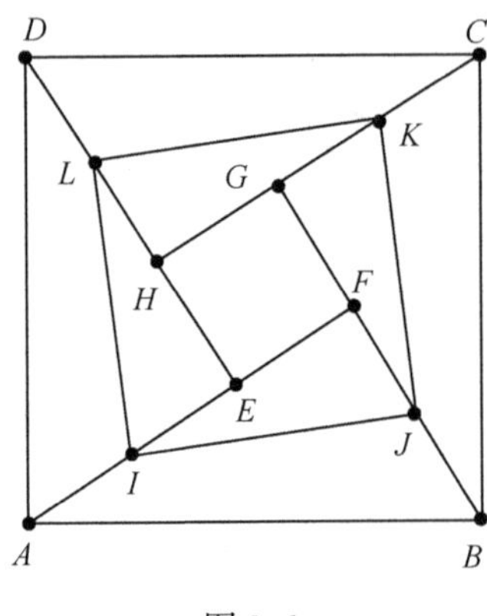

图 8-6

证明 $\overrightarrow{IJ}\cdot \mathrm{i}=\frac{1}{2}(\overrightarrow{AB}+\overrightarrow{EF})\cdot \mathrm{i}=\frac{1}{2}(\overrightarrow{AD}+\overrightarrow{EH})=\overrightarrow{IL}$，同理$\overrightarrow{LI}\cdot \mathrm{i}=\overrightarrow{LK}$，

$\overrightarrow{KL}\cdot \mathrm{i}=\overrightarrow{KJ}$，所以 $IJKL$ 为正方形.

【例 8.4】 如图 8-7，在正方形 $ABCD$ 和 $AEFG$ 中，连接 BE，CF，DG. 求 $BE:CF:DG$.（2002 年武汉竞赛试题）

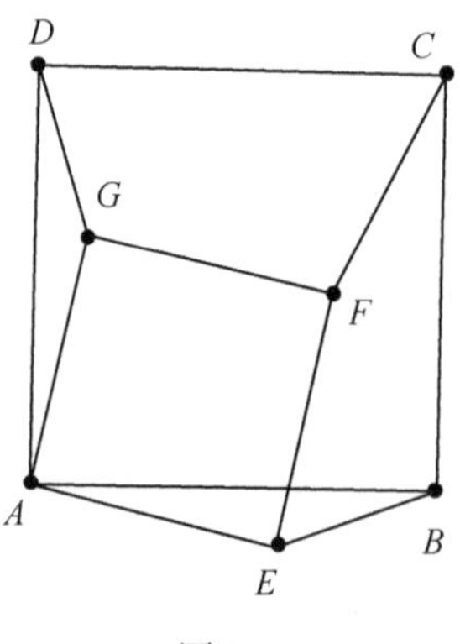

图 8-7

证明 $\overrightarrow{BE}\cdot \mathrm{i}=(\overrightarrow{BA}+\overrightarrow{AE})\cdot \mathrm{i}=\overrightarrow{DA}+\overrightarrow{AG}=\overrightarrow{DG}$，

$$\overrightarrow{CF}=\overrightarrow{CB}+\overrightarrow{BE}+\overrightarrow{EF}=\overrightarrow{BE}+\overrightarrow{DG}=\overrightarrow{BE}(1+\mathrm{i}),$$

所以 $BE:CF:DG=1:\sqrt{2}:1$.

【例 8.5】 如图 8-8，在正方形 $ABCD$ 中任取点 E，并分别以 BE 和 AE 为边作正方形 $BFGE$ 和 $AEHI$，连接 AF 和 IC，求证 $AFCI$ 是平行

四边形.（根据1984年武汉竞赛试题改编）

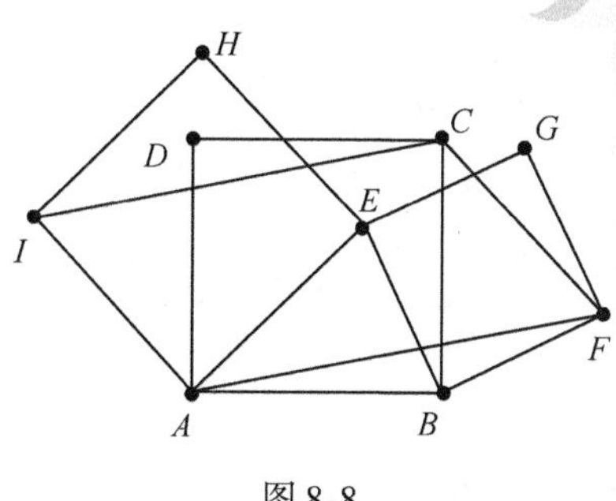

图 8-8

证明 $\overrightarrow{AF}=\overrightarrow{AB}+\overrightarrow{BF}$，$\overrightarrow{IC}=\overrightarrow{ID}+\overrightarrow{DC}$，只需证$\overrightarrow{BF}=\overrightarrow{ID}$.

而$\overrightarrow{BF}=\overrightarrow{EG}=\overrightarrow{EB}\cdot \mathrm{i}=(\overrightarrow{EA}+\overrightarrow{AB})\cdot \mathrm{i}=\overrightarrow{IA}+\overrightarrow{AD}=\overrightarrow{ID}$，所以 $AFCI$ 是平行四边形.

【例 8.6】 如图 8-9，在正方形 $ABCD$ 和 $CGEF$ 中，点 M 是线段 AE 的中点，连接 MD 和 MF，求证 $DM=FM$ 且 $DM\perp FM$.

证明 $\overrightarrow{FM}\cdot \mathrm{i}=\frac{1}{2}(\overrightarrow{FC}+\overrightarrow{CD}+\overrightarrow{DA}+\overrightarrow{FE})\cdot \mathrm{i}=\frac{1}{2}(\overrightarrow{FE}+\overrightarrow{DA}+\overrightarrow{DC}+\overrightarrow{CF})=\overrightarrow{DM}$，所以 $DM=FM$ 且 $DM\perp FM$.

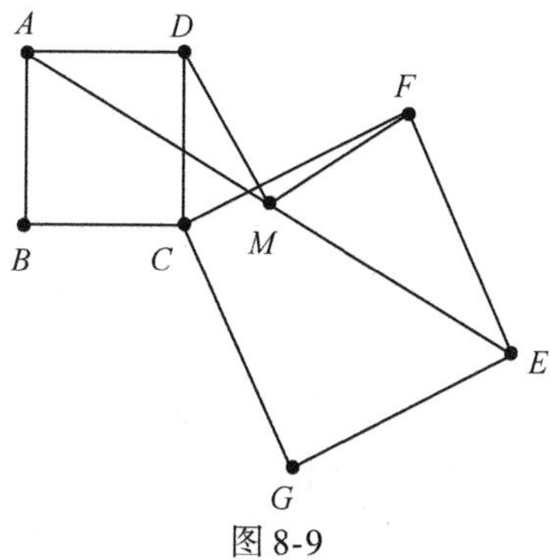

图 8-9

【例 8.7】 如图 8-10，已知 $ABED$ 和 $ACFG$ 都是正方形，它们的中心分别是 H 和 J，点 I 和 K 分别为 BC 和 DG 的中点，求证：$HIJK$ 为正方形.

证明 $\overrightarrow{HI}\cdot \mathrm{i}=\frac{1}{2}(\overrightarrow{EB}+\overrightarrow{AC})\cdot \mathrm{i}=\frac{1}{2}(\overrightarrow{ED}+\overrightarrow{AG})=\overrightarrow{HK}$，同理$\overrightarrow{KH}\cdot \mathrm{i}=\overrightarrow{KJ}$，

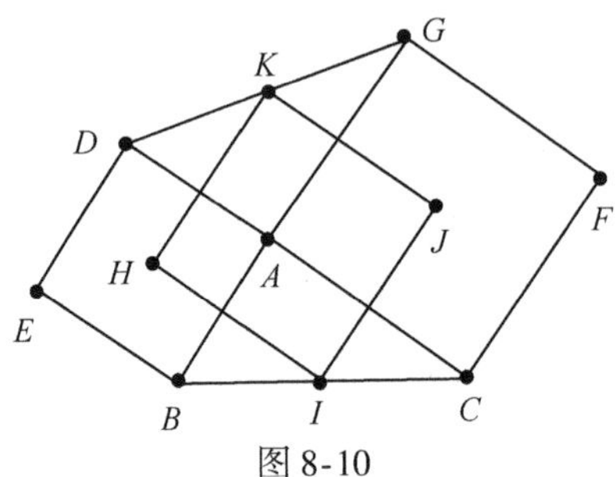

图 8-10

$\overrightarrow{IJ}\cdot \mathrm{i}=\overrightarrow{IH}$，所以 $HIJK$ 为正方形.

【例 8.8】 如图 8-11，分别以 $\triangle ABC$ 的两边 AB 和 AC 向外作两个正方形，点 I 为 DG 中点，延长 IA 交 BC 于 H，求证 $AI\perp BC$ 且 $2AI=BC$.

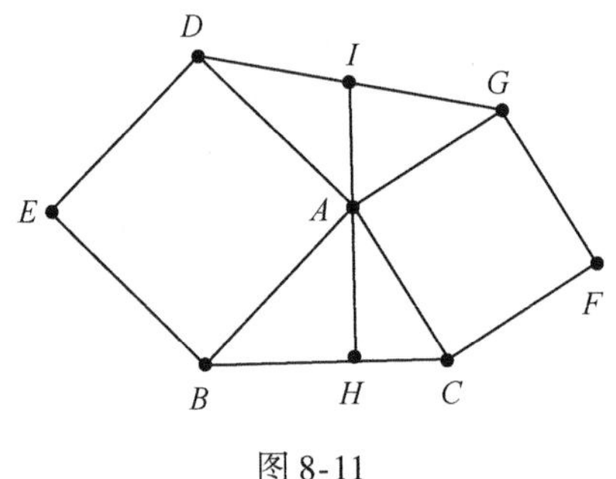

图 8-11

证明 $2\overrightarrow{AI}\cdot \mathrm{i}=(\overrightarrow{AD}+\overrightarrow{AG})\cdot \mathrm{i}=\overrightarrow{AB}+\overrightarrow{CA}=\overrightarrow{CB}$，所以 $AI\perp BC$ 且 $2AI=BC$.

【例 8.9】 如图 8-12，正方形 $ABCD$，$DEFG$，$FHIJ$ 共顶点 D 和 F；点 K 为 AJ 中点，求证：$\overrightarrow{EK}\perp\overrightarrow{HC}$ 且 $2EK=HC$.

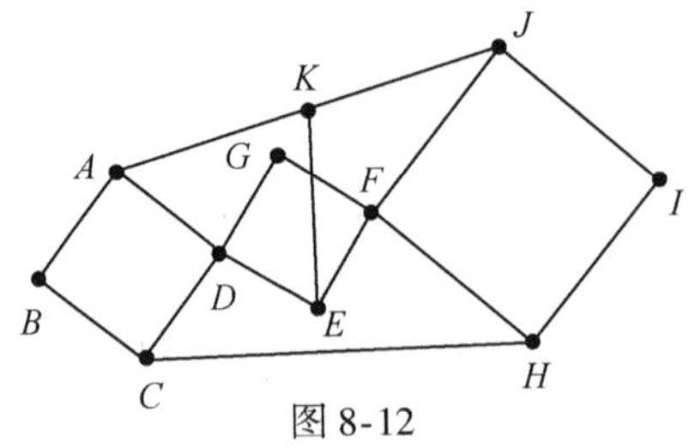

图 8-12

证明 $2\overrightarrow{EK}\cdot \mathrm{i}=(\overrightarrow{ED}+\overrightarrow{DA}+\overrightarrow{EF}+\overrightarrow{FJ})\cdot \mathrm{i}=\overrightarrow{FE}+\overrightarrow{DC}+\overrightarrow{ED}+\overrightarrow{HF}=\overrightarrow{HC}$，所

以$\overrightarrow{EK} \perp \overrightarrow{HC}$且$2EK=HC$. 显然例8.8是例8.9的特例.

【例8.10】 如图8-13，分别以四边形$ABCD$各边为一边向外作正方形，它们的中心分别是Q，M，O和P，求证$PM=QO$且$PM \perp QO$.

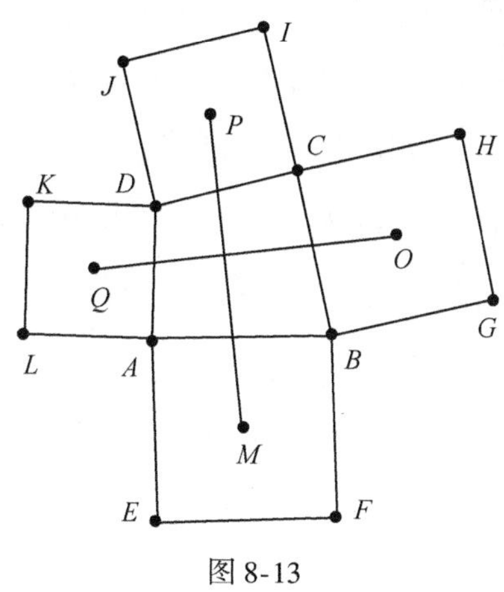

图8-13

证明　$\overrightarrow{PM} \cdot \mathrm{i}=\frac{1}{2}(\overrightarrow{JD}+\overrightarrow{DA}+\overrightarrow{AE}+\overrightarrow{CB}) \cdot \mathrm{i}=\frac{1}{2}(\overrightarrow{DC}+\overrightarrow{KD}+\overrightarrow{AB}+\overrightarrow{CH})=\overrightarrow{QO}$，所以$PM=QO$且$PM \perp QO$.

例8.10是平面几何中著名的奥倍儿(Aubel)定理. 即使四边形的一条边长度为0，命题仍然成立. 如果分别以四边形$ABCD$各边向内作正方形，也有同样的结论.

【例8.11】 如图8-14，以平行四边形的各边向外作正方形. 求证：所得4个正方形的中心围成一个正方形. (第7届莫斯科数学奥林匹克竞赛试题)

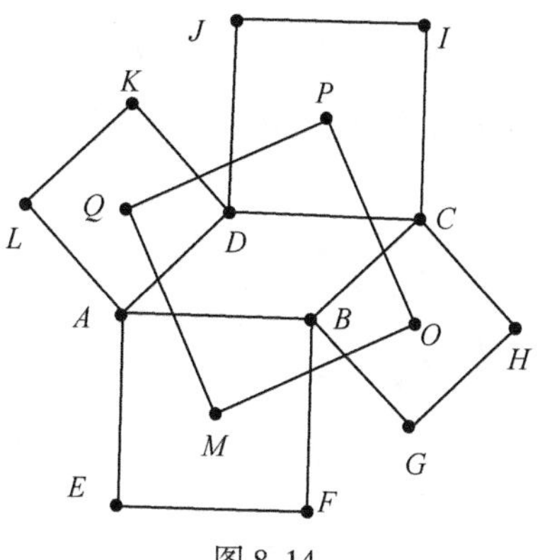

图8-14

证明 $\overrightarrow{PQ}\cdot \mathrm{i}=\frac{1}{2}(\overrightarrow{JD}+\overrightarrow{DK}+\overrightarrow{CB}+\overrightarrow{BA})\cdot \mathrm{i}=\frac{1}{2}(\overrightarrow{DC}+\overrightarrow{CB}+\overrightarrow{CH}+\overrightarrow{IC})=\overrightarrow{PO}$，同理 $\overrightarrow{QM}\mathrm{i}=\overrightarrow{QP}$，所以所得四个正方形的中心围成一个正方形.

【例 8.12】 如图 8-15，分别以△ABC 各边向外作正方形 $BADE$，$ACFG$ 和 $HICB$，再分别以 BE 和 BH 及 CF 和 CI 为邻边作平行四边形 $HBEJ$ 及 $CIKF$，求证：△JAK 是等腰直角三角形.

证明 $\overrightarrow{AJ}\cdot \mathrm{i}=(\overrightarrow{AD}+\overrightarrow{DE}+\overrightarrow{EJ})\cdot \mathrm{i}=\overrightarrow{AB}+\overrightarrow{DA}+\overrightarrow{BC}=\overrightarrow{DC}$，

$\overrightarrow{DC}\cdot \mathrm{i}=(\overrightarrow{DA}+\overrightarrow{AC})\cdot \mathrm{i}=\overrightarrow{BA}+\overrightarrow{AG}=\overrightarrow{BG}$，

$\overrightarrow{AK}\cdot \mathrm{i}=(\overrightarrow{AC}+\overrightarrow{CF}+\overrightarrow{FK})\cdot \mathrm{i}=\overrightarrow{AG}+\overrightarrow{CA}+\overrightarrow{BC}=\overrightarrow{BG}$，

所以 $AK=AJ$ 且 $AK\perp AJ$，△JAK 是等腰直角三角形.

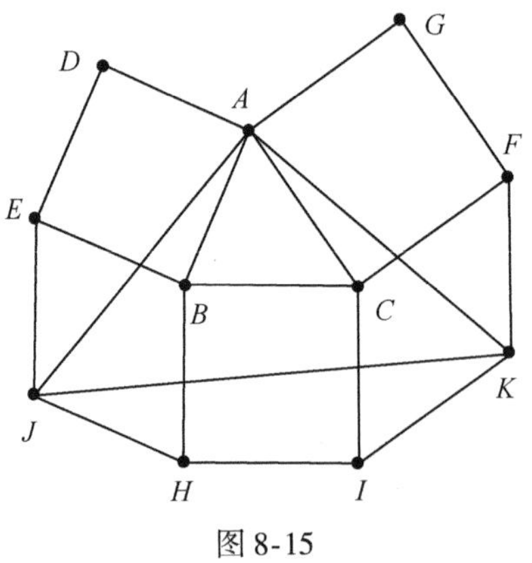

图 8-15

另证 $\overrightarrow{AJ}\cdot \mathrm{i}=(\overrightarrow{AD}+\overrightarrow{DE}+\overrightarrow{EJ})\cdot \mathrm{i}=\overrightarrow{AB}+\overrightarrow{DA}+\overrightarrow{BC}=\overrightarrow{DC}$，要证 $\overrightarrow{DC}=\overrightarrow{AK}$，只需证 $\overrightarrow{DA}=\overrightarrow{CK}=\overrightarrow{CI}+\overrightarrow{CF}$，$\overrightarrow{BA}=\overrightarrow{BC}+\overrightarrow{CA}$，显然成立.

【例 8.13】 如图 8-16，△ABC 和△ADE 都是等腰直角三角形，M 是 EC 的中点，求证 $BM=DM$ 且 $BM\perp DM$.

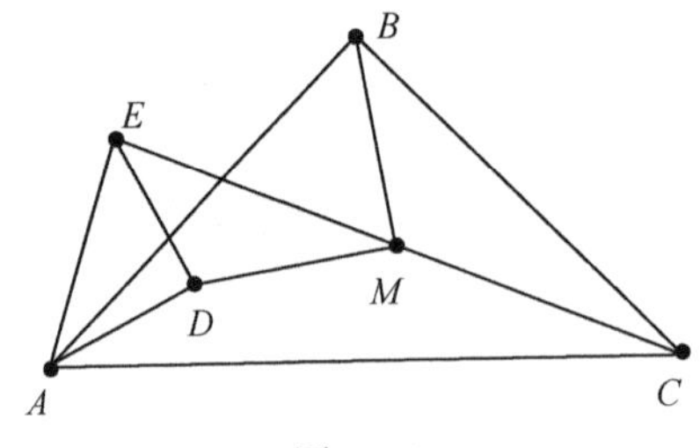

图 8-16

证明　$2\overrightarrow{BM}\cdot \mathrm{i}=(\overrightarrow{BA}+\overrightarrow{AD}+\overrightarrow{DE}+\overrightarrow{BC})\cdot \mathrm{i}=\overrightarrow{BC}+\overrightarrow{DE}+\overrightarrow{DA}+\overrightarrow{AB}=2\overrightarrow{DM}$，所以 $BM=DM$ 且 $BM\perp DM$.

此题虽然没有出现正方形，但我们可以将等腰直角三角形看作半个正方形，依照正方形的办法处理．而且这种关联正方形的向量解法，也适用于关联正三角形问题.

【例 8.14】　如图 8-17，设 D 是等腰直角 $\triangle ABC$ 底边 BC 的中点，E 是 BC 上任意一点，$EF\perp AB$，$EG\perp AC$，求证：$DF=DG$.

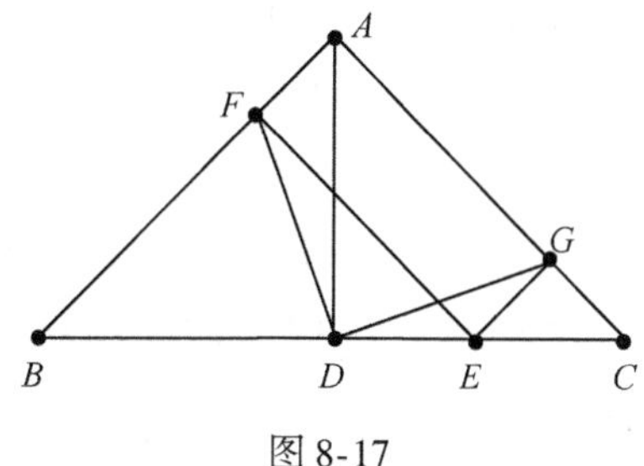

图 8-17

证明　设 $CG=kCA$，则 $AF=kAB$，$\overrightarrow{DG}=\overrightarrow{DC}+\overrightarrow{CG}=\overrightarrow{DC}+k\overrightarrow{CA}$，$\overrightarrow{DF}=\overrightarrow{DA}+\overrightarrow{AF}=\overrightarrow{DA}+k\overrightarrow{AB}$，显然$\overrightarrow{DG}\cdot \mathrm{i}=\overrightarrow{DF}$.

如果不用旋转，那么就要计算：

$$\overrightarrow{DG}^2=\overrightarrow{DC}^2+k^2\overrightarrow{CA}^2-2k\overrightarrow{DC}^2=\overrightarrow{DA}^2+k^2\overrightarrow{AB}^2-2k\overrightarrow{DA}^2=\overrightarrow{DF}^2.$$

【例 8.15】　如图 8-18，A 和 B 为平面上两定点，C 为平面上位于直线 AB 同一侧的一个动点．分别以 AC 和 CB 边作正方形 $ACDE$ 和 $CBFG$，连接 EF，求证 EF 的中点 H 与点 C 的位置无关.

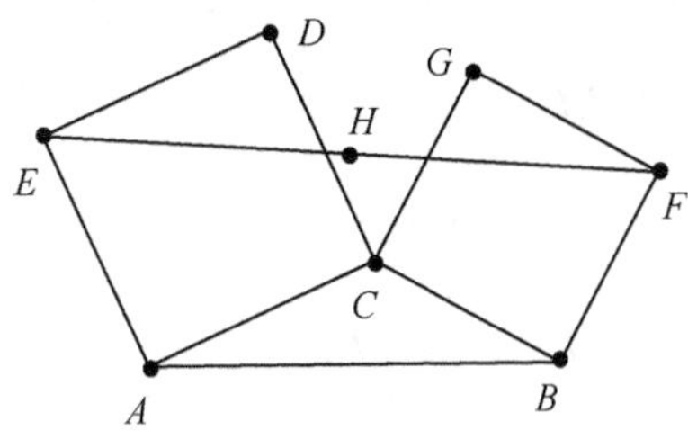

图 8-18

证明 设 AB 的中点为 P，则 $2\overrightarrow{PB}=\overrightarrow{AB}=\overrightarrow{AC}+\overrightarrow{CB}$，

$$2\overrightarrow{PB}\cdot \mathrm{i}=(\overrightarrow{AC}+\overrightarrow{CB})\cdot \mathrm{i}=\overrightarrow{AE}+\overrightarrow{BF}=2\overrightarrow{PH},$$

点 H 是以 P 为中心，将点 B 旋转 90°得到，与点 C 无关.

此问题常被加上一个寻宝的背景，在一些课外书上出现，故事和解答附于下，对比可知，向量旋转解法显得简练.

【例 8.16】 一张藏宝图(图 8-19)记载了某一荒岛上宝藏的位置如下：岛上仅有两棵大树 A 和 B，还有一座断头台. 从断头台开始沿直线走向 A 树并记下步数，到达后向左转 90°继续直走相同的步数，然后在停止处钉下一根钉子，再回到断头台沿直线走向 B 树，到达后右转 90°继续直走相同的步数，同时在停止处钉下一根钉子. 宝藏就藏在两钉子连线的中点下面. 一位年轻人得到这张藏宝图，历尽千辛

万苦来到这个荒岛. 他很容易就找到了那两棵树，但却发现断头台已经荡然无存，怎么也找不到！年轻人无法找到宝藏，只得空手而归.

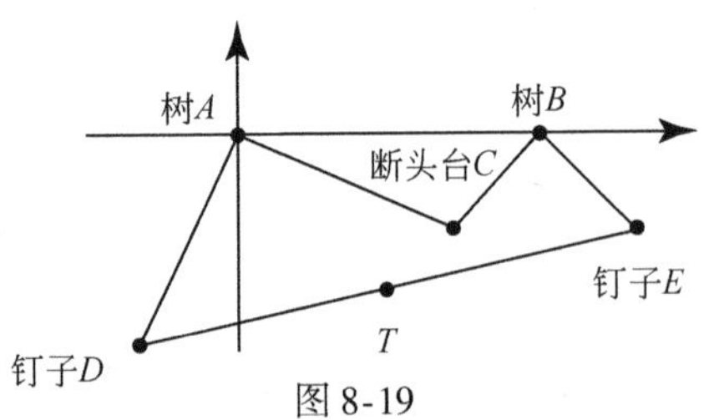

图 8-19

解 以点 C 为断头台位置，D 和 E 为前后两次所钉钉子的位置，T 为 DE 中点，即为宝藏所在.

以 A 为原点，A 和 B 两树所在直线为 x 轴，建立直角坐标系. 设 $|AB|=d$，$\overrightarrow{AC}=a+b\mathrm{i}$，则$\overrightarrow{BC}=(a-d)+b\mathrm{i}$，$\overrightarrow{AD}=\overrightarrow{AC}\cdot(-\mathrm{i})=b-a\mathrm{i}$，$\overrightarrow{BE}=\overrightarrow{BC}\cdot \mathrm{i}=-b+(a-d)\mathrm{i}$，$\overrightarrow{DE}=\overrightarrow{DA}+\overrightarrow{AB}+\overrightarrow{BE}=(d-2b)+(2a-d)\mathrm{i}$，因此

$$\overrightarrow{AT}=\overrightarrow{AD}+\frac{1}{2}\overrightarrow{DE}=\frac{d}{2}-\frac{d}{2}\mathrm{i}.$$

如果这位年轻人懂点数学，应该不至于无功而返. 宝藏的位置其实与断头台并没什么关系，只要从 A 出发，沿着 AB 走到 AB 中点处，记下

所走步数；然后向右转 90°，继续向前走相同步数，则可找到宝藏.

【例 8.17】 如图 8-20，任意四边形 $ABCD$，分别以 AD，BC，AC，BD 为边向外作正方形 $ADSM$，$BCFE$，$ACGP$，$BDRQ$，证明：四边形 $MEQP$ 是平行四边形.

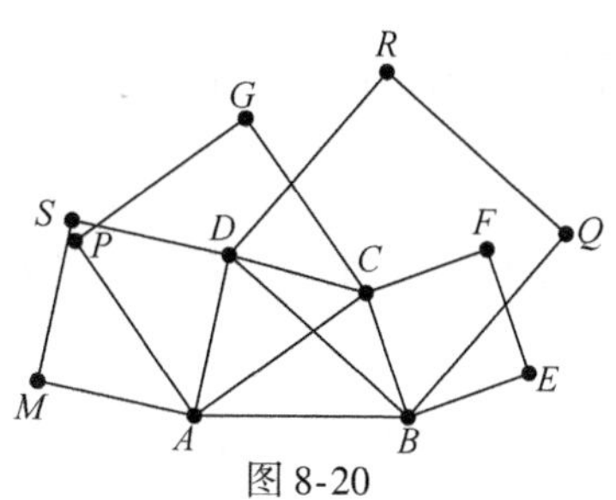

图 8-20

证明 $\overrightarrow{ME}=\overrightarrow{MA}+\overrightarrow{AB}+\overrightarrow{BE}=\overrightarrow{AB}-\mathrm{i}(\overrightarrow{AD}+\overrightarrow{BC})$，

$\overrightarrow{PQ}=\overrightarrow{PA}+\overrightarrow{AB}+\overrightarrow{BQ}=\overrightarrow{AB}-\mathrm{i}(\overrightarrow{AC}+\overrightarrow{BD})$，而 $\overrightarrow{AD}+\overrightarrow{BC}=\overrightarrow{AC}+\overrightarrow{BD}$，所以 $\overrightarrow{ME}=\overrightarrow{PQ}$.

关于四点之间的向量转化，可以这样进行：$D-A+C-B=C-A+D-B$，参看第 14 章.

【例 8.18】 如图 8-21，分别以四边形 $ABCD$ 四边为边向外作等边三角形 ABF，BCE，CDH，DAG，它们的重心分别是 M，P，N，Q，如果 $AC=BD$，求证：$MN\perp PQ$.（第 33 届 IMO 预选题）

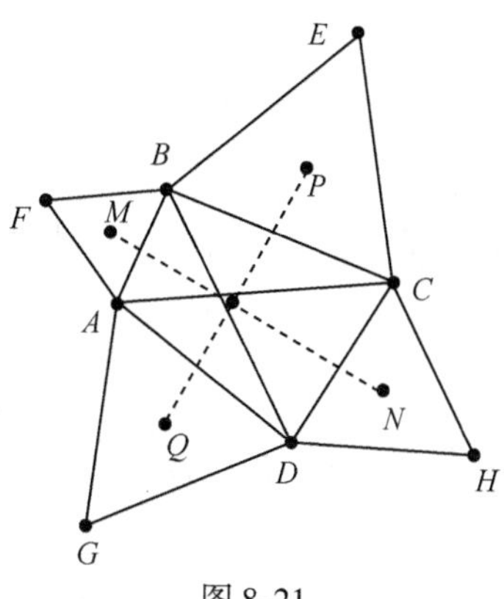

图 8-21

证明 存在常数 α，使得 $2\overrightarrow{AM}=\overrightarrow{AB}+\mathrm{i}\alpha\overrightarrow{AB}$，$2\overrightarrow{CN}=\overrightarrow{CD}+\mathrm{i}\alpha\overrightarrow{CD}$，而 $\overrightarrow{MN}=\overrightarrow{MA}+\overrightarrow{AC}+\overrightarrow{CN}$，因此

$$2\overrightarrow{MN}=-\overrightarrow{AB}-\mathrm{i}\alpha\overrightarrow{AB}+2\overrightarrow{AC}+\overrightarrow{CD}+\mathrm{i}\alpha\overrightarrow{CD}=\overrightarrow{AC}+\overrightarrow{BD}+\mathrm{i}\alpha(\overrightarrow{BD}-\overrightarrow{AC}).$$

同理

$$2\overrightarrow{PQ}=-\overrightarrow{BC}-\mathrm{i}\alpha\overrightarrow{BC}+2\overrightarrow{BD}+\overrightarrow{DA}+\mathrm{i}\alpha\overrightarrow{DA}=\overrightarrow{BD}-\overrightarrow{AC}-\mathrm{i}\alpha(\overrightarrow{BD}+\overrightarrow{AC});$$

而 $4\overrightarrow{MN}\cdot\overrightarrow{PQ}=(1-\alpha^2)(BD^2-AC^2)=0.$

额外发现，只要 $\triangle MAB\sim\triangle PBC\sim\triangle NCD\sim\triangle QDA$，就有同样的结论.

【例 8.19】 如图 8-22，任意给定 $\triangle ABC$，分别以 CA 和 AB 为底边作等腰三角形 CAD 和三角形 ABE，以 BC 为底边作等腰三角形 BCF，且 $\triangle CAD$ 和 $\triangle ABE$ 及 $\triangle BCF$ 相似，求证：四边形 $AEFD$ 是平行四边形.

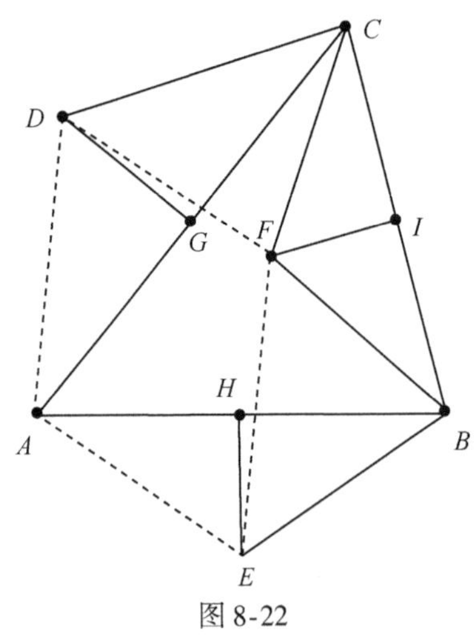

图 8-22

证明 设 G，H，I 分别是 CA，AB，BC 中点，设 $\overrightarrow{GD}=k\overrightarrow{GC}\cdot\mathrm{i}=\frac{1}{2}k\overrightarrow{AC}\cdot\mathrm{i}$，则

$$\overrightarrow{HE}=\frac{1}{2}k\overrightarrow{BA}\cdot\mathrm{i},\ \overrightarrow{IF}=\frac{1}{2}k\overrightarrow{BC}\cdot\mathrm{i},$$

$$\overrightarrow{AD}=\overrightarrow{AG}+\overrightarrow{GD}=\frac{1}{2}\overrightarrow{AC}+\frac{1}{2}k\overrightarrow{AC}\cdot\mathrm{i},$$

$$\overrightarrow{AE}=\overrightarrow{AH}+\overrightarrow{HE}=\frac{1}{2}\overrightarrow{AB}+\frac{1}{2}k\,\overrightarrow{BA}\cdot \mathrm{i},$$

$$\overrightarrow{AF}=\overrightarrow{AB}+\overrightarrow{BI}+\overrightarrow{IF}=\overrightarrow{AB}+\frac{1}{2}\overrightarrow{BC}+\frac{1}{2}k\,\overrightarrow{BC}\cdot \mathrm{i}=\frac{1}{2}\overrightarrow{AB}+\frac{1}{2}\overrightarrow{AC}+\frac{1}{2}k\,\overrightarrow{BC}\cdot \mathrm{i},$$

所以$\overrightarrow{AF}=\overrightarrow{AD}+\overrightarrow{AE}$，四边形 $AEFD$ 是平行四边形.

以上所介绍向量旋转都是旋转 90°，能否旋转其他角度呢？当然是可以的.

【例 8.20】 如图 8-23，正六边形 $ABCDEF$ 中，G 和 H 分别是 BD 和 EF 的中点，求证：$\triangle AGH$ 是正三角形.

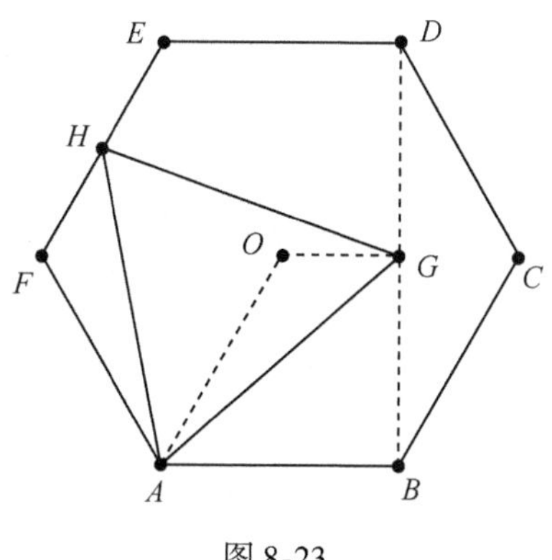

图 8-23

证明　设 O 为正六边形中心，则 $2\,\overrightarrow{AG}\cdot \mathrm{e}^{\frac{\pi}{3}\mathrm{i}}=(\overrightarrow{AO}+\overrightarrow{AC})\cdot \mathrm{e}^{\frac{\pi}{3}\mathrm{i}}=\overrightarrow{AF}+\overrightarrow{AE}=2\,\overrightarrow{AH}$，所以$\triangle AGH$ 是正三角形.

【例 8.21】 如图 8-24，设 $ABCDEF$ 是圆内接六边形，其中 AB，CD，EF 都等于该圆半径，求证：BC，DE，FA 的中点 P，Q，R 构成一个正三角形.

证明　由$\left(\cos\frac{\pi}{3}+\mathrm{i}\sin\frac{\pi}{3}\right)^3=-1$ 得$\left(\cos\frac{\pi}{3}+\mathrm{i}\sin\frac{\pi}{3}\right)^2=\cos\frac{\pi}{3}+\mathrm{i}\sin\frac{\pi}{3}-1$.

$$\overrightarrow{PQ}\cdot\left(\cos\frac{\pi}{3}+\mathrm{i}\sin\frac{\pi}{3}\right)$$

$$=(\overrightarrow{OQ}-\overrightarrow{OP})\cdot\left(\cos\frac{\pi}{3}+\mathrm{i}\sin\frac{\pi}{3}\right)$$

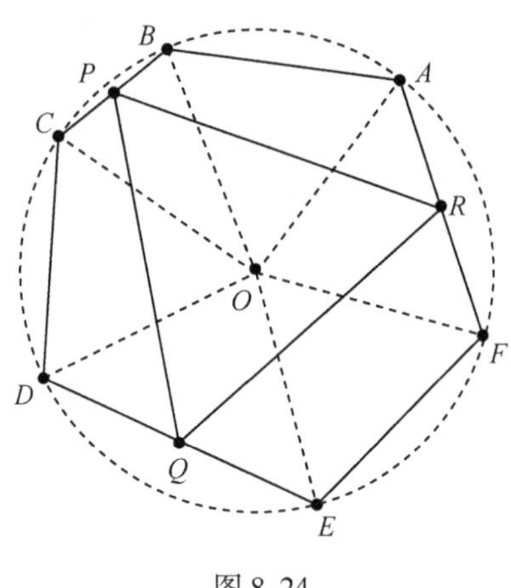

图 8-24

$$=\frac{1}{2}(\overrightarrow{OD}+\overrightarrow{OE}-\overrightarrow{OB}-\overrightarrow{OC})\cdot\left(\cos\frac{\pi}{3}+\mathrm{i}\sin\frac{\pi}{3}\right)$$

$$=\frac{1}{2}\left(\overrightarrow{OC}\cdot\left(\cos\frac{\pi}{3}+\mathrm{i}\sin\frac{\pi}{3}\right)+\overrightarrow{OE}-\overrightarrow{OB}-\overrightarrow{OC}\right)\cdot\left(\cos\frac{\pi}{3}+\mathrm{i}\sin\frac{\pi}{3}\right)$$

$$=\frac{1}{2}\left(\overrightarrow{OE}-\overrightarrow{OB}+\overrightarrow{OC}\cdot\left(\cos\frac{\pi}{3}+\mathrm{i}\sin\frac{\pi}{3}\right)^2\right)\cdot\left(\cos\frac{\pi}{3}+\mathrm{i}\sin\frac{\pi}{3}\right)$$

$$=\frac{1}{2}\left(\overrightarrow{OF}-\overrightarrow{OA}\cdot\left(\cos\frac{\pi}{3}+\mathrm{i}\sin\frac{\pi}{3}\right)^2-\overrightarrow{OC}\right)$$

$$=\frac{1}{2}\left(\overrightarrow{OF}-\overrightarrow{OA}\cdot\left(\cos\frac{\pi}{3}+\mathrm{i}\sin\frac{\pi}{3}-1\right)-\overrightarrow{OC}\right)$$

$$=\frac{1}{2}(\overrightarrow{OF}+\overrightarrow{OA}-\overrightarrow{OB}-\overrightarrow{OC})=\frac{1}{2}(\overrightarrow{OR}-\overrightarrow{OP})=\overrightarrow{PR}.$$

此证法计算量较大，步骤也多，不够简洁.

另证 $2\overrightarrow{QR}\cdot\mathrm{e}^{\frac{\pi}{3}\mathrm{i}}=(\overrightarrow{EF}+\overrightarrow{DO}+\overrightarrow{OA})\cdot\mathrm{e}^{\frac{\pi}{3}\mathrm{i}}=\overrightarrow{EO}+\overrightarrow{DC}+\overrightarrow{OB}=2\overrightarrow{QP}.$

【例 8.22】 证明拿破仑定理，即分别以三角形三边为边长，向形外作等边三角形，则所作三个等边三角形的中心构成等边三角形.

证明 如图 8-25，存在常数 m，使得 $2\overrightarrow{AG}=\overrightarrow{AD}+m\overrightarrow{AD}\cdot\mathrm{i}$，$2\overrightarrow{AI}=\overrightarrow{AC}+m\overrightarrow{AC}\cdot\mathrm{i}$，所以 $2\overrightarrow{GI}=\overrightarrow{DC}+m\overrightarrow{DC}\cdot\mathrm{i}$；所以 $(2\overrightarrow{GI})^2=(1+m^2)CD^2$，同理 $(2\overrightarrow{GH})^2=(1+m^2)AE^2$；易证 $\triangle ABE\cong\triangle DBC$，则 $AE=DC$；所以 $GI=GH$，同理 $GI=IH$，所以 $\triangle GHI$ 是等边三角形.

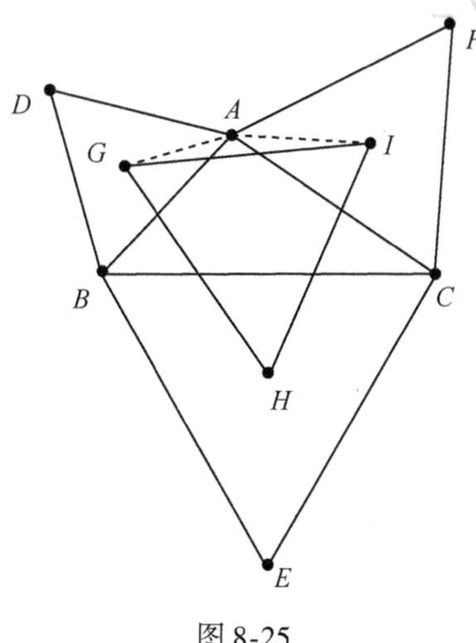

图 8-25

如果觉得直接证明拿破仑定理比较困难，可以改证：

如图 8-26，任意$\triangle ABC$中，$AD=DE=EB$，$BF=FG=GC$，$CH=HI=IA$，并作等边三角形EDJ，GFK，IHL，则$\triangle JKL$是等边三角形.

显然J，K，L分别是等边三角形BAC'，CBA'，ACB'的中心. 换了一种表述，实质相当于在原题的图形上增添了一些辅助线. 也就是在假定结论成立，即$\overrightarrow{JK}\cdot e^{\frac{\pi}{3}i}=\overrightarrow{JL}$成立，去寻求一些过河的桥梁. 使得$\overrightarrow{JK}$分解之后，每个分量都可以顺利旋转60°变成新的分量，然后再组合起来. 因为我们知道拿破仑定理是成立的，所以这种思路理论上是可行的. 但能否找到分解的方法，有时还需要花费一些功夫.

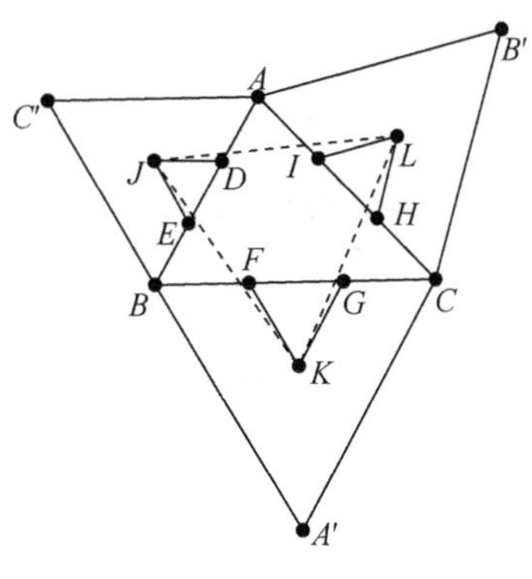

图 8-26

另证 $\overrightarrow{JK}\cdot e^{\frac{\pi}{3}i}=(\overrightarrow{JE}+\overrightarrow{EF}+\overrightarrow{FK})\cdot e^{\frac{\pi}{3}i}=(\overrightarrow{JE}+\overrightarrow{IH}+\overrightarrow{FK})\cdot e^{\frac{\pi}{3}i}$

$$=\overrightarrow{JD}+\overrightarrow{IL}+\overrightarrow{FG}=\overrightarrow{JD}+\overrightarrow{IL}+\overrightarrow{DI}=\overrightarrow{JL}.$$

例 8.21 和例 8.22，还能另外给出巧妙的证明吗？我们先来看看 1932 年《美国数学月刊》刊登的两条爱可尔斯（Echols）定理.

爱可尔斯定理 1 若$\triangle A_1B_1C_1$和$\triangle A_2B_2C_2$都是等边三角形，则A_1A_2，B_1B_2，C_1C_2的中点也构成等边三角形.

爱可尔斯定理 2 若$\triangle A_1B_1C_1$，$\triangle A_2B_2C_2$和$\triangle A_3B_3C_3$都是等边三角形，则$\triangle A_1A_2A_3$，$\triangle B_1B_2B_3$和$\triangle C_1C_2C_3$的重心也构成等边三角形.

下面我们来证明这两条定理.

【例 8.23】 如图 8-27，已知正三角形 ABC 和正三角形 DEF，G，H，I 分别是 AD，BE，CF 上的点，且$\dfrac{AG}{GD}=\dfrac{BH}{HE}=\dfrac{CI}{IF}$，求证：$\triangle GHI$ 是正三角形.

证明 $\overrightarrow{GH}\cdot e^{\frac{\pi}{3}i}=(m\overrightarrow{AB}+(1-m)\overrightarrow{DE})\cdot e^{\frac{\pi}{3}i}=m\overrightarrow{AC}+(1-m)\overrightarrow{DF}=\overrightarrow{GI}.$

当$\dfrac{AG}{GD}=\dfrac{BH}{HE}=\dfrac{CI}{IF}=1$时，即为爱可尔斯定理 1.

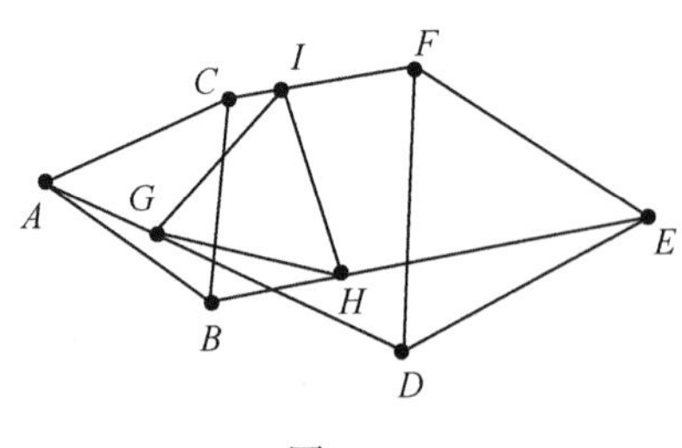

图 8-27

【例 8.24】 如图 8-28，$\triangle ABC$，$\triangle DEF$，$\triangle GHI$ 是等边三角形，求证：$\triangle ADG$，$\triangle BEH$，$\triangle CFI$ 的重心 J，K，L 构成等边三角形.

证明

$$\overrightarrow{JK}=K-J=\frac{1}{3}(B+E+H)-\frac{1}{3}(A+D+G)=\frac{1}{3}(\overrightarrow{AB}+\overrightarrow{DE}+\overrightarrow{GH}),$$

同理可得

$$\overrightarrow{JL}=L-J=\frac{1}{3}(C+F+I)-\frac{1}{3}(A+D+G)=\frac{1}{3}(\overrightarrow{AC}+\overrightarrow{DF}+\overrightarrow{GI}),$$

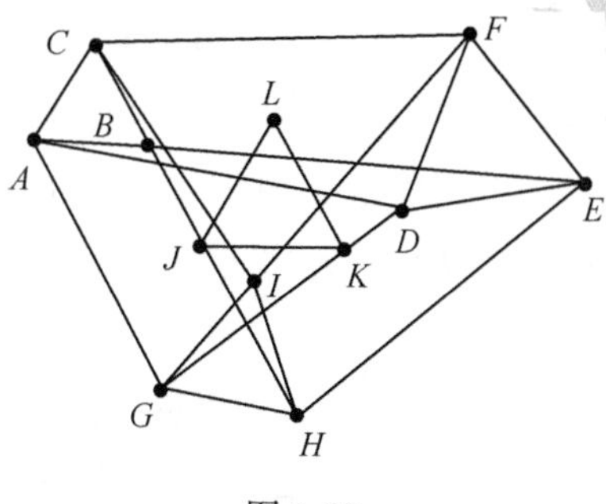

图 8-28

所以

$$\overrightarrow{JK}\cdot \mathrm{e}^{\frac{\pi}{3}\mathrm{i}}=\frac{1}{3}(\overrightarrow{AB}+\overrightarrow{DE}+\overrightarrow{GH})\cdot \mathrm{e}^{\frac{\pi}{3}\mathrm{i}}=\frac{1}{3}(\overrightarrow{AC}+\overrightarrow{DF}+\overrightarrow{GI})=\overrightarrow{JL}.$$

这两个定理可作进一步推广，譬如在证明过程中，根本没有考虑这些点是否在同一平面上，那么可以向空间推广．也可以考虑将原来的正三角形改成同向相似三角形，或者是向正 n 边形推广．

这两个定理应用很广，特例很多，最经典的应用莫过于推导拿破仑三角形定理：如图 8-25，将 $\triangle ACF$，$\triangle ABD$，$\triangle BCE$ 三个等边三角形的顶点重新排序，写成 $\triangle FAC$，$\triangle ADB$，$\triangle CBE$，则 $\triangle FAC$，$\triangle ADB$，$\triangle CBE$ 的重心 I，G，H 构成等边三角形．

下面再介绍几个应用．

【例 8.25】　如图 8-29，$\triangle OAB$，$\triangle OCD$，$\triangle OEF$ 是等边三角形，BC，DE，AF 的中点分别是 P，Q，R，求证：$\triangle PQR$ 是等边三角形．

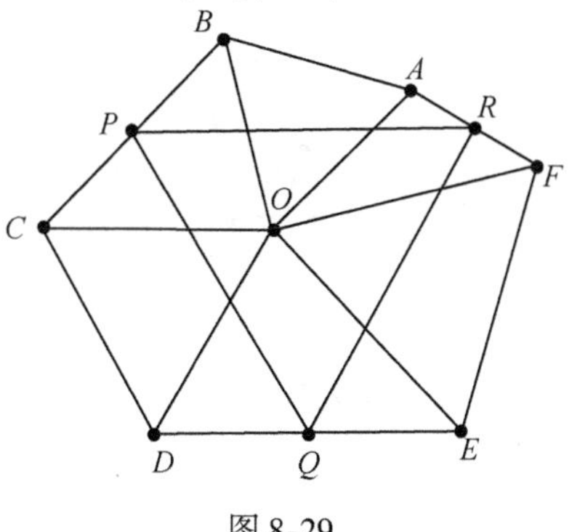

图 8-29

证明 如图 8-30，将三个等边三角形：$\triangle OAB$，$\triangle OCD$，$\triangle OEF$ 的顶点重新排序，写成$\triangle OAB$，$\triangle DOC$，$\triangle EFO$，则$\triangle ODE$，$\triangle AOF$，$\triangle BCO$ 的重心 H，I，G 构成等边三角形，而$\triangle GHI$ 和$\triangle PQR$ 是以点 O 为中心的位似图形，所以$\triangle PQR$ 是等边三角形.

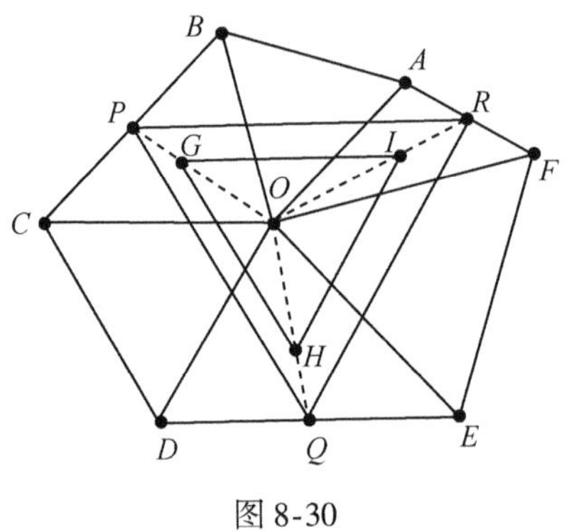

图 8-30

解题关键在于等边三角形顶点的重新排序，可以这样推导：要出现点 G，那么等边三角形 OEF 必须提供一个顶点 O，剩下的 B 和 C 分别由等边三角形 OAB 和 OCD 提供. 依此类推.

很明显，例 8.21 是此例的特例.

【例 8.26】 如图 8-31，以$\triangle ABC$ 的三边向外作等边三角形 ABD，BCE，CAF，求证：$\triangle ABC$ 和$\triangle DEF$ 共重心.

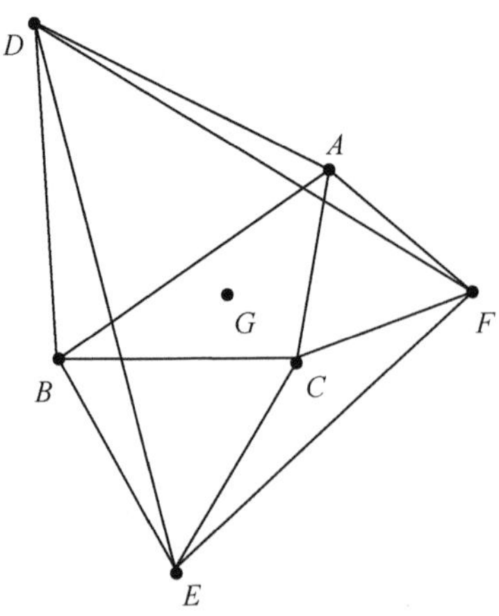

图 8-31

证明　根据爱可尔斯定理，$\triangle ABC$，$\triangle BCA$，$\triangle DEF$ 的重心构成等边三角形，而$\triangle ABC$ 和$\triangle BCA$ 是同一个三角形，此时所构成的等边三角形退化成一个点，所以$\triangle ABC$ 和$\triangle DEF$ 共重心.

【例 8.27】　如图 8-32，等腰梯形 $ABCD$，对角线交于点 O，$AE\perp BD$，$DF\perp AC$，E 和 F 是垂足，且 G 是 AD 中点，当$\angle BOA=60°$时，$\triangle EFG$ 具有什么特征？

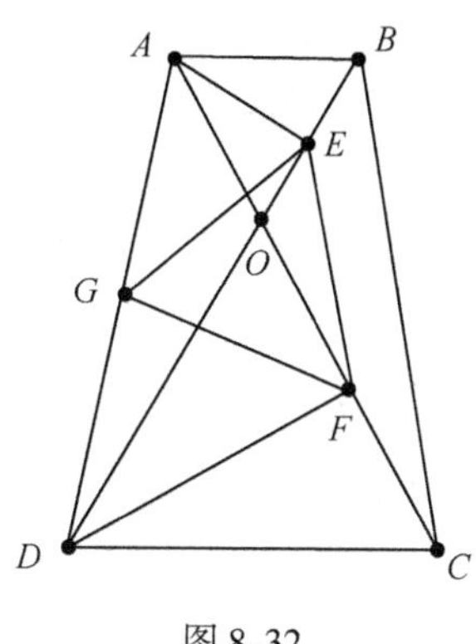

图 8-32

证明　容易得出$\triangle OAB$ 和$\triangle ODC$ 是等边三角形，E 和 F 分别是 OB 和 OC 中点．根据爱可尔斯定理可知，$\triangle OAB$ 和$\triangle OCD$ 对应顶点连线的中点构成等边三角形．可这样推导：要产生点 E，那么$\triangle ODC$ 必须提供一个顶点 O，剩下的 B 由$\triangle OAB$ 提供．依此类推.

另证

$$\overrightarrow{FE}\cdot \mathrm{e}^{\frac{\pi}{3}\mathrm{i}}=\frac{1}{2}\overrightarrow{CB}\cdot \mathrm{e}^{\frac{\pi}{3}\mathrm{i}}=\frac{1}{2}(\overrightarrow{CO}+\overrightarrow{OB})\cdot \mathrm{e}^{\frac{\pi}{3}\mathrm{i}}=\frac{1}{2}(\overrightarrow{CD}+\overrightarrow{OA})=\overrightarrow{FG}.$$

最后一步用到四边形中位线公式，千万不要因为此时 A，O，C 共线而不认得了.

从这个例题可以看出，有些题目不一定要使用爱可尔斯定理，因为很多人对这个定理并不熟悉，作为引理写起来也很麻烦．有资料用爱可尔斯定理来证下面的题目，那纯粹是杀鸡用牛刀．因为很明显可以用全等三角形的知识来证 $DE=EF=FD$.

【例 8.28】　如图 8-33，等边三角形 ABC 三边上分别有点 D，E，F，且 $AD=BE=CF$，求证：$\triangle DEF$ 是等边三角形.

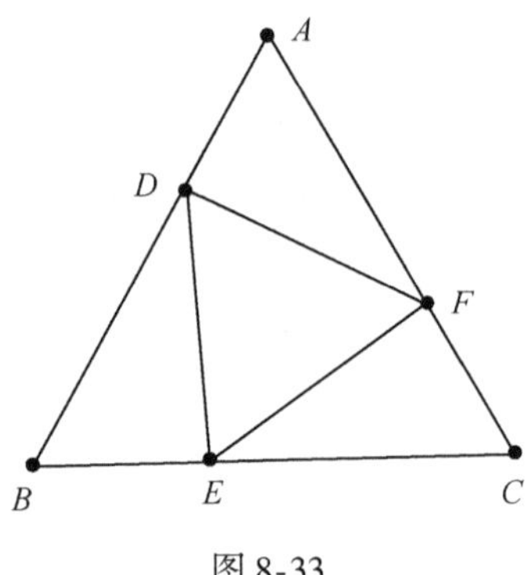

图 8-33

该资料的证明根据爱可尔斯定理，$\triangle ABC$ 和 $\triangle BCA$ 对应顶点连线 AB，BC，CA 上的等比例点 D，E，F 构成等边三角形.

【例 8.29】 如图 8-34，M 是 $\triangle ABC$ 的边 BC 的中点，向三角形的内侧引 $MX\perp BC$，向外侧引 $BY\perp AB$，$CZ\perp AC$，使得 $MX:BY:CZ=\frac{1}{2}BC:AB:AC$. 求证：$X$，$Y$，$Z$ 三点共线，且 X 是 YZ 的中点.

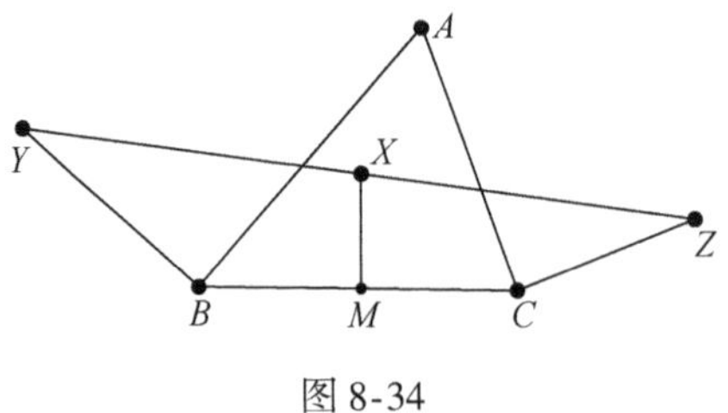

图 8-34

证明 设 $MX=\frac{1}{2}kBC$，$BY=kAB$，$CZ=kAC$，那么 $\overrightarrow{MX}=\frac{1}{2}kBC\cdot\frac{\overrightarrow{BC}}{BC}\cdot \mathrm{i}$，其中 $\frac{\overrightarrow{BC}}{BC}$ 表示 $\overrightarrow{BC}$ 方向的单位长度，$\frac{\overrightarrow{BC}}{BC}\cdot \mathrm{i}$ 则表示 $\overrightarrow{MX}$ 方向的单位长度，而 $MX=\frac{1}{2}kBC$，于是 $\frac{2}{k}\overrightarrow{MX}\cdot(-\mathrm{i})=\overrightarrow{BC}$（或直接根据 $\overrightarrow{MX}$ 和 $\overrightarrow{BC}$ 的垂直关系和长度关系得到）. 同理可得 $\frac{1}{k}\overrightarrow{BY}\cdot(-\mathrm{i})=\overrightarrow{BA}$，$\frac{1}{k}\overrightarrow{CZ}\cdot \mathrm{i}=\overrightarrow{CA}$. 由 $\overrightarrow{BC}=\overrightarrow{BA}-\overrightarrow{CA}$，即

$$\frac{2}{k}\overrightarrow{MX}\cdot(-\mathrm{i})=\frac{1}{k}\overrightarrow{BY}\cdot(-\mathrm{i})-\frac{1}{k}\overrightarrow{CZ}\cdot\mathrm{i},$$

$$2\overrightarrow{MX}=\overrightarrow{BY}+\overrightarrow{CZ},$$

$$(\overrightarrow{MB}+\overrightarrow{MC})+(\overrightarrow{YX}+\overrightarrow{ZX})+\overrightarrow{BY}+\overrightarrow{CZ}=\overrightarrow{BY}+\overrightarrow{CZ},$$

于是$\overrightarrow{YX}+\overrightarrow{ZX}=0$，即$\overrightarrow{YX}=\overrightarrow{XZ}$.

如果没学过欧拉公式，不习惯用$\overrightarrow{OP}\cdot(\cos\alpha+\mathrm{i}\sin\alpha)$来表示旋转，也可以使用文字来表示旋转.

【例 8.30】　如图 8-35，$\triangle ABC$ 中，内切圆 I 与$\triangle ABC$ 三边切于 D，E，F，则 $a\overrightarrow{ID}+b\overrightarrow{IE}+c\overrightarrow{IF}=\mathbf{0}$.

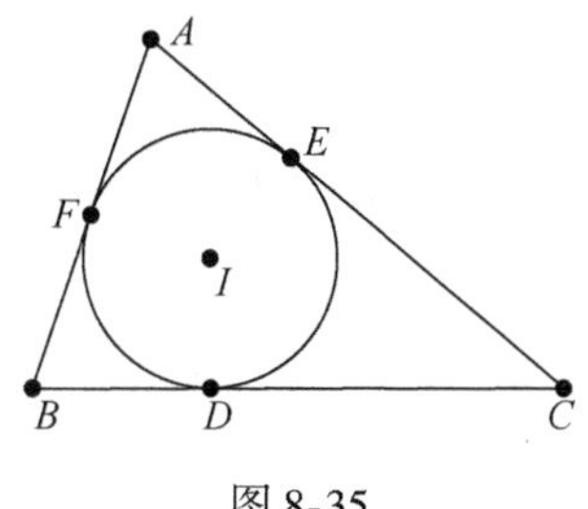

图 8-35

证明　设内切圆半径为 r，$\dfrac{\overrightarrow{BC}}{a}$顺时针旋转 90°可得$\dfrac{\overrightarrow{ID}}{r}$，即$\overrightarrow{BC}$顺时针旋转 90°可得$\dfrac{a}{r}\overrightarrow{ID}$；于是$\overrightarrow{AB}+\overrightarrow{BC}+\overrightarrow{CA}$顺时针旋转 90°可得$\dfrac{c}{r}\overrightarrow{IF}+\dfrac{a}{r}\overrightarrow{ID}+\dfrac{b}{r}\overrightarrow{IE}$，而$\overrightarrow{AB}+\overrightarrow{BC}+\overrightarrow{CA}=\mathbf{0}$，所以 $a\overrightarrow{ID}+b\overrightarrow{IE}+c\overrightarrow{IF}=\mathbf{0}$.

写起来有好几行，想明白之后，则是显然的.

推论　$a\overrightarrow{IA}+b\overrightarrow{IB}+c\overrightarrow{IC}$

$$=\left(\frac{a-b+c}{2}\overrightarrow{IA}+\frac{-a+b+c}{2}\overrightarrow{IB}\right)+\left(\frac{a+b-c}{2}\overrightarrow{IA}+\frac{-a+b+c}{2}\overrightarrow{IC}\right)+\left(\frac{a+b-c}{2}\overrightarrow{IB}+\frac{a-b+c}{2}\overrightarrow{IC}\right)$$

$$=c\overrightarrow{IF}+b\overrightarrow{IE}+a\overrightarrow{ID}=\mathbf{0}.$$

这里用到性质：$\dfrac{FB}{AB}\overrightarrow{IA}+\dfrac{AF}{AB}\overrightarrow{IB}=\overrightarrow{IF}$.

更一般的结论：在$\triangle ABC$中，点I在$\triangle ABC$三边的射影为D，E，F，则$\frac{a}{ID}\overrightarrow{ID}+\frac{b}{IE}\overrightarrow{IE}+\frac{c}{IF}\overrightarrow{IF}=\mathbf{0}$.

【例 8.31】 $\triangle ABC$中，点I在$\triangle ABC$三边的射影为D，E，F，且I是$\triangle DEF$的重心，则$a^2\overrightarrow{IA}+b^2\overrightarrow{IB}+c^2\overrightarrow{IC}=\mathbf{0}$. 若$I$是$\triangle ABC$的内心，则$\triangle ABC$是等边三角形.

证明 $\frac{a}{ID}\overrightarrow{ID}+\frac{b}{IE}\overrightarrow{IE}+\frac{c}{IF}\overrightarrow{IF}=0$，由于$I$是$\triangle DEF$的重心，则

$$\frac{a}{ID}=\frac{b}{IE}=\frac{c}{IF},$$

即

$$\frac{a^2}{\frac{1}{2}a\cdot ID}=\frac{b^2}{\frac{1}{2}b\cdot IE}=\frac{c^2}{\frac{1}{2}c\cdot IF},$$

$$\frac{a^2}{S_{\triangle IBC}}=\frac{b^2}{S_{\triangle ICA}}=\frac{c^2}{S_{\triangle IAB}},$$

而

$$S_{\triangle IBC}\overrightarrow{IA}+S_{\triangle ICA}\overrightarrow{IB}+S_{\triangle IAB}\overrightarrow{IC}=\mathbf{0},$$

所以

$$a^2\overrightarrow{IA}+b^2\overrightarrow{IB}+c^2\overrightarrow{IC}=\mathbf{0}.$$

若I是$\triangle ABC$的内心，则$a\overrightarrow{IA}+b\overrightarrow{IB}+c\overrightarrow{IC}=\mathbf{0}$，则$\frac{a^2}{a}=\frac{b^2}{b}=\frac{c^2}{c}$，所以$a=b=c$.

【例 8.32】 $\triangle ABC$中，内切圆I与$\triangle ABC$三边BC，CA，AB切于B_1，B_2，B_3，h_a，h_b，h_c是三边BC，CA，AB对应的高，则$\frac{\overrightarrow{IB_1}}{h_a}+\frac{\overrightarrow{IB_2}}{h_b}+\frac{\overrightarrow{IB_3}}{h_c}=\mathbf{0}$，$\frac{B_1B_2^2}{h_ah_b}+\frac{B_2B_3^2}{h_bh_c}+\frac{B_3B_1^2}{h_ch_a}=1$.

证明 $a\overrightarrow{IB_1}+b\overrightarrow{IB_2}+c\overrightarrow{IB_3}=\mathbf{0}$，即$\frac{a}{2S_{\triangle ABC}}\overrightarrow{IB_1}+\frac{b}{2S_{\triangle ABC}}\overrightarrow{IB_2}+\frac{c}{2S_{\triangle ABC}}\overrightarrow{IB_3}=\mathbf{0}$，

$\frac{\overrightarrow{IB_1}}{h_a}+\frac{\overrightarrow{IB_2}}{h_b}+\frac{\overrightarrow{IB_3}}{h_c}=\mathbf{0}.$

于是

$$\left(\frac{1}{h_a^2}+\frac{1}{h_b^2}+\frac{1}{h_c^2}\right)r^2+2\left(\frac{\overrightarrow{IB_1}\cdot\overrightarrow{IB_2}}{h_ah_b}+\frac{\overrightarrow{IB_2}\cdot\overrightarrow{IB_3}}{h_bh_c}+\frac{\overrightarrow{IB_3}\cdot\overrightarrow{IB_1}}{h_ch_a}\right)=0,$$

即

$$\left(\frac{1}{h_a^2}+\frac{1}{h_b^2}+\frac{1}{h_c^2}\right)r^2+\left(\frac{2r^2-B_1B_2^2}{h_ah_b}+\frac{2r^2-B_2B_3^2}{h_bh_c}+\frac{2r^2-B_3B_1^2}{h_ch_a}\right)=0,$$

$$\left(\frac{1}{h_a^2}+\frac{1}{h_b^2}+\frac{1}{h_c^2}+\frac{2}{h_ah_b}+\frac{2}{h_bh_c}+\frac{2}{h_ch_a}\right)r^2-\left(\frac{B_1B_2^2}{h_ah_b}+\frac{B_2B_3^2}{h_bh_c}+\frac{B_3B_1^2}{h_ch_a}\right)=0,$$

$$\left(\frac{1}{h_a}+\frac{1}{h_b}+\frac{1}{h_c}\right)^2r^2-\left(\frac{B_1B_2^2}{h_ah_b}+\frac{B_2B_3^2}{h_bh_c}+\frac{B_3B_1^2}{h_ch_a}\right)=0,$$

所以

$$\frac{B_1B_2^2}{h_ah_b}+\frac{B_2B_3^2}{h_bh_c}+\frac{B_3B_1^2}{h_ch_a}=1.$$

其中用到$\frac{1}{r}=\frac{1}{h_a}+\frac{1}{h_b}+\frac{1}{h_c}$，这由 $a+b+c=\frac{2S_{\triangle ABC}}{r}=\frac{2S_{\triangle ABC}}{h_a}+\frac{2S_{\triangle ABC}}{h_a}+\frac{2S_{\triangle ABC}}{h_a}$ 得到.

【例 8.33】 如图 8-36，牛顿线定理：圆外切四边形 $ABCD$ 的对角线 AC 和 BD 的中点 E 和 F 与内切圆心 I 共线.

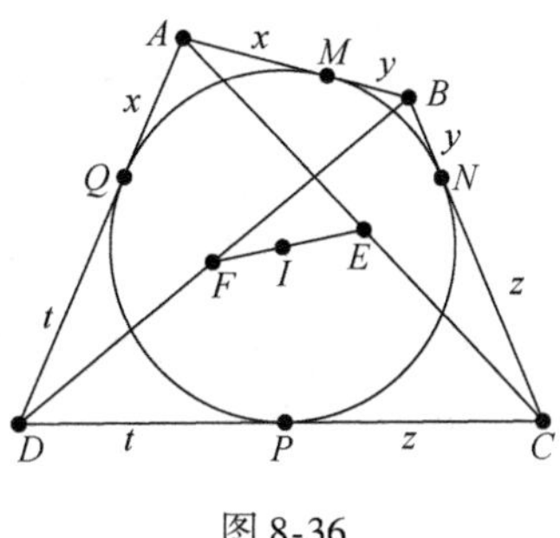

图 8-36

证法 1 $4\overrightarrow{IE}\times\overrightarrow{IF}=(\overrightarrow{IA}+\overrightarrow{IC})\times(\overrightarrow{IB}+\overrightarrow{ID})=\overrightarrow{IA}\times\overrightarrow{IB}+\overrightarrow{IA}\times\overrightarrow{ID}+\overrightarrow{IC}\times\overrightarrow{IB}+\overrightarrow{IC}\times\overrightarrow{ID}$

$=2(-S_{\triangle IBA}+S_{\triangle IAD}+S_{\triangle ICB}-S_{\triangle IDC})$

$$=-AB\cdot r+AD\cdot r+CB\cdot r-DC\cdot r=0,$$

所以 I，E，F 三点共线.

证法 2 由$\overrightarrow{AB}+\overrightarrow{BC}+\overrightarrow{CD}+\overrightarrow{DC}=\mathbf{0}$，则

$$(x+y)\overrightarrow{IM}+(y+z)\overrightarrow{IN}+(z+t)\overrightarrow{IP}+(t+x)\overrightarrow{IQ}=\mathbf{0},$$

$$(y\overrightarrow{IA}+x\overrightarrow{IB})+(z\overrightarrow{IB}+y\overrightarrow{IC})+(t\overrightarrow{IC}+z\overrightarrow{ID})+(x\overrightarrow{ID}+t\overrightarrow{IA})=\mathbf{0},$$

$$(y+t)(\overrightarrow{IA}+\overrightarrow{IC})+(x+z)(\overrightarrow{IB}+\overrightarrow{ID})=\mathbf{0},$$

$$2(y+t)\overrightarrow{IE}+2(x+z)\overrightarrow{IF}=\mathbf{0},$$

所以 I，E，F 三点共线.

证法 1 用向量外积，应是比较容易想到的，可惜目前中学向量内容并不包含向量外积. 将向量回路与旋转放缩结合起来，得到证法 2. 而且证法 2 计算出了$\frac{IE}{IF}$，让我们更深刻地认识了这一定理.

【例 8.34】 如图 8-37，$\triangle ABC$ 中，AD 和 AG 分别是中线和高，BE 和 BI 分别是中线和高，CF 和 CK 分别是中线和高，求证：

$$\frac{a^2}{b^2-c^2}\overrightarrow{DG}+\frac{b^2}{c^2-a^2}\overrightarrow{EI}+\frac{c^2}{a^2-b^2}\overrightarrow{FK}=\mathbf{0}.$$

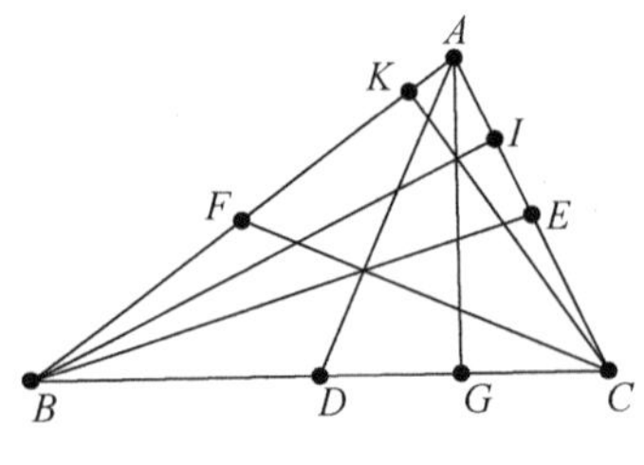

图 8-37

证明 $\dfrac{\overrightarrow{DG}}{\dfrac{a}{2}-\dfrac{a^2-b^2+c^2}{2a}}=\dfrac{\overrightarrow{CB}}{a}$，即$\dfrac{a^2}{b^2-c^2}\overrightarrow{DG}=\dfrac{\overrightarrow{CB}}{2}$，同理$\dfrac{b^2}{c^2-a^2}\overrightarrow{EI}=\dfrac{\overrightarrow{AC}}{2}$，

$\dfrac{c^2}{a^2-b^2}\overrightarrow{FK}=\dfrac{\overrightarrow{BA}}{2}$，$\dfrac{a^2}{b^2-c^2}\overrightarrow{DG}+\dfrac{b^2}{c^2-a^2}\overrightarrow{EI}+\dfrac{c^2}{a^2-b^2}\overrightarrow{FK}=\dfrac{\overrightarrow{CB}}{2}+\dfrac{\overrightarrow{AC}}{2}+\dfrac{\overrightarrow{BA}}{2}=\mathbf{0}.$

复数的作用当然不只是以上介绍的这些，下面再介绍几点复数的应用，譬如复数辐角的性质对解角度问题就十分有效.

性质　不共线四点 A，B，C，D 对应的复数分别是 z_A，z_B，z_C，z_D，则这四点共圆的充要条件是

$$\frac{z_C-z_A}{z_D-z_A}:\frac{z_C-z_B}{z_D-z_B}=k,$$

其中 k 为非零实数.

证明略.

【例8.35】　求证：圆内接四边形 $ABCD$ 中 $\triangle BCD$，$\triangle CDA$，$\triangle DAB$，$\triangle ABC$ 的四重心共圆.

证明　设点 A，B，C，D 对应的复数分别是 z_A，z_B，z_C，z_D，$\triangle BCD$，$\triangle CDA$，$\triangle DAB$，$\triangle ABC$ 对应的重心分别是 u_A，u_B，u_C，u_D，则

$$3u_A=z_B+z_C+z_D,\ 3u_B=z_C+z_D+z_A,$$

$$3u_C=z_D+z_A+z_B,\ 3u_D=z_A+z_B+z_C,$$

计算得

$$\frac{u_C-u_A}{u_D-u_A}:\frac{u_C-u_B}{u_D-u_B}=\frac{z_C-z_A}{z_D-z_A}:\frac{z_C-z_B}{z_D-z_B},$$

而 A，B，C，D 四点共圆，所以 $\triangle BCD$，$\triangle CDA$，$\triangle DAB$，$\triangle ABC$ 的重心四点共圆.

【例8.36】　如图8-38，已知椭圆 $\frac{x^2}{4}+y^2=1$，动直线 l 过它的中心 O 交椭圆于 A 和 B，以 AB 为边逆时针作等边三角形 ABP，求 $\triangle ABP$ 中心的轨迹.

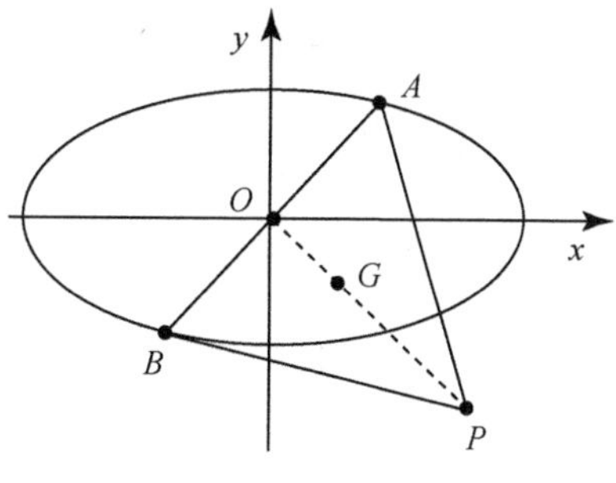

图8-38

解 设 A，P，G 对应的复数分别是 z_A，z_P，z_G，则 $z_G=\frac{1}{3}z_P=\frac{1}{3}(-\sqrt{3}z_A\mathrm{i})$，得 $z_A=\sqrt{3}z_G\mathrm{i}$；将其代入 $|z_A-\sqrt{3}|+|z_A+\sqrt{3}|=4$，得 $|z_G+\mathrm{i}|+|z_G-\mathrm{i}|=\frac{4}{\sqrt{3}}$，所求轨迹方程为 $3x^2+\frac{3}{4}y^2=1$.

某些资料的解法表明，由于对复数的几何性质了解不够，导致解法走了弯路，譬如例 8.37.

【例 8.37】 已知△ABC 的三个顶点 A，B，C 对应的复数分别是 z_A，z_B，z_C，若 $\frac{z_B-z_A}{z_C-z_A}=1+\frac{4}{3}\mathrm{i}$，证明△$ABC$ 是直角三角形.

原解答 z_B-z_A 对应向量是$\overrightarrow{AB}$，z_C-z_A 对应向量是$\overrightarrow{AC}$，由

$$\left|\frac{z_B-z_A}{z_C-z_A}\right|=\left|1+\frac{4}{3}\mathrm{i}\right|=\frac{5}{3};$$

设$|\overrightarrow{AB}|=5k$，$|\overrightarrow{AC}|=3k$，因为

$$z_B-z_A=\left(1+\frac{4}{3}\mathrm{i}\right)(z_C-z_A)=z_C-z_A+\frac{4}{3}z_C\mathrm{i}-\frac{4}{3}z_A\mathrm{i},$$

$$z_B-z_C=\frac{4}{3}(z_C-z_A)\mathrm{i},$$

则

$$|z_B-z_C|=\left|\frac{4}{3}\mathrm{i}\right||z_C-z_A|=\frac{4}{3}\cdot 3k=4k,$$

所以$|\overrightarrow{BC}|=4k$，所以△ABC 是以点 C 为直角顶点的直角三角形.

思考 此题的数据刚好是 3，4，5，为最经典的勾股数. 但有必要设$|\overrightarrow{AB}|=5k$，$|\overrightarrow{AC}|=3k$ 吗？由

$$z_B-z_A=\left(1+\frac{4}{3}\mathrm{i}\right)(z_C-z_A)=z_C-z_A+\frac{4}{3}z_C\mathrm{i}-\frac{4}{3}z_A\mathrm{i},$$

$$z_B-z_C=\frac{4}{3}(z_C-z_A)\mathrm{i}$$

不就解决了吗？还可以再改进！将条件改写成

$$\frac{z_B-z_A}{z_C-z_A}=\frac{1+\frac{4}{3}\mathrm{i}}{1},$$

利用合分比定理得

$$\frac{z_B-z_C}{z_C-z_A}=\frac{4}{3}\mathrm{i}.$$

向量与复数相结合，还可以推导三角函数公式.

设单位向量$\overrightarrow{OP}=\cos\alpha+\mathrm{i}\sin\alpha$，$\alpha$ 是幅角．根据复数性质可知，$\overrightarrow{OP}=\cos\alpha+\mathrm{i}\sin\alpha$ 以点 O 为旋转中心，逆时针旋转 90°，180°，270°，360°，相当于$\overrightarrow{OP}$乘以 i，−1，−i，1.

将$\overrightarrow{OP}$逆时针旋转 90°可得$\overrightarrow{OP'}=\cos(90°+\alpha)+\mathrm{i}\sin(90°+\alpha)$；根据复数相等，$\overrightarrow{OP'}=\cos(90°+\alpha)+\mathrm{i}\sin(90°+\alpha)=\mathrm{i}\cos\alpha-\sin\alpha$，即 $\cos(90°+\alpha)=-\sin\alpha$，$\sin(90°+\alpha)=\cos\alpha$. 那么 $\tan(90°+\alpha)=-\cot\alpha$，$\cot(90°+\alpha)=-\tan\alpha$.

同理可类推其他三角函数公式.

8.2　向量方程与自动发现

基于一个几何图形，给出若干条件，可推出哪些较深层次的结论？有没有什么通用的方法，而不是依靠数学家的奇思妙想或是灵机一动. 这是很多人都有兴趣的问题.

数学家吴文俊先生认为，有些几何定理的证明，不单是传统的欧氏方法难以措手，即便是解析法也因计算繁复而无法解决．如果能找到一种机械化的方法比较快捷地证明几何定理，那么有了这种手段之后，我们真正的创造力就能专注在新定理的发现．可通过种种途径，尝试各种猜想，然后机器验证，若属实，则获得了一条定理．计算机作为计算工具，本质上与纸笔并无差别，但效率上则大有不同．这种借助于计算机发现定理的方法，可称为机器发明或自动发现．

下面给出一种新发现的自动发现几何定理的方法（彭翕成，陈起航，2020). 这种新方法，首先是采用向量与复数的语言，列方程逐条描述几何关系，然后利用线性方程组的基础知识消去向量，得到若干行列式，最后基于行列式计算所得的等式，消去一些我们不感兴趣的变量，从而发现一些几何关系式. 这种方法的好处是可以按部就班进行，可用计算机完成，也可人工操作，无须挖空心思去想各种技巧，所以能称得上机械化的自动发现. 下面通过一些具体案例，来介绍这一方法.

【例 8.38】 如图 8-39 和图 8-40，H 是$\triangle ABC$ 平面上一点，且 $AH\perp BC$，$BH\perp CA$，下面进行自动发现.

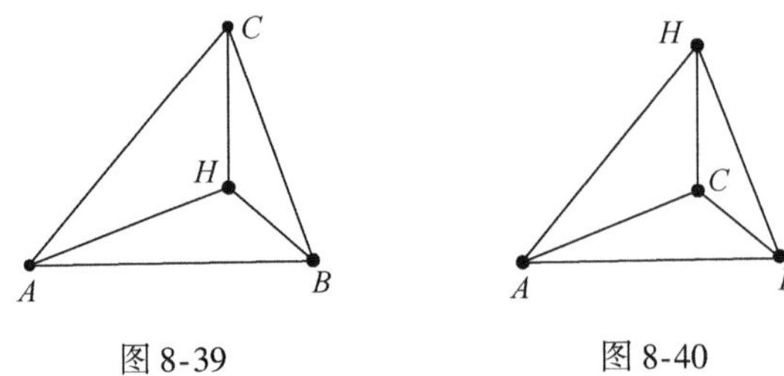

图 8-39　　图 8-40

步骤 1　首先采用向量与复数的语言，列方程逐条描述几何关系，并写成方程组的形式.

设$\overrightarrow{BC}\cdot \mathrm{i}=x\overrightarrow{HA}$，$\overrightarrow{CA}\cdot \mathrm{i}=y\overrightarrow{HB}$，$\overrightarrow{AB}\mathrm{e}^{\mathrm{i}\theta}=z\overrightarrow{HC}$，其中$\dfrac{|BC|}{|HA|}=x$，$\dfrac{|CA|}{|HB|}=y$，$\dfrac{|AB|}{|HC|}=z$，$\mathrm{e}^{\mathrm{i}\theta}=\cos\theta+\mathrm{i}\sin\theta$，$\theta$ 为 $\overrightarrow{AB}$ 和 $\overrightarrow{HC}$ 的夹角，则

$$\begin{cases}x\overrightarrow{HA}+\overrightarrow{HB}\cdot\mathrm{i}-\overrightarrow{HC}\cdot\mathrm{i}=\mathbf{0}\\-\overrightarrow{HA}\cdot\mathrm{i}+y\overrightarrow{HB}+\overrightarrow{HC}\cdot\mathrm{i}=\mathbf{0},\\\overrightarrow{HA}\mathrm{e}^{\mathrm{i}\theta}-\overrightarrow{HB}\mathrm{e}^{\mathrm{i}\theta}+z\overrightarrow{HC}=\mathbf{0}\end{cases}\text{即}\begin{pmatrix}x&\mathrm{i}&-\mathrm{i}\\-\mathrm{i}&y&\mathrm{i}\\\mathrm{e}^{\mathrm{i}\theta}&-\mathrm{e}^{\mathrm{i}\theta}&z\end{pmatrix}\begin{pmatrix}\overrightarrow{HA}\\\overrightarrow{HB}\\\overrightarrow{HC}\end{pmatrix}=\mathbf{0}.$$

步骤 2　利用线性方程组的基础知识消去向量 X，得到行列式并计算.

得到关于变数 $X=\{\overrightarrow{HA},\overrightarrow{HB},\overrightarrow{HC}\}^T$ 的向量方程组$\begin{pmatrix}x&\mathrm{i}&-\mathrm{i}\\-\mathrm{i}&y&\mathrm{i}\\\mathrm{e}^{\mathrm{i}\theta}&-\mathrm{e}^{\mathrm{i}\theta}&z\end{pmatrix}X=\mathbf{0}$，其中有三个变量 $\{\overrightarrow{HA},\overrightarrow{HB},\overrightarrow{HC}\}$，三个方程；写成 $AX=\mathbf{0}$ 的形

式，根据齐次线性方程组有非零解的充要条件是其系数行列式为零，所以计算 $|A|=0$，可得 $-x\sin\theta-y\sin\theta-z+xyz=(x+y)\cos\theta=0$.

步骤3　基于行列式计算结果，消去若干变量，得到一些几何关系式.

因为 $x+y\neq 0$，所以 $\cos\theta=0$，$\sin\theta=\pm 1$，于是 $CH\perp AB$.

若 $\sin\theta=1$（图8-39），$\theta=90°$，H 在 $\triangle ABC$ 内部，$x+y+z=xyz$.

若 $\sin\theta=-1$（图8-40），$\theta=270°$，H 在 $\triangle ABC$ 外部，$x+y+xyz=z$.

说明：作者本意是希望证明三角形的垂心定理. 但不料却证明了一个三角恒等式. 在锐角三角形 ABC 中，$x+y+z=xyz$ 等价于 $\tan A+\tan B+\tan C=\tan A\tan B\tan C$. 从作者的实践来看，时常会得到一些预想不到的结论. 这也是本方法的魅力所在.

【例8.39】　如图8-41，$\triangle ABC$ 中，$AB=AC$，$AB\perp AC$，D，E，F 分别在 AB，AC，BC 上，且 $AD=CE$，$AF\perp DE$，下面进行自动发现.

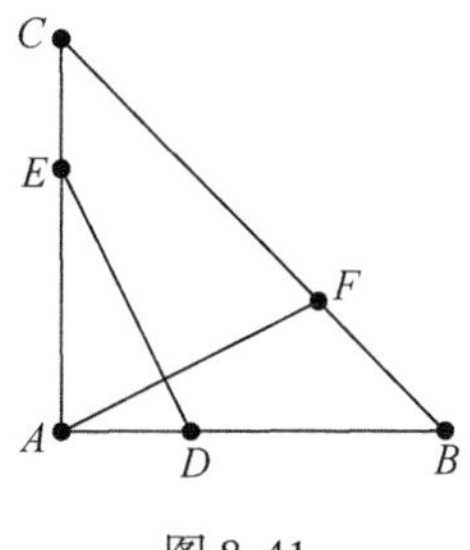

图8-41

设 $\overrightarrow{AF}\cdot \mathrm{i}=z\overrightarrow{DE}$，$\overrightarrow{AD}=x\overrightarrow{AB}$，$\overrightarrow{EC}=x\overrightarrow{AC}$，则 $\overrightarrow{DE}=\overrightarrow{AE}-\overrightarrow{AD}=(1-x)\overrightarrow{AC}-x\overrightarrow{AB}=\dfrac{1}{z}\overrightarrow{AF}\cdot \mathrm{i}$，$\overrightarrow{BF}=y\overrightarrow{BC}$，$\overrightarrow{AF}=(1-y)\overrightarrow{AB}+y\overrightarrow{AC}$，$\overrightarrow{AB}\cdot \mathrm{i}=\overrightarrow{AC}$，于是有关于 $X=\{\overrightarrow{AB},\overrightarrow{AC},\overrightarrow{AF}\}^T$ 的向量方程组 $\begin{pmatrix}1-y & y & -1\\ -x & 1-x & -\dfrac{\mathrm{i}}{z}\\ \mathrm{i} & -1 & 0\end{pmatrix}X=\mathbf{0}$，其中有三个变量，三个方程；写成 $AX=\mathbf{0}$ 的形式，计算行列式 $|A|=0$，可得 $-x+\dfrac{y}{z}=1-x-\dfrac{1}{z}+\dfrac{y}{z}=0$，所以 $z=1$，$x=y$，于是 $AF=DE$，$\dfrac{|AD|}{|AB|}=$

$\frac{|EC|}{|AC|}=\frac{|BF|}{|BC|}$.

【例 8.40】 如图 8-42，$\triangle ABC$ 的外接圆弧 ACB 的中点为 M，自 M 向 AC 和 CB 中较长的一条引垂线，设垂足为 D，下面进行自动发现.

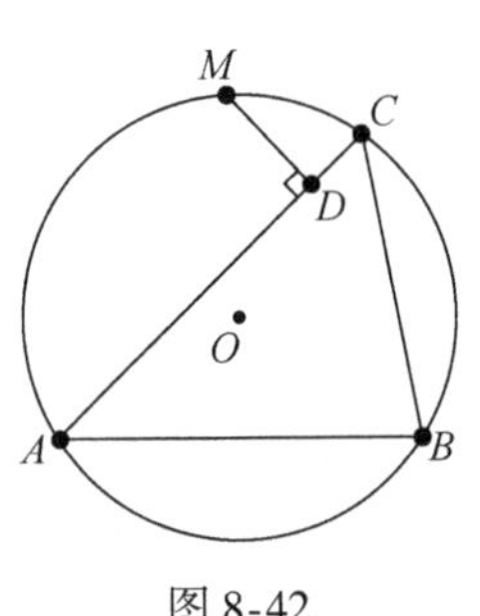

图 8-42

设 $r_1=\mathrm{e}^{\mathrm{i}C}=\cos C+\mathrm{i}\sin C=u_1+v_1\cdot\mathrm{i}$，$CD=x$，$\frac{\overrightarrow{AC}}{b}\cdot\mathrm{i}=\frac{\overrightarrow{DM}}{m}$，$\frac{\overrightarrow{CA}}{b}r_1=\frac{\overrightarrow{CB}}{a}$，$\overrightarrow{MA}r_1=\overrightarrow{MB}$，即 $\left(\overrightarrow{MD}+\frac{b-x}{b}\overrightarrow{CA}\right)r_1=\overrightarrow{MD}+\frac{x}{b}\overrightarrow{AC}+\overrightarrow{CB}$，于是有关于 $X=\{\overrightarrow{BC},\overrightarrow{CA},\overrightarrow{MD}\}^T$ 的方程组 $\begin{pmatrix}0 & \frac{\mathrm{i}}{b} & -\frac{1}{m}\\ \frac{1}{a} & \frac{r_1}{b} & 0\\ 1 & \frac{r_1(b-x)}{b}+\frac{x}{b} & r_1-1\end{pmatrix}X=\mathbf{0}$，将 X 看作变量，有三个变量，三个方程，看成 $AX=\mathbf{0}$ 的形式，计算行列式 $|A|=0$，可得 $au_1-bu_1+mv_1-x+u_1x=m-mu_1+av_1-bv_1+v_1x=0$. 分别解得 $v_1=\frac{-au_1+bu_1+x-u_1x}{m}$，$v_1=\frac{m(u_1-1)}{a-b+x}$，代入

$$u_1^2+v_1^2-1=u_1^2+\frac{-au_1+bu_1+x-u_1x}{m}\cdot\frac{m(u_1-1)}{a-b+x}-1=\frac{(u_1-1)(a-b+2x)}{a-b+x}=0,$$

得 $a-b+2x=0$，所以 $AD=DC+CB$.

说明：这一性质最早是数学大师阿基米德（约公元前 287 年～公

元前 212 年）发现，因此又称为阿基米德折线定理. 作者并不知道当年阿基米德是如何发现这一定理的，但通过本小节的方法，普通人也能重新发现. 事实上，利用此方法，我们还重新发现了十余条数学家发明的定理.

【例 8.41】 如图 8-43，四边形 $ABCD$，$BC=CD=DA=\frac{1}{2}AB$. 下面进行自动发现.

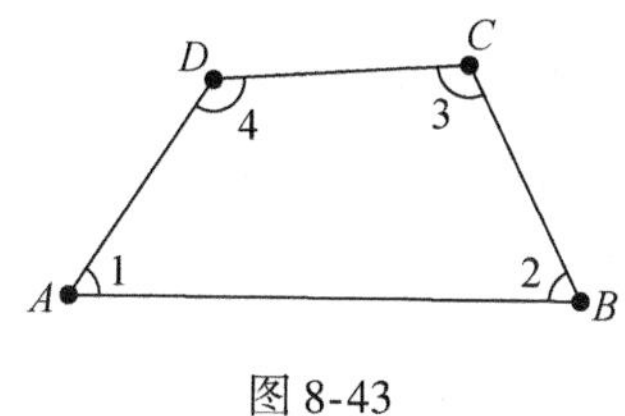

图 8-43

设 $|AB|=2$，$|BC|=|CD|=|DA|=1$，$\frac{\overrightarrow{AB}}{2}r_1=\overrightarrow{AD}$，$\overrightarrow{BC}r_2=\frac{\overrightarrow{BA}}{2}$，$\overrightarrow{CD}r_3=\overrightarrow{CB}$，$\overrightarrow{DA}r_4=\overrightarrow{DC}$，$r_k=\mathrm{e}^{\mathrm{i}\alpha_k}=\cos\alpha_k+\mathrm{i}\sin\alpha_k=u_k+v_k\mathrm{i}$，其中 $k=1,2,3,4$，$\overrightarrow{AB}+\overrightarrow{BC}+\overrightarrow{CD}+\overrightarrow{DA}=0$.

于是有关于 $X=\{\overrightarrow{AB},\overrightarrow{BC},\overrightarrow{CD},\overrightarrow{DA}\}$ 的方程组 $\begin{pmatrix}1 & 1 & 1 & 1\\ r_1 & 0 & 0 & 2\\ 1 & 2r_2 & 0 & 0\\ 0 & 1 & r_3 & 0\\ 0 & 0 & 1 & r_4\end{pmatrix}X=\mathbf{0}$，其中有四个变量，五个方程；从五个方程中任取四个，有五种可能，每种可能都写成 $AX=\mathbf{0}$ 的形式，分别计算行列式 $|A|=0$，可得

$$-1+r_3-2r_2r_3+r_1r_2r_3=-1+2r_2-r_1r_2+r_1r_2r_4=-2+r_1-r_1r_4+r_1r_3r_4$$
$$=-1+r_4-r_3r_4+2r_2r_3r_4=-1+r_1r_2r_3r_4=0.$$

根据复数性质，由 $-1+r_4-r_3r_4+2r_2r_3r_4=0$ 得 $-1+\frac{1}{r_4}-\frac{1}{r_3r_4}+2\frac{1}{r_2r_3r_4}=0$，即 $2-r_2+r_2r_3-r_2r_3r_4=0$. 将 $r_4=\frac{1}{r_1r_2r_3}$ 代入得 $1-2r_1+r_1r_2-r_1r_2r_3=0$，解得

$r_3=\dfrac{1-2r_1+r_1r_2}{r_1r_2}$. 代入$-1+r_3-2r_2r_3+r_1r_2r_3=0$得

$$1-2r_1-2r_2+5r_1r_2-2r_1^2r_2-2r_1r_2^2+r_1^2r_2^2=0,$$

$$\frac{1}{r_1r_2}-2\frac{1}{r_1}-2\frac{1}{r_2}+5-2r_1-2r_2+r_1r_2=0,$$

$$4\left(\frac{\frac{1}{r_1}+r_1}{2}+\frac{\frac{1}{r_2}+r_2}{2}\right)-2\frac{\frac{1}{r_1r_2}+r_1r_2}{2}=5,$$

$$4(\cos A+\cos B)-2\cos(A+B)=5.$$

由行列式计算得到五个等式，有多种消元的可能. 因此可得到更多的结论，留与读者证明.

(1) $1-r_3-r_4-r_3r_4-r_3^2r_4-r_3r_4^2+r_3^2r_4^2=0$，即$2\cos(C+D)-2(\cos C+\cos D)=1$.

(2) $2-r_1-2r_4+5r_1r_4-2r_1^2r_4-r_1r_4^2+2r_1^2r_4^2=0$，即$4\cos A+2\cos D-4\cos(A+D)=5$.

(3) $r_2-2r_4+3r_2r_4-2r_2^2r_4+r_2r_4^2=0$，即$2\cos D-4\cos B+3=0$.

(4) $-r_1+2r_3-3r_1r_3+2r_1^2r_3-r_1r_3^2=0$，即$2\cos C-4\cos A+3=0$.

【例8.42】 如图8-44，圆O内切于四边形$ABCD$，圆O半径为r，与AB，BC，CD，DA分别切于E，F，G，H，下面进行自动发现.

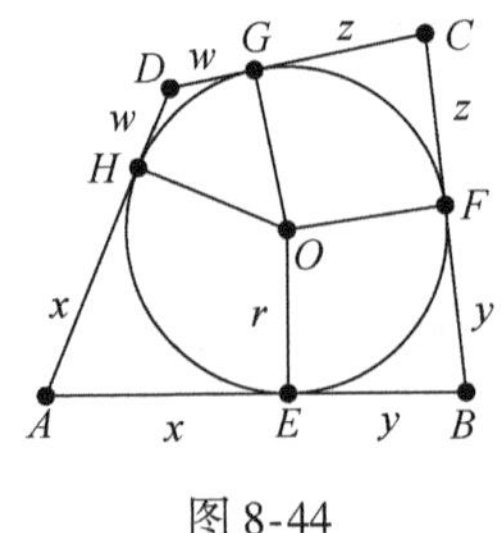

图8-44

设$\overrightarrow{OE}=\dfrac{y\overrightarrow{OA}+x\overrightarrow{OB}}{x+y}$，$\dfrac{\overrightarrow{OE}}{r}\cdot \mathrm{i}=\dfrac{\overrightarrow{AB}}{x+y}=\dfrac{\overrightarrow{OB}-\overrightarrow{OA}}{x+y}$，$\dfrac{y\overrightarrow{OA}+x\overrightarrow{OB}}{r}\cdot \mathrm{i}=\overrightarrow{OB}-\overrightarrow{OA}$，即$(y\mathrm{i}+r)\overrightarrow{OA}+(x\mathrm{i}-r)\overrightarrow{OB}=\mathbf{0}$，同理$(z\mathrm{i}+r)\overrightarrow{OB}+(y\mathrm{i}-r)\overrightarrow{OC}=\mathbf{0}$，$(w\mathrm{i}+r)\overrightarrow{OC}+$

$(z\mathrm{i}-r)\overrightarrow{OD}=\mathbf{0}$，$(x\mathrm{i}+r)\overrightarrow{OD}+(w\mathrm{i}-r)\overrightarrow{OA}=\mathbf{0}$，于是有关于 $X=\{\overrightarrow{OA},\overrightarrow{OB},\overrightarrow{OC},\overrightarrow{OD}\}^T$ 的方程组 $\begin{pmatrix} r+y\mathrm{i} & -r+x\mathrm{i} & 0 & 0 \\ 0 & r+z\mathrm{i} & -r+y\mathrm{i} & 0 \\ 0 & 0 & r+w\mathrm{i} & -r+z\mathrm{i} \\ -r+w\mathrm{i} & 0 & 0 & r+x\mathrm{i} \end{pmatrix}X=\mathbf{0}$，将 X 看作变量，有四个变量，四个方程，看成 $AX=\mathbf{0}$ 的形式，计算行列式 $|A|=0$，可得 $r^2x+r^2y+r^2z+r^2w-wxy-wxz-wyz-xyz=0$，即 $r=\sqrt{\dfrac{wxy+wxz+wyz+xyz}{w+x+y+z}}$.

本小节所给方法既能发现，同时也证明了该几何性质. 本小节所举例子都是手工操作完成，若采用计算机辅助，效率会大大提高，特别是借助计算机的消元方法，可得到更多的定理. 事实上，我们已经用程序设计实现了这一算法，发现了几百个性质. 即使是一些经典几何问题，使用这一方法，又有新的发现.

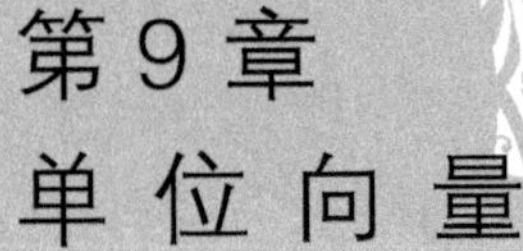

第9章 单位向量

单位向量的得来，十分容易．

$\dfrac{\overrightarrow{AB}}{|\overrightarrow{AB}|}$（或$\dfrac{\overrightarrow{AB}}{AB}$）就是典型的单位向量．除此之外呢？

前已说明，向量与平行四边形有着天然的联系．

如果平行四边形邻边相等，则变成了菱形．菱形的很多性质用向量法来证明颇为容易．而由于菱形的邻边相等，这与单位向量有着天然的联系．

连接菱形的对角线，可得等腰三角形，这条对角线天然就是某个角的角平分线．所以角平分线相关问题用向量法来解，也就成了顺理成章的事情．等腰三角形三线合一性质的作用在向量法中会得到充分的发挥．

性质1 点 P 在 $\angle ABC$ 角平分线上的充要条件是

$$\overrightarrow{BP}=k\left(\frac{\overrightarrow{BA}}{|\overrightarrow{BA}|}+\frac{\overrightarrow{BC}}{|\overrightarrow{BC}|}\right),$$

或写作

$$\overrightarrow{BP}\cdot\left(\frac{\overrightarrow{BA}}{|\overrightarrow{BA}|}-\frac{\overrightarrow{BC}}{|\overrightarrow{BC}|}\right)=0.$$

这由菱形的性质容易得到．

性质2（三角形内角平分线定理）　三角形的内角平分线分对边所得的两条线段和这个角的两边对应成比例.

或写作：如图9-1，$\triangle ABC$ 中，AD 平分 $\angle BAC$，则 $\dfrac{AB}{AC}=\dfrac{DB}{CD}$.

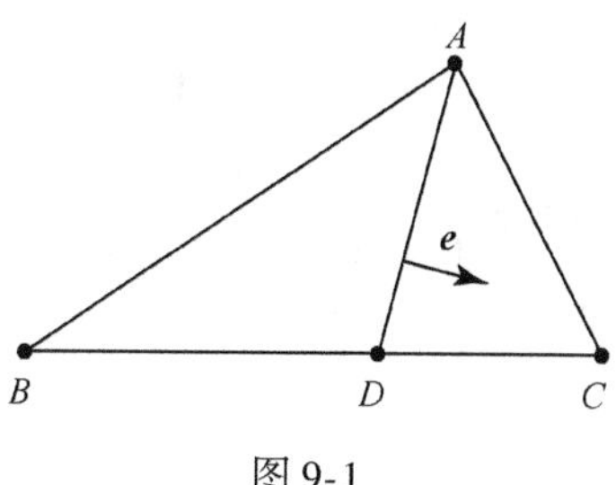

图9-1

证法1　设 $\overrightarrow{AD}$ 的单位法向量为 $\boldsymbol{e}$，则

$$\frac{AB}{AC}=\frac{\overrightarrow{AB}\cdot\boldsymbol{e}}{\overrightarrow{CA}\cdot\boldsymbol{e}}=\frac{(\overrightarrow{AD}+\overrightarrow{DB})\cdot\boldsymbol{e}}{(\overrightarrow{CD}+\overrightarrow{DA})\cdot\boldsymbol{e}}=\frac{\overrightarrow{DB}\cdot\boldsymbol{e}}{\overrightarrow{CD}\cdot\boldsymbol{e}}=\frac{DB}{CD}.$$

此证法对外角平分线定理同样成立.

这种向量证法，从不同角度来看，与两种欧氏几何证法相通.

（1）如图9-2，$EF\perp AD$，$EF\perp BE$，$EF\perp CF$，$\triangle ABE\sim\triangle ACF$，则

$$\frac{AB}{AC}=\frac{AE}{AF}=\frac{DB}{CD}.$$

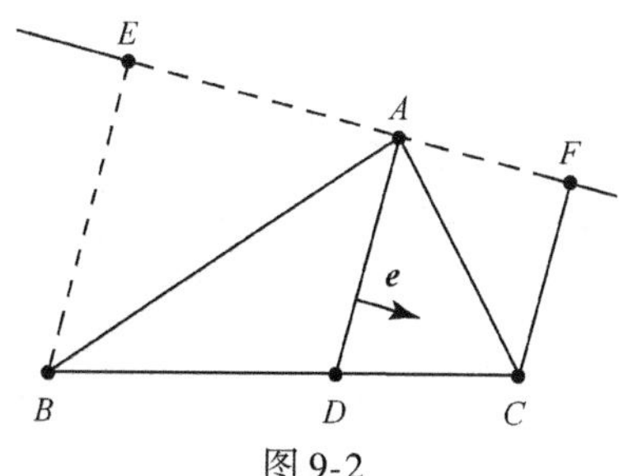

图9-2

（2）可看作面积法的转化，

$$\frac{AB}{AC}=\frac{\frac{1}{2}AB\cdot AD\sin\angle BAD}{\frac{1}{2}AC\cdot AD\sin\angle CAD}=\frac{S_{\triangle BAD}}{S_{\triangle CAD}}=\frac{DB}{CD}.$$

证法2 设 $\frac{BD}{DC}=\lambda$，则 $\overrightarrow{AD}=\frac{1}{1+\lambda}\overrightarrow{AB}+\frac{\lambda}{1+\lambda}\overrightarrow{AC}$. 又 AD 在 $\angle BAC$ 的角平分线上，所以

$$\overrightarrow{AD}=k\left(\frac{\overrightarrow{AB}}{|\overrightarrow{AB}|}+\frac{\overrightarrow{AC}}{|\overrightarrow{AC}|}\right);$$

根据平面向量基本定理可得 $\frac{1}{1+\lambda}=\frac{k}{|\overrightarrow{AB}|}$，$\frac{\lambda}{1+\lambda}=\frac{k}{|\overrightarrow{AC}|}$；两式相除可得 $\frac{|\overrightarrow{AB}|}{|\overrightarrow{AC}|}=\lambda$，所以 $\frac{BD}{DC}=\frac{AB}{AC}$.

性质3 若 AD 是 $\triangle ABC$ 中 $\angle A$ 的角平分线，由角平分线的性质

$\frac{BD}{DC}=\frac{AB}{AC}$，可得

$$\overrightarrow{AD}=\frac{\overrightarrow{AB}+\frac{|AB|}{|AC|}\overrightarrow{AC}}{1+\frac{|AB|}{|AC|}}=\frac{|AC|\overrightarrow{AB}+|AB|\overrightarrow{AC}}{|AB|+|AC|}.$$

【例9.1】 菱形的对角线互相垂直.

证明 如图9-3，$\overrightarrow{AC}\cdot\overrightarrow{BD}=(\overrightarrow{AB}+\overrightarrow{BC})\cdot(\overrightarrow{BC}+\overrightarrow{BA})=|\overrightarrow{BC}|^2-|\overrightarrow{AB}|^2=0$，所以 $\overrightarrow{AC}\perp\overrightarrow{BD}$.

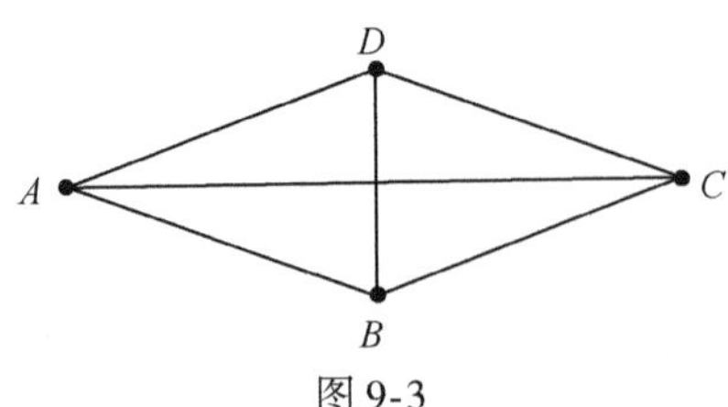

图9-3

【例9.2】 已知非零向量 $\overrightarrow{AB}$ 与 $\overrightarrow{AC}$ 满足 $\left(\frac{\overrightarrow{AB}}{|\overrightarrow{AB}|}+\frac{\overrightarrow{AC}}{|\overrightarrow{AC}|}\right)\cdot\overrightarrow{BC}=0$ 且 $\frac{\overrightarrow{AB}}{|\overrightarrow{AB}|}\cdot\frac{\overrightarrow{AC}}{|\overrightarrow{AC}|}=\frac{1}{2}$，则 $\triangle ABC$ 为（　　）.（2006高考数学试题陕西卷）

A. 等边三角形　　　　　　B. 直角三角形

C. 等腰非等边三角形　　　D. 三边均不相等的三角形

解 $\left(\frac{\overrightarrow{AB}}{|\overrightarrow{AB}|}+\frac{\overrightarrow{AC}}{|\overrightarrow{AC}|}\right)\cdot\overrightarrow{BC}=0$ 说明了 $\angle A$ 的角平分线与 BC 垂直，则 $AB=AC$；而 $\frac{\overrightarrow{AB}}{|\overrightarrow{AB}|}\cdot\frac{\overrightarrow{AC}}{|\overrightarrow{AC}|}=\frac{1}{2}$ 说明 $\angle A=60°$，所以 $\triangle ABC$ 为等边三角形.

【例 9.3】 四边形 $ABCD$，$\overrightarrow{AB}=\overrightarrow{DC}=(1,1)$，$\frac{\overrightarrow{BA}}{|\overrightarrow{BA}|}+\frac{\overrightarrow{BC}}{|\overrightarrow{BC}|}=\sqrt{3}\frac{\overrightarrow{BD}}{|\overrightarrow{BD}|}$，则四边形 $ABCD$ 的面积为____.（2009 年天津高考理科试题）

解 由$\overrightarrow{AB}=\overrightarrow{DC}$得四边形 $ABCD$ 是平行四边形，且对角线 BD 与 $\angle ABC$ 的角平分线重合，说明四边形 $ABCD$ 为菱形. 对$\frac{\overrightarrow{BA}}{|\overrightarrow{BA}|}+\frac{\overrightarrow{BC}}{|\overrightarrow{BC}|}=\sqrt{3}\frac{\overrightarrow{BD}}{|\overrightarrow{BD}|}$两边平方得$2+2\cos\angle ABC=3$，于是$\angle ABC=60°$，四边形 $ABCD$ 的面积为$|\overrightarrow{BC}||\overrightarrow{BA}|\sin\angle 60°=\sqrt{2}\times\sqrt{2}\sin\angle 60°=\sqrt{3}$.

【例9.4】 如图9-4，经过 $\angle XOY$ 的角平分线上点 A，任作一直线与 OX 和 OY 分别交于点 P 和 Q，求证：$\frac{1}{OP}+\frac{1}{OQ}$ 为定值.

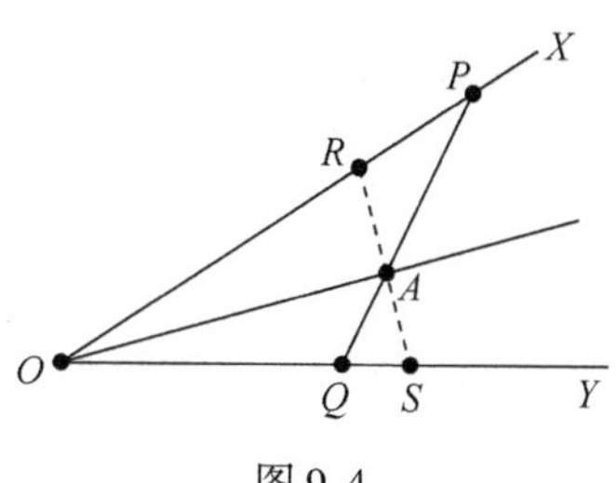

图 9-4

证明 过 A 作 OA 的垂线交 OX 和 OY 于点 R 和 S，则 $\triangle ORS$ 是等腰三角形，则

$$2\overrightarrow{OA}=\overrightarrow{OR}+\overrightarrow{OS}=\frac{|\overrightarrow{OR}|}{|\overrightarrow{OP}|}\overrightarrow{OP}+\frac{|\overrightarrow{OS}|}{|\overrightarrow{OQ}|}\overrightarrow{OQ},$$

由于 P，A，Q 三点共线，所以 $\dfrac{|\overrightarrow{OR}|}{|\overrightarrow{OP}|}+\dfrac{|\overrightarrow{OS}|}{|\overrightarrow{OQ}|}=2$，而 $|\overrightarrow{OR}|=|\overrightarrow{OS}|$，所以

$$\frac{1}{OP}+\frac{1}{OQ}=\frac{2}{OR}.$$

此题另外一种表述如下.

如图 9-5，已知 F 为 $\angle P$ 平分线上任意一点，过 F 任作两条直线 AD 和 BC 交 $\angle P$ 的两边于 A，D，B，C，求证：$\dfrac{1}{PA}+\dfrac{1}{PD}=\dfrac{1}{PB}+\dfrac{1}{PC}$.

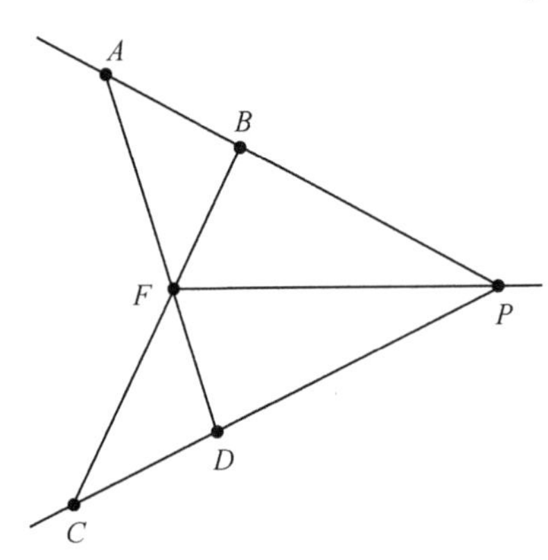

图 9-5

【例 9.5】 在直角坐标系中，已知点 $A(0,\ 1)$ 和点 $B(-3,\ 4)$，若点 C 在 $\angle AOB$ 的平分线上且 $|\overrightarrow{OC}|=2$，则 $\overrightarrow{OC}=$________.

解
$$\overrightarrow{OC}=\lambda\left(\frac{\overrightarrow{OA}}{|\overrightarrow{OA}|}+\frac{\overrightarrow{OB}}{|\overrightarrow{OB}|}\right)$$
$$=\lambda\left(\frac{(0,\ 1)}{1}+\frac{(-3,\ 4)}{5}\right)$$

$$=(0,\ \lambda)+\left(-\frac{3}{5}\lambda,\ \frac{4}{5}\lambda\right)$$

$$=\left(-\frac{3}{5}\lambda,\ \frac{9}{5}\lambda\right),$$

$$|\overrightarrow{OC}|^2=\frac{9}{25}\lambda^2+\frac{81}{25}\lambda^2=\frac{90}{25}\lambda^2=4,$$

解得 $\lambda=\frac{\sqrt{10}}{3}$，所以 $\overrightarrow{OC}=\left(-\frac{\sqrt{10}}{5},\ \frac{3\sqrt{10}}{5}\right)$.

【例 9.6】 已知 $\triangle ABC$ 的三顶点坐标 $A(1,\ 2)$，$B(5,\ 5)$，$C(-2,\ 6)$，求 $\angle BAC$ 平分线 AD 所在直线方程.

解 $\overrightarrow{AB}=(4,\ 3)$，$\overrightarrow{AC}=(-3,\ 4)$，则 $\overrightarrow{AB}$ 和 $\overrightarrow{AC}$ 方向上的单位向量分别为 $\left(\frac{4}{5},\ \frac{3}{5}\right)$ 和 $\left(-\frac{3}{5},\ \frac{4}{5}\right)$，那么 $\overrightarrow{AD}$ 与 $\left(\frac{4}{5},\ \frac{3}{5}\right)+\left(-\frac{3}{5},\ \frac{4}{5}\right)=\left(\frac{1}{5},\ \frac{7}{5}\right)$ 共线，则 $k_{AD}=7$，从而 $y-2=7(x-1)$，即 $7x-y-5=0$.

【例 9.7】 在 $\triangle OAB$ 中，$\overrightarrow{OA}=\boldsymbol{a}$，$\overrightarrow{OB}=\boldsymbol{b}$，$OD$ 是 AB 边上的高，若 $\overrightarrow{AD}=\lambda\overrightarrow{AB}$，求 λ.

解法 1 由 $\overrightarrow{AD}=\lambda\overrightarrow{AB}$，得 $\overrightarrow{OD}=(1-\lambda)\overrightarrow{OA}+\lambda\overrightarrow{OB}=(1-\lambda)\boldsymbol{a}+\lambda\boldsymbol{b}$；而 OD 是 AB 边上的高，则 $\overrightarrow{OD}\cdot\overrightarrow{AB}=0$，即 $\overrightarrow{OD}\cdot(\overrightarrow{OB}-\overrightarrow{OA})=0$，所以 $((1-\lambda)\boldsymbol{a}+\lambda\boldsymbol{b})\cdot(\boldsymbol{b}-\boldsymbol{a})=0$，整理得 $\lambda(\boldsymbol{b}-\boldsymbol{a})^2=\boldsymbol{a}\cdot(\boldsymbol{a}-\boldsymbol{b})$，即

$$\lambda=\frac{\boldsymbol{a}\cdot(\boldsymbol{a}-\boldsymbol{b})}{|\boldsymbol{a}-\boldsymbol{b}|^2}.$$

解法 2 如图 9-6，$AD=AO\cos\angle OAB=|\boldsymbol{a}|\frac{-\boldsymbol{a}\cdot(\boldsymbol{b}-\boldsymbol{a})}{|\boldsymbol{a}||\boldsymbol{b}-\boldsymbol{a}|}$，又 $AD=\lambda|\boldsymbol{b}-\boldsymbol{a}|$，解得 $\lambda=\frac{\boldsymbol{a}\cdot(\boldsymbol{a}-\boldsymbol{b})}{|\boldsymbol{a}-\boldsymbol{b}|^2}$.

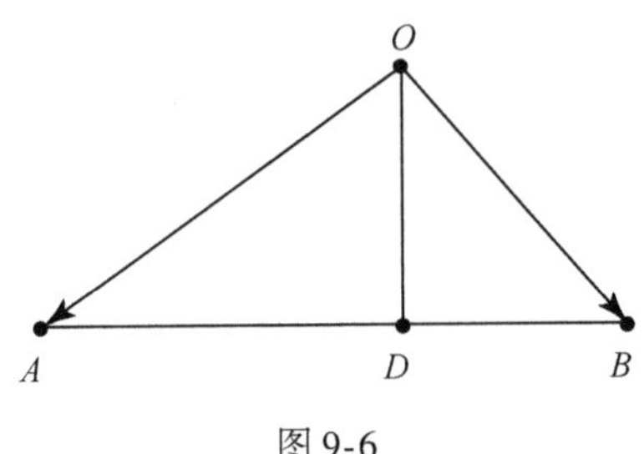

图 9-6

两种解法各有特色．解法 1 无须看图，依照题目条件列式子计算即可；解法 2 更注重与图形结合，解题步骤更简略．

【例 9.8】 如图 9-7，已知 C 为线段 AB 上的一点，满足 $|\overrightarrow{PA}|-|\overrightarrow{PB}|=2$，$|\overrightarrow{PA}-\overrightarrow{PB}|=2\sqrt{5}$，$\dfrac{\overrightarrow{PA}\cdot\overrightarrow{PC}}{|\overrightarrow{PA}|}=\dfrac{\overrightarrow{PB}\cdot\overrightarrow{PC}}{|\overrightarrow{PB}|}$，$I$ 为 PC 上一点，且 $\overrightarrow{BI}=\overrightarrow{BA}+\lambda\left(\dfrac{\overrightarrow{AP}}{|\overrightarrow{AP}|}+\dfrac{\overrightarrow{AC}}{|\overrightarrow{AC}|}\right)$，则 $\dfrac{\overrightarrow{BI}\cdot\overrightarrow{BA}}{|\overrightarrow{BA}|}=$________．

解　由 $\dfrac{\overrightarrow{PA}\cdot\overrightarrow{PC}}{|\overrightarrow{PA}|}=\dfrac{\overrightarrow{PB}\cdot\overrightarrow{PC}}{|\overrightarrow{PB}|}$ 得 $\dfrac{\overrightarrow{PA}\cdot\overrightarrow{PC}}{|\overrightarrow{PA}||\overrightarrow{PC}|}=\dfrac{\overrightarrow{PB}\cdot\overrightarrow{PC}}{|\overrightarrow{PB}||\overrightarrow{PC}|}$，所以 $\angle APC=\angle BPC$；又 $\overrightarrow{BI}=\overrightarrow{BA}+\lambda\left(\dfrac{\overrightarrow{AP}}{|\overrightarrow{AP}|}+\dfrac{\overrightarrow{AC}}{|\overrightarrow{AC}|}\right)$，则 I 在 $\angle PAC$ 的平

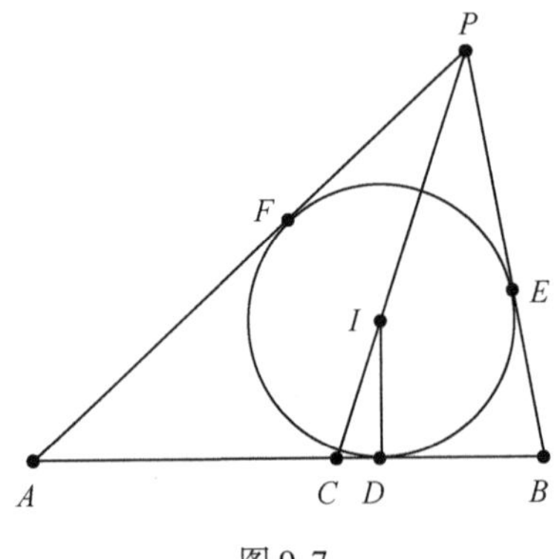

图 9-7

分线上，所以 I 是 $\triangle ABC$ 的内心．作 $ID \perp AB$ 于 D，则 $\dfrac{\overrightarrow{BI}\cdot\overrightarrow{BA}}{|\overrightarrow{BA}|}$ 表示 $\overrightarrow{BI}$ 在 $\overrightarrow{BA}$ 上射影 BD 的长度．

设 $\triangle PAB$ 的内切圆与三边分别切于点 D，E，F，则 $AD - BD = AF - BE = PA - PB = 2$，又 $AD + BD = |\overrightarrow{BA}| = |\overrightarrow{PA} - \overrightarrow{PB}| = 2\sqrt{5}$，解得 $BD = \sqrt{5} - 1$．

【例 9.9】 如图 9-8，平行四边形 $ABCD$ 中，$\angle A$ 和 $\angle B$ 的角平分线交于点 E，$\angle C$ 和 $\angle D$ 的角平分线交于点 G，求证：$EG \parallel BC$．

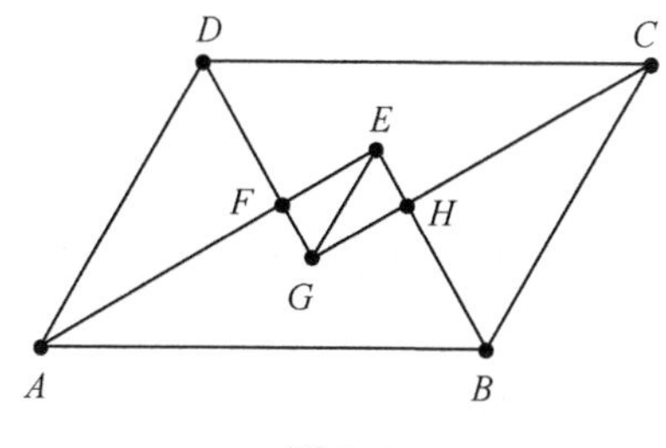

图 9-8

证明 设 $\overrightarrow{AB}$ 的单位向量为 $\boldsymbol{a}$，$\overrightarrow{AD}$ 的单位向量为 $\boldsymbol{b}$，则 $\overrightarrow{AE} = m(\boldsymbol{a}+\boldsymbol{b})$，$\overrightarrow{BE} = n(-\boldsymbol{a}+\boldsymbol{b})$，$\overrightarrow{CG} = -p(\boldsymbol{a}+\boldsymbol{b})$，$\overrightarrow{DG} = q(\boldsymbol{a}-\boldsymbol{b})$；由 $\overrightarrow{AB} = \overrightarrow{DC}$，$\overrightarrow{AE}+\overrightarrow{EB} = \overrightarrow{DG}+\overrightarrow{GC}$ 即 $m(\boldsymbol{a}+\boldsymbol{b})-n(-\boldsymbol{a}+\boldsymbol{b}) = q(\boldsymbol{a}-\boldsymbol{b})+p(\boldsymbol{a}+\boldsymbol{b})$ 得 $m+n=p+q$，$m-n=p-q$，解得 $m=p$，$n=q$. 由 $\overrightarrow{AE} = \overrightarrow{AB}+\overrightarrow{BE}$，即 $m(\boldsymbol{a}+\boldsymbol{b}) = k\,\boldsymbol{a}+n(-\boldsymbol{a}+\boldsymbol{b})$，解得 $m=n$. 从而 $\overrightarrow{EG} = \overrightarrow{EB}+\overrightarrow{BC}+\overrightarrow{CG} = -m(-\boldsymbol{a}+\boldsymbol{b})+\overrightarrow{BC}-m(\boldsymbol{a}+\boldsymbol{b}) = \overrightarrow{BC}-2m\,\boldsymbol{b}$，所以 $EG \parallel BC$.

【例 9.10】 如图 9-9，$\triangle ABC$ 中，D 和 E 分别在 AB 和 AC 上，且 $BD = CE$，M 和 N 分别是 BC 和 DE 的中点，那么 NM 与 $\angle A$ 的角平分线 AT 平行．

证明 设 $DB = mAB$，$EC = nAC$，由 $BD = CE$ 得

$$\frac{AB}{AC} = \frac{n}{m} = \frac{BT}{TC};\ \overrightarrow{AT} = \frac{m\,\overrightarrow{AB} + n\,\overrightarrow{AC}}{m+n} = \frac{\overrightarrow{DB} + \overrightarrow{EC}}{m+n} = \frac{2\,\overrightarrow{NM}}{m+n}.$$

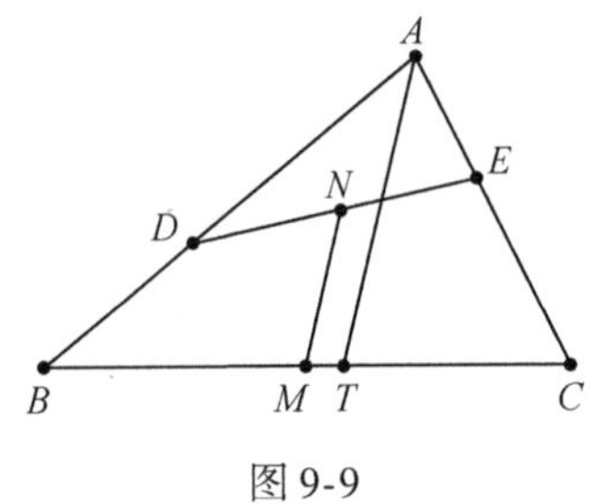

图 9-9

特别地，当 $m=n=1$ 时，此表达式的几何意义为等腰三角形的角平分线和底边上的中线重合.

有兴趣的读者可证明更一般的结论：如图 9-9，D 和 E 分别在 $\triangle ABC$ 的边 AB 和 AC 上，M 和 N 分别在边 BC 和 ED 上，且 $\dfrac{BM}{MC}=\dfrac{DN}{NE}=\dfrac{BD}{CE}$，求证：$NM$ 与 $\angle A$ 的角平分线 AT 平行.

【例 9.11】 如图 9-10，四边形 $ABCD$ 中，$AB\perp AD$，$BC\perp CD$，BA 和 CD 交于 E，AD 和 BC 交于 F，求证：$\angle E$ 和 $\angle F$ 的角平分线互相垂直.

证明 设 $\overrightarrow{EA}$，$\overrightarrow{ED}$，$\overrightarrow{FC}$，$\overrightarrow{FD}$ 的单位向量为 $\boldsymbol{e}_1$，$\boldsymbol{e}_2$，$\boldsymbol{e}_3$，$\boldsymbol{e}_4$，设 $\angle E$ 和 $\angle F$ 的角平分线交于点 G，则

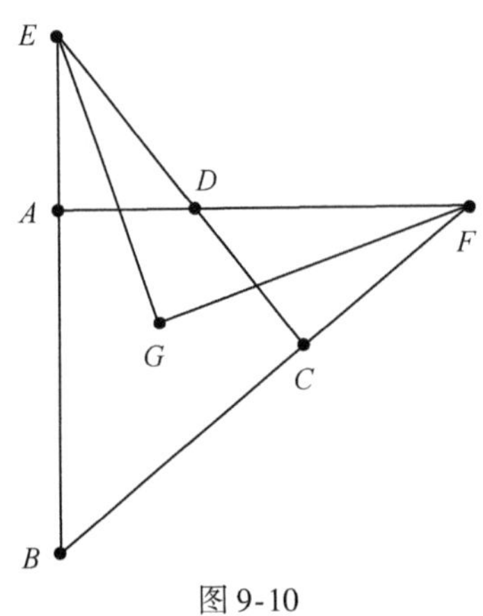

图 9-10

$$\overrightarrow{EG}\cdot\overrightarrow{FG}=m(\boldsymbol{e}_1+\boldsymbol{e}_2)\cdot n(\boldsymbol{e}_3+\boldsymbol{e}_4)=mn(\boldsymbol{e}_1\boldsymbol{e}_3+\boldsymbol{e}_2\boldsymbol{e}_4)=0,$$

所以 $EG\perp FG$.

【例 9.12】 如图 9-11，在平行四边形 $ABCD$ 的 BC 和 DC 边上分别取 E 和 F 两点，使得 $BE=DF$，设 DE 与 BF 交于 G，求证：AG 平分 $\angle BAD$.（2003 年德国竞赛试题）

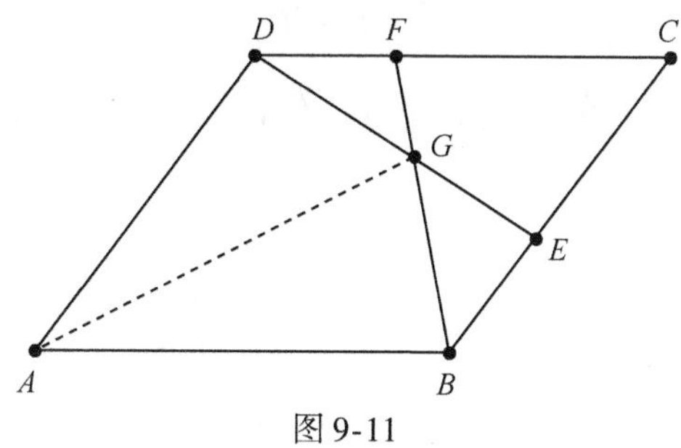

图 9-11

证法 1 设 $\overrightarrow{AB}$ 和 $\overrightarrow{AD}$ 的单位向量为 $\boldsymbol{e}_1$ 和 $\boldsymbol{e}_2$，则

$$\overrightarrow{AG}=(1-m)\overrightarrow{AB}+m\overrightarrow{AF}=(1-m)AB\,\boldsymbol{e}_1+mAD\,\boldsymbol{e}_2+mDF\,\boldsymbol{e}_1,$$

$$\overrightarrow{AG}=(1-n)\overrightarrow{AD}+n\overrightarrow{AE}=(1-n)AD\,\boldsymbol{e}_2+nAB\,\boldsymbol{e}_1+nBE\,\boldsymbol{e}_2,$$

于是 $$(1-m)AB+mDF=nAB,\ (1-n)AD+nBE=mAD,$$

两式联立解得

$$n=\frac{AD}{AD+AB-BE};$$

所以

$$\begin{aligned}\overrightarrow{AG}&=(1-n)AD\,\boldsymbol{e}_2+nAB\,\boldsymbol{e}_1+nBE\,\boldsymbol{e}_2\\&=n\left(\left(\frac{1}{n}-1\right)AD\,\boldsymbol{e}_2+AB\,\boldsymbol{e}_1+BE\,\boldsymbol{e}_2\right)\\&=\frac{AD}{AD+AB-BE}((AB-BE)\,\boldsymbol{e}_2+AB\,\boldsymbol{e}_1+BE\,\boldsymbol{e}_2)\\&=\frac{AB\cdot AD}{AB+AD-BE}(\boldsymbol{e}_1+\boldsymbol{e}_2).\end{aligned}$$

所以 AG 平分 $\angle BAD$.

证法 2 设$\overrightarrow{CG}=t\,\overrightarrow{CD}+(1-t)\,\overrightarrow{CE}=t\,\dfrac{CD}{CF}\overrightarrow{CF}+(1-t)\,\dfrac{CE}{CB}\overrightarrow{CB}$，于是

$$1=t\,\frac{CD}{CF}+(1-t)\frac{CE}{CB}=t\,\frac{CF+DF}{CF}+(1-t)\frac{CB-BE}{CB},$$

解得

$$t=\frac{CF}{CF+CB}.$$

$$\overrightarrow{AG}=\overrightarrow{AC}+\overrightarrow{CG}=\overrightarrow{AD}+\overrightarrow{AB}+t\,\overrightarrow{CD}+(1-t)\frac{CE}{CB}\,\overrightarrow{CB}=\frac{AD}{CB+CF}\,\overrightarrow{AB}+\frac{AB}{CB+CF}\,\overrightarrow{AD},$$

所以 AG 平分$\angle BAD$.

此题用向量法解决，好处是入手容易，无须多想，列好式子后，直奔结果而去．也可以用面积法或是构造相似三角形来解，此处略．

【例 9.13】 如图 9-12，在$\triangle ABC$ 中，AD 为中线，AE 为角平分线，EF 平行 CA 交 AD 于 F，求证：$CF\perp AE$．（1996 莫斯科数学奥林匹克竞赛试题）

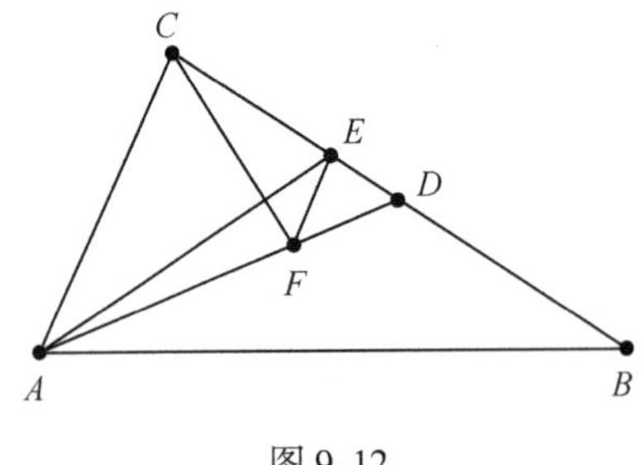

图 9-12

证明

$$\overrightarrow{AE}=\frac{AB\,\overrightarrow{AC}+AC\,\overrightarrow{AB}}{AB+AC},\qquad \overrightarrow{AD}=\frac{1}{2}(\overrightarrow{AB}+\overrightarrow{AC}),$$

又

$$\frac{AF}{AD}=\frac{CE}{CD}=\frac{2CE}{CB}=\frac{2AC}{AB+AC},$$

所以

$$\overrightarrow{AF}=\frac{2AC}{AB+AC}\overrightarrow{AD}=\frac{AC}{AB+AC}(\overrightarrow{AB}+\overrightarrow{AC}),$$

从而

$$\overrightarrow{CF}=\overrightarrow{CA}+\overrightarrow{AF}=\frac{AB\,\overrightarrow{CA}+AC\,\overrightarrow{AB}}{AB+AC}.$$

由$\overrightarrow{AE}\cdot\overrightarrow{CF}=0$得$CF\perp AE$.

【例9.14】 如图9-13，设点E是$\angle AOB$角平分线上的点，C和D分别在OA和OB上，且$EB/\!/AD$，$EA/\!/BC$，求证：$AC=BD$.

证明 设$\overrightarrow{OA}$和$\overrightarrow{OB}$上的单位向量为$\boldsymbol{e}_1$和$\boldsymbol{e}_2$，并令$\overrightarrow{OA}=a\boldsymbol{e}_1$，$\overrightarrow{OB}=b\boldsymbol{e}_2$，$\overrightarrow{OC}=c\boldsymbol{e}_1$，$\overrightarrow{OD}=d\boldsymbol{e}_2$，$\overrightarrow{OE}=e(\boldsymbol{e}_1+\boldsymbol{e}_2)$；由$EB/\!/AD$得$\overrightarrow{OD}-\overrightarrow{OA}=m(\overrightarrow{OB}-\overrightarrow{OE})$，即$d\boldsymbol{e}_2-a\boldsymbol{e}_1=m(b\boldsymbol{e}_2-e\boldsymbol{e}_1-e\boldsymbol{e}_2)$，得$\frac{a}{d}=\frac{e}{b-e}$；由$EA/\!/BC$得$\overrightarrow{OC}-\overrightarrow{OB}=n(\overrightarrow{OA}-\overrightarrow{OE})$，即$c\boldsymbol{e}_1-b\boldsymbol{e}_2=n(a\boldsymbol{e}_1-e\boldsymbol{e}_1-e\boldsymbol{e}_2)$，得$\frac{b}{c}=\frac{e}{a-e}$；从而可得$a-c=b-d$；
$|\overrightarrow{CA}|=|a\boldsymbol{e}_1-c\boldsymbol{e}_1|=|a-c|$；$|\overrightarrow{DB}|=|b\boldsymbol{e}_2-d\boldsymbol{e}_2|=|b-d|$，所以$AC=BD$.

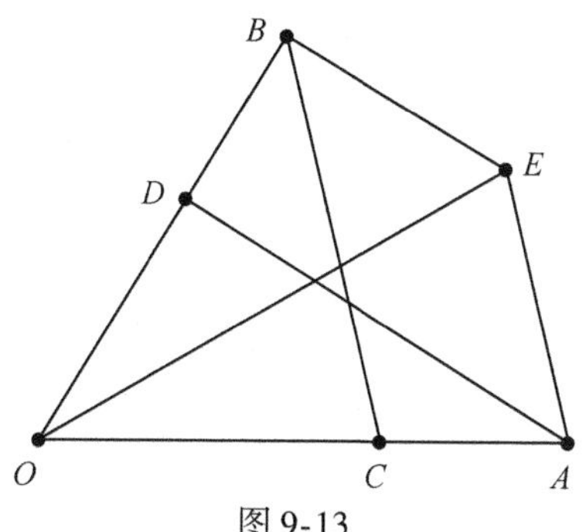

图9-13

单位向量还可以用来推导三角公式和计算三角函数值.

【例9.15】 如图9-14，设$\boldsymbol{e}$为$\overrightarrow{AB}$的单位向量，由$\boldsymbol{e}\cdot(\overrightarrow{AB}+\overrightarrow{BC}+\overrightarrow{CA})=0$得$c+a\cos(90°+\alpha)=0$，则$\cos(90°+\alpha)=-\frac{c}{a}$，而$\sin\alpha=\frac{c}{a}$，所以$\cos(90°+\alpha)=-\sin\alpha$.

设$\boldsymbol{e}$为$\overrightarrow{CA}$的单位向量，由$\boldsymbol{e}\cdot(\overrightarrow{AB}+\overrightarrow{BC}+\overrightarrow{CA})=0$得$b+a\cos(180°-\alpha)=0$，则$\cos(180°-\alpha)=-\frac{b}{a}$，而$\cos\alpha=\frac{b}{a}$，所以$\cos(180°-\alpha)=-\cos\alpha$.

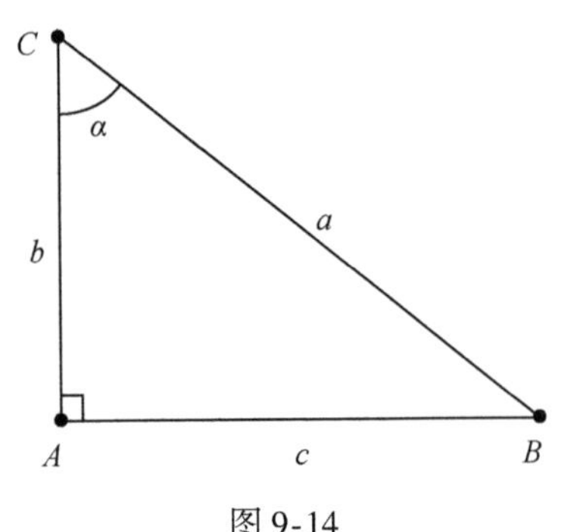

图 9-14

类似地，若用正三角形来算，可得 $\cos 120^\circ = -\frac{1}{2}$. 可依此类推其他特殊的三角函数值.

第 10 章
从平面到空间

学习立体几何，要充分利用平面几何的成果．平面图形的几何性质，不少可以移植到空间．

所谓移植可以分成两类：一类是平面图形的性质可一字不改直接“移到”空间；另一类则是从平面图形的性质“类比”得到空间图形的性质．

经验表明，用向量法来研究这一问题比较方便，因为很多时候可以平面和空间共同一个证明．有诗为证：“平面空间向量同，不需插翅便腾空．登天入地凭加减，角度棱长一点通”．（此诗见于湖南教育出版社的高中数学教材，李尚志作）

先交代一个概念．我们平时提到的四边形，通常都是指平面四边形；其实还有空间四边形的说法．不在同一平面上的四条线段首尾相接，并且最后一条的尾端与最初一条的首端重合，这样的图形叫作空间四边形．

【例 10.1】　如图 10-1，四边形 $ABCD$，E，F，G，H 分别是 AB，BC，CD，DA 的中点，则四边形 $EFGH$ 是平行四边形．

【例 10.2】　如图 10-2，四边形 $ABCD$，E，F，G，H，M，N 分别是 AB，BC，CD，DA，AC，BD 的中点，则 EG，FH，MN 交于点 O，且被 O 平分．

这两题具有代表性：平面性质一字不改直接移植到空间．例 10.1 的证明略；例 10.2 的证明最好是用第 14 章的点几何方法，易得 $O=\frac{1}{4}(A+B+C+D)$，恰为 EG，FH，MN 的中点．

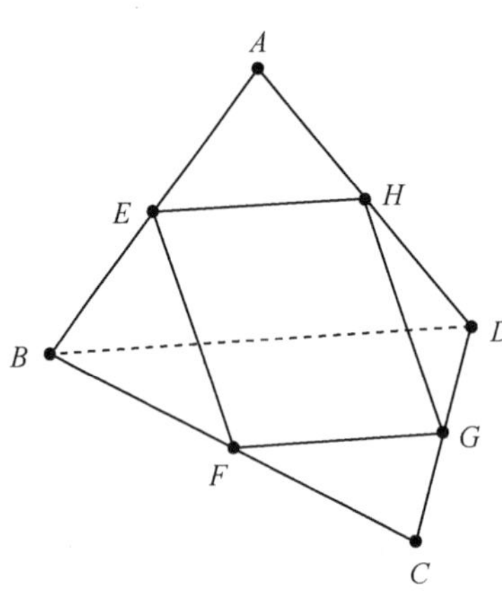

图 10-1

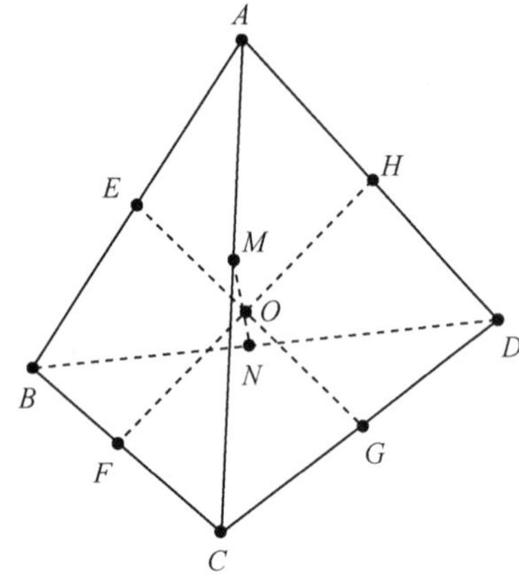

图 10-2

【例 10.3】 如图 10-1，求证：四边形 $ABCD$ 的对角线 $AC\perp BD$ 的充分必要条件是 $AB^2+CD^2=BC^2+AD^2$.

此结论在平面上是显然的，简单利用勾股定理即可．

下面我们来证一个更进一步的结论：对于四边形 $ABCD$，有

$$\overrightarrow{AC}\cdot\overrightarrow{BD}=\frac{1}{2}(BC^2+DA^2-AB^2-CD^2).$$

证法 1 两次运用余弦定理得

$$\begin{aligned}\overrightarrow{AC}\cdot\overrightarrow{BD}&=\overrightarrow{AB}\cdot\overrightarrow{BD}+\overrightarrow{BC}\cdot\overrightarrow{BD}\\&=-\frac{AB^2+BD^2-DA^2}{2}+\frac{BC^2+BD^2-CD^2}{2}\\&=\frac{1}{2}(BC^2+DA^2-AB^2-CD^2).\end{aligned}$$

证法 2 对任意点 O，有

$$\begin{aligned}&AB^2+CD^2-BC^2-AD^2\\&=(\overrightarrow{OB}-\overrightarrow{OA})^2+(\overrightarrow{OD}-\overrightarrow{OC})^2-(\overrightarrow{OC}-\overrightarrow{OB})^2-(\overrightarrow{OA}-\overrightarrow{OD})^2\end{aligned}$$

$$=-2(\overrightarrow{OB}\cdot\overrightarrow{OA}+\overrightarrow{OD}\cdot\overrightarrow{OC}-\overrightarrow{OC}\cdot\overrightarrow{OB}-\overrightarrow{OA}\cdot\overrightarrow{OD})$$

$$=-2(\overrightarrow{OC}-\overrightarrow{OA})\cdot(\overrightarrow{OD}-\overrightarrow{OB})=-2\overrightarrow{AC}\cdot\overrightarrow{BD}.$$

证法 3

$$\begin{aligned}\overrightarrow{AC}\cdot\overrightarrow{BD}&=\overrightarrow{AB}\cdot\overrightarrow{BD}+\overrightarrow{BC}\cdot\overrightarrow{BD}=\overrightarrow{AB}\cdot(\overrightarrow{BA}+\overrightarrow{AD})+\overrightarrow{BC}\cdot(\overrightarrow{BC}+\overrightarrow{CD})\\&=-AB^2+\overrightarrow{AB}\cdot\overrightarrow{AD}+BC^2+\overrightarrow{BC}\cdot\overrightarrow{CD}\\&=-AB^2+(\overrightarrow{AD}+\overrightarrow{DB})\cdot\overrightarrow{AD}+BC^2+(\overrightarrow{BD}+\overrightarrow{DC})\cdot\overrightarrow{CD}\\&=-AB^2+AD^2+\overrightarrow{DB}\cdot\overrightarrow{AD}+BC^2+\overrightarrow{BD}\cdot\overrightarrow{CD}-CD^2\\&=-AB^2+AD^2+BC^2-CD^2-\overrightarrow{AC}\cdot\overrightarrow{BD},\end{aligned}$$

得

$$\overrightarrow{AC}\cdot\overrightarrow{BD}=\frac{1}{2}(DA^2-AB^2+BC^2-CD^2).$$

证法 4

$$\begin{aligned}&\overrightarrow{AB}^2-\overrightarrow{BC}^2+\overrightarrow{CD}^2-\overrightarrow{AD}^2\\&=(\overrightarrow{AB}+\overrightarrow{BC})\cdot(\overrightarrow{AB}-\overrightarrow{BC})+(\overrightarrow{CD}+\overrightarrow{AD})\cdot(\overrightarrow{CD}-\overrightarrow{AD})\\&=\overrightarrow{AC}\cdot(\overrightarrow{AB}-\overrightarrow{BC}-\overrightarrow{CD}-\overrightarrow{AD})=-2\overrightarrow{AC}\cdot\overrightarrow{BD}.\end{aligned}$$

此结论有不少应用：①正四面体的对边都是垂直的；②筝形的对角线互相垂直.（一个四边形，两条邻边相等，另两条邻边也相等，这样的四边形叫作筝形）

【例 10.4】 如图 10-3，四边形 $ABCD$ 中，$AB=CD$，$AD=BC$；M 和 N 分别是 AC 和 BD 的中点，则 $MN\perp AC$，$MN\perp BD$.

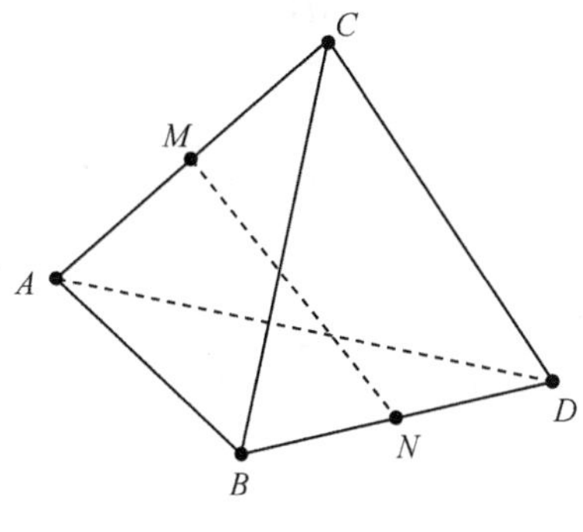

图 10-3

证法 1

$$4\overrightarrow{MN}=(\overrightarrow{MA}+\overrightarrow{AD}+\overrightarrow{DN})+(\overrightarrow{MC}+\overrightarrow{CB}+\overrightarrow{BN})$$
$$+(\overrightarrow{MA}+\overrightarrow{AB}+\overrightarrow{BN})+(\overrightarrow{MC}+\overrightarrow{CD}+\overrightarrow{DN})$$
$$=\overrightarrow{AB}+\overrightarrow{CB}+\overrightarrow{AD}+\overrightarrow{CD},$$

$$4\overrightarrow{MN}\cdot\overrightarrow{AC}=\overrightarrow{AB}\cdot\overrightarrow{AC}+\overrightarrow{CB}\cdot\overrightarrow{AC}+\overrightarrow{AD}\cdot\overrightarrow{AC}+\overrightarrow{CD}\cdot\overrightarrow{AC}$$
$$=\overrightarrow{AB}\cdot(\overrightarrow{AB}+\overrightarrow{BC})+\overrightarrow{CB}\cdot(\overrightarrow{AB}+\overrightarrow{BC})$$
$$+\overrightarrow{AD}\cdot(\overrightarrow{AD}+\overrightarrow{DC})+\overrightarrow{CD}\cdot(\overrightarrow{AD}+\overrightarrow{DC})$$
$$=AB^2+\overrightarrow{AB}\cdot\overrightarrow{BC}-BC^2+\overrightarrow{CB}\cdot\overrightarrow{AB}+AD^2+\overrightarrow{AD}\cdot\overrightarrow{DC}$$
$$+\overrightarrow{CD}\cdot\overrightarrow{AD}-CD^2$$
$$=AB^2-BC^2+AD^2-CD^2,$$

即

$$\overrightarrow{MN}\cdot\overrightarrow{AC}=\frac{1}{4}(AB^2-BC^2+AD^2-CD^2),$$

所以 $MN\perp AC$，同理可证 $MN\perp BD$.

证法 2

$$\overrightarrow{MN}=\overrightarrow{AN}-\overrightarrow{AM}=\frac{1}{2}(\overrightarrow{AB}+\overrightarrow{AD})-\frac{1}{2}\overrightarrow{AC};$$

$$\overrightarrow{MN}\cdot\overrightarrow{AC}=\frac{1}{2}(\overrightarrow{AB}+\overrightarrow{AD}-\overrightarrow{AC})\cdot\overrightarrow{AC}=\frac{1}{2}(\overrightarrow{AB}\cdot\overrightarrow{AC}+\overrightarrow{AD}\cdot\overrightarrow{AC}-\overrightarrow{AC}^2)$$
$$=\frac{1}{2}\left(\frac{\overrightarrow{AB}^2+\overrightarrow{AC}^2-\overrightarrow{BC}^2}{2}+\frac{\overrightarrow{AD}^2+\overrightarrow{AC}^2-\overrightarrow{DC}^2}{2}-\overrightarrow{AC}^2\right)=0,$$

所以 $MN\perp AC$，同理可证 $MN\perp BD$.

证法 3

$$2\overrightarrow{MN}=(\overrightarrow{MA}+\overrightarrow{AD}+\overrightarrow{DN})+(\overrightarrow{MC}+\overrightarrow{CB}+\overrightarrow{BN})=\overrightarrow{AD}+\overrightarrow{CB};$$

$$2\overrightarrow{MN}\cdot\overrightarrow{AC}=\overrightarrow{AD}\cdot\overrightarrow{AC}+\overrightarrow{CB}\cdot\overrightarrow{AC}$$
$$=\frac{1}{2}(\overrightarrow{AD}^2+\overrightarrow{AC}^2-\overrightarrow{DC}^2)-\frac{1}{2}(\overrightarrow{CB}^2+\overrightarrow{AC}^2-\overrightarrow{AB}^2)=0,$$

所以 $MN\perp AC$；同理可证 $MN\perp BD$.

证法 4

$$2\overrightarrow{MN}=(\overrightarrow{MA}+\overrightarrow{AB}+\overrightarrow{BN})+(\overrightarrow{MC}+\overrightarrow{CD}+\overrightarrow{DN})=\overrightarrow{AB}+\overrightarrow{CD};$$

$$2\overrightarrow{MN}\cdot\overrightarrow{AC}=\overrightarrow{AB}\cdot\overrightarrow{AC}+\overrightarrow{CD}\cdot\overrightarrow{AC}$$

$$=\frac{1}{2}(\overrightarrow{AB}^2+\overrightarrow{AC}^2-\overrightarrow{BC}^2)-\frac{1}{2}(\overrightarrow{CD}^2+\overrightarrow{AC}^2-\overrightarrow{AD}^2)=0,$$

所以 $MN\perp AC$；同理可证 $MN\perp BD$.

证法 3 将 $2\overrightarrow{MN}$ 分解成 $\overrightarrow{AD}+\overrightarrow{CB}$，证法 4 将 $2\overrightarrow{MN}$ 分解成 $\overrightarrow{AB}+\overrightarrow{CD}$，证法 1 的分解则可看作这两种分解的组合，证法 2 的分解不像证法 3 和证法 4 那样有对称性，以致后来的式子要稍微复杂一些；其实只要再前进一步，就与证法 3 的分解会合了：

$$\overrightarrow{MN}=\frac{1}{2}(\overrightarrow{AB}+\overrightarrow{AD})-\frac{1}{2}\overrightarrow{AC}=\frac{1}{2}(\overrightarrow{CB}+\overrightarrow{AD}).$$

证法 1 需多次将 AC 作变形，难度较大. 而其他证法用余弦定理则显得简单一些. 证法 1 的好处则是得出了

$$\overrightarrow{MN}\cdot\overrightarrow{AC}=\frac{1}{4}(AB^2-BC^2+AD^2-CD^2)$$

这一本质结论.

本题解答写得很详细，看起来很繁杂. 如果熟练掌握向量形式的四边形中位线公式，解答过程则可以大大简化.

证法 5　因为 $\overrightarrow{MN}=\frac{1}{2}(\overrightarrow{MB}+\overrightarrow{MD})$，$\overrightarrow{DB}=\overrightarrow{MB}-\overrightarrow{MD}$，所以

$\overrightarrow{MN}\cdot\overrightarrow{DB}=\frac{1}{2}(\overrightarrow{MB}^2-\overrightarrow{MD}^2)=0$. 这用到三角形中线长公式.

【例 10.5】　如图 10-4，四边形 $ABCD$ 中，AD 和 BC 的中点分别是 M 和 N，并设 $MN\perp AD$，$MN\perp BC$，求证 $AB=DC$；$AC=BD$；MN 与 AB 和 DC 成等角.

此题若限制在平面内，显然四边形 $ABCD$ 为等腰梯形. 此结论是否可以移植到空间呢？

证明　要证 $AB=DC$，只需证 $\overrightarrow{AB}^2=\overrightarrow{DC}^2$，即证

$$(\overrightarrow{AM}+\overrightarrow{MN}+\overrightarrow{NB})^2=(\overrightarrow{DM}+\overrightarrow{MN}+\overrightarrow{NC})^2,$$

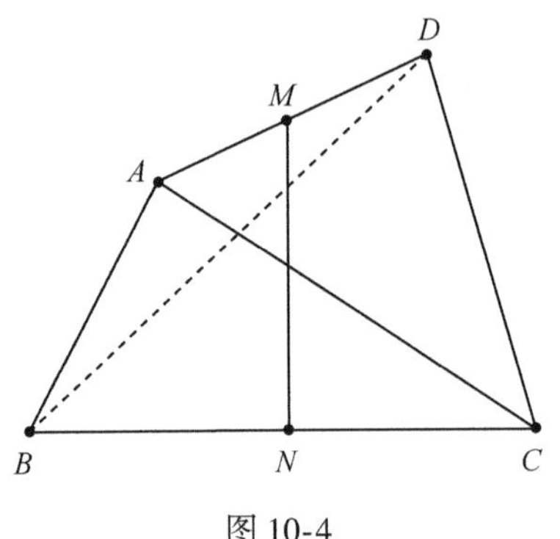

图 10-4

亦即 $\overrightarrow{AM}^2+\overrightarrow{MN}^2+\overrightarrow{NB}^2+2\overrightarrow{AM}\cdot\overrightarrow{NB}=\overrightarrow{DM}^2+\overrightarrow{MN}^2+\overrightarrow{NC}^2+2\overrightarrow{DM}\cdot\overrightarrow{NC}$，显然.

要证 $AC=BD$，只需证 $\overrightarrow{AC}^2=\overrightarrow{BD}^2$，即证 $(\overrightarrow{AB}+\overrightarrow{BC})^2=(\overrightarrow{DC}+\overrightarrow{CB})^2$，亦即 $\overrightarrow{AB}\cdot\overrightarrow{BC}=\overrightarrow{DC}\cdot\overrightarrow{CB}$，从而 $(\overrightarrow{AB}+\overrightarrow{DC})\cdot\overrightarrow{BC}=0$，即 $2\overrightarrow{MN}\cdot\overrightarrow{BC}=0$ 显然成立.

$$\overrightarrow{MN}\cdot\overrightarrow{AB}=\frac{1}{2}(\overrightarrow{AB}+\overrightarrow{DC})\cdot\overrightarrow{AB}=\frac{1}{2}(\overrightarrow{AB}^2+\overrightarrow{DC}\cdot\overrightarrow{AB}),$$

$$\overrightarrow{MN}\cdot\overrightarrow{DC}=\frac{1}{2}(\overrightarrow{AB}+\overrightarrow{DC})\cdot\overrightarrow{DC}=\frac{1}{2}(\overrightarrow{DC}^2+\overrightarrow{DC}\cdot\overrightarrow{AB}),$$

所以 $\overrightarrow{MN}\cdot\overrightarrow{AB}=\overrightarrow{MN}\cdot\overrightarrow{DC}$，由于 $AB=DC$，所以 MN 与 AB 和 DC 成等角.

以上的例题都是介绍四边形在平面和空间的统一性质，向量证法也很有效.

接下来的例题，则是将已知平面性质升维，向量证法也将随之升维！

【例 10.6】 如图 10-5，在平行四边形 $ABCD$ 中，E 和 F 分别是 AB 和 AD 上的点，EF 与 AC 交于 G，求证：$\frac{AB}{AE}+\frac{AD}{AF}=\frac{AC}{AG}$.

证明 由 $\overrightarrow{AB}+\overrightarrow{AD}=\overrightarrow{AC}$ 得 $\frac{AB}{AE}\overrightarrow{AE}+\frac{AD}{AF}\overrightarrow{AF}=\frac{AC}{AG}\overrightarrow{AG}$；由于 E，F，G 三点共线，则 $\frac{AB}{AE}+\frac{AD}{AF}=\frac{AC}{AG}$. 特别地，当 E 和 B 重合，F 与 D 重合时，

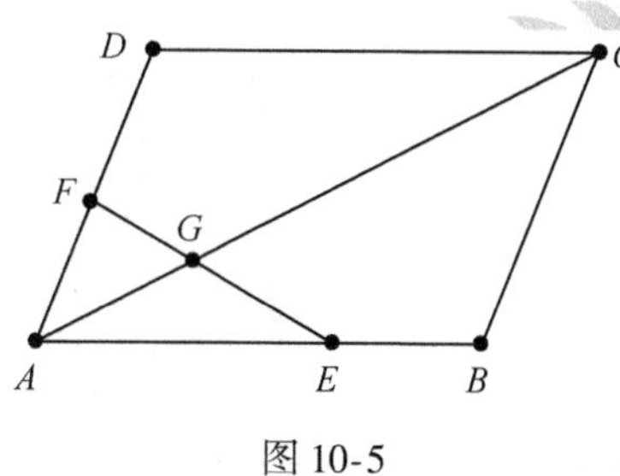

图 10-5

$\frac{AC}{AG}=2.$

类比可得：如图 10-6，在平行六面体 $ABCD-A_1B_1C_1D_1$ 中，一平面截平行六面体三边 AB, AA_1，AD 于 E，F，G 三点，交体对角线 AC_1 于 P，则由 $\overrightarrow{AC_1}=\overrightarrow{AB}+\overrightarrow{AA_1}+\overrightarrow{AD}$ 可得

$$\frac{AC_1}{AP}\overrightarrow{AP}=\frac{AB}{AE}\overrightarrow{AE}+\frac{AA_1}{AF}\overrightarrow{AF}+\frac{AD}{AG}\overrightarrow{AG},$$

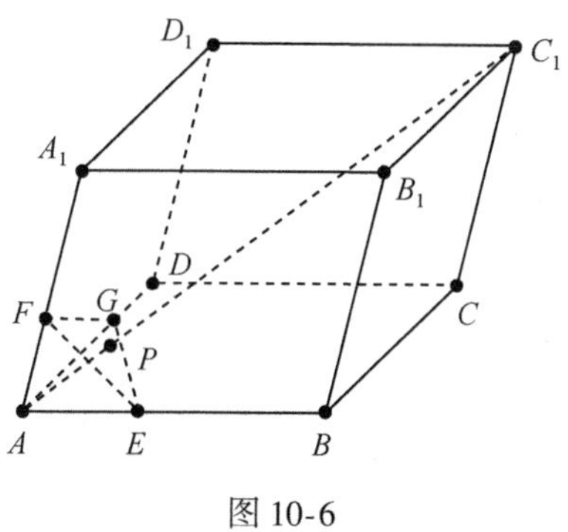

图 10-6

于是

$$\frac{AC_1}{AP}=\frac{AB}{AE}+\frac{AA_1}{AF}+\frac{AD}{AG}.$$

特别地，当该截面为平面 BA_1D 时，$\frac{AC_1}{AP}=3.$

【例 10.7】 如图 10-7，已知 G 是$\triangle ABC$ 的重心，过 G 作直线与 AB 和 AC 两边分别交于 D 和 E 两点，且 $\overrightarrow{AD}=x\overrightarrow{AB}$，$\overrightarrow{AE}=y\overrightarrow{AC}$，则 $\frac{1}{x}+\frac{1}{y}=3.$

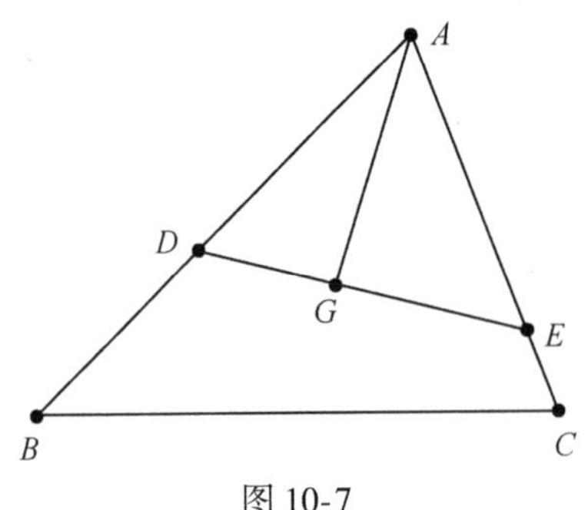

图 10-7

简证 由$\overrightarrow{AB}+\overrightarrow{AC}=3\overrightarrow{AG}$得$\dfrac{AB}{AD}\overrightarrow{AD}+\dfrac{AC}{AE}\overrightarrow{AE}=3\overrightarrow{AG}$，所以$\dfrac{AB}{AD}+\dfrac{AC}{AE}=3$，即$\dfrac{1}{x}+\dfrac{1}{y}=3$.

类比可得：如图 10-8，已知 G 是三棱锥 $P-ABC$ 的重心，过 G 作平面与 PA，PB，PC 三棱分别交于 D，E，F 三点，且 $\overrightarrow{PD}=x\overrightarrow{PA}$，$\overrightarrow{PE}=y\overrightarrow{PB}$，$\overrightarrow{PF}=z\overrightarrow{PC}$，则 $\dfrac{1}{x}+\dfrac{1}{y}+\dfrac{1}{z}=4$.

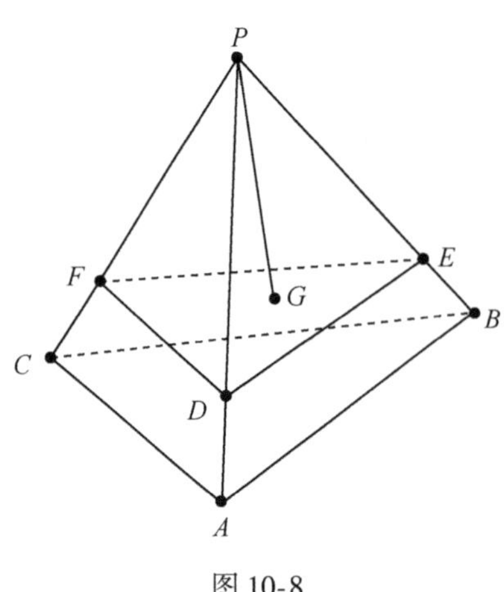

图 10-8

注意三棱锥 $P-ABC$ 的重心 G 的定义是：$\overrightarrow{GP}+\overrightarrow{GA}+\overrightarrow{GB}+\overrightarrow{GC}=\mathbf{0}$，即 $\overrightarrow{GP}+(\overrightarrow{GP}+\overrightarrow{PA})+(\overrightarrow{GP}+\overrightarrow{PB})+(\overrightarrow{GP}+\overrightarrow{PC})=\mathbf{0}$，亦即 $4\overrightarrow{PG}=\overrightarrow{PA}+\overrightarrow{PB}+\overrightarrow{PC}$.

$$4\overrightarrow{PG}=\overrightarrow{PA}+\overrightarrow{PB}+\overrightarrow{PC}=\frac{PA}{PD}\overrightarrow{PD}+\frac{PB}{PE}\overrightarrow{PE}+\frac{PC}{PF}\overrightarrow{PF},$$

所以 $\frac{PA}{PD}+\frac{PB}{PE}+\frac{PC}{PF}=4$. 即 $\frac{1}{x}+\frac{1}{y}+\frac{1}{z}=4$.

【例 10.8】 平行四边形对角线平方和等于各边平方和.

证明 显然 $(\overrightarrow{AB}+\overrightarrow{AD})^2+(\overrightarrow{AB}-\overrightarrow{AD})^2=2(\overrightarrow{AB}^2+\overrightarrow{AD}^2)$ 成立.

类比可得：平行六面体的对角线的平方和等于各棱平方和.

证明 如图 10-9，

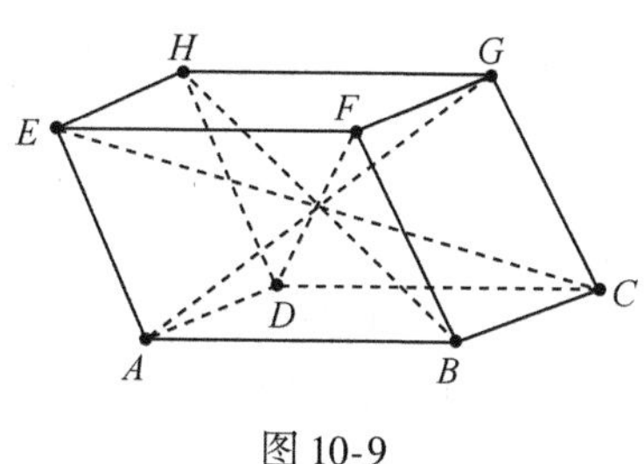

图 10-9

$$\begin{aligned}&\overrightarrow{AG}^2+\overrightarrow{BH}^2+\overrightarrow{DF}^2+\overrightarrow{EC}^2\\=&(\overrightarrow{AB}+\overrightarrow{AD}+\overrightarrow{AE})^2+(\overrightarrow{BA}+\overrightarrow{AE}+\overrightarrow{EH})^2\\&+(\overrightarrow{DA}+\overrightarrow{AB}+\overrightarrow{BF})^2+(\overrightarrow{EA}+\overrightarrow{AB}+\overrightarrow{BC})^2\\=&(\overrightarrow{AB}+\overrightarrow{AD}+\overrightarrow{AE})^2+(\overrightarrow{BA}+\overrightarrow{AE}+\overrightarrow{AD})^2\\&+(\overrightarrow{DA}+\overrightarrow{AB}+\overrightarrow{AE})^2+(\overrightarrow{EA}+\overrightarrow{AB}+\overrightarrow{AD})^2\\=&4(\overrightarrow{AB}^2+\overrightarrow{AD}^2+\overrightarrow{AE}^2).\end{aligned}$$

此题充分利用了向量内积的性质，计算当中无须展开，只需稍作观察，就能知道哪些项会互相抵消，哪些项会被保留下来.

【例 10.9】 若四面体 $ABCD$ 有两对对棱互相垂直，则第三对对棱也互相垂直. 即若 $AB\perp CD$，$BC\perp AD$，则 $AC\perp BD$.

证明 由 $\overrightarrow{AB}\cdot\overrightarrow{CD}=0$ 得 $\overrightarrow{AC}\cdot\overrightarrow{CD}+\overrightarrow{CB}\cdot\overrightarrow{CD}=0$；由 $\overrightarrow{BC}\cdot\overrightarrow{AD}=0$ 得 $\overrightarrow{AC}\cdot\overrightarrow{BC}+\overrightarrow{CD}\cdot\overrightarrow{BC}=0$；所以 $\overrightarrow{AC}\cdot\overrightarrow{BD}=\overrightarrow{AC}\cdot\overrightarrow{CD}+\overrightarrow{AC}\cdot\overrightarrow{BC}=0$，则 $AC\perp BD$.

看到这一证明，难道没觉得似曾相识吗？这与“平面上的三角形三高交于一点”证法完全一样．

从平面到空间，可类比的性质比比皆是，熟练之后，可直接写结果．譬如：平面方程为 $Ax+By+Cz+D=0$，其法向量为 (A, B, C)，点 $P(x_0, y_0, z_0)$ 到平面 $Ax+By+Cz+D=0$ 的距离为 $d=\dfrac{|Ax_0+By_0+Cz_0+D|}{\sqrt{A^2+B^2+C^2}}$，这就完全可以类比得到．

利用法向量，点到平面或直线的距离公式可得到统一．已知平面 α 和点 A 和 B 且 $A\notin\alpha$，$B\in\alpha$，n 为平面 α 的法向量，则点 A 到平面 α 的距离 $d=\dfrac{|\overrightarrow{AB}\cdot \boldsymbol{n}|}{|\boldsymbol{n}|}$．

最后给出两个例子．例 10.10 说明了向量法用得好，可以得出更一般的结论；例 10.11 则说明，如果只是表面掌握向量法，穿新鞋走老路，解题还是那么麻烦．

【例 10.10】 平行四边形两对角线的平方和等于四条边的平方和．

如果仅是证明此例，很简单，看看例 10.8 就成了．下面我们来证一个更一般的结论．

证明　如图10-10，设 $\overrightarrow{AB}=\boldsymbol{a}$，$\overrightarrow{BC}=\boldsymbol{b}$，$\overrightarrow{CD}=\boldsymbol{c}$，$\overrightarrow{DA}=\boldsymbol{d}$，由 $\boldsymbol{a}+\boldsymbol{b}+\boldsymbol{c}+\boldsymbol{d}=\boldsymbol{0}$ 得 $\boldsymbol{a}+\boldsymbol{c}=-(\boldsymbol{b}+\boldsymbol{d})$．所以

$$0\leqslant(\boldsymbol{a}+\boldsymbol{c})^2=-(\boldsymbol{a}+\boldsymbol{c})\cdot(\boldsymbol{b}+\boldsymbol{d})=-(\boldsymbol{a}\cdot\boldsymbol{b}+\boldsymbol{a}\cdot\boldsymbol{d}+\boldsymbol{c}\cdot\boldsymbol{b}+\boldsymbol{c}\cdot\boldsymbol{d})$$

$$=\frac{1}{2}(\boldsymbol{a}^2+\boldsymbol{b}^2-(\boldsymbol{a}+\boldsymbol{b})^2+\boldsymbol{a}^2+\boldsymbol{d}^2-(\boldsymbol{a}+\boldsymbol{d})^2+\boldsymbol{c}^2+\boldsymbol{b}^2-(\boldsymbol{c}+\boldsymbol{b})^2$$

$$+\boldsymbol{c}^2+\boldsymbol{d}^2-(\boldsymbol{c}+\boldsymbol{d})^2)$$

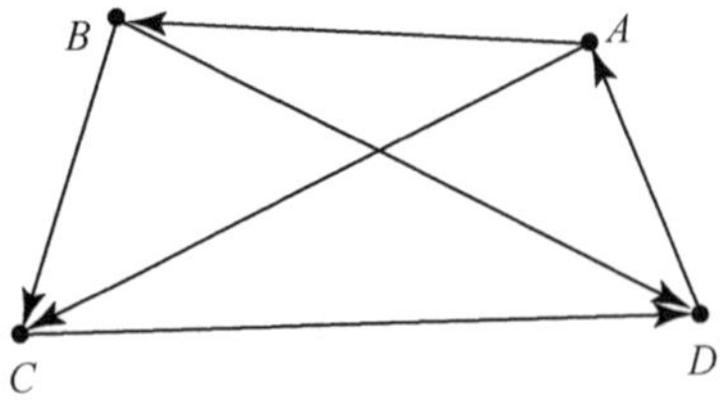

图 10-10

$= \frac{1}{2}(\boldsymbol{a}^2 + \boldsymbol{b}^2 - \overrightarrow{AC}^2 + \boldsymbol{a}^2 + \boldsymbol{d}^2 - \overrightarrow{BD}^2 + \boldsymbol{c}^2 + \boldsymbol{b}^2 - \overrightarrow{BD}^2 + \boldsymbol{c}^2 + \boldsymbol{d}^2 - \overrightarrow{AC}^2)$

$= \boldsymbol{a}^2 + \boldsymbol{b}^2 + \boldsymbol{c}^2 + \boldsymbol{d}^2 - \overrightarrow{BD}^2 - \overrightarrow{AC}^2.$

另证　要求证 $AB^2 + BC^2 + CD^2 + DA^2 \geqslant AC^2 + BD^2$，

参照后面第 14 章点几何方法，即 $(B-A)^2 + (C-B)^2 + (D-C)^2 + (A-D)^2 \geqslant (C-A)^2 + (D-B)^2$，

即 $A^2 + B^2 + C^2 + D^2 - 2A \cdot B - 2B \cdot C - 2C \cdot D - 2D \cdot A + 2A \cdot C + 2B \cdot D \geqslant 0$，

即 $(A-B+C-D)^2 \geqslant 0$.

其实质是恒等式：

$(B-A)^2+(C-B)^2+(D-C)^2+(A-D)^2=(C-A)^2+(D-B)^2+(A-B+C-D)^2.$

推论　（1）若四边的平方和等于对角线的平方和，则 $\boldsymbol{a} + \boldsymbol{c} = \boldsymbol{0}$，即 $\overrightarrow{AB} = \overrightarrow{DC}$，可得四边形 $ABCD$ 为平行四边形.

（2）任意四边形中，四边的平方和不小于对角线的平方和.

（3）由于证明过程没有用到四点共面这一性质，因而结论（2）对于空间四面体仍然适用.

此问题的进一步说明，参看例 15.3 托勒密定理.

【例 10.11】　空间四边形 $ABCD$ 中，点 E 分 $\overrightarrow{AB}$ 及点 F 分 $\overrightarrow{DC}$ 所成的比均为 λ，则 $\overrightarrow{EF} = \frac{\lambda}{1+\lambda}\overrightarrow{BC} + \frac{1}{1+\lambda}\overrightarrow{AD}$.

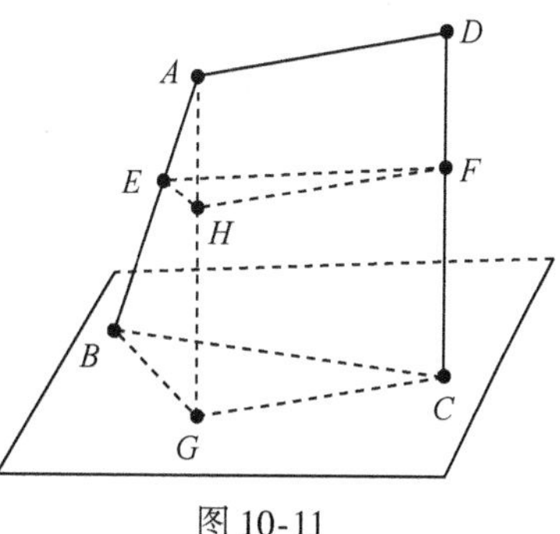

图 10-11

某资料给出这样的解答：如图 10-11，作平行四边形 $GCDA$ 和 AG 上点 H，H 分 $\overrightarrow{AG}$ 所成的比为 λ

$$(1+\lambda)\overrightarrow{EF} = (1+\lambda)(\overrightarrow{EH} + \overrightarrow{HF}) = \lambda\overrightarrow{BG} + (1+\lambda)\overrightarrow{GC}$$

$$= \lambda(\overrightarrow{BG} + \overrightarrow{GC}) + \overrightarrow{GC} = \lambda\overrightarrow{BC} + \overrightarrow{AD}.$$

这样的解答虽不复杂，但和传统的综合几何作法相比，并没有太大优势. 而且作出这样的立体图形也要花费时间. 引入 G 和 H 是否真

的有必要呢?

如果对向量形式的四边形中位线公式和定比分点公式的推导还有印象的话，那是容易得出下面解答的，无须作图，也不要管 A，B，C，D 四点共面与否.

另解 $\overrightarrow{EF}=\overrightarrow{EA}+\overrightarrow{AD}+\overrightarrow{DF}$，$\lambda\overrightarrow{EF}=\lambda(\overrightarrow{EB}+\overrightarrow{BC}+\overrightarrow{CF})$，两式相加得 $(1+\lambda)\overrightarrow{EF}=\lambda\overrightarrow{BC}+\overrightarrow{AD}$.

或者利用 $\overrightarrow{OE}=\dfrac{\overrightarrow{OA}+\lambda\overrightarrow{OB}}{1+\lambda}$，$\overrightarrow{OF}=\dfrac{\overrightarrow{OD}+\lambda\overrightarrow{OC}}{1+\lambda}$ 相减可得.

第 11 章
向量法与立体几何

向量法解立体几何问题，大致可分两种方法，坐标法和非坐标法. 本书重点介绍的向量回路法就是非坐标法，而目前大部分资料上主要还是介绍坐标法（一般都是直角坐标系）. 考虑到目前中学教学和考试大多使用坐标法，本章对这两种方法都将有所介绍.

两种方法相比较，非坐标法的好处是任意选择三组不共面的向量作为基底，无须建立坐标系，但又充分具备坐标系的优点. 坐标法则是建立坐标系后，把所有问题都转化成机械运算，无须再像以前的综合几何方法那样想方设法添加辅助线. 坐标法根据已知条件求出相关点的坐标，再作计算. 计算虽然不难，但较为烦琐，书写也费事. 直接用向量运算求解，有时会更加简洁.

有些空间几何体本身不具备垂直关系，建立直角坐标系较为麻烦，这种题目用非坐标法较好. 但由于近几年高考有意控制难度，且为了使所学的坐标法有用武之地，所以考题大多具备垂直关系，比较容易建立坐标系. 又由于现在是过渡时期，所以很多题目用综合几何方法也能比较方便解决. 高考所提供的参考答案通常会给出两种方法.

首先用向量法来证一些立体几何常见性质.

性质 1　垂直于同一平面的两直线平行. 如图 11-1，$AA'\perp\alpha$，$BB'\perp\alpha$，A 和 B 分别为垂足，求证：$AA'/\!/BB'$.

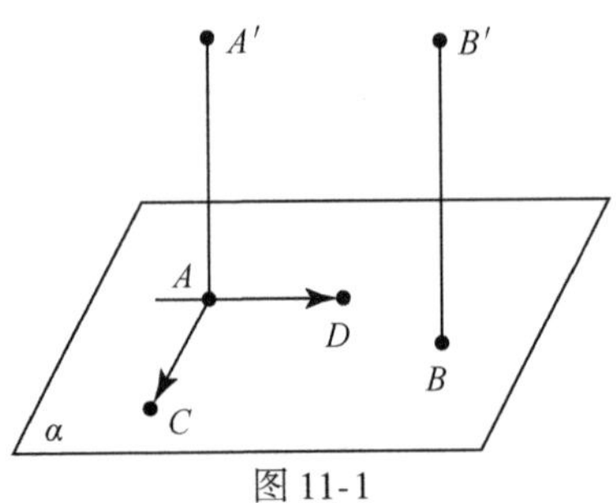

图 11-1

证明 在平面 α 内过点 A 作互相垂直的向量 $\overrightarrow{AC}$ 和 $\overrightarrow{AD}$. 设

$$\overrightarrow{BB'}=x\overrightarrow{AC}+y\overrightarrow{AD}+z\overrightarrow{AA'},$$

$$\overrightarrow{BB'}\cdot\overrightarrow{AC}=(x\overrightarrow{AC}+y\overrightarrow{AD}+z\overrightarrow{AA'})\cdot\overrightarrow{AC}=x\overrightarrow{AC}^2=0,$$

得 $x=0$;

$$\overrightarrow{BB'}\cdot\overrightarrow{AD}=(x\overrightarrow{AC}+y\overrightarrow{AD}+z\overrightarrow{AA'})\cdot\overrightarrow{AD}=y\overrightarrow{AD}^2=0,$$

得 $y=0$; 所以 $\overrightarrow{BB'}=z\overrightarrow{AA'}$, $AA'\,/\!/\,BB'$.

性质 2(直线与平面垂直的判定定理) 如果一条直线和一平面内的两条相交直线都垂直, 那么这条直线垂直于这个平面.

证明 设两相交直线的方向向量为 $\boldsymbol{a}$ 和 $\boldsymbol{b}$, 则该平面可表示为 $m\boldsymbol{a}+n\boldsymbol{b}$; 若 $\boldsymbol{c}\cdot\boldsymbol{a}=0$, $\boldsymbol{c}\cdot\boldsymbol{b}=0$, 则 $\boldsymbol{c}\cdot(m\boldsymbol{a}+n\boldsymbol{b})=0$.

性质 3 两条异面直线的距离公式: 已知两条异面直线 a 和 b 所成的角 θ, AB 是它们的公垂线段, 其长度为 d, E 和 F 分别是直线 a 和 b 上的点, 设 $|AE|=m$, $|BF|=n$, $|EF|=p$, 则 $d=\sqrt{p^2-m^2-n^2\pm 2mn\cos\theta}$.

证明 如图 11-2, $\overrightarrow{EF}^2=(\overrightarrow{EA}+\overrightarrow{AB}+\overrightarrow{BF})^2=\overrightarrow{EA}^2+\overrightarrow{AB}^2+\overrightarrow{BF}^2-2\overrightarrow{AE}\cdot\overrightarrow{BF}$, 则

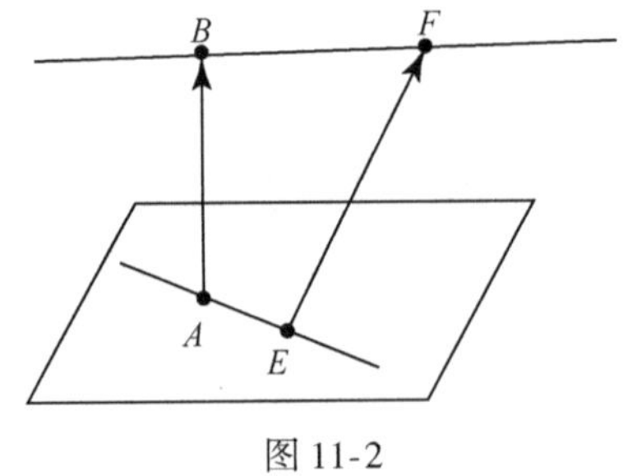

图 11-2

$$\overrightarrow{AB}^2=\overrightarrow{EF}^2-\overrightarrow{EA}^2-\overrightarrow{BF}^2+2\overrightarrow{AE}\cdot\overrightarrow{BF},$$

所以 $d=\sqrt{p^2-m^2-n^2\pm 2mn\cos\theta}$.

注意：若异面直线 a 和 b 所成的角为 θ，则 $\overrightarrow{AE}$ 和 $\overrightarrow{BF}$ 所成的角为 θ 或 $\pi-\theta$.

性质 4(三垂线定理)　在平面内的一条直线，如果它和这个平面的一条斜线的射影垂直，那么它也和这条斜线垂直.

性质 5(三垂线逆定理)　在平面内的一条直线，如果它和这个平面的一条斜线垂直，那么它也和这条斜线的射影垂直.

证明　如图 11-3，设平面内直线 m 的方向向量为 $\boldsymbol{m}$，则

$$\boldsymbol{m}\cdot\overrightarrow{AB}=\boldsymbol{m}\cdot\overrightarrow{AB'}+\boldsymbol{m}\cdot\overrightarrow{B'B}=0.$$

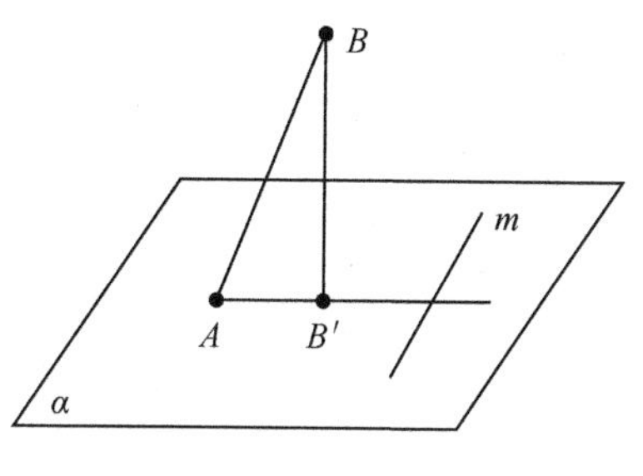

图 11-3

可见，$\boldsymbol{m}$ 只要与 $\overrightarrow{AB}$，$\overrightarrow{AB'}$，$\overrightarrow{B'B}$ 中的两个垂直，必然和第三个垂直.

性质 4 和 5 可概括为，垂直于三角形的两边的直线，必垂直于第三边.

【例 11.1】　如图 11-4，在平行六面体 $ABCD-A_1B_1C_1D_1$ 中，O 是 B_1D_1 的中点，求证：B_1C // 平面 ODC_1.

分析　将 $\overrightarrow{B_1C}$ 分解，再逐一击破，以求用平面 ODC_1 内的向量线性表示.

证明　$\overrightarrow{B_1C}=\overrightarrow{B_1B}+\overrightarrow{B_1C_1}=\overrightarrow{B_1B}+\overrightarrow{B_1O}+\overrightarrow{OC_1}=\overrightarrow{D_1D}+\overrightarrow{OD_1}+\overrightarrow{OC_1}=\overrightarrow{OD}+\overrightarrow{OC_1}$，所以 B_1C // 平面 ODC_1.

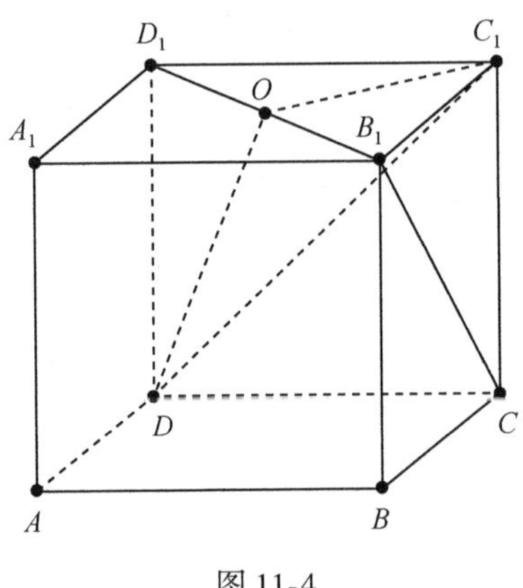

图 11-4

【例 11.2】 如图 11-5，已知正方体 $ABCD-A_1B_1C_1D_1$ 的棱长为 1，E 和 F 分别在 DB 和 D_1C 上，且 $DE=D_1F=\dfrac{\sqrt{2}}{3}$，求证：$EF$ 平行于平面 BB_1C_1C.

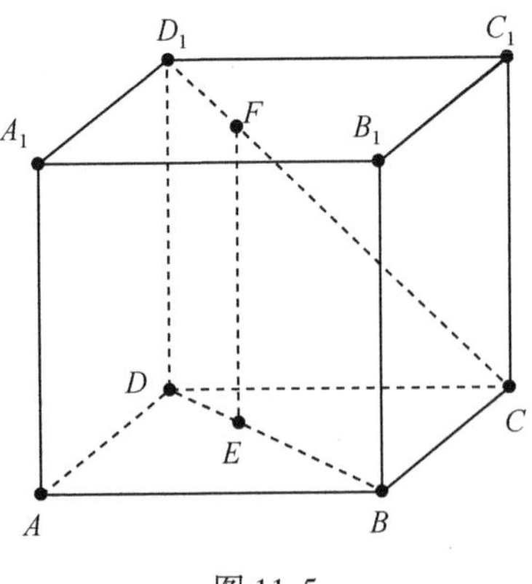

图 11-5

证明 $\overrightarrow{EF}=\overrightarrow{ED}+\overrightarrow{DD_1}+\overrightarrow{D_1F}=\dfrac{1}{3}\overrightarrow{BD}+\overrightarrow{DD_1}+\dfrac{1}{3}\overrightarrow{D_1C}=\overrightarrow{DD_1}+\dfrac{1}{3}(\overrightarrow{BD}+\overrightarrow{A_1B})=\overrightarrow{CC_1}+\dfrac{1}{3}\overrightarrow{B_1C}$，所以 EF 平行于平面 BB_1C_1C.

如果对向量形式的四边形中位线公式能够灵活变通，可更快解题.

另证 $\overrightarrow{EF}=\dfrac{2}{3}\overrightarrow{DD_1}+\dfrac{1}{3}\overrightarrow{BC}=\dfrac{2}{3}\overrightarrow{BB_1}+\dfrac{1}{3}\overrightarrow{BC}$.

【例 11.3】　如图 11-6，在立方体 $ABCD-EFGH$ 中，I 和 J 分别是 EF 和 BC 上的点，且 $EI=BJ$，K 和 L 分别是 BE 和 IJ 的中点，求证：$\frac{EI}{EF}=2\frac{KL}{AC}$.

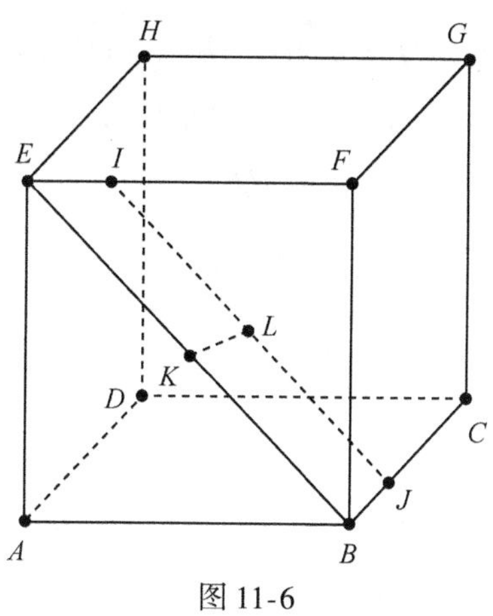

图 11-6

证明　设 $\overrightarrow{EI}=m\overrightarrow{AB}$，则 $\overrightarrow{BJ}=m\overrightarrow{BC}$；

$2\overrightarrow{KL}=\overrightarrow{EI}+\overrightarrow{BJ}=m(\overrightarrow{AB}+\overrightarrow{BC})=m\overrightarrow{AC}$，所以

$$\frac{EI}{EF}=2\frac{KL}{AC}.$$

【例 11.4】　如图 11-7，设 A，B，C 和 A_1，B_1，C_1 分别是两直线上的三点，M，N，P，Q 分别是 AA_1，BA_1，BB_1，CC_1 的中点，求证：M，N，P，Q 四点共面.

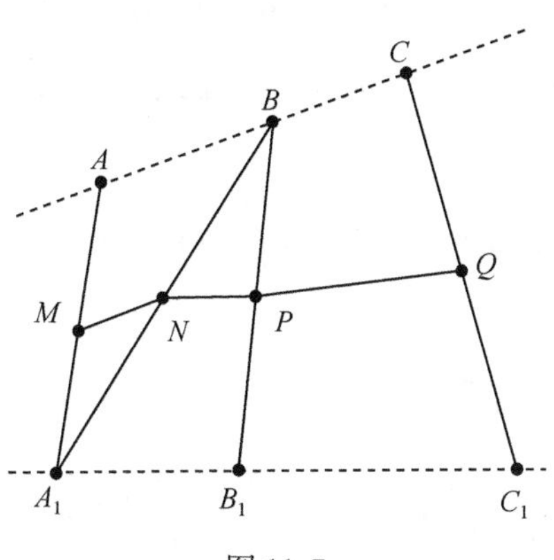

图 11-7

证明 $\overrightarrow{PQ}=\frac{1}{2}(\overrightarrow{BC}+\overrightarrow{B_1C_1})=\frac{1}{2}(m\overrightarrow{AB}+n\overrightarrow{A_1B_1})=m\overrightarrow{MN}+n\overrightarrow{NP}$，所以 M，N，P，Q 四点共面.

【例 11.5】 如图 11-8，已知平行四边形 $ABCD$，从平面 AC 外一点 O 引向量 $\overrightarrow{OE}=k\overrightarrow{OA}$，$\overrightarrow{OF}=k\overrightarrow{OB}$，$\overrightarrow{OG}=k\overrightarrow{OC}$，$\overrightarrow{OH}=k\overrightarrow{OD}$，求证：四点 E，F，G，H 共面；平面 AC // 平面 EG.

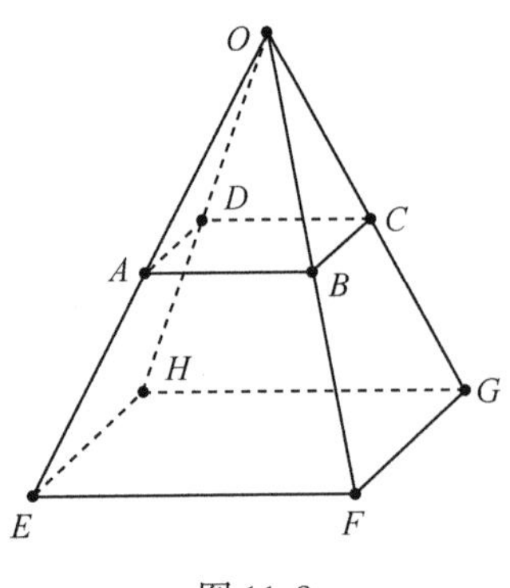

图 11-8

证明

$$\overrightarrow{EG}=\overrightarrow{OG}-\overrightarrow{OE}=k\overrightarrow{OC}-k\overrightarrow{OA}=k\overrightarrow{AC}=k(\overrightarrow{AB}+\overrightarrow{AD})$$
$$=k(\overrightarrow{OB}-\overrightarrow{OA}+\overrightarrow{OD}-\overrightarrow{OA})=\overrightarrow{OF}-\overrightarrow{OE}+\overrightarrow{OH}-\overrightarrow{OE}=\overrightarrow{EF}+\overrightarrow{EH},$$

所以 E，F，G，H 共面；

$\overrightarrow{EF}=\overrightarrow{OF}-\overrightarrow{OE}=k(\overrightarrow{OB}-\overrightarrow{OA})=k\overrightarrow{AB}$，而 $\overrightarrow{EG}=k\overrightarrow{AC}$，所以 EF // AB，EG // AC，平面 AC // 平面 EG.

【例 11.6】 如图 11-9，在立方体 $ABCD-A_1B_1C_1D_1$ 中，E 和 F 分别是 DB 和 DC_1 上任意一点，M 是 AD_1 上任意一点，求证：平面 AMB_1 // 平面 DEF.

证明 设 $\overrightarrow{DE}=m\overrightarrow{DB}$，则 $\overrightarrow{DE}=m\overrightarrow{DA}+m\overrightarrow{DC}$；设 $\overrightarrow{AM}=n\overrightarrow{AD_1}$，则 $\overrightarrow{AM}=n\overrightarrow{AD}+n\overrightarrow{AA_1}$；

$$n\overrightarrow{AB_1}-\overrightarrow{AM}=n\overrightarrow{AB}+n\overrightarrow{AA_1}-n\overrightarrow{AD}-n\overrightarrow{AA_1}=n\overrightarrow{AB}-n\overrightarrow{AD}$$
$$=\frac{n}{m}(m\overrightarrow{AB}+m\overrightarrow{DA})=\frac{n}{m}\overrightarrow{DE},$$

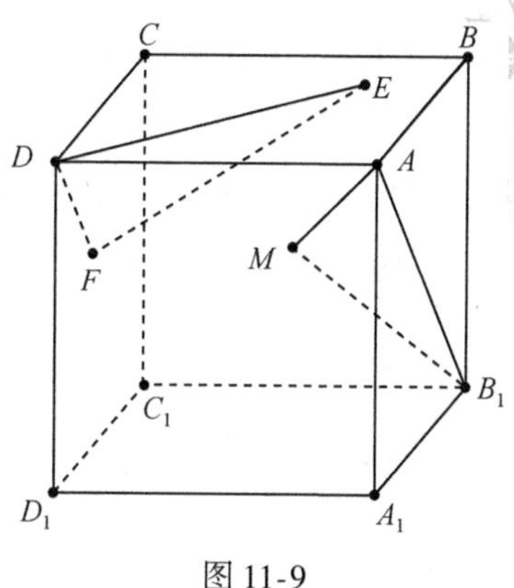

图 11-9

于是 DE // 平面 AMB_1；同理可证 DF // 平面 DEF，所以平面 AMB_1 // 平面 DEF.

此题如果抛开迷惑人的“任意”，其实质等价于平面 AD_1B_1 // 平面 DC_1B，而这是显然的.

【例 11.7】　如图 11-10，$A_1B_1C_1-ABC$ 为三棱柱，记平面 A_1BC_1 和平面 ABC 的交线为 l. 试判断直线 A_1C_1 和 l 的位置关系，并证明.

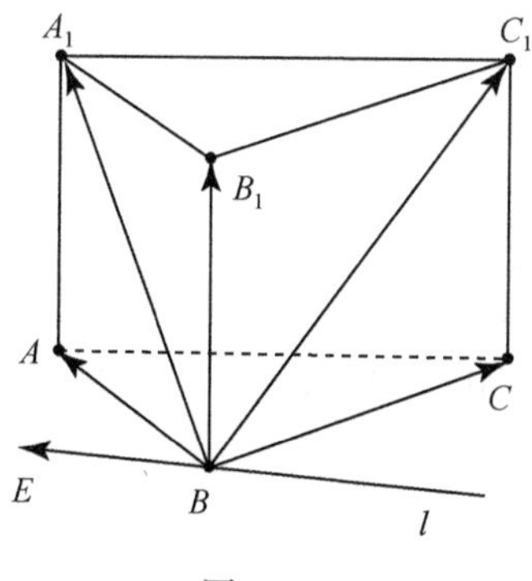

图 11-10

证明　设 $\overrightarrow{BE}=m\overrightarrow{BA}+n\overrightarrow{BC}=m\overrightarrow{B_1A_1}+n\overrightarrow{B_1C_1}$，又设

$$\overrightarrow{BE}=p\overrightarrow{BA_1}+q\overrightarrow{BC_1}=p(\overrightarrow{BB_1}+\overrightarrow{B_1A_1})+q(\overrightarrow{BB_1}+\overrightarrow{B_1C_1}),$$

可得

$$(p+q)\overrightarrow{BB_1}+(p-m)\overrightarrow{B_1A_1}+(q-n)\overrightarrow{B_1C_1}=\mathbf{0},$$

由于 $\overrightarrow{BB_1}$，$\overrightarrow{B_1A_1}$，$\overrightarrow{B_1C_1}$ 不共面，所以 $p+q=0$，$p-m=0$，$q-n=0$；

$$\overrightarrow{BE}=m\overrightarrow{B_1A_1}+n\overrightarrow{B_1C_1}=m\overrightarrow{B_1A_1}-m\overrightarrow{B_1C_1}=m\overrightarrow{C_1A_1},$$

所以 $A_1C_1 \parallel l$.

【例 11.8】 如图 11-11，在正方体 $ABCD-A'B'C'D'$ 中，点 M，N，P 分别是棱 AB，CC'，DD' 的中点，点 Q 是线段 AN 上的点，且 $AQ=\frac{1}{3}AN$. 求证：P，Q，M 三点共线.

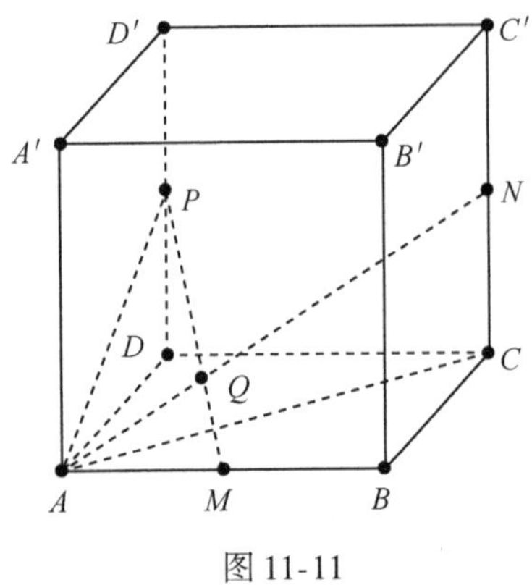

图 11-11

证明

$$\overrightarrow{PM}=\overrightarrow{PD}+\overrightarrow{DA}+\overrightarrow{AM}=\overrightarrow{NC}+\overrightarrow{CB}+(\overrightarrow{BA}+\overrightarrow{AB})+\overrightarrow{AM}=\overrightarrow{NA}+3\overrightarrow{AM}$$

$$=3(\overrightarrow{QA}+\overrightarrow{AM})=3\overrightarrow{QM}.$$

【例 11.9】 如图 11-12，已知正方体 $ABCD-A'B'C'D'$ 中，点 M 和 N 分别是棱 BB' 和对角线 CA' 的中点，求证：$MN\perp BB'$.

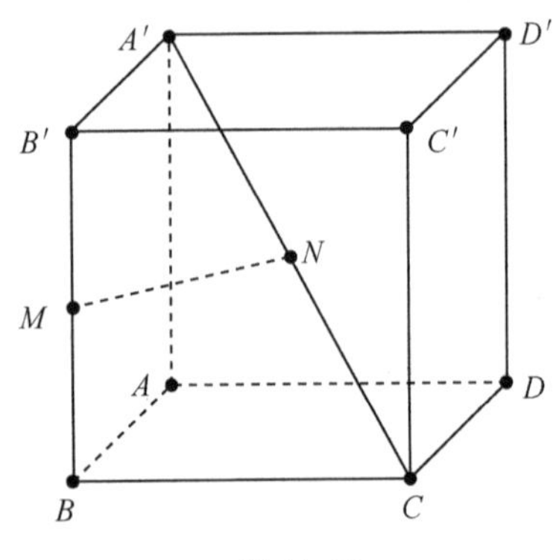

图 11-12

证法 1

$$\overrightarrow{MN}\cdot\overrightarrow{BB'}=(\overrightarrow{MB}+\overrightarrow{BC}+\overrightarrow{CN})\cdot\overrightarrow{BB'}$$
$$=(\overrightarrow{MB}+\frac{1}{2}(\overrightarrow{CD}+\overrightarrow{DD'}+\overrightarrow{D'A'}))\cdot\overrightarrow{BB'}$$
$$=(\overrightarrow{MB}+\frac{1}{2}\overrightarrow{DD'})\cdot\overrightarrow{BB'}=0,$$

所以 $MN\perp BB'$.

证法 2　应用向量形式的四边形中位线公式可快速解题：

$$2\overrightarrow{MN}\cdot\overrightarrow{BB'}=(\overrightarrow{B'A'}+\overrightarrow{BC})\cdot\overrightarrow{BB'}=0.$$

【例 11.10】　如图 11-13，棱长为 a 的正方体 $ABCD-A_1B_1C_1D_1$ 中，E，F 分别是 AB 和 BC 上的动点，且 $AE=BF$，求证：$A_1F\perp C_1E$.

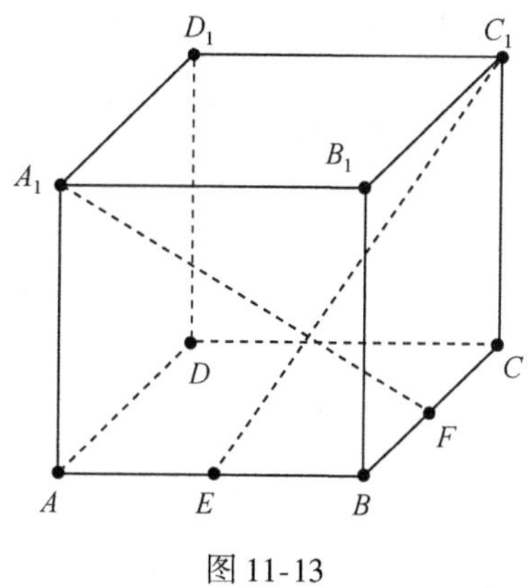

图 11-13

证明　设 $AE=BF=ka$，

$$\overrightarrow{A_1F}\cdot\overrightarrow{EC_1}=(\overrightarrow{A_1A}+\overrightarrow{AB}+\overrightarrow{BF})\cdot(\overrightarrow{EB}+\overrightarrow{BC}+\overrightarrow{CC_1})$$
$$=-a^2+(1-k)a^2+ka^2=0,$$

所以 $A_1F\perp C_1E$.

【例 11.11】　如图 11-14，正四面体 $ABCD$ 中，设高 AH 的中点为 M，则 MB，MC，MD 两两垂直.

证明　类似这样的问题，题中没有提供足够多的垂直关系；建立坐标系存在一定困难，采用非坐标法比较简单.

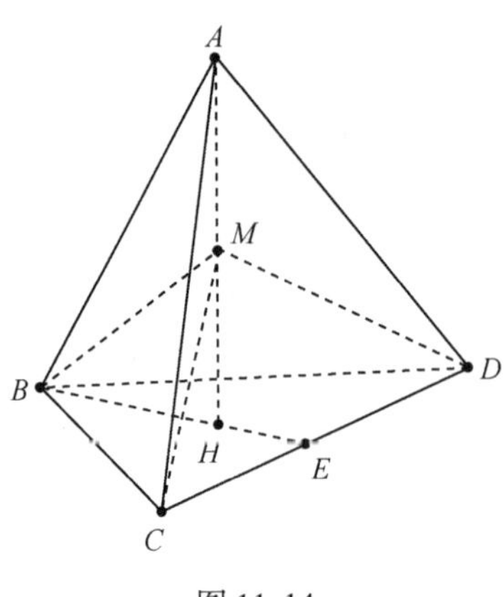

图 11-14

$$2\,\overrightarrow{BM}\cdot 2\,\overrightarrow{DM}=(\overrightarrow{BA}+\overrightarrow{BH})\cdot(\overrightarrow{DA}+\overrightarrow{DH})$$
$$=\left(\overrightarrow{BA}+\frac{1}{3}\overrightarrow{BC}+\frac{1}{3}\overrightarrow{BD}\right)\cdot\left(\overrightarrow{DA}+\frac{1}{3}\overrightarrow{DB}+\frac{1}{3}\overrightarrow{DC}\right)=0,$$

于是 $BM\perp DM$；同理可证 $MB\perp MC$，$MC\perp MD$.

【例 11.12】 如图 11-15，在棱长为 1 的立方体中，连接 $B'D$ 与平面 ACD' 交于点 P，求 DP.

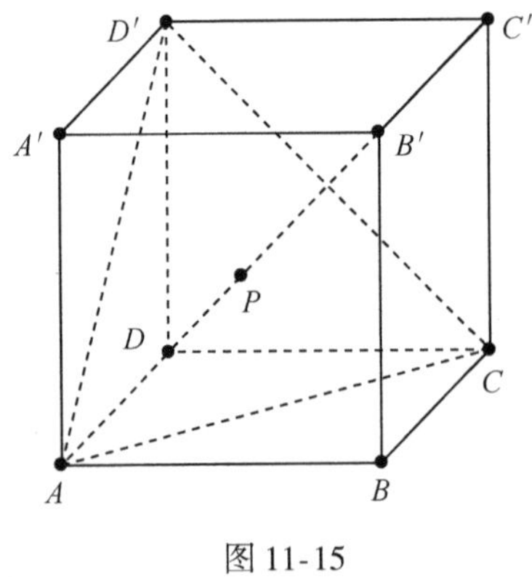

图 11-15

解法 1 因为 $\overrightarrow{DB'}\cdot\overrightarrow{AC}=(\overrightarrow{DA}+\overrightarrow{AB}+\overrightarrow{BB'})\cdot(\overrightarrow{AB}+\overrightarrow{BC})=0$，则 $DB'\perp AC$；同理 $DB'\perp AD'$，所以 $B'D\perp$ 平面 ACD'.

$$\frac{B'P}{PD}=\frac{\overrightarrow{B'A}\cdot\overrightarrow{B'D}}{\overrightarrow{AD}\cdot\overrightarrow{B'D}}=\frac{(\overrightarrow{B'B}+\overrightarrow{BA})\cdot(\overrightarrow{B'B}+\overrightarrow{BA}+\overrightarrow{AD})}{\overrightarrow{AD}\cdot(\overrightarrow{B'B}+\overrightarrow{BA}+\overrightarrow{AD})}=2,$$

所以 $DP=\frac{1}{3}\sqrt{1^2+1^2+1^2}=\frac{\sqrt{3}}{3}$.

解法 2　根据对称性可得点 P 是 $\triangle ACD'$ 的重心，

$$\overrightarrow{DP}=\frac{1}{3}(\overrightarrow{DA}+\overrightarrow{DC}+\overrightarrow{DD'})=\frac{1}{3}\overrightarrow{DB'},$$

所以 $DP=\frac{1}{3}\sqrt{1^2+1^2+1^2}=\frac{\sqrt{3}}{3}$.

【例 11.13】　如图 11-16，正方体 $ABCD-A_1B_1C_1D_1$ 棱长为 1，M 和 N 分别在 A_1B，B_1D_1 上，求 MN 长度的最小值.

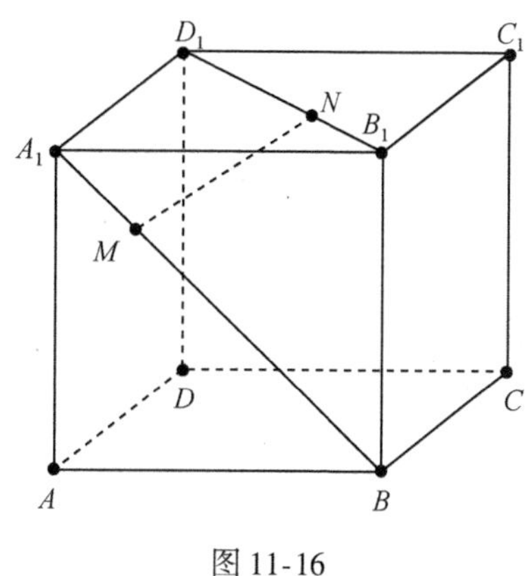

图 11-16

分析　由几何知识可得垂线段最短.

解法 1　设 $\overrightarrow{MA_1}=p\,\overrightarrow{BA_1}$，$\overrightarrow{B_1N}=q\,\overrightarrow{B_1D_1}$，由 $\overrightarrow{MN}\cdot\overrightarrow{A_1B}=0$，即

$$(\overrightarrow{MA_1}+\overrightarrow{A_1B_1}+\overrightarrow{B_1N})\cdot(\overrightarrow{A_1A}+\overrightarrow{A_1B_1})=0$$

得 $1-q=2p$；同理由 $\overrightarrow{MN}\cdot\overrightarrow{B_1D_1}=0$ 得 $1-p=2q$，所以 $p=q=\frac{1}{3}$.

$$|\overrightarrow{MN}|=|\overrightarrow{MA_1}+\overrightarrow{A_1B_1}+\overrightarrow{B_1N}|=\frac{1}{3}|\overrightarrow{BA_1}+3\,\overrightarrow{A_1B_1}+\overrightarrow{B_1D_1}|$$

$$=\frac{1}{3}|\overrightarrow{AA_1}+\overrightarrow{AB}+\overrightarrow{AD}|=\frac{\sqrt{3}}{3}.$$

解法 2　以 D 为坐标原点建立坐标系，设 A（1，0，0），A_1（1，

0, 1), B (1, 1, 0), B_1 (1, 1, 1), C_1 (0, 1, 1), D_1 (0, 0, 1), 则 $\overrightarrow{A_1B}=(0,1,-1)$, $\overrightarrow{D_1B_1}=(1,1,0)$, $\overrightarrow{AB_1}=(0,-1,-1)$; 设 MN 是直线 B_1D_1 与 A_1B 的公垂线, 且 $\overrightarrow{A_1M}=m\overrightarrow{A_1B}=(0,m,-m)$, $\overrightarrow{D_1N}=n\overrightarrow{D_1B_1}=(n,n,0)$, 则

$$\begin{aligned}\overrightarrow{MN}&=\overrightarrow{MA_1}+\overrightarrow{A_1D_1}+\overrightarrow{D_1N}\\&=(0,-m,m)+(-1,0,0)+(n,n,0)\\&=(n-1,n-m,m),\end{aligned}$$

$$\overrightarrow{MN}\cdot\overrightarrow{A_1B}=(n-1,n-m,m)\cdot(0,1,-1)=n-2m=0,$$

$$\overrightarrow{MN}\cdot\overrightarrow{D_1B_1}=(n-1,n-m,m)\cdot(1,1,0)=2n-1-m=0,$$

解得 $n=\dfrac{2}{3}$, $m=\dfrac{1}{3}$, $\overrightarrow{MN}=\left(-\dfrac{1}{3},\dfrac{1}{3},\dfrac{1}{3}\right)$, 所以 $|\overrightarrow{MN}|=\dfrac{\sqrt{3}}{3}$.

解法 3 如解法 2 设坐标系, 设 $\boldsymbol{n}=(x,y,z)$, 由 $\boldsymbol{n}\cdot\overrightarrow{A_1B}=0$ 得 $y-z=0$; 由 $\boldsymbol{n}\cdot\overrightarrow{D_1B_1}=0$ 得 $x+y=0$; 取 $\boldsymbol{n}=(-1,1,1)$, 则 $d=\dfrac{|\overrightarrow{D_1A_1}\cdot\boldsymbol{n}|}{|\boldsymbol{n}|}=\dfrac{\sqrt{3}}{3}$.

解法 3 使用了投影的思想, 显得更简单.

【例 11.14】 如图 11-17, 已知正四面体 $O-ABC$, E 和 F 分别是 AB 和 OC 的中点, 求 OE 与 BF 所成角的余弦.

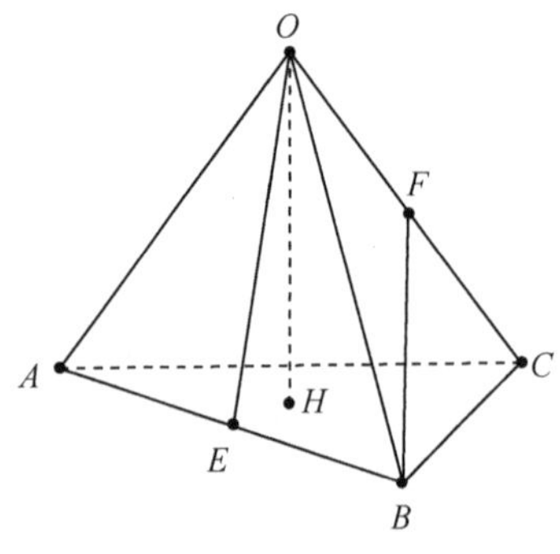

图 11-17

解　设正四面体棱长为 1，

$$\cos\theta=\frac{|\overrightarrow{OE}\cdot\overrightarrow{BF}|}{|\overrightarrow{OE}||\overrightarrow{BF}|}=\frac{\left|\frac{1}{2}(\overrightarrow{OA}+\overrightarrow{OB})\cdot(\overrightarrow{BO}+\frac{1}{2}\overrightarrow{OC})\right|}{|\overrightarrow{OE}||\overrightarrow{BF}|}=\frac{\frac{1}{2}}{\frac{3}{4}}=\frac{2}{3}.$$

【例 11.15】　如图 11-18，已知直三棱柱 $ABC-A_1B_1C_1$ 中，$\angle ACB=90°$，$\angle BAC=30°$，$BC=1$，$AA_1=\sqrt{6}$，M 是 CC_1 中点，证明：$AB_1\perp A_1M$.

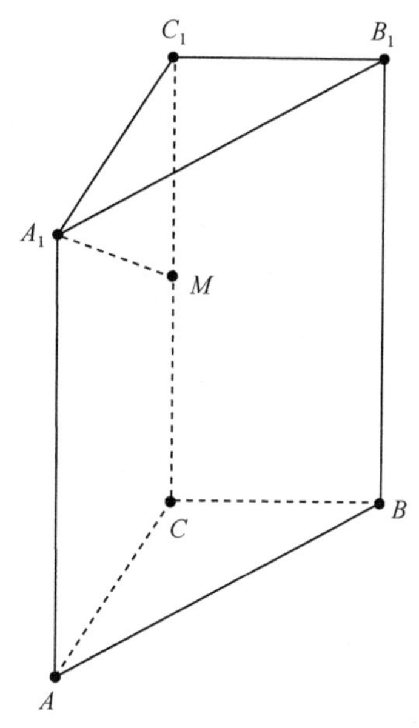

图 11-18

证法 1　由 $\angle ACB=90°$，$\angle BAC=30°$，$BC=1$，得 $AC=\sqrt{3}$.

$$\overrightarrow{AB_1}\cdot\overrightarrow{A_1M}=(\overrightarrow{AC}+\overrightarrow{CB}+\overrightarrow{BB_1})\cdot\left(\frac{1}{2}\overrightarrow{A_1A}+\overrightarrow{AC}\right)$$

$$=AC^2-\frac{1}{2}A_1A^2=(\sqrt{3})^2-\frac{(\sqrt{6})^2}{2}=0,$$

所以 $AB_1\perp A_1M$.

证法 2　以 C 为坐标原点，设 $A(\sqrt{3},0,0)$，$B(0,1,0)$，

$C(0,0,0)$，$A_1(\sqrt{3},0,\sqrt{6})$，$B_1(0,1,\sqrt{6})$，$C_1(0,0,\sqrt{6})$，$M\left(0,0,\frac{\sqrt{6}}{2}\right)$，$\overrightarrow{AB_1}=(-\sqrt{3},1,\sqrt{6})$，$\overrightarrow{A_1M}=\left(-\sqrt{3},0,-\frac{\sqrt{6}}{2}\right)$，有 $\overrightarrow{AB_1}\cdot\overrightarrow{A_1M}=3-3=0$，所以 $AB_1\perp A_1M$.

【例 11.16】 如图 11-19，在直三棱柱 $ABC-A_1B_1C_1$ 中，$AC=3$，$BC=4$，$AA_1=4$，$AB=5$，点 D 是 AB 的中点，(1) 求证：$AC\perp BC_1$. (2) 求证：AC_1 // 平面 CDB_1.

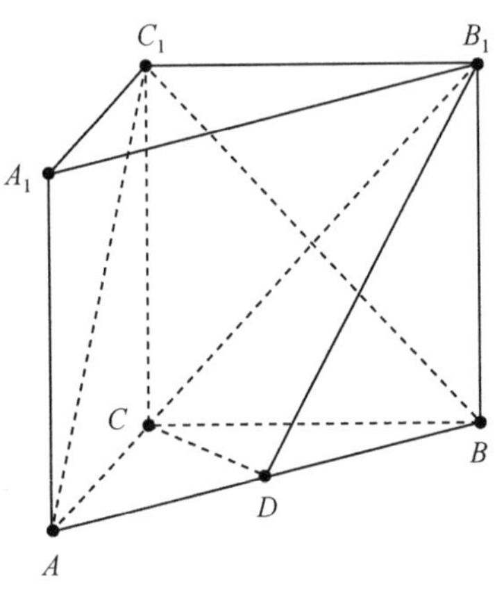

图 11-19

证法 1 (1) 由 $AC=3$，$BC=4$，$AB=5$，得 $AC\perp CB$；$\overrightarrow{AC}\cdot\overrightarrow{BC_1}=\overrightarrow{AC}\cdot(\overrightarrow{BC}+\overrightarrow{CC_1})=0$，$AC\perp BC_1$.

(2) $\overrightarrow{AC_1}=\overrightarrow{AD}+\overrightarrow{DC}+\overrightarrow{CC_1}=\overrightarrow{DB}+\overrightarrow{DC}+\overrightarrow{BB_1}=\overrightarrow{DC}+\overrightarrow{DB_1}$，而 $A\notin$ 平面 CDB_1，故 AC_1 // 平面 CDB_1.

证法 2 由 $AC=3$，$BC=4$，$AB=5$，得 $AC\perp CB$；以 C 为坐标原点建立空间坐标系，设 $A(3,0,0)$，$B(0,4,0)$，$C(0,0,0)$，$B_1(0,4,4)$，$C_1(0,0,4)$，$D\left(\frac{3}{2},2,0\right)$，

(1) $\overrightarrow{AC}=(-3,0,0)$，$\overrightarrow{BC_1}=(0,-4,4)$，所以 $\overrightarrow{AC}\cdot\overrightarrow{BC_1}=0$，$AC\perp BC_1$.

（2）设 CB_1 与 C_1B 的交点为 E，则 $E(0, 2, 2)$，$\overrightarrow{DE}=\left(-\frac{3}{2}, 0, 2\right)$，$\overrightarrow{AC_1}=(-3, 0, 4)$，所以 $\overrightarrow{DE}=\frac{1}{2}\overrightarrow{AC_1}$，$DE /\!/ AC_1$；又因 $DE\subset$ 平面 CDB_1，$AC_1\not\subset$ 平面 CDB_1，所以 $AC_1 /\!/$ 平面 CDB_1.

【例 11.17】 如图 11-20，已知长方体 $ABCD-A_1B_1C_1D_1$，$ABCD$ 是边长为 1 的正方形，$AA_1=2$，点 E 为 CC_1 的中点，求点 C_1 到平面 BDE 的距离.

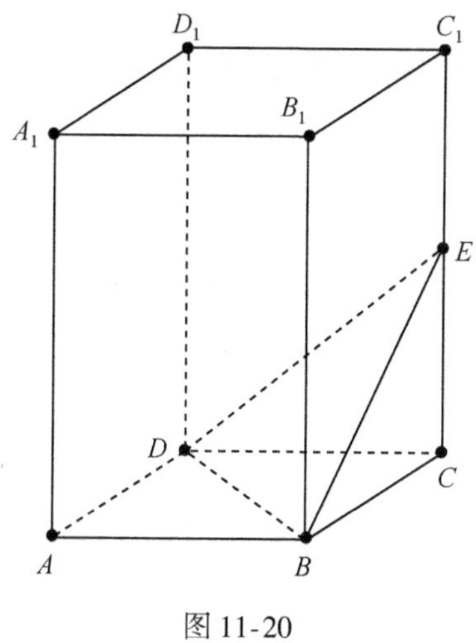

图 11-20

解法 1 设 $\boldsymbol{n}=x\overrightarrow{DA}+y\overrightarrow{DC}+z\overrightarrow{DD_1}$ 为平面 BDE 的法向量，由 $\boldsymbol{n}\cdot\overrightarrow{DB}=0$ 得 $x=-y$；由 $\boldsymbol{n}\cdot\overrightarrow{DE}=0$ 得 $y=-2z$；所以 $\boldsymbol{n}=2\overrightarrow{DA}-2\overrightarrow{DC}+\overrightarrow{DD_1}$，

$$d=\frac{|\overrightarrow{C_1E}\cdot\boldsymbol{n}|}{|\boldsymbol{n}|}=\frac{|-1|}{\sqrt{3}}=\frac{\sqrt{3}}{3},$$

即点 C_1 到平面 BDE 的距离为 $\frac{\sqrt{3}}{3}$.

解法 2 以 D 为坐标原点建立坐标系，设 $D(0, 0, 0)$，$B(1, 1, 0)$，$C_1(0, 1, 2)$，$E(0, 1, 1)$，$\overrightarrow{DB}=(1, 1, 0)$，$\overrightarrow{DE}=(0, 1, 1)$，$\overrightarrow{C_1E}=(0, 0, -1)$，设面 BDE 的一个法向量为 $\boldsymbol{n}=(x, y, z)$，则有 $\boldsymbol{n}\cdot\overrightarrow{DB}=0$，$\boldsymbol{n}\cdot\overrightarrow{DE}=0$，得 $x+y=0$，$y+z=0$. 令 $x=1$ 得 $y=-1$，$z=1$，

即 $\boldsymbol{n}=(1,-1,1)$，面 BDE 取一点 E，故 $\overrightarrow{C_1E}$ 在法向量 $\boldsymbol{n}$ 上的射影的长度为

$$d=\frac{|\overrightarrow{C_1E}\cdot\boldsymbol{n}|}{|\boldsymbol{n}|}=\frac{|-1|}{\sqrt{3}}=\frac{\sqrt{3}}{3},$$

即点 C_1 到平面 BDE 的距离为 $\frac{\sqrt{3}}{3}$.

两种解法本质一致，解法 1 写法上显得简略．若利用体积计算则更简明：容易求出四面体 C_1DBE 体积为 $\frac{1}{6}$，正三角形 DBE 面积为 $\frac{\sqrt{3}}{2}$，故点 C_1 到平面 BDE 的距离为

$$3\times\frac{1}{6}\div\frac{\sqrt{3}}{2}=\frac{\sqrt{3}}{3}.$$

注意 E 是 CC_1 中点，故点 C_1 和 C 到平面 BDE 的距离相等，就更容易解决了．

【例 11.18】 如图 11-21，在直三棱柱 $ABC-A_1B_1C_1$ 中，$AB=BC$，D 和 E 分别为 BB_1 和 AC_1 的中点．

(1) 证明：ED 为异面直线 BB_1 与 AC_1 的公垂线．

(2) 设 $AA_1=AC=\sqrt{2}AB$，求二面角 A_1-AD-C_1 的大小．(2006 年全国高考试题)

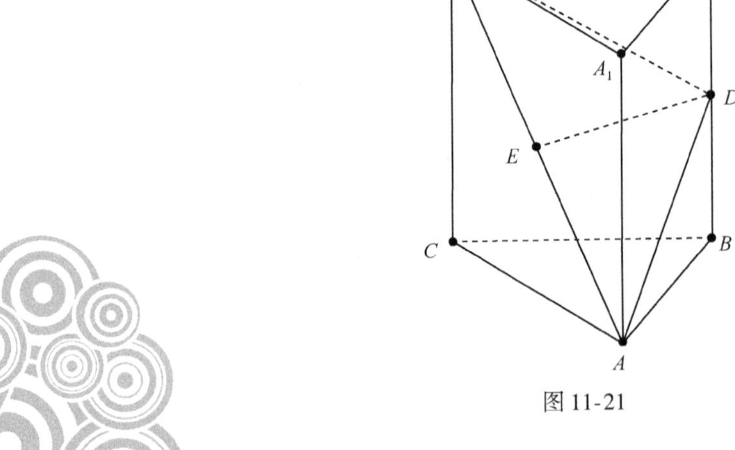

图 11-21

证法 1

$$\overrightarrow{DE}\cdot\overrightarrow{BB_1}=\left(\overrightarrow{BA}+\frac{1}{2}\overrightarrow{AC}\right)\cdot\overrightarrow{BB_1}=0,$$

于是 $DE\perp BB_1$.

$\overrightarrow{DE}\cdot\overrightarrow{AC_1}=(\overrightarrow{BA}+\frac{1}{2}\overrightarrow{AC})\cdot(\overrightarrow{AC}+\overrightarrow{CC_1})=(\overrightarrow{BA}+\frac{1}{2}\overrightarrow{AC})\cdot\overrightarrow{AC}=0$,

于是 $DE\perp AC_1$，所以 ED 是异面直线 BB_1 与 AC_1 的公垂线.

设 $\boldsymbol{n}=x\overrightarrow{AB}+y\overrightarrow{AC}+z\overrightarrow{AA_1}$ 为平面 ADA_1 的法向量，由 $\boldsymbol{n}\cdot\overrightarrow{AA_1}=0$ 得 $z=0$；由 $\boldsymbol{n}\cdot\overrightarrow{AD}=0$ 得 $x=-y$；则 $\boldsymbol{n}=\overrightarrow{AB}-\overrightarrow{AC}$；设 $\boldsymbol{m}=r\overrightarrow{AB}+s\overrightarrow{AC}+t\overrightarrow{AA_1}$ 为平面 ADC_1 的法向量，由 $\boldsymbol{m}\cdot\overrightarrow{AE}=0$ 得 $r=0$；由 $\boldsymbol{n}\cdot\overrightarrow{AD}=0$ 得 $S=-t$；则 $\boldsymbol{m}=\overrightarrow{AC}-\overrightarrow{AA_1}$；$\cos\langle\boldsymbol{m},\ \boldsymbol{n}\rangle=\dfrac{\boldsymbol{m}\cdot\boldsymbol{n}}{|\boldsymbol{m}||\boldsymbol{n}|}=-\dfrac{1}{2}$，则 $\boldsymbol{m}$ 和 $\boldsymbol{n}$ 的夹角为 $120°$，二面角 A_1-AD-C_1 为 $60°$.

证法 2　以 AC 中点 O 为坐标原点建立坐标系，设 $A(a,\ 0,\ 0)$，$B(0,\ b,\ 0)$，$B_1(0,\ b,\ 2c)$，$C(-a,\ 0,\ 0)$，$C_1(-a,\ 0,\ 2c)$，$E(0,\ 0,\ c)$，$D(0,\ b,\ c)$，则 $\overrightarrow{ED}=(0,\ b,\ 0)$，$\overrightarrow{BB_1}=(0,\ 0,\ 2c)$，$\overrightarrow{AC_1}=(-2a,\ 0,\ 2c)$，于是 $\overrightarrow{ED}\cdot\overrightarrow{BB_1}=0$，$\overrightarrow{ED}\cdot\overrightarrow{AC_1}=0$，所以 ED 是异面直线 BB_1 与 AC_1 的公垂线.

不妨设 $A(1,\ 0,\ 0)$，则 $B(0,\ 1,\ 0)$，$C(-1,\ 0,\ 0)$，$A_1(1,\ 0,\ 2)$，$\overrightarrow{BC}=(-1,\ -1,\ 0)$，$\overrightarrow{AB}=(-1,\ 1,\ 0)$，$\overrightarrow{AA_1}=(0,\ 0,\ 2)$，$\overrightarrow{EC}=(-1,\ 0,\ 1)$，$\overrightarrow{BC}\cdot\overrightarrow{AB}=0$，$\overrightarrow{BC}\cdot\overrightarrow{AA_1}=0$，所以 $BC\perp$ 平面 A_1AD. 同理可证 $EC\perp$ 平面 C_1AD;

$$\cos\langle\overrightarrow{BC},\ \overrightarrow{EC}\rangle=\frac{\overrightarrow{BC}\cdot\overrightarrow{EC}}{|\overrightarrow{BC}||\overrightarrow{EC}|}=\frac{1}{2},$$

则二面角 A_1-AD-C_1 为 $60°$.

【例 11.19】　如图 11-22，四棱锥 S-$ABCD$ 的底面是正方形，每条侧棱的长都是底面边长的 $\sqrt{2}$ 倍，P 为侧棱 SD 上的点.

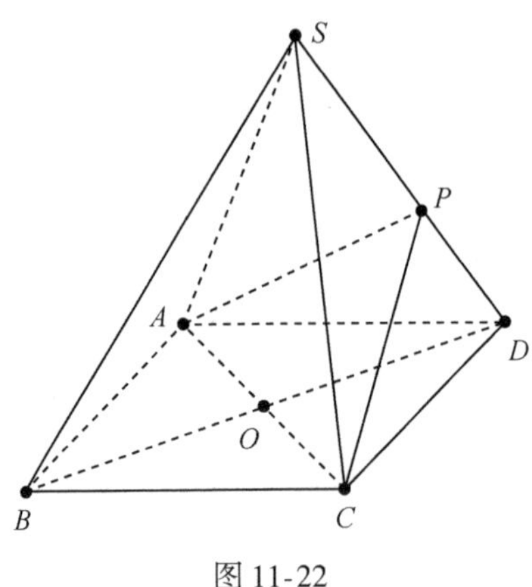

图 11-22

（1）求证：$AC\perp SD$.

（2）若 $SD\perp$ 平面 PAC，求二面角 $P\text{-}AC\text{-}D$ 的大小 .

（3）在（2）的条件下，侧棱 SC 上是否存在一点 E，使得 $BE/\!/$ 平面 PAC. 若存在，求 $SE:EC$ 的值；若不存在，试说明理由 .

解法 1　（1）设 AC 交于 BD 于 O，易得 $SO\perp$ 平面 $ABCD$. 设底面边长为 a，则高 $SO=\dfrac{\sqrt{6}}{2}a$；以 O 为坐标原点，设 $S\left(0,\ 0,\ \dfrac{\sqrt{6}}{2}a\right)$，$D\left(-\dfrac{\sqrt{2}}{2}a,\ 0,\ 0\right)$，$C\left(0,\ \dfrac{\sqrt{2}}{2}a,\ 0\right)$，$\overrightarrow{OC}=\left(0,\ \dfrac{\sqrt{2}}{2}a,\ 0\right)$，$\overrightarrow{SD}=\left(-\dfrac{\sqrt{2}}{2}a,\ 0,\ -\dfrac{\sqrt{6}}{2}a\right)$，$\overrightarrow{OC}\cdot\overrightarrow{SD}=0$，故 $OC\perp SD$，从而 $AC\perp SD$.

（2）平面 PAC 的一个法向量 $\overrightarrow{DS}=\left(\dfrac{\sqrt{2}}{2}a,\ 0,\ \dfrac{\sqrt{6}}{2}a\right)$，平面 DAC 的一个法向量 $\overrightarrow{OS}=\left(0,\ 0,\ \dfrac{\sqrt{6}}{2}a\right)$，设所求二面角为 θ，则

$$\cos\theta=\frac{\overrightarrow{OS}\cdot\overrightarrow{DS}}{|\overrightarrow{OS}||\overrightarrow{DS}|}=\frac{\sqrt{3}}{2},$$

所求二面角的大小为 30°.

（3）$\overrightarrow{DS}=\left(\dfrac{\sqrt{2}}{2}a,\ 0,\ \dfrac{\sqrt{6}}{2}a\right)$，$\overrightarrow{CS}=\left(0,\ -\dfrac{\sqrt{2}}{2}a,\ \dfrac{\sqrt{6}}{2}a\right)$，设 $\overrightarrow{CE}=$

$t\overrightarrow{CS}$，则 $\overrightarrow{BE}=\overrightarrow{BC}+\overrightarrow{CE}=\overrightarrow{BC}+t\overrightarrow{CS}=\left(-\frac{\sqrt{2}}{2}a,\ \frac{\sqrt{2}}{2}a(1-t),\ \frac{\sqrt{6}}{2}at\right)$，若 $\overrightarrow{BE}\cdot\overrightarrow{DS}=0$，则 $t=\frac{1}{3}$，即当 $SE:EC=2:1$ 时，$\overrightarrow{BE}\perp\overrightarrow{DS}$；而 BE 不在平面 PAC 内，故 BE // 平面 PAC.

解法 2　(1) 设 AC 交 BD 于 O，由题意 $SO\perp AC$. 在正方形 $ABCD$ 中，$AC\perp BD$，所以 $AC\perp$ 平面 SBD，得 $AC\perp SD$.

(2) 设正方形边长为 a，则 $SD=\sqrt{2}a$. 又 $OD=\frac{\sqrt{2}}{2}a$，所以 $\angle SOD=60°$，连 OP，由 (1) 知 $AC\perp$ 平面 SBD，所以 $AC\perp OP$，且 $AC\perp OD$，所以 $\angle POD$ 是二面角 P-AC-D 的平面角. 由 $SD\perp$ 平面 PAC，知 $SD\perp OP$，所以 $\angle POD=30°$，即二面角 P-AC-D 的大小为 30°.

(3) 在棱 SC 上存在一点 E，使得 BE // 平面 PAC，由 (2) 可得 $PD=\frac{\sqrt{2}}{4}a$，故可在 SP 上取一点 N，使得 $PN=PD$，过 N 作 PC 的平行线与 SC 的交点即为 E. 连 BN，在 $\triangle BDN$ 中知 BN // PO，又由于 NE // PC，故平面 BEN // 平面 PAC，得 BE // 平面 PAC，由于 $SN:NP=2:1$，故 $SE:EC=2:1$.

【例 11.20】　如图 11-23，在四棱锥 $P-ABCD$ 中，底面 $ABCD$ 是正方形，侧棱 $PD\perp$ 平面 $ABCD$，$PD=DC$，E 是 PC 的中点，作 $EF\perp PB$ 交 PB 于 F. 求证：(1) PA // 平面 BDE. (2) $PB\perp$ 平面 EFD. (3) 求二面角 $C-PB-D$ 的大小. (2004 年天津高考试题)

证法 1　(1) $\overrightarrow{PA}=\overrightarrow{PE}+\overrightarrow{EB}+\overrightarrow{BA}=\overrightarrow{EC}+\overrightarrow{EB}+\overrightarrow{CD}=\overrightarrow{ED}+\overrightarrow{EB}$，而 PA 不在平面 BDE 内，故 PA // 平面 BDE.

(2) $\overrightarrow{PB}\cdot\overrightarrow{DE}=(\overrightarrow{PD}+\overrightarrow{DA}+\overrightarrow{AB})\cdot\frac{1}{2}(\overrightarrow{DP}+\overrightarrow{DC})=DP^2-DC^2=0$，所以 $PB\perp$ 平面 EFD.

(3) 由 (2) 知，$PB\perp DF$，故 $\angle EFD$ 是二面角 $C-PB-D$ 的平面角，且 $DE\perp EF$. 设 AB 为 1，则 $BD=\sqrt{2}$，$PB=\sqrt{3}$，$PC=\sqrt{2}$，

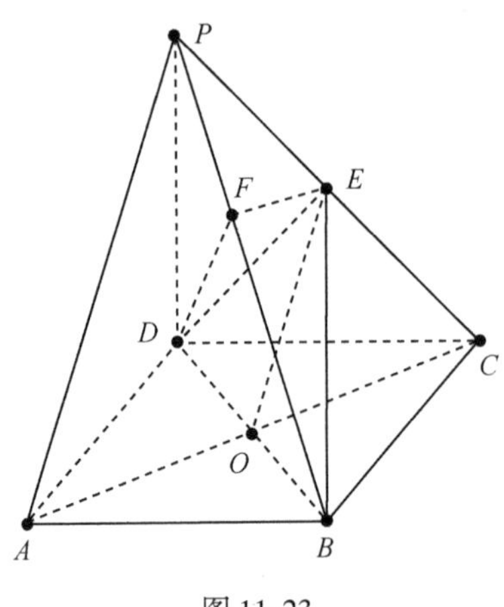

图 11-23

$DE=\frac{\sqrt{2}}{2}$，在直角三角形 $\triangle PDB$ 中，$DF=\frac{PD\cdot BD}{PB}=\frac{\sqrt{6}}{3}$；在直角三角形 $\triangle EFD$ 中，$\sin\angle EFD=\frac{DE}{DF}=\frac{\sqrt{3}}{2}$，得 $\angle EFD=\frac{\pi}{3}$，所以二面角 $C-PB-D$ 的大小为 $\frac{\pi}{3}$.

证法 2 以 D 为坐标原点建立空间直角坐标系，设 $DC=a$.

(1) **证明** 连接 AC 交 BD 于 O，连接 EO，设 $A(a,0,0)$，$P(0,0,a)$，$E(0,\frac{a}{2},\frac{a}{2})$，$O\left(\frac{a}{2},\frac{a}{2},0\right)$ 且 $\overrightarrow{PA}=(a,0,-a)$，$\overrightarrow{EO}=\left(\frac{a}{2},0,-\frac{a}{2}\right)$，于是 $\overrightarrow{PA}=2\overrightarrow{EO}$，所以 $PA/\!/$平面 EDB.

(2) **证明** $B(a,a,0)$，$\overrightarrow{PB}=(a,a,-a)$，$\overrightarrow{DE}=\left(0,\frac{a}{2},\frac{a}{2}\right)$，$\overrightarrow{PB}\cdot\overrightarrow{DE}=0+\frac{a^2}{2}-\frac{a^2}{2}=0$，于是 $PB\perp DE$. 由已知 $EF\perp PB$，且 $EF\cap DE=E$，所以 $PB\perp$平面 EFD.

(3) **解** 设 $F(x_0,y_0,z_0)$，$\overrightarrow{PF}=\lambda\overrightarrow{PB}$，即 $(x_0,y_0,z_0-a)=\lambda(a,a,-a)$，于是 $x_0=\lambda a$，$y_0=\lambda a$，$z_0=(1-\lambda)a$，所以

$$\overrightarrow{FE}=\left(-x_0,\ \frac{a}{2}-y_0,\ \frac{a}{2}-z_0\right)=\left(-\lambda a,\ \left(\frac{1}{2}-\lambda\right)a,\ \left(\lambda-\frac{1}{2}\right)a\right).$$

由 $\overrightarrow{FE}\cdot\overrightarrow{PB}=0$，即 $-\lambda a^2+\left(\frac{1}{2}-\lambda\right)a^2-\left(\lambda-\frac{1}{2}\right)a^2=0$，得 $\lambda=\frac{1}{3}$，则 $F\left(\frac{a}{3},\ \frac{a}{3},\ \frac{2a}{3}\right)$，且 $\overrightarrow{FE}=\left(-\frac{a}{3},\ \frac{a}{6},\ -\frac{a}{6}\right)$，$\overrightarrow{FD}=\left(-\frac{a}{3},\ -\frac{a}{3},\ -\frac{2a}{3}\right)$，$\overrightarrow{PB}\cdot\overrightarrow{FD}=-\frac{a^2}{3}-\frac{a^2}{3}+\frac{2a^2}{3}=0$，即 $PB\perp FD$，故 $\angle EFD$ 是二面角 $C-PB-D$ 的平面角．$\overrightarrow{FE}\cdot\overrightarrow{FD}=\frac{a^2}{9}-\frac{a^2}{18}+\frac{a^2}{9}=\frac{a^2}{6}$，且

$$|\overrightarrow{FE}|=\sqrt{\frac{a^2}{9}+\frac{a^2}{36}+\frac{a^2}{36}}=\frac{\sqrt{6}}{6}a,\quad |\overrightarrow{FD}|=\sqrt{\frac{a^2}{9}+\frac{a^2}{9}+\frac{4a^2}{9}}=\frac{\sqrt{6}}{3}a,$$

由

$$\cos\angle EFD=\frac{\overrightarrow{FE}\cdot\overrightarrow{FD}}{|\overrightarrow{FE}||\overrightarrow{FD}|}=\frac{\frac{a^2}{6}}{\frac{\sqrt{6}}{6}a\cdot\frac{\sqrt{6}}{3}a}=\frac{1}{2}$$

得 $\angle EFD=\frac{\pi}{3}$，所以二面角 $C-PB-D$ 的大小为 $\frac{\pi}{3}$.

最后给出一个用坐标法难以处理的问题，供大家探讨．

【例 11.21】 长方体对角线长的平方，等于长、宽、高三边的平方和．那么反之，已知平行六面体的一条体对角线长的平方等于从对角线一端引出的三条棱长的平方和．问这个平行六面体是否一定是长方体？

解 如图11-24，由向量加法可得 $\overrightarrow{AG}=\overrightarrow{AB}+\overrightarrow{AD}+\overrightarrow{AE}$；根据条件，有长度关系 $\overrightarrow{AG}^2=\overrightarrow{AB}^2+\overrightarrow{AD}^2+\overrightarrow{AE}^2$；因而可得 $\overrightarrow{AB}\cdot\overrightarrow{AD}+\overrightarrow{AD}\cdot\overrightarrow{AE}+\overrightarrow{AE}\cdot\overrightarrow{AB}=0$，即 $AB\cdot AD\cos\angle BAD+AD\cdot AE\cos\angle DAE+AE\cdot AB\cos\angle EAB=0$；显然当 $\angle BAD=\angle DAE=\angle EAB=90°$ 时，此等式成立．但反过来呢？

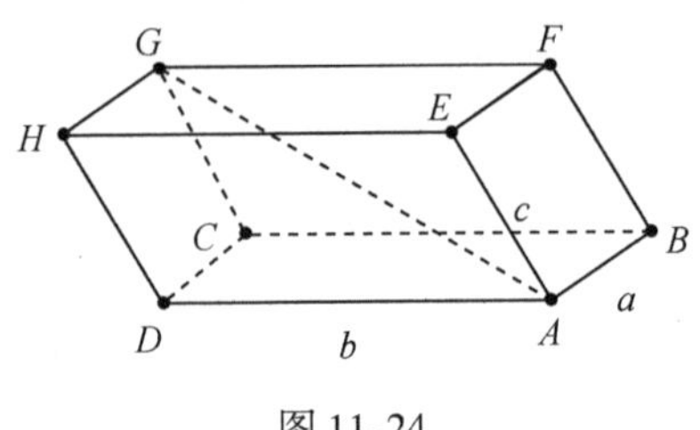

图 11-24

当平行六面体不是长方体时，也是可以找到满足条件的例子的．譬如：$AB=AD=2\sqrt{2}$，$AE=1$，$\angle BAD=60^\circ$，$\angle DAE=\angle EAB=135^\circ$，此时 $AB\cdot AD\cos\angle BAD+AD\cdot AE\cos\angle DAE+AE\cdot AB\cos\angle EAB=0$．显然这样的平行六面体不是长方体，从而结论是否定的．

第 12 章
向量法与解析几何

很多资料介绍向量法解题，总是强调将其转化成坐标法．鉴于这方面的论述已经很多了，所以本章的重点在于讨论，向量法解解析几何问题与坐标法的不同之处．

解析几何问题一直以来是用坐标法来解的．那么向量法能否取而代之呢？有人会说：我们可以找很多题目来试验一下．这确实是一种方法，但根本的方法是用向量法把解析几何解题的基本工具推导一遍．

性质 1（平面两点间的距离公式）　平面上两点 $A(x_1,\ y_1)$ 和 $B(x_2,\ y_2)$ 的距离是 $AB=\sqrt{(x_1-x_2)^2+(y_1-y_2)^2}$．

从平面上任一点 $A(x_1,\ y_1)$ 出发到另一点 $B(x_2,\ y_2)$，$\overrightarrow{AB}$ 的坐标是

$$\overrightarrow{AB}=\overrightarrow{OB}-\overrightarrow{OA}=(x_2,\ y_2)-(x_1,\ y_1)=(x_2-x_1,\ y_1-y_2),$$

向量的坐标等于它的终点坐标减去起点坐标．AB 的距离等于 $\overrightarrow{AB}=(x_2-x_1,\ y_1-y_2)$ 的模，$|AB|^2=\overrightarrow{AB}^2=(x_2-x_1)^2+(y_1-y_2)^2$，所以 $AB=\sqrt{(x_1-x_2)^2+(y_1-y_2)^2}$．

性质 2（线段定比分点公式）　如果线段 AB 的端点分别是 $A(x_A,\ y_A)$，

$B(x_B, y_B)$，$P(x_P, y_P)$ 分 AB 所成的比为 $\lambda=\dfrac{AP}{PB}$，则

$$x_P=\frac{x_A+\lambda x_B}{1+\lambda},\quad y_P=\frac{y_A+\lambda y_B}{1+\lambda}(\lambda\neq-1).$$

这由向量形式的定比分点公式 $\overrightarrow{OP}=\dfrac{\overrightarrow{OA}+\lambda\overrightarrow{OB}}{1+\lambda}$ 容易推导得到.

性质3 试确定二元一次方程 $Ax+By+C=0$ 的图像的形状和位置. 其中 A, B, C 是实数，且 A 和 B 不全为0.

解 由于 A 和 B 不全为0，至少有一组解 (x_0, y_0)，使得 $Ax_0+By_0+C=0$（当 $A\neq0$ 时，$\left(-\dfrac{C}{A}, 0\right)$ 是解；当 $B\neq0$ 时，$\left(0, -\dfrac{C}{B}\right)$ 是解）.

$Ax+By+C=0$ 减去 $Ax_0+By_0+C=0$，得 $A(x-x_0)+B(y-y_0)=0$，化为内积形式 $(A, B)\cdot(x-x_0, y-y_0)=0$，其几何意义是 $(A, B)\perp\overrightarrow{P_0P}$，其中 $P_0(x_0, y_0)$ 是图像上的固定点，$P(x, y)$ 是图像上任意一点. 用几何语言描述：P 在过点 P_0 且与 $\boldsymbol{n}=(A, B)$ 垂直的直线 l 上，方程的图像就是直线 l.

性质4(点法式方程) 直线 l 垂直于非零向量 (A, B) 且经过点 $P_0(x_0, y_0)$，求直线 l 的方程.

解 平面上任一点 $P(x, y)$ 在直线 l 上的充分必要条件是 $(A, B)\perp\overrightarrow{P_0P}$，即 $(A, B)\cdot(x-x_0, y-y_0)=0$，即 $A(x-x_0)+B(y-y_0)=0$.

定理 任意一个二元一次方程 $Ax+By+C=0$（A 和 B 不全为0）的图像是与 $\boldsymbol{n}=(A, B)$ 垂直的一条直线. 反之，直线 l 垂直于已知非零向量 $\boldsymbol{n}=(A, B)$，且经过已知点 $P_0(x_0, y_0)$，则 l 的方程为 $(A, B)\cdot(x-x_0, y-y_0)=0$. 经过整理可化为一般的二元一次方程 $Ax+By+C=0$（A 和 B 不全为0）的形式，一般称为直线的一般式方程，其中 $\boldsymbol{n}=(A, B)$ 称为直线 l 的法向量.

性质5(直线的两点式方程) 已知两点 $A(x_1, y_1)$ 和 $B(x_2, y_2)$，

则直线 AB 的方程为 $(y_2-y_1)(x-x_1)-(x_2-x_1)(y-y_1)=0$.

解　设点 $P(x, y)$ 在直线 AB 上，则 $\overrightarrow{AP}\parallel\overrightarrow{AB}$，有 $(x-x_1, y-y_1)\parallel(x_2-x_1, x-x_1)$，即 $(y_2-y_1)(x-x_1)-(x_2-x_1)(y-y_1)=0$.

性质 6　若直线 l 的斜率为 k，则向量 $(1, k)$ 平行于 l.

证明　设 $A(x_1, y_1)$ 和 $B(x_2, y_2)$ 是直线上任意两点，则

$$\overrightarrow{AB}=(x_2-x_1, y_2-y_1)\parallel\left(1, \frac{y_2-y_1}{x_2-x_1}\right)=(1, k),$$

所以 $\overrightarrow{AB}\parallel(1, k)$，即 $l\parallel(1, k)$.

直线方程中使用较多的是点斜式，使用点斜式方程不能遗漏斜率不存在的情况，所以必须分情形讨论；而使用直线的方向向量和法向量来解题，可以避免讨论.

由于直线 $Ax+By+C=0$ 的法向量 (A, B) 比方向向量 $(B, -A)$ 更简单、更容易记忆，所以解题时使用更多的是法向量，而不是方向向量.

直线 $Ax+By+C=0$ 的方向由法向量 $\boldsymbol{n}=(A, B)$ 决定，由两条直线的法向量之间的关系就可以确定两条直线的位置关系.

性质 7　设两条直线 l_1 和 l_2 的方程分别为 $A_1x+B_1y+C_1=0$ 和 $A_2x+B_2y+C_2=0$，则

（1）两直线平行，则它们的法向量平行，存在实数 $k\neq0$，使得 $A_2=kA_1$，$B_2=kB_1$，$C_2\neq kC_1$.

（2）两直线重合，则它们的法向量平行，存在实数 $k\neq0$，使得 $A_2=kA_1$，$B_2=kB_1$，$C_2=kC_1$.

（3）两直线垂直，则它们的法向量垂直，$A_1A_2+B_1B_2=0$.

（4）两直线相交，则它们的法向量不平行，$A_1B_2\neq A_2B_1$.

（5）l_1 和 l_2 夹角 α 的余弦

$$\cos\alpha=\frac{|A_1A_2+B_1B_2|}{\sqrt{A_1^2+B_1^2}\sqrt{A_2^2+B_2^2}},$$

其中，两直线的夹角 α 的大小规定在 $\left[0, \frac{\pi}{2}\right]$ 内，因此当法向量的夹角

θ 满足 $0 \leqslant \theta \leqslant \dfrac{\pi}{2}$ 时, $\alpha=\theta$; 当法向量的夹角 $\theta \geqslant \dfrac{\pi}{2}$ 时, $\alpha=\pi-\theta$.

性质 8 已知直线 l_1 和 l_2 的斜率为 k_1 和 k_2, l_1 绕交点逆时针旋转到与 l_2 重合时所旋转的最小正角为 θ, 则 $\tan\theta=\dfrac{k_2-k_1}{1+k_1k_2}$.

证明 两直线的方向向量为 $(1, k_1)$ 和 $(1, k_2)$, 则

$$\cos\theta=\frac{1+k_1k_2}{\sqrt{1+k_1^2}\sqrt{1+k_2^2}};$$

易验证 $(-k_1, 1)$ 与 $(1, k_1)$ 垂直且大小相等, 则

$$\sin\theta=\frac{k_2-k_1}{\sqrt{1+k_1^2}\sqrt{1+k_2^2}},$$

所以

$$\tan\theta=\frac{k_2-k_1}{1+k_1k_2}.$$

性质 9(点到直线的距离) 平面内一点 $P(x_0, y_0)$ 到直线 $l: Ax+By+C=0$ 的距离为

$$d=\frac{|Ax_0+By_0+C|}{\sqrt{A^2+B^2}}.$$

证法 1 过 P 向直线作垂线段交直线于 M; 直线 $Ax+By+C=0$ 的法向量为 $\boldsymbol{n}=(A, B)$, 则单位法向量为 $\boldsymbol{n}_0=\dfrac{(A, B)}{\sqrt{A^2+B^2}}$, 从而 $\overrightarrow{P_0M}=\pm d\boldsymbol{n}_0$ (注意: $\overrightarrow{P_0M}$ 与 $\boldsymbol{n}_0$ 的方向可能相同, 也可能相反), 即

$$(x_M-x_0, y_M-y_0)=\pm d\frac{(A, B)}{\sqrt{A^2+B^2}},$$

即

$$x_M=\pm d\frac{A}{\sqrt{A^2+B^2}}+x_0,$$

$$y_M=\pm d\frac{B}{\sqrt{A^2+B^2}}+y_0,$$

将之代入 $Ax+By+C=0$ 得

$$\pm d\frac{A^2}{\sqrt{A^2+B^2}}+Ax_0\ \pm d\frac{B^2}{\sqrt{A^2+B^2}}+By_0+C=0,$$

即

$$d=\frac{|Ax_0+By_0+C|}{\sqrt{A^2+B^2}}.$$

证法 2　如图 12-1，过 P 向直线作垂线段交直线于 M，Q 是直线上另一点，则

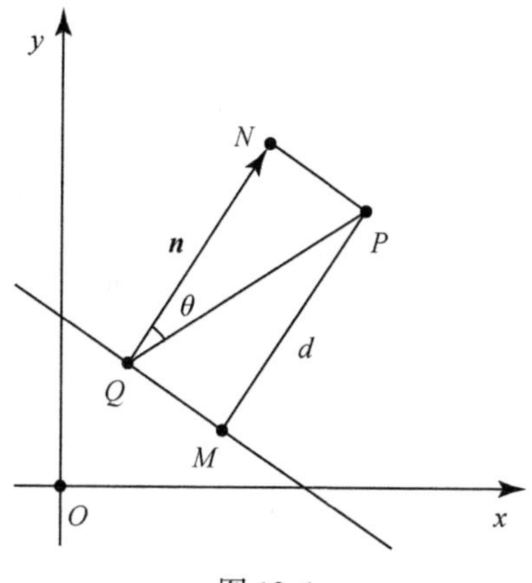

图 12-1

$$d=|PM|=|PQ\cos\theta|=\left|\frac{\overrightarrow{PQ}\cdot\boldsymbol{n}}{\boldsymbol{n}}\right|=\frac{|(x_0-x_Q,\ y_0-y_Q)\cdot(A,\ B)|}{|\boldsymbol{n}|}$$

$$=\frac{|A(x_0-x_Q)+B(y_0-y_Q)|}{|\boldsymbol{n}|}=\frac{|Ax_0+By_0-Ax_Q-By_Q|}{|\boldsymbol{n}|}$$

$$=\frac{|Ax_0+By_0+C|}{|\boldsymbol{n}|}.$$

证法 3

$$d=\frac{|(x_0-x,\ y_0-y)\cdot(A,\ B)|}{\sqrt{A^2+B^2}}=\frac{|Ax_0+By_0+C|}{\sqrt{A^2+B^2}}.$$

性质 10（两平行直线的距离）　设两条平行直线 l_1 和 l_2 的方程分别为 $Ax+By+C_1=0$ 和 $Ax+By+C_2=0$，则 l_1 和 l_2 的距离 $d=$

$\dfrac{|C_1-C_2|}{\sqrt{A^2+B^2}}$.

证明 在 l_2 上任取点 $P(x_0, y_0)$，则点 P 到 l_1 的距离为

$$\frac{|Ax_0+By_0+C_1|}{\sqrt{A^2+B^2}}=\frac{|C_1-C_2|}{\sqrt{A^2+B^2}}.$$

性质 11(面积公式) 以向量 (a_1, b_1) 和 (a_2, b_2) 为相邻两边的平行四边形面积为 $|a_1b_2-b_1a_2|$；以向量 (a_1, b_1) 和 (a_2, b_2) 为相邻两边的三角形面积为 $\dfrac{1}{2}|a_1b_2-b_1a_2|$.

证明 $\triangle ABC$ 中，若 $\overrightarrow{CB}=\boldsymbol{a}$，$\overrightarrow{CA}=\boldsymbol{b}$，则 $S_{\triangle ABC}=\dfrac{1}{2}\sqrt{|\boldsymbol{a}|^2|\boldsymbol{b}|^2-(\boldsymbol{a}\cdot\boldsymbol{b})^2}$.

$$S_{\triangle ABC}=\frac{1}{2}|\boldsymbol{a}||\boldsymbol{b}|\sin\langle\boldsymbol{a}\cdot\boldsymbol{b}\rangle=\frac{1}{2}|\boldsymbol{a}||\boldsymbol{b}|\sqrt{1-\cos^2\langle\boldsymbol{a}\cdot\boldsymbol{b}\rangle}$$
$$=\frac{1}{2}\sqrt{|\boldsymbol{a}|^2|\boldsymbol{b}|^2-(\boldsymbol{a}\cdot\boldsymbol{b})^2}.$$

若 $\overrightarrow{AB}=(x_1, y_1)$，$\overrightarrow{AC}=(x_2, y_2)$，则 $S_{\triangle ABC}=\dfrac{1}{2}|x_1y_2-x_2y_1|$.

$$S_{\triangle ABC}=\frac{1}{2}\sqrt{|\overrightarrow{AB}|^2|\overrightarrow{AC}|^2-(\overrightarrow{AB}\cdot\overrightarrow{AC})^2}$$
$$=\frac{1}{2}\sqrt{(x_1^2+y_1^2)(x_2^2+y_2^2)-(x_1x_2+y_1y_2)^2}=\frac{1}{2}|x_1y_2-x_2y_1|.$$

面积相关问题，使用向量外积容易证明. 由于向量外积超出中学数学范围，此处略过.

性质 12 圆心为 $O(a, b)$，半径为 r 的圆的标准方程为

$$(x-a)^2+(y-b)^2=r^2.$$

证明 设圆上任意一点 $P(x, y)$，则 $|\overrightarrow{OP}|=r$，即 $|(x-a, y-b)|=r$，所以 $(x-a)^2+(y-b)^2=r^2$.

性质 13 设 $A(x_0, y_0)$ 是圆 C：$x^2+y^2=r^2$ 上一点，则过点 A 且与圆 C 相切的直线方程为 $x_0x+y_0y=r^2$.

证明 $\overrightarrow{OA}=(x_0, y_0)$ 是所求直线的法向量，则直线形如：x_0x+

$y_0y = C$，将圆与直线的交点 $A(x_0, y_0)$ 代入，可得 $x_0x + y_0y = r^2$.

性质 14（平移公式）　设函数 $y = f(x)$ 的图像按向量 $\boldsymbol{a} = (h, k)$ 进行平移，图像上的点 $P(x, y)$ 变为 $P'(x', y')$，则

$$\begin{cases} x' = x + h \\ y' = y + k \end{cases}, \quad y' - k = f(x' - h),$$

即 $y' = f(x' - h) + k$. 若 $h > 0, k > 0$，则平移可解释为将图像向右平移 h 个单位，再将图像向上平移 k 个单位.

以上对解析几何的一些基本性质做了推导，并不包括圆锥曲线的内容. 因为本书解题的基本工具是向量回路，指的是直线段的回路，而不是曲线段的回路，所以目前的回路法对圆锥曲线问题作用不大.

但从另外的角度来说，回路法解圆锥曲线问题还是值得研究的. 从数学史可知，在坐标法创立之前，古希腊数学家阿波罗尼奥斯（约公元前 262 ~ 公元前 190 年）就著有《圆锥曲线论》，有数学史专家评论"它将圆锥曲线的性质网罗殆尽，几乎使后人没有插足的余地，被认为是一部代表了希腊几何的最高水平的经典巨著". 该书研究圆锥曲线，使用的就是欧氏几何的知识.

而我们在本书前面的章节已经论述了欧氏几何大部分基本工具都是可以用向量法来代替的. 本书没有按照这个思路进行研究，原因是基于数学教学的考虑，重新建立一套体系难，而推广应用更难. 但如果从初等数学研究的角度出发，向量回路法解圆锥曲线问题还是大有可为的.

分析最近几年解析几何高考题，大部分题目都像 2008 年全国高考题一样，题目中稍带一点向量的印记，其实和向量关系不大，完全可以去掉，主要是考察向量的基本概念和运算.

【例 12.1】　已知椭圆 $\dfrac{x^2}{9} + \dfrac{y^2}{4} = 1$ 的焦点为 F_1 和 F_2，点 P 为其上的动点，当 $\angle F_1PF_2$ 为钝角时，点 P 的横坐标的取值范围是什么?

分析　两不共线的非零向量 $\boldsymbol{a} = (x_1, y_1)$ 和 $\boldsymbol{b} = (x_2, y_2)$，由

$$\cos\theta = \frac{\boldsymbol{a}\cdot\boldsymbol{b}}{|\boldsymbol{a}||\boldsymbol{b}|} = \frac{x_1x_2 + y_1y_2}{\sqrt{x_1^2 + y_1^2}\sqrt{x_2^2 + y_2^2}}$$

知 $\cos\theta$ 的正负由 $x_1x_2 + y_1y_2$ 确定，结论如下：若 θ 为锐角 $\Leftrightarrow x_1x_2 + y_1y_2 > 0$，即 $\boldsymbol{a}\cdot\boldsymbol{b} > 0$；若 θ 为直角 $\Leftrightarrow x_1x_2 + y_1y_2 = 0$，即 $\boldsymbol{a}\cdot\boldsymbol{b} = 0$；若 θ 为钝角 $\Leftrightarrow x_1x_2 + y_1y_2 < 0$，即 $\boldsymbol{a}\cdot\boldsymbol{b} < 0$.

解 由题意得 $F_1(-\sqrt{5}, 0)$，$F_2(\sqrt{5}, 0)$，设 $P(3\cos\theta, 2\sin\theta)$，则

$$\overrightarrow{PF_1}\cdot\overrightarrow{PF_2} = (-\sqrt{5} - 3\cos\theta, -2\sin\theta)\cdot(\sqrt{5} - 3\cos\theta, -2\sin\theta)$$
$$= 9\cos^2\theta - 5 + 4\sin^2\theta = 5\cos^2\theta - 1 < 0,$$

解得 $-\frac{\sqrt{5}}{5} < \cos\theta < \frac{\sqrt{5}}{5}$，所以点 P 的横坐标的取值范围为 $\left(-\frac{3\sqrt{5}}{5}, \frac{3\sqrt{5}}{5}\right)$.

也可不用椭圆的参数形式．设 $p(x, y)$，有

$$\overrightarrow{F_1P}\cdot\overrightarrow{F_2P} = (x + c, y)\cdot(x - c, y) = x^2 + y^2 - c^2 < 0$$

可得 $x^2 + 4\times(1 - \frac{x^2}{9}) - 5 < 0$，解得 $-\frac{3\sqrt{5}}{5} < x < \frac{3\sqrt{5}}{5}$.

点评 解决与角有关的一类问题，总可以从数量积入手．本题中把条件中的钝角转化为向量的数量积为负值，通过坐标运算列出不等式，简洁明了．

【例 12.2】 如图 12-2，过定点 $A(a, b)$ 任作互相垂直的两条直线 l_1 和 l_2，l_1 与 x 轴交于点 M，l_2 与 y 轴交于点 N，求线段 MN 中点 P 的轨迹方程．

图 12-2

解　设 $P(x, y)$，则 $M(2x, 0)$，$N(0, 2y)$，$\overrightarrow{AM}=(2x-a, -b)$，$\overrightarrow{AN}=(-a, 2y-b)$；由 $l_1 \perp l_2$ 得 $\overrightarrow{AM} \perp \overrightarrow{AN}$，即 $(2x-a, -b)\cdot(-a, 2y-b)=0$，整理得 $2ax+2by-a^2-b^2=0$.

避开斜率存在与否的讨论，向量坐标证垂直比一般坐标法写成两斜率乘积为−1 且涉及分式的做法，形式上有一定优势.

【例 12.3】　如图 12-3，已知定点 $A(-1, 0)$ 和 $B(1, 0)$，P 是圆 $(x-3)^2+(y-4)^2=4$ 上的一个动点，求 PA^2+PB^2 的最大值和最小值.

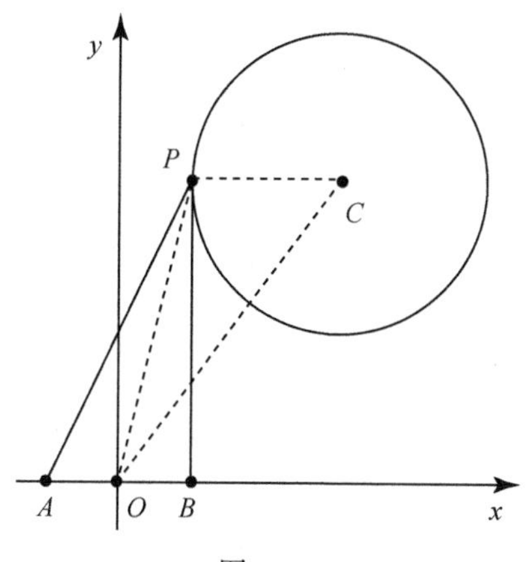

图 12-3

解法 1　由 $\overrightarrow{PA}+\overrightarrow{PB}=2\overrightarrow{PO}$ 得 $|\overrightarrow{PA}|^2+|\overrightarrow{PB}|^2+2\overrightarrow{PA}\cdot\overrightarrow{PB}=4|\overrightarrow{PO}|^2$；由 $\overrightarrow{BP}+\overrightarrow{PA}=\overrightarrow{BA}$ 得 $|\overrightarrow{PB}|^2+|\overrightarrow{PA}|^2+2\overrightarrow{BP}\cdot\overrightarrow{PA}=|\overrightarrow{BA}|^2=4$；两式相加得 $|\overrightarrow{PA}|^2+|\overrightarrow{PB}|^2=2|\overrightarrow{PO}|^2+2$，而 $3\leqslant|\overrightarrow{PO}|\leqslant 7$，所以 PA^2+PB^2 的最大值为 100，最小值为 20.

解法 2　$\overrightarrow{AP}^2=\overrightarrow{AC}^2+\overrightarrow{CP}^2+2\overrightarrow{AC}\cdot\overrightarrow{CP}$，$\overrightarrow{BP}^2=\overrightarrow{BC}^2+\overrightarrow{CP}^2+2\overrightarrow{BC}\cdot\overrightarrow{CP}$，两式相加得

$$\overrightarrow{AP}^2+\overrightarrow{BP}^2=\overrightarrow{AC}^2+\overrightarrow{BC}^2+2\overrightarrow{CP}^2+4\overrightarrow{OC}\cdot\overrightarrow{CP},$$

其中 $\overrightarrow{AC}^2+\overrightarrow{BC}^2+2\overrightarrow{CP}^2=60$，$-40\leqslant 4\overrightarrow{CO}\cdot\overrightarrow{CP}\leqslant 40$，所以 PA^2+PB^2 的最大值为 100，最小值为 20.

【例 12.4】　如图 12-4，设 F 为抛物线 $y^2=4x$ 的焦点，A，B，C 为

该抛物线上三点，若 $\overrightarrow{FA}+\overrightarrow{FB}+\overrightarrow{FC}=\mathbf{0}$，求 $|\overrightarrow{FA}|+|\overrightarrow{FB}|+|\overrightarrow{FC}|$（2007年全国高考试题理科）.

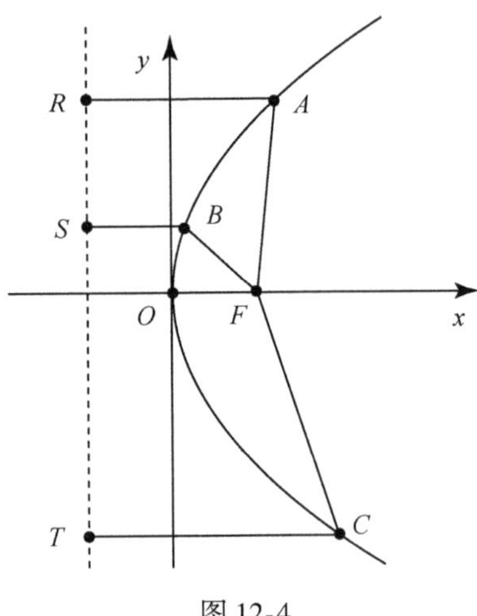

图 12-4

解法 1 抛物线的焦点 $F(1,0)$，设 $A(x_1,y_1)$，$B(x_2,y_2)$，$C(x_3,y_3)$，则 $\overrightarrow{FA}=(x_1-1,y_1)$，$\overrightarrow{FB}=(x_2-1,y_2)$，$\overrightarrow{FC}=(x_3-1,y_3)$；又 $\overrightarrow{FA}+\overrightarrow{FB}+\overrightarrow{FC}=\mathbf{0}$ 得 $x_1-1+x_2-1+x_3-1=0$，即 $x_1+x_2+x_3=3$；由抛物线的定义可知

$$|\overrightarrow{FA}|+|\overrightarrow{FB}|+|\overrightarrow{FC}|=x_1+1+x_2+1+x_3+1=6.$$

解法 2 可根据重心的性质由 $\overrightarrow{FA}+\overrightarrow{FB}+\overrightarrow{FC}=\mathbf{0}$ 直接得 $x_A+x_B+x_C=3x_F$.

【例 12.5】 如图 12-5，已知正方形 $ABCD$，$BD \parallel CE$，$BD=BE$，EB 与 CD 交于 F，求证：$\angle DEF=\angle DFE$.

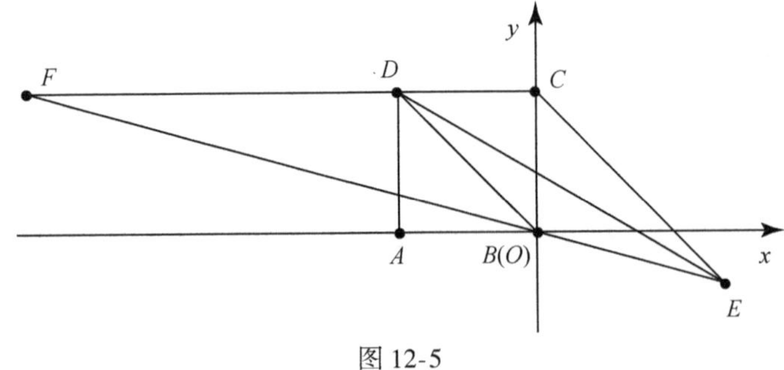

图 12-5

证明　建立直角坐标系，设正方形边长为1，$C(0,1)$，$D(-1,1)$，$E(x,y)$，则 $\overrightarrow{DB}=(1,-1)$，$\overrightarrow{CE}=(x,y-1)$；由 $BD/\!/CE$ 得 $x+y=1$；由 $BD=BE$ 得 $x^2+y^2=2$；解得 $E\left(\frac{1+\sqrt{3}}{2},\frac{1-\sqrt{3}}{2}\right)$；设 $F(m,1)$，由 $\overrightarrow{BE}=\left(\frac{1+\sqrt{3}}{2},\frac{1-\sqrt{3}}{2}\right)$ 和 $\overrightarrow{BF}=(m,1)$ 共线可得 $F(-2-\sqrt{3},1)$. $\overrightarrow{DE}=\left(\frac{3+\sqrt{3}}{2},\frac{-1-\sqrt{3}}{2}\right)$，则 $\overrightarrow{DE}^2=4+2\sqrt{3}$；$\overrightarrow{DF}=(-1-\sqrt{3},0)$，则 $\overrightarrow{DF}^2=4+2\sqrt{3}$；所以 $DE=DF$，$\angle DEF=\angle DFE$.

此证法本质就是解析法，与向量法关系不大.

向量法解1　记 $\overrightarrow{CE}=(1+k)\overrightarrow{DB}$，设正方形边长为1，求出

$$\overrightarrow{BE}=\overrightarrow{BC}+\overrightarrow{CE}=\overrightarrow{BC}+(1+k)(\overrightarrow{DC}+\overrightarrow{CB})=(1+k)\overrightarrow{DC}+k\overrightarrow{CB};$$

由条件 $BD=BE$ 得 $2=\overrightarrow{BE}^2=k^2+(k+1)^2$，即 $2k(k+1)=1$. 另外，$\overrightarrow{CD}+\overrightarrow{DF}+\overrightarrow{FB}+\overrightarrow{BE}=\overrightarrow{CE}=(1+k)\overrightarrow{DB}=(1+k)\overrightarrow{DF}+(1+k)\overrightarrow{FB}$，比较两端得 $k\overrightarrow{DF}=\overrightarrow{CD}$；故

$$\overrightarrow{FD}^2=\frac{1}{k^2}=4(k+1)^2=4k(k+1)+4k+4=4k+6;$$

又因 $\overrightarrow{DE}=\overrightarrow{DC}+\overrightarrow{CE}=\overrightarrow{DC}+(1+k)\overrightarrow{DB}=(2+k)\overrightarrow{DC}+(1+k)\overrightarrow{CB}$，故

$$\overrightarrow{DE}^2=(2+k)^2+(1+k)^2=5+4k+2k(k+1)=4k+6,$$

从而 $DE=DF$.

向量法解2　仍记 $\overrightarrow{CE}=(1+k)\overrightarrow{DB}$，如前知 $k\overrightarrow{DF}=\overrightarrow{CD}$ 和 $k\overrightarrow{BF}=\overrightarrow{EB}$. 则

$$\begin{aligned}\overrightarrow{FD}^2-\overrightarrow{DE}^2&=(\overrightarrow{FD}-\overrightarrow{DE})\cdot(\overrightarrow{FD}+\overrightarrow{DE})\\&=(\overrightarrow{FD}-\overrightarrow{DF}-\overrightarrow{FE})\cdot\overrightarrow{FE}=2\overrightarrow{FD}\cdot\overrightarrow{FE}-\overrightarrow{FE}^2\\&=\frac{1+k}{k^2}(2\overrightarrow{DC}\cdot\overrightarrow{BE}-(1+k)\overrightarrow{BE}^2)\\&=\frac{1+k}{k^2}(2\overrightarrow{DC}\cdot\overrightarrow{CE}-2(1+k))\end{aligned}$$

$$=\frac{(1+k)^2}{k^2}(2\overrightarrow{DC}\cdot\overrightarrow{DB}-2)=0.$$

上面三种解法，风格各不相同．解析法把坐标硬算出来，还要解二元二次联立方程；向量法 1 不用解出具体的数值，但毕竟有较多的代数计算；向量法 2 则以柔克刚，把本来好像非算不可的问题绕出来了，具有浓厚的几何风格．

此题最简单的做法，是注意到点 B 到直线 CE 的距离是 BD 之半，因而 $\angle BEC=30°$，$\angle BED=\angle BDE=\angle DEF=\angle ABF=\angle EFD=15°$，问题就轻松解决．

【例 12.6】 已知 A 和 B 为抛物线 $y^2=2px(p>0)$ 上异于原点的两点，$\overrightarrow{OA}\cdot\overrightarrow{OB}=0$，点 C 坐标为 $(0,2p)$．

(1) 求证：A，B，C 三点共线．

(2) 若 $\overrightarrow{AM}=\lambda\overrightarrow{BM}(\lambda\in\mathbf{R})$ 且 $\overrightarrow{OM}\cdot\overrightarrow{AB}=0$ 试求点 M 的轨迹方程．

解 (1) 证明设 $A\left(x_1,\dfrac{x_1^2}{2p}\right)$，$B\left(x_2,\dfrac{x_2^2}{2p}\right)$，由 $\overrightarrow{OA}\cdot\overrightarrow{OB}=0$ 得

$$x_1x_2+\frac{x_1^2}{2p}\frac{x_2^2}{2p}=0,\ 即\ x_1x_2=-4p^2;$$

而

$$\overrightarrow{AC}=\left(-x_1,\ 2p-\frac{x_1^2}{2p}\right),\ \overrightarrow{AB}=\left(x_2-x_1,\ \frac{x_2^2-x_1^2}{2p}\right),$$

$$-x_1\frac{x_2^2-x_1^2}{2p}-(2p-\frac{x_1^2}{2p})(x_2-x_1)=0,$$

所以 $\overrightarrow{AC}\parallel\overrightarrow{AB}$，即 A，B，C 三点共线．

(2) 由 (1) 知直线 AB 过定点 C，又由 $\overrightarrow{OM}\cdot\overrightarrow{AB}=0$ 及 $\overrightarrow{AM}=\lambda\overrightarrow{BM}$ 知 $OM\perp AB$，垂足为 M，所以点 M 的轨迹为以 OC 为直径的圆，除去坐标原点．即点 M 的轨迹方程为 $x^2+(y-p)^2=p^2(x\neq0,\ y\neq0)$．

【例 12.7】 如图 12-6，过抛物线 $x^2=4y$ 的对称轴上任一点 $P(0,m)(m>0)$ 作直线与抛物线交于 A 和 B 两点，点 Q 是点 P 关于原点的对称点．设点 P 分有向线段 $\overrightarrow{AB}$ 所成的比为 λ，证明：$\overrightarrow{QP}\perp(\overrightarrow{QA}-$

$\lambda\ \overrightarrow{QB}$).（2004 年湖南高考试题文 21）

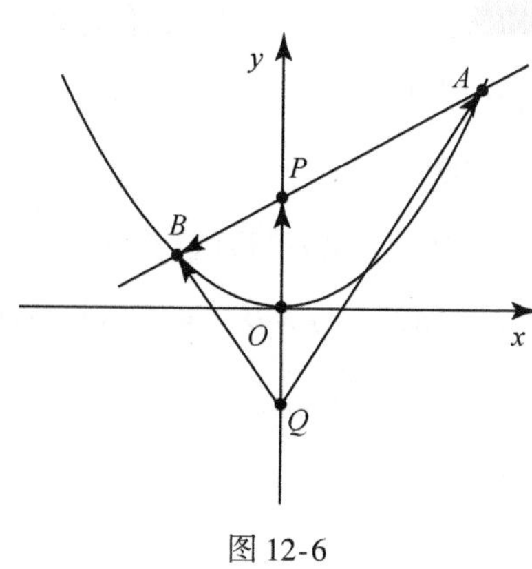

图 12-6

证明　设 $A(x_1,\ y_1)$ 和 $B(x_2,\ y_2)$，设直线 AB 的方程为 $y = kx + m$，代入抛物线方程 $x^2 = 4y$ 得 $x^2 - 4kx - 4m = 0$，则 $x_1x_2 = -4m$.

由点 $P(0,\ m)$ 分有向线段 $\overrightarrow{AB}$ 所成的比为 λ，得

$$\frac{x_1 + \lambda x_2}{1 + \lambda} = 0,\ \lambda = -\frac{x_1}{x_2}.$$

而点 Q 是点 P 关于原点的对称点，设 $Q(0,\ -m)$，从而 $\overrightarrow{QP} = (0,\ 2m)$.

$$\begin{aligned}\overrightarrow{QA} - \lambda\ \overrightarrow{QB} &= (x_1,\ y_1 + m) - \lambda(x_2,\ y_2 + m)\\ &= (x_1 - \lambda x_2,\ y_1 - \lambda y_2 + (1 - \lambda)m),\end{aligned}$$

$$\begin{aligned}\overrightarrow{QP}\cdot(\overrightarrow{QA} - \lambda\ \overrightarrow{QB}) &= 2m(y_1 - \lambda y_2 + (1 - \lambda)m)\\ &= 2m\left(\frac{x_1^2}{4} + \frac{x_1}{x_2}\frac{x_2^2}{4} + \left(1 + \frac{x_1}{x_2}\right)m\right)\\ &= 2m(x_1 + x_2)\ \frac{x_1x_2 + 4m}{4x_2}\\ &= 2m(x_1 + x_2)\ \frac{-4m + 4m}{4x_2} = 0,\end{aligned}$$

所以 $\overrightarrow{QP} \perp (\overrightarrow{QA} - \lambda\ \overrightarrow{QB})$.

【例 12.8】　给定抛物线 C: $y^2 = 4x$，F 是 C 的焦点，过点 F 的直

线 l 与 C 相交于 A 和 B 两点.

(1) 设 l 的斜率为1，求 $\overrightarrow{OA}$ 与 $\overrightarrow{OB}$ 夹角的大小.

(2) 设 $\overrightarrow{FB}=\lambda\overrightarrow{AF}$，若 $\lambda\in[4,9]$，求 l 在 y 轴上截距的变化范围.（2004 年全国高考试题）

解 (1) 解得 $F(1,0)$，设 l 的方程为 $y=x-1$，代入方程 $y^2=4x$，得 $x^2-6x+1=0$，设 $A(x_1,y_1)$，$B(x_2,y_2)$，则 $x_1+x_2=6$，$x_1x_2=1$.

$$\begin{aligned}\overrightarrow{OA}\cdot\overrightarrow{OB}&=(x_1,y_1)\cdot(x_2,y_2)\\&=x_1x_2+y_1y_2=2x_1x_2-(x_1+x_2)+1=-3,\end{aligned}$$

$$\begin{aligned}|\overrightarrow{OA}||\overrightarrow{OB}|&=\sqrt{x_1^2+y_1^2}\sqrt{x_2^2+y_2^2}\\&=\sqrt{x_1x_2(x_1x_2+4(x_1+x_2)+16)}=\sqrt{41},\end{aligned}$$

$$\cos\langle\overrightarrow{OA},\overrightarrow{OB}\rangle=\frac{\overrightarrow{OA}\cdot\overrightarrow{OB}}{|OA||OB|}=-\frac{3\sqrt{41}}{41},$$

所以 $\overrightarrow{OA}$ 与 $\overrightarrow{OB}$ 夹角的大小为 $\pi-\arccos\frac{3\sqrt{41}}{41}$.

(2) 由 $\overrightarrow{FB}=\lambda\overrightarrow{AF}$ 得 $(x_2-1,y_2)=\lambda(1-x_1,-y_1)$，即 $x_2-1=\lambda(1-x_1)$，$y_2=-\lambda y_1$；依据抛物线的定义有 $x_2+1=\lambda(x_1+1)$；可求得 $x_1=\frac{1}{\lambda}$；则 $A\left(\frac{1}{\lambda},\pm\frac{2\sqrt{\lambda}}{\lambda}\right)$，又 $F(1,0)$，则 FA 的方程为 $(\lambda-1)y=2\sqrt{\lambda}(x-1)$ 或 $(\lambda-1)y=-2\sqrt{\lambda}(x-1)$；当 $\lambda\in[4,9]$ 时，l 在 y 轴上的截距为 $\frac{2\sqrt{\lambda}}{\lambda-1}$ 或 $-\frac{2\sqrt{\lambda}}{\lambda-1}$；由 $\frac{2\sqrt{\lambda}}{\lambda-1}=\frac{2}{\sqrt{\lambda}-\frac{1}{\sqrt{\lambda}}}$ 得 $\frac{2\sqrt{\lambda}}{\lambda-1}$ 在 $[4,9]$ 上是递减的，所以 $\frac{3}{4}\leqslant\frac{2\sqrt{\lambda}}{\lambda-1}\leqslant\frac{4}{3}$；同理 $-\frac{4}{3}\leqslant-\frac{2\sqrt{\lambda}}{\lambda-1}\leqslant-\frac{3}{4}$；所以直线 l 在 y 轴上截距的变化范围为 $\left[-\frac{4}{3},-\frac{3}{4}\right]\cup\left[\frac{3}{4},\frac{4}{3}\right]$.

【例 12.9】 如图 12-7，设抛物线 $C:y=x^2$ 的焦点为 F，动点 P 在直线 $l:x-y-2=0$ 上运动，过 P 作抛物线 C 的两条切线 PA 和 PB，且

与抛物线 C 分别相切于 A 和 B 两点.

（1）求△APB 的重心 G 的轨迹方程.

（2）证明∠PFA=∠PFB.（2005 年江西高考试题）

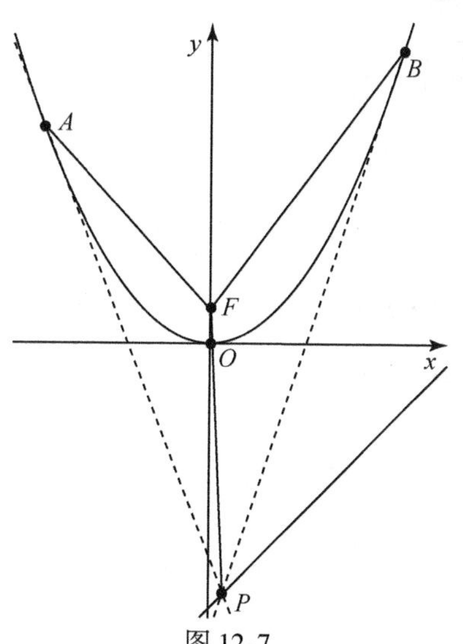

图 12-7

解　（1）设切点 $A(x_0, x_0^2)$，$B(x_1, x_1^2)$，AP 方程为 $2x_0x-y-x_0^2=0$；BP 方程为 $2x_1x-y-x_1^2=0$；则 $P\left(\frac{x_0+x_1}{2}, x_0x_1\right)$，所以重心 G 的坐标为 $x_G=\frac{x_0+x_1+x_P}{3}=x_P$，$y_G=\frac{y_0+y_1+y_P}{3}=\frac{x_0^2+x_1^2+x_0x_1}{3}=\frac{(x_0+x_1)^2-x_0x_1}{3}=\frac{4x_p^2-y_P}{3}$，所以 $y_P=-3y_G+4x_G^2$，由点 P 在直线 l 上运动，从而得到重心 G 的轨迹方程为 $x-(-3y+4x^2)-2=0$，即 $y=\frac{1}{3}(4x^2-x+2)$.

（2）因为 $\overrightarrow{FA}=\left(x_0, x_0^2-\frac{1}{4}\right)$，$\overrightarrow{FP}=\left(\frac{x_0+x_1}{2}, x_0x_1-\frac{1}{4}\right)$，$\overrightarrow{FB}=\left(x_1, x_1^2-\frac{1}{4}\right)$，由于 P 点在抛物线外，则 $|\overrightarrow{FP}|\neq 0$.

$$\cos\angle AFP=\frac{\overrightarrow{FP}\cdot\overrightarrow{FA}}{|\overrightarrow{FP}||\overrightarrow{FA}|}=\frac{\frac{x_0+x_1}{2}x_0+\left(x_0x_1-\frac{1}{4}\right)\left(x_0^2-\frac{1}{4}\right)}{|\overrightarrow{FP}|\sqrt{x_0^2+\left(x_0^2-\frac{1}{4}\right)^2}}$$

$$=\frac{x_0x_1+\frac{1}{4}}{|\overrightarrow{FP}|},$$

同理

$$\cos\angle BFP=\frac{\overrightarrow{FP}\cdot\overrightarrow{FB}}{|\overrightarrow{FP}||\overrightarrow{FB}|}$$

$$=\frac{\frac{x_0+x_1}{2}x_1+\left(x_0x_1-\frac{1}{4}\right)\left(x_1^2-\frac{1}{4}\right)}{|\overrightarrow{FP}|\sqrt{x_1^2+\left(x_1^2-\frac{1}{4}\right)^2}}=\frac{x_0x_1+\frac{1}{4}}{|\overrightarrow{FP}|},$$

所以$\angle AFP=\angle PFB$.

读者可尝试探究：如果P不在$x-y-2=0$上，是否仍有结论$\angle PFA=\angle PFB$.

【例 12.10】 如图 12-8，设椭圆$\frac{x^2}{a^2}+\frac{y^2}{b^2}=1(a>b>0)$的左右焦点分别为$F_1$和$F_2$，离心率$e=\frac{\sqrt{2}}{2}$，右准线为$l$，$M$和$N$是$l$上的两个动点，$\overrightarrow{F_1M}\cdot\overrightarrow{F_2N}=0$,

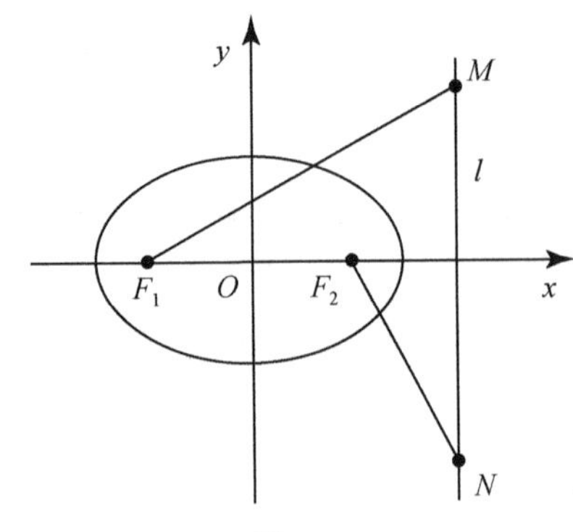

图 12-8

（1）若 $|\overrightarrow{F_1M}|=|\overrightarrow{F_2N}|=2\sqrt{5}$，求 a 和 b 的值.

（2）证明：当 $|MN|$ 取最小值时，$\overrightarrow{F_1M}+\overrightarrow{F_2N}$ 与 $\overrightarrow{F_1F_2}$ 共线.

解　(1) 由 $a^2-b^2=c^2$ 与 $e=\dfrac{c}{a}=\dfrac{\sqrt{2}}{2}$，得 $a^2=2b^2$，$F_1\left(-\dfrac{\sqrt{2}}{2}a,\ 0\right)$，$F_2\left(\dfrac{\sqrt{2}}{2}a,\ 0\right)$，$l$ 的方程为 $x=\sqrt{2}a$，设 $M(\sqrt{2}a,\ y_1)$，$N(\sqrt{2}a,\ y_2)$，则

$$\overrightarrow{F_1M}=\left(\frac{3\sqrt{2}}{2}a,\ y_1\right),\ \overrightarrow{F_2N}=\left(\frac{\sqrt{2}}{2}a,\ y_2\right),$$

由 $\overrightarrow{F_1M}\cdot\overrightarrow{F_2N}=0$ 得 $y_1y_2=-\dfrac{3}{2}a^2<0$；

由 $|\overrightarrow{F_1M}|=|\overrightarrow{F_2N}|=2\sqrt{5}$ 得 $\sqrt{\left(\dfrac{3\sqrt{2}}{2}a\right)^2+y_1^2}=2\sqrt{5}$；$\sqrt{\left(\dfrac{\sqrt{2}}{2}a\right)^2+y_2^2}=2\sqrt{5}$；

消去 y_1，y_2 得 $a^2=4$，故 $a=2$，$b=\sqrt{2}$.

（2）$|MN|^2=(y_1-y_2)^2=y_1^2+y_2^2-2y_1y_2\geqslant-2y_1y_2-2y_1y_2=-4y_1y_2=6a^2$；当且仅当 $y_1=-y_2=\dfrac{\sqrt{6}}{2}a$ 时，$|MN|$ 取最小值 $\dfrac{\sqrt{6}}{2}a$，此时，

$$\begin{aligned}\overrightarrow{F_1M}+\overrightarrow{F_2N}&=\left(\frac{3\sqrt{2}}{2}a,\ y_1\right)+\left(\frac{\sqrt{2}}{2}a,\ y_2\right)=(2\sqrt{2}a,\ y_1+y_2)\\&=(2\sqrt{2}a,\ 0)=2\overrightarrow{F_1F_2},\end{aligned}$$

故 $\overrightarrow{F_1M}+\overrightarrow{F_2N}$ 与 $\overrightarrow{F_1F_2}$ 共线.

【例 12.11】　已知双曲线 $x^2-y^2=2$ 的左、右焦点分别为 F_1 和 F_2，过点 F_2 的动直线与双曲线相交于 A 和 B 两点.

（1）若动点 M 满足 $\overrightarrow{F_1M}=\overrightarrow{F_1A}+\overrightarrow{F_1B}+\overrightarrow{F_1O}$（其中 O 为坐标原点），求点 M 的轨迹方程.

（2）在 x 轴上是否存在定点 C，使得 $\overrightarrow{CA}\cdot\overrightarrow{CB}$ 为常数？若存在，求出点 C 的坐标；若不存在，请说明理由.（2007 年湖南高考试题）

解　由题意得 $F_1(-2,\ 0)$，$F_2(2,\ 0)$，设 $A(x_1,\ y_1)$，$B(x_2,\ y_2)$，

（1）设$M(x, y)$，则$\overrightarrow{F_1M}=(x+2, y)$，$\overrightarrow{F_1A}=(x_1+2, y_1)$，$\overrightarrow{F_1B}=(x_2+2, y_2)$，$\overrightarrow{F_1O}=(2, 0)$，由$\overrightarrow{F_1M}=\overrightarrow{F_1A}+\overrightarrow{F_1B}+\overrightarrow{F_1O}$得

$$x+2=x_1+x_2+6,\ y=y_1+y_2,$$

当AB不与x轴垂直时，设直线AB的方程是$y=k(x-2)(k\neq\pm 1)$，代入$x^2-y^2=2$得$(1-k^2)x^2+4k^2x-(4k^2+2)=0$，所以

$$x-4=x_1+x_2=\frac{4k^2}{k^2-1},$$

$$y=y_1+y_2=k(x_1+x_2-4)=k\left(\frac{4k^2}{k^2-1}-4\right)=\frac{4k}{k^2-1};$$

当$k\neq 0$时，$y\neq 0$，$\dfrac{x-4}{y}=k$，

$$y=\frac{\dfrac{4(x-4)}{y}}{\dfrac{(x-4)^2}{y^2}-1}=\frac{4y(x-4)}{(x-4)^2-y^2},$$

得$(x-6)^2-y^2=4$. 当$k=0$时，点M的坐标为$(4, 0)$，满足上述方程. 当AB与x轴垂直时，$x_1=x_2=2$，求得$M(8, 0)$，也满足上述方程. 故点M的轨迹方程是$(x-6)^2-y^2=4$.

（2）假设在x轴上存在定点$C(m, 0)$，使得$\overrightarrow{CA}\cdot\overrightarrow{CB}$为常数，当$AB$不与$x$轴垂直时，由（1）有

$$x_1+x_2=\frac{4k^2}{k^2-1},\ x_1x_2=\frac{4k^2+2}{k^2-1}.$$

于是

$$\begin{aligned}\overrightarrow{CA}\cdot\overrightarrow{CB}&=(x_1-m)(x_2-m)+k^2(x_1-2)(x_2-2)\\&=(k^2+1)x_1x_2-(2k^2+m)(x_1+x_2)+4k^2+m^2\\&=\frac{(k^2+1)(4k^2+2)}{k^2-1}-\frac{4k^2(2k^2+m)}{k^2-1}+4k^2+m^2\\&=\frac{2(1-2m)k^2+2}{k^2-1}+m^2\end{aligned}$$

$$= 2(1-2m) + \frac{4-4m}{k^2-1} + m^2.$$

因为 $\overrightarrow{CA} \cdot \overrightarrow{CB}$ 是与 k 无关的常数，所以 $4-4m=0$，即 $m=1$，此时 $\overrightarrow{CA} \cdot \overrightarrow{CB} = -1$；当 AB 与 x 轴垂直时，点 A 和 B 的坐标可分别设为 $(2, \sqrt{2})$ 和 $(2, -\sqrt{2})$，此时 $\overrightarrow{CA} \cdot \overrightarrow{CB} = (1, \sqrt{2}) \cdot (1, -\sqrt{2}) = -1$，故在 x 轴上存在定点 $C(1, 0)$，使得 $\overrightarrow{CA} \cdot \overrightarrow{CB}$ 为常数.

【例 12.12】 如图 12-9，M 是圆 $x^2+y^2-6x-8y=0$ 上的动点，O 是原点，N 是射线 OM 上的点．若 $OM \cdot ON = 150$，求点 N 的轨迹.（高二第十届希望杯竞赛试题）

分析　当我们不知 N 的轨迹是什么样的曲线时，可以找一些特殊点来做试探．此题中点 M 有三个特殊点，在 x 轴和 y 轴上，还有在 OP 上，其中设 P 是 $x^2+y^2-6x-8y=0$ 的圆心．

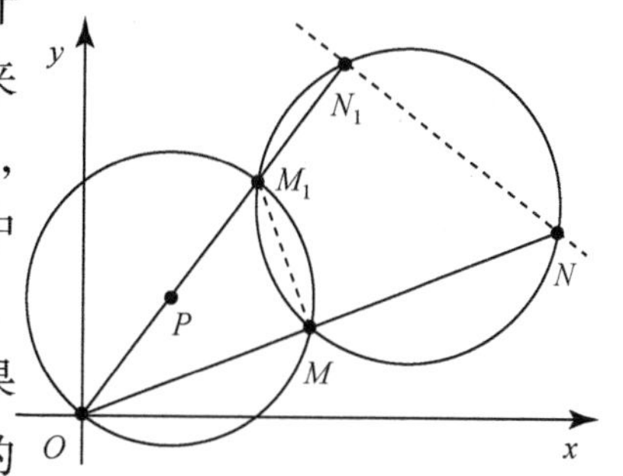

图 12-9

综合几何证法　如图 12-9，如果 M_1 和 N_1 是满足条件 $OM \cdot ON = 150$ 的 M 和 N 的特例，则 $OM \cdot ON = OM_1 \cdot ON_1 = 150$. 由圆幂定理得 M_1, N_1, M, N 四点共圆，$\angle OMM_1 = \angle ON_1N = 90°$，其中 $P(3, 4)$, $M_1(6, 8)$, $N_1(9, 12)$，所以所求 N 的轨迹是过 N_1 且垂直于 ON_1 的直线 $3x+4y-75=0$.

向量证法　$M_1(6, 8)$，设 $N(x, y)$，由 $\overrightarrow{OM_1} \cdot \overrightarrow{ON_1} = OM \cdot ON = 150$ 得 $(6, 8) \cdot (x, y) = 150$，即 $3x+4y-75=0$.

两种证法比较，从所用知识点，综合几何证法用到圆幂定理、四点共圆等性质，而向量证法只用到投影的性质，且计算量要少一些．

在现在的高考中，不少题目只是将向量作为幌子置于其中，譬如像下面这道 2008 年全国高考试题，其中条件如果直接写成 $ED = 6DF$，岂不更省事？

【例 12.13】 如图 12-10，设椭圆中心在坐标原点，$A(2, 0)$，

$B(0, 1)$ 是它的两个顶点，直线 $y=kx(k>0)$ 与 AB 相交于点 D，与椭圆相交于 E 和 F 两点.

（1）若 $\overrightarrow{ED}=6\overrightarrow{DF}$，求 k 的值.

（2）求四边形 $AEBF$ 面积的最大值.

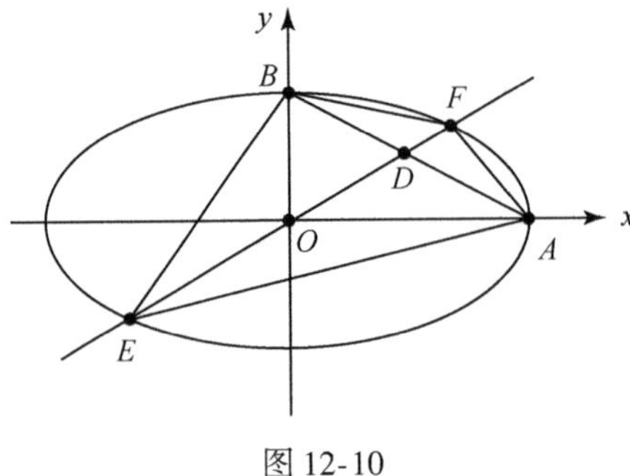

图 12-10

第 13 章
向量法与不等式

一些资料介绍了向量法解不等式问题，但仔细琢磨，就会发现很多问题是可以不用向量法解决的.

未引入向量，有关数量积性质问题，通常用柯西不等式解决；而与三角不等式相关的题目，一般用解析法中的距离公式解决．那还有没有引入向量法的必要呢？引入向量之后，又有何不同呢？

向量的引入，为证明不等式提供了一条新思路．向量法解不等式问题能使解题的操作变得简便，而且有其独特之处.

向量法解不等式问题的工具很简单，主要从以下三方面探讨.

（1）**数量积性质**　$\boldsymbol{m}\cdot\boldsymbol{n}\leqslant|\boldsymbol{m}\cdot\boldsymbol{n}|\leqslant|\boldsymbol{m}||\boldsymbol{n}|$，及其变形$(\boldsymbol{m}\cdot\boldsymbol{n})^2\leqslant|\boldsymbol{m}|^2|\boldsymbol{n}|^2$.

（2）**三角不等式**　$||\boldsymbol{m}|-|\boldsymbol{n}||\leqslant|\boldsymbol{m}\pm\boldsymbol{n}|\leqslant|\boldsymbol{m}|+|\boldsymbol{n}|$.

（3）**向量平方非负**　$\boldsymbol{x}^2\geqslant 0$.

13.1　数量积性质

柯西不等式及常见变式如下：

柯西不等式：$\left(\sum\limits_{i=1}^{n}a_i^2\right)\left(\sum\limits_{i=1}^{n}b_i^2\right)\geqslant\left(\sum\limits_{i=1}^{n}a_i^2b_i^2\right)$.

柯西不等式变式：$\sum_{i=1}^{n}\frac{a_i}{b_i}\geqslant\frac{\left(\sum_{i=1}^{n}a_i\right)^2}{\sum_{i=1}^{n}a_ib_i}$，其中 $a_ib_i>0$；

$$\sum_{i=1}^{n}\frac{a_i^2}{b_i}\geqslant\frac{\left(\sum_{i=1}^{n}a_i\right)^2}{\sum_{i=1}^{n}b_i}\text{，其中 }b_i>0\text{；}\sum_{i=1}^{n}a_ib_i^2\geqslant\frac{\left(\sum_{i=1}^{n}a_ib_i\right)^2}{\sum_{i=1}^{n}a_i}\text{，}$$

其中 $a_i>0$.

柯西不等式的种种变式，记忆起来颇为麻烦，且不等式变形之后，需注意的事项也不少；而向量法解不等式问题规则简单很多，无须死记公式，见招拆招，根据题目条件构造向量即可，柯西不等式的种种变式都包含其中.

不等式问题，当等号可以成立的时候，就变成了等式问题，或者是最值问题.

【例 13.1】 解方程组$\begin{cases}x^2+y^2+z^2=\dfrac{9}{4},\\-8x+6y-24z=39.\end{cases}$

解 构造向量 $\boldsymbol{m}=(x,\ y,\ z)$，$\boldsymbol{n}=(-8,\ 6,\ -24)$，设 $\boldsymbol{m}$ 与 $\boldsymbol{n}$ 的夹角为 θ，则 $\cos\theta=\dfrac{\boldsymbol{m}\cdot\boldsymbol{n}}{|\boldsymbol{m}||\boldsymbol{n}|}=\dfrac{39}{39}=1$，所以 $\boldsymbol{m}$ 和 $\boldsymbol{n}$ 同向；设 $x=-8t$，$y=6t$，$x=-24t$，代入 $-8x+6y-24z=39$，解得 $t=\dfrac{3}{52}$，方程的解为

$$x=-\frac{6}{13},\ y=\frac{9}{26},\ z=-\frac{18}{13}.$$

【例 13.2】 已知 $a\sqrt{1-b^2}+b\sqrt{1-a^2}=1$，求证 $a^2+b^2=1$.

证明 构造向量 $\boldsymbol{m}=(a,\sqrt{1-a^2})$，$\boldsymbol{n}=(\sqrt{1-b^2},\ b)$，由 $\boldsymbol{m}\cdot\boldsymbol{n}=|\boldsymbol{m}||\boldsymbol{n}|=1$ 得 $\boldsymbol{m}$ 和 $\boldsymbol{n}$ 同向，所以$\dfrac{\sqrt{1-b^2}}{a}=\dfrac{b}{\sqrt{1-a^2}}$，即 $a^2+b^2=1$.

此题证法很多，有配方法、三角代换等多种手段，下面利用基本不等式来解. $1=a\sqrt{1-b^2}+b\sqrt{1-a^2}\leqslant\dfrac{a^2+1-b^2}{2}+\dfrac{b^2+1-a^2}{2}=1$，

等号当且仅当 $a^2=1-b^2$ 时成立.

仿照例 2，可解：已知 $\dfrac{\cos^4\alpha}{\cos^2\beta}+\dfrac{\sin^4\alpha}{\sin^2\beta}=1$，求证 $\dfrac{\cos^4\beta}{\cos^2\alpha}+\dfrac{\sin^4\beta}{\sin^2\alpha}=1$.

证明　构造向量 $\boldsymbol{m}=\left(\dfrac{\cos^2\alpha}{\cos\beta}, \dfrac{\sin^2\alpha}{\sin\beta}\right)$，$\boldsymbol{n}=(\cos\beta, \sin\beta)$，由 $\boldsymbol{m}\cdot\boldsymbol{n}=|\boldsymbol{m}||\boldsymbol{n}|=1$ 得 $\boldsymbol{m}$ 和 $\boldsymbol{n}$ 同向，所以 $\dfrac{\cos^2\alpha}{\cos^2\beta}=\dfrac{\sin^2\alpha}{\sin^2\beta}$，即 $\tan^2\alpha=\tan^2\beta$，所以 $\sin^2\alpha=\sin^2\beta$，$\cos^2\alpha=\cos^2\beta$，从而 $\dfrac{\cos^4\beta}{\cos^2\alpha}+\dfrac{\sin^4\beta}{\sin^2\alpha}=1$.

也可以采用更自然的方法.

$$\sin^2\beta(1-\sin^2\alpha)^2+(1-\sin^2\beta)\sin^4\alpha-\sin^2\beta(1-\sin^2\beta)=0,$$

从而得 $(\sin^2\alpha-\sin^2\beta)^2=0$，可得

$$\frac{\cos^4\beta}{\cos^2\alpha}+\frac{\sin^4\beta}{\sin^2\alpha}=1.$$

【例 13.3】　已知 $\alpha, \beta\in\left(0, \dfrac{\pi}{2}\right)$，且 $\cos\alpha+\cos\beta-\cos(\alpha+\beta)=\dfrac{3}{2}$，求 α 和 β 的值.

解　两个未知数，一个方程，需要利用等式中暗藏的关系.

原条件可化为 $\sin\alpha\sin\beta+(1-\cos\alpha)\cos\beta=\dfrac{3}{2}-\cos\alpha$. 构造向量 $\boldsymbol{m}=(\sin\alpha, 1-\cos\alpha)$，$\boldsymbol{n}=(\sin\beta, \cos\beta)$，由 $|\boldsymbol{m}\cdot\boldsymbol{n}|\leqslant|\boldsymbol{m}||\boldsymbol{n}|$ 得

$$\left|\frac{3}{2}-\cos\alpha\right|\leqslant\sqrt{\sin^2\alpha+(1-\cos\alpha)^2}\sqrt{\sin^2\beta+\cos^2\beta},$$

解得 $\left(\cos\alpha-\dfrac{1}{2}\right)^2\leqslant0$，$\alpha=\dfrac{\pi}{3}$；根据 α 和 β 的对称性可知 $\beta=\dfrac{\pi}{3}$.

【例 13.4】　已知 a_i 是两两不等的正整数，求证

$$\frac{a_1}{1^2}+\frac{a_2}{2^2}+\cdots+\frac{a_n}{n^2}\geqslant1+\frac{1}{2}+\cdots+\frac{1}{n}.$$

证明　构造向量

$$\boldsymbol{m}=\left(\frac{\sqrt{a_1}}{1}, \frac{\sqrt{a_2}}{2}, \cdots, \frac{\sqrt{a_n}}{n}\right),\quad \boldsymbol{n}=\left(\frac{1}{\sqrt{a_1}}, \frac{1}{\sqrt{a_2}}, \cdots, \frac{1}{\sqrt{a_n}}\right),$$

由 $|\boldsymbol{m}||\boldsymbol{n}|\geqslant \boldsymbol{m}\cdot\boldsymbol{n}$ 得

$$\sqrt{\frac{a_1}{1^2}+\frac{a_n}{2^2}+\cdots+\frac{a_n}{n^2}}\sqrt{\frac{1}{a_1}+\frac{1}{a_2}+\cdots+\frac{1}{a_n}}\geqslant 1+\frac{1}{2}+\cdots+\frac{1}{n};$$

由于 a_i 是两两不等的正整数，则

$$\frac{1}{a_1}+\frac{1}{a_2}+\cdots+\frac{1}{a_n}\leqslant 1+\frac{1}{2}+\cdots+\frac{1}{n};$$

所以

$$\frac{a_1}{1^2}+\frac{a_n}{2^2}+\cdots+\frac{a_n}{n^2}\geqslant 1+\frac{1}{2}+\cdots+\frac{1}{n}.$$

【例 13.5】 设 a_1，a_2，…，$a_n\in\mathbf{R}^+$，将

$$A_n=\frac{a_1+a_2+\cdots+a_n}{n},\ G_n=\sqrt[n]{a_1a_2\cdots a_n},$$

$$H_n=\frac{n}{\frac{1}{a_1}+\frac{1}{a_2}+\cdots+\frac{1}{a_n}},\ Q_n=\sqrt{\frac{a_1^2+a_2^2+\cdots+a_n^2}{n}}$$

分别叫作这 n 个正数的算术平均数、几何平均数、调和平均数和平方平均数，则 $H_n\leqslant G_n\leqslant A_n\leqslant Q_n$，即

$$\sqrt{\frac{a_1^2+a_2^2+\cdots+a_n^2}{n}}\geqslant\frac{a_1+a_2+\cdots+a_n}{n}\geqslant\sqrt[n]{a_1a_2\cdots a_n}$$
$$\geqslant\frac{n}{\frac{1}{a_1}+\frac{1}{a_2}+\cdots+\frac{1}{a_n}},$$

其中等号成立的充要条件是 $a_1=a_2=\cdots=a_n$.

证明 构造向量 $\boldsymbol{m}=(a_1,\ a_2,\ \cdots,\ a_n)$，$\boldsymbol{n}=(1,\ 1,\ \cdots,\ 1)$，由 $|\boldsymbol{m}||\boldsymbol{n}|\geqslant\boldsymbol{m}\cdot\boldsymbol{n}$ 得 $\sqrt{a_1^2+a_2^2+\cdots+a_n^2}\sqrt{n}\geqslant a_1+a_2+\cdots+a_n$，即

$$\sqrt{\frac{a_1^2+a_2^2+\cdots+a_n^2}{n}}\geqslant\frac{a_1+a_2+\cdots+a_n}{n}.$$

构造向量 $\boldsymbol{m}=(\sqrt{a_1},\ \sqrt{a_2},\ \cdots,\ \sqrt{a_n})$，$\boldsymbol{n}=\left(\sqrt{\frac{1}{a_1}},\ \sqrt{\frac{1}{a_2}},\ \cdots,\ \sqrt{\frac{1}{a_n}}\right)$，由 $|\boldsymbol{m}||\boldsymbol{n}|\geqslant\boldsymbol{m}\cdot\boldsymbol{n}$ 得 $\sqrt{a_1+a_2+\cdots+a_n}\sqrt{\frac{1}{a_1}+\frac{1}{a_2}+\cdots+\frac{1}{a_n}}\geqslant n$，即

$$\frac{a_1+a_2+\cdots+a_n}{n}\geqslant\frac{n}{\frac{1}{a_1}+\frac{1}{a_2}+\cdots+\frac{1}{a_n}}.$$

在不等式的证明中，均值不等式是常常用到的．这提醒我们有些题目原来是用均值不等式解决的，可尝试用向量法解决.

注：作者尝试用向量法证明$\frac{a_1+a_2+\cdots+a_n}{n}\geqslant\sqrt[n]{a_1a_2\cdots a_n}$，但没有成功．比较简单的证明是利用 $\mathrm{e}^x\geqslant\mathrm{e}x$；设 $G=\sqrt[n]{a_1a_2\cdots a_n}$，则

$$\mathrm{e}^{\frac{a_1+a_2+\cdots+a_n}{G}}=\mathrm{e}^{\frac{a_1}{G}}\cdot\mathrm{e}^{\frac{a_2}{G}}\cdot\cdots\cdot\mathrm{e}^{\frac{a_n}{G}}\geqslant\frac{\mathrm{e}a_1}{G}\cdot\frac{\mathrm{e}a_2}{G}\cdot\cdots\cdot\frac{\mathrm{e}a_n}{G}=\mathrm{e}^n,$$

即 $\frac{a_1+a_2+\cdots+a_n}{n}\geqslant\sqrt[n]{a_1a_2\cdots a_n}$.

【例 13.6】　求证：$\frac{1}{a-b}+\frac{1}{b-c}+\frac{4}{c-a}\geqslant0$，其中 $a>b>c$.

证法 1　由均值不等式得

$$\frac{\frac{1}{a-b}+\frac{1}{b-c}}{2}\geqslant\frac{2}{a-b+b-c},$$

所以

$$\frac{1}{a-b}+\frac{1}{b-c}+\frac{4}{c-a}\geqslant0,$$

其中 $2b=a+c$ 时等号成立.

证法 2　构造向量 $\boldsymbol{m}=\left(\frac{1}{\sqrt{a-b}},\ \frac{1}{\sqrt{b-c}}\right)$，$\boldsymbol{n}=\left(\sqrt{a-b},\ \sqrt{b-c}\right)$，由 $|\boldsymbol{m}||\boldsymbol{n}|\geqslant\boldsymbol{m}\cdot\boldsymbol{n}$ 得 $\sqrt{\left(\frac{1}{a-b}+\frac{1}{b-c}\right)(a-c)}\geqslant2$，所以

$$\frac{1}{a-b}+\frac{1}{b-c}+\frac{4}{c-a}\geqslant0,$$

其中 $2b=a+c$ 时等号成立.

【例 13.7】　证明：$\frac{a^2}{b-k}+\frac{b^2}{a-k}\geqslant8k$，其中 $a>k$，$b>k$.

证明 构造向量 $\boldsymbol{m}=(\sqrt{b-k},\ \sqrt{a-k})$，$\boldsymbol{n}=\left(\frac{a}{\sqrt{b-k}},\ \frac{b}{\sqrt{a-k}}\right)$，由 $|\boldsymbol{m}|^2|\boldsymbol{n}|^2\geqslant(\boldsymbol{m}\cdot\boldsymbol{n})^2$ 得 $(b-k+a-k)\left(\frac{a^2}{b-k}+\frac{b^2}{a-k}\right)\geqslant(a+b)^2$，即

$$\frac{a^2}{b-k}+\frac{b^2}{a-k}\geqslant\frac{(a+b)^2}{a+b-2k}=a+b-2k+\frac{4k^2}{a+b-2k}+4k\geqslant2\sqrt{4k^2}+4k\geqslant8k,$$

所以 $\frac{a^2}{b-k}+\frac{b^2}{a-k}\geqslant8k.$

【例 13.8】 求证：$\frac{1}{1-x^2}+\frac{1}{1-y^2}\geqslant\frac{2}{1-xy}$，其中 $|x|<1$，$|y|<1$.

证明 构造向量 $\boldsymbol{m}=\left(\frac{1}{\sqrt{1-x^2}},\ \frac{1}{\sqrt{1-y^2}}\right)$，$\boldsymbol{n}=(\sqrt{1-x^2},\ \sqrt{1-y^2})$，由

$|\boldsymbol{m}|^2|\boldsymbol{n}|^2\geqslant(\boldsymbol{m}\cdot\boldsymbol{n})^2$ 得 $\left(\frac{1}{1-x^2}+\frac{1}{1-y^2}\right)(1-x^2+1-y^2)\geqslant4$，即

$$\frac{1}{1-x^2}+\frac{1}{1-y^2}\geqslant\frac{4}{2-(x^2+y^2)}\geqslant\frac{4}{2-2xy}=\frac{2}{1-xy},$$

所以 $\frac{1}{1-x^2}+\frac{1}{1-y^2}\geqslant\frac{2}{1-xy}.$

【例 13.9】 设 $a,b,c\in\mathbf{R}^+$，满足 $a\cos^2\alpha+b\sin^2\alpha<c$，求证：

$$\sqrt{a}\cos^2\alpha+\sqrt{b}\sin^2\alpha<\sqrt{c}.$$

证明 构造向量 $\boldsymbol{m}=(\sqrt{a}\cos\alpha,\ \sqrt{b}\sin\alpha)$，$\boldsymbol{n}=(\cos\alpha,\ \sin\alpha)$，由 $\boldsymbol{m}\cdot\boldsymbol{n}\leqslant|\boldsymbol{m}||\boldsymbol{n}|$ 得 $\sqrt{a}\cos^2\alpha+\sqrt{b}\sin^2\alpha\leqslant\sqrt{a\cos^2\alpha+b\sin^2\alpha}\sqrt{\cos^2\alpha+\sin^2\alpha}<\sqrt{c}.$

【例 13.10】 已知

$$\frac{(x-1)^2}{16}+\frac{(y+2)^2}{5}+\frac{(z-3)^2}{4}=1,$$

求 $x+y+z$ 的取值范围.

证明 构造向量 $\boldsymbol{m}=\left(\frac{x-1}{4},\ \frac{y+2}{\sqrt{5}},\ \frac{z-3}{2}\right)$，$\boldsymbol{n}=(4,\ \sqrt{5},\ 2)$，由 $|\boldsymbol{m}|^2|\boldsymbol{n}|^2\geqslant(\boldsymbol{m}\cdot\boldsymbol{n})^2$ 得

$$\left(\frac{(x-1)^2}{16}+\frac{(y+2)^2}{5}+\frac{(z-3)^2}{4}\right)(16+5+4)\geqslant(x+y+z-2)^2,$$

即 $25\geqslant(x+y+z-2)^2$，即 $-5\leqslant x+y+z-2\leqslant 5$，所以 $-3\leqslant x+y+z\leqslant 7$.

【例 13.11】　设 x 和 y 为正数，不等式 $\sqrt{x}+\sqrt{y}\leqslant a\sqrt{x+y}$ 恒成立，求 a 的取值范围.

解　构造向量 $\boldsymbol{m}=(\sqrt{x},\ \sqrt{y})$，$\boldsymbol{n}=(1,\ 1)$，由 $\boldsymbol{m}\cdot\boldsymbol{n}\leqslant|\boldsymbol{m}||\boldsymbol{n}|$ 得 $\sqrt{x}+\sqrt{y}\leqslant\sqrt{2}\sqrt{x+y}$，又不等式 $\sqrt{x}+\sqrt{y}\leqslant a\sqrt{x+y}$ 恒成立，所以 $a\geqslant\sqrt{2}$.

【例 13.12】　设 $\frac{3}{2}\leqslant x\leqslant 5$，证明：$2\sqrt{x+1}+\sqrt{2x-3}+\sqrt{15-3x}<2\sqrt{19}$.

证明　构造向量

$$\boldsymbol{m}=(\sqrt{8},\ \sqrt{4},\ \sqrt{3}),\ \boldsymbol{n}=\left(\sqrt{\frac{x}{2}+\frac{1}{2}},\ \sqrt{\frac{x}{2}-\frac{3}{4}},\ \sqrt{5-x}\right),$$

由 $\boldsymbol{m}\cdot\boldsymbol{n}\leqslant|\boldsymbol{m}||\boldsymbol{n}|$ 得

$$\sqrt{8}\sqrt{\frac{x}{2}+\frac{1}{2}}+\sqrt{4}\sqrt{\frac{x}{2}-\frac{3}{4}}+\sqrt{3}\sqrt{5-x}\leqslant\sqrt{15\times\frac{19}{4}}<2\sqrt{19},$$

所以 $2\sqrt{x+1}+\sqrt{2x-3}+\sqrt{15-3x}<2\sqrt{19}$.

【例 13.13】　已知 $a,\ b\in\mathbf{R}^+$，$a+b=1$，求证：

$$\sqrt{2a+1}+\sqrt{2b+1}\leqslant 2\sqrt{2}.$$

证明　构造向量 $\boldsymbol{m}=(1,\ 1)$，$\boldsymbol{n}=(\sqrt{2a+1},\ \sqrt{2b+1})$，由 $\boldsymbol{m}\cdot\boldsymbol{n}\leqslant|\boldsymbol{m}||\boldsymbol{n}|$ 得 $\sqrt{2a+1}+\sqrt{2b+1}\leqslant 2\sqrt{2}$.

【例 13.14】　设 $a,\ b,\ c,\ d\in\mathbf{R}^+$，且 $a+b+c+d=1$，求证：

$$\sqrt{4a+1}+\sqrt{4b+1}+\sqrt{4c+1}+\sqrt{4d+1}\leqslant 4\sqrt{2}.$$

证明　构造向量

$$\boldsymbol{m}=(1,\ 1,\ 1,\ 1),\ \boldsymbol{n}=(\sqrt{4a+1},\ \sqrt{4b+1},\ \sqrt{4c+1},\ \sqrt{4d+1}),$$

由 $\boldsymbol{m}\cdot\boldsymbol{n}\leqslant|\boldsymbol{m}||\boldsymbol{n}|$ 得 $\sqrt{4a+1}+\sqrt{4b+1}+\sqrt{4c+1}+\sqrt{4d+1}\leqslant 4\sqrt{2}$.

【例 13.15】　设 a_i 都是正数，且 $a_1+a_2+\cdots+a_n=1$，求证：

$$\frac{a_1^2}{a_1+a_2}+\frac{a_2^2}{a_2+a_3}+\cdots+\frac{a_n^2}{a_n+a_1}\geqslant\frac{1}{2}.$$

证明　构造向量

$$m=\left(\frac{a_1}{\sqrt{a_1+a_2}},\ \frac{a_2}{\sqrt{a_2+a_3}},\ \cdots,\ \frac{a_n}{\sqrt{a_n+a_1}}\right),$$

$$n=(\sqrt{a_1+a_2},\ \sqrt{a_2+a_3},\ \cdots,\ \sqrt{a_n+a_1}),$$

由 $|m||n|\geqslant m\cdot n$ 得

$$\sqrt{\frac{a_1^2}{a_1+a_2}+\frac{a_2^2}{a_2+a_3}+\cdots+\frac{a_n^2}{a_n+a_1}}\sqrt{a_1+a_2+a_2+a_3+\cdots+a_{n-1}+a_n+a_n+a_1}$$
$$\geqslant a_1+a_2+a_3+\cdots+a_{n-1}+a_n,$$

所以

$$\frac{a_1^2}{a_1+a_2}+\frac{a_2^2}{a_2+a_3}+\cdots+\frac{a_n^2}{a_n+a_1}$$
$$\geqslant\frac{(a_1+a_2+a_3+\cdots+a_{n-1}+a_n)^2}{2(a_1+a_2+a_3+\cdots+a_{n-1}+a_n)}=\frac{1}{2}.$$

【例 13.16】 若 $x, y, z\in\mathbf{R}^+$，且 $x+y+z=1$，求证：

$$\frac{1}{x}+\frac{4}{y}+\frac{9}{z}\geqslant 36.$$

证明 构造向量 $m=(\sqrt{x},\ \sqrt{y},\ \sqrt{z})$，$n=\left(\frac{1}{\sqrt{x}},\ \frac{2}{\sqrt{y}},\ \frac{3}{\sqrt{z}}\right)$，由 $|m||n|\geqslant m\cdot n$ 得 $\sqrt{\frac{1}{x}+\frac{4}{y}+\frac{9}{z}}\geqslant 6$，所以 $\frac{1}{x}+\frac{4}{y}+\frac{9}{z}\geqslant 36$.

【例 13.17】 已知 a_i 均为正数，且 $a_1+a_2+\cdots+a_n=S$，求证：

$$\sqrt{a_1}+\sqrt{a_2}+\cdots+\sqrt{a_n}\leqslant\sqrt{nS}.$$

证明 构造向量 $a=(\sqrt{a_1},\ \sqrt{a_2},\ \cdots,\ \sqrt{a_n})$，$b=(1,\ 1,\ \cdots,\ 1)$，由 $|m||n|\geqslant m\cdot n$ 得 $\sqrt{a_1+a_2+\cdots+a_n}\sqrt{n}\geqslant\sqrt{a_1}+\sqrt{a_2}+\cdots+\sqrt{a_n}$，所以 $\sqrt{a_1}+\sqrt{a_2}+\cdots+\sqrt{a_n}\leqslant\sqrt{nS}$.

【例 13.18】 设 $a, b, c\in\mathbf{R}^+$，$abc=1$，求证：

$$\frac{1}{a^3(b+c)}+\frac{1}{b^3(a+c)}+\frac{1}{c^3(a+b)}\geqslant\frac{3}{2}.$$

证明 构造向量 $m=(\sqrt{a(b+c)},\sqrt{b(a+c)},\sqrt{c(a+b)})$，

$\boldsymbol{n}=\left(\sqrt{\frac{1}{a^3(b+c)}},\sqrt{\frac{1}{b^3(a+c)}},\sqrt{\frac{1}{c^3(a+b)}}\right)$，

由 $|\boldsymbol{m}|^2|\boldsymbol{n}|^2\geqslant(\boldsymbol{m}\cdot\boldsymbol{n})^2$ 得

$$(a(b+c)+b(c+a)+c(a+b))\left(\frac{1}{a^3(b+c)}+\frac{1}{b^3(a+c)}+\frac{1}{c^3(a+b)}\right)$$

$$\geqslant\left(\frac{1}{a}+\frac{1}{b}+\frac{1}{c}\right)^2,$$

即

$$\frac{1}{a^3(b+c)}+\frac{1}{b^3(a+c)}+\frac{1}{c^3(a+b)}$$
$$\geqslant\frac{\left(\frac{1}{a}+\frac{1}{b}+\frac{1}{c}\right)^2}{a(b+c)+b(c+a)+c(a+b)}$$
$$=\frac{ab+bc+ca}{2}\geqslant\frac{3\sqrt[3]{a^2b^2c^2}}{2}=\frac{3}{2}.$$

【例 13.19】　求证：$(a^4+b^4)(a^2+b^2)\geqslant(a^3+b^3)^2$.

证明　构造向量 $\boldsymbol{m}=(a,\ b)$，$\boldsymbol{n}=(a^2,\ b^2)$，由 $|\boldsymbol{m}|^2|\boldsymbol{n}|^2\geqslant(\boldsymbol{m}\cdot\boldsymbol{n})^2$ 得 $(a^4+b^4)(a^2+b^2)\geqslant(a^3+b^3)^2$.

【例 13.20】　求证：$3(1+a^2+a^4)\geqslant(1+a+a^2)^2$.

证明　构造向量 $\boldsymbol{m}=(1,\ a,\ a^2)$，$\boldsymbol{n}=(1,\ 1,\ 1)$，由 $|\boldsymbol{m}|^2|\boldsymbol{n}|^2\geqslant(\boldsymbol{m}\cdot\boldsymbol{n})^2$ 得 $3(1+a^2+a^4)\geqslant(1+a+a^2)^2$.

对于例 13.19 和例 13.20 这样的题目，如果项数较少，直接展开化简即可．但项数较多时，譬如例 13.21，展开化简则较烦琐．使用向量法则无此麻烦.

【例 13.21】　设 x_i 是正数，求证：

$$\frac{x_1^2}{x_2}+\frac{x_2^2}{x_3}+\cdots+\frac{x_{n-1}^2}{x_n}+\frac{x_n^2}{x_1}\geqslant x_1+x_2+\cdots+x_n.$$

证明　构造向量

$$\boldsymbol{m}=\left(\frac{x_1}{\sqrt{x_2}},\ \frac{x_2}{\sqrt{x_3}},\ \cdots,\ \frac{x_n}{\sqrt{x_1}}\right),\ \boldsymbol{n}=(\sqrt{x_2},\ \sqrt{x_3},\ \cdots,\ \sqrt{x_1}),$$

由 $|\boldsymbol{m}||\boldsymbol{n}|\geqslant \boldsymbol{m}\cdot\boldsymbol{n}$ 得

$$\sqrt{\frac{x_1^2}{x_2}+\frac{x_2^2}{x_3}+\cdots+\frac{x_n^2}{x_1}}\sqrt{x_1+x_2+\cdots+x_n}\geqslant x_1+x_2+\cdots+x_n,$$

所以

$$\frac{x_1^2}{x_2}+\frac{x_2^2}{x_3}+\cdots+\frac{x_{n-1}^2}{x_n}+\frac{x_n^2}{x_1}\geqslant x_1+x_2+\cdots+x_n.$$

【例 13.22】 已知 $a,b,c\in\mathbf{R}^+$，求证：

$$\frac{a^2}{b+c}+\frac{b^2}{c+a}+\frac{c^2}{a+b}\geqslant\frac{a+b+c}{2}.$$

证明 构造向量

$$\boldsymbol{m}=\left(\frac{a}{\sqrt{b+c}},\frac{b}{\sqrt{c+a}},\frac{c}{\sqrt{a+b}}\right),\ \boldsymbol{n}=(\sqrt{b+c},\sqrt{c+a},\sqrt{a+b}),$$

由 $(\boldsymbol{m}\cdot\boldsymbol{n})^2\leqslant|\boldsymbol{m}|^2|\boldsymbol{n}|^2$ 得

$$\frac{a^2}{b+c}+\frac{b^2}{c+a}+\frac{c^2}{a+b}\geqslant\frac{a+b+c}{2}.$$

下面我们来证一个更一般的不等式.

【例 13.23】 设 $x,y,z\in\mathbf{R}^+$，r,s,t 是不完全为 0 的非负实数，则

$$\frac{x^2}{rx+sy+tz}+\frac{y^2}{ry+sz+tx}+\frac{z^2}{rz+sx+ty}\geqslant\frac{x+y+z}{r+s+t}.$$

证明 构造向量

$$\boldsymbol{m}=(\sqrt{rx+sy+tz},\sqrt{ry+sz+tx},\sqrt{rz+sx+ty}),$$

$$\boldsymbol{n}=\left(\frac{x}{\sqrt{rx+sy+tz}},\frac{y}{\sqrt{ry+sz+tx}},\frac{z}{\sqrt{rz+sx+ty}}\right),$$

由 $|\boldsymbol{m}|^2|\boldsymbol{n}|^2\geqslant(\boldsymbol{m}\cdot\boldsymbol{n})^2$ 得

$$(rx+sy+tz+ry+sz+tx+rz+sx+ty)\left(\frac{x^2}{rx+sy+tz}+\frac{y^2}{ry+sz+tx}+\frac{z^2}{rz+sx+ty}\right)$$

$$=(r+s+t)(x+y+z)\left(\frac{x^2}{rx+sy+tz}+\frac{y^2}{ry+sz+tx}+\frac{z^2}{rz+sx+ty}\right)$$

$$\geqslant(x+y+z)^2,$$

所以

$$\frac{x^2}{rx+sy+tz}+\frac{y^2}{ry+sz+tx}+\frac{z^2}{rz+sx+ty}\geqslant\frac{x+y+z}{r+s+t}.$$

若 $r=s=t=1$，则 $x^2+y^2+z^2\geqslant\frac{(x+y+z)^2}{3}$；

若 $r=s=1$，$t=0$，则 $\frac{x^2}{x+y}+\frac{y^2}{y+z}+\frac{z^2}{z+x}\geqslant\frac{x+y+z}{2}$；

若 $r=0$，$s=t=1$，则 $\frac{x^2}{y+z}+\frac{y^2}{z+x}+\frac{z^2}{x+y}\geqslant\frac{x+y+z}{2}$；

若 $r=t=0$，$s=1$，则 $\frac{x^2}{y}+\frac{y^2}{z}+\frac{z^2}{x}\geqslant x+y+z$；

若 $r=0$，则 $\frac{x^2}{sy+tz}+\frac{y^2}{sz+tx}+\frac{z^2}{sx+ty}\geqslant\frac{x+y+z}{s+t}$.

【例 13.24】 求函数 $y=\sqrt{3}x-\sqrt{1-x^2}$ 的最小值.

解法 1　显然 $|x|\leqslant1$，不妨设 $x=\sin\theta$，$\theta\in\left[-\frac{\pi}{2},\ \frac{\pi}{2}\right]$，则

$$\sqrt{3}x-\sqrt{1-x^2}=\sqrt{3}\sin\theta-\cos\theta=2\sin\left(\theta-\frac{\pi}{6}\right),$$

显然 $y_{\min}=-2$.

解法 2　构造向量 $\boldsymbol{m}=(\sqrt{3},\ -1)$，$\boldsymbol{n}=(x,\ \sqrt{1-x^2})$，由 $\boldsymbol{m}\cdot\boldsymbol{n}\geqslant-|\boldsymbol{m}||\boldsymbol{n}|$ 得 $\sqrt{3}x-\sqrt{1-x^2}\geqslant-2$. 注意：求解最值后，需要检验此时是否存在符合条件的 x. 此法若是求最大值，检验就显得非常重要.

使用向量法不能荒废原有知识. 任何一种解题方法都有其优势，也有其不足. 有读者认为此题的解法 2 可以少记一个三角公式. 同样也有读者认为例 13.25 的解法 2 比解法 1 可以少记一个不等式公式.

【例 13.25】 已知 $a+b+c+d+e=8$，$a^2+b^2+c^2+d^2+e^2=16$，求 e 的最大值.

解法 1　由均值不等式得

$$16-e^2=a^2+b^2+c^2+d^2\geqslant\frac{1}{4}(a+b+c+d)^2=\frac{1}{4}(8-e)^2,$$

解 $16-e^2\geqslant\frac{1}{4}(8-e)^2$ 得 $0\leqslant e\leqslant\frac{16}{5}$，当 $a=b=c=d=\frac{6}{5}$时等号成立.

解法 2 构造向量 $\boldsymbol{m}=(a,b,c,d)$,$\boldsymbol{n}=(1,1,1,1)$, 由 $|\boldsymbol{m}\cdot\boldsymbol{n}|\leqslant|\boldsymbol{m}||\boldsymbol{n}|$得

$$|8-e|=|a+b+c+d|\leqslant\sqrt{4(a^2+b^2+c^2+d^2)}=\sqrt{4(16-e^2)};$$

解得 $0\leqslant e\leqslant\frac{16}{5}$, 当 $a=b=c=d=\frac{6}{5}$时等号成立.

【例 13.26】 已知 $a+2b+3c+4d+5e=30$, 求 $S=a^2+2b^2+3c^2+4d^2+5e^2$ 的最小值.

证明 构造向量

$\boldsymbol{m}=(a,\ \sqrt{2}b,\ \sqrt{3}c,\ \sqrt{4}d,\ \sqrt{5}e)$, $\boldsymbol{n}=(1,\ \sqrt{2},\ \sqrt{3},\ \sqrt{4},\ \sqrt{5})$, 由 $|\boldsymbol{m}||\boldsymbol{n}|\geqslant\boldsymbol{m}\cdot\boldsymbol{n}$ 得

$$\sqrt{a+2b^2+3c^2+4d^2+5e^2}\sqrt{1+2+3+4+5}\geqslant a+2b+3c+4d+5e,$$

则

$$S=a^2+2b^2+3c^2+4d^2+5e^2\geqslant\frac{(a+2b+3c+4d+5e)^2}{1+2+3+4+5}=\frac{30^2}{15}=60.$$

【例 13.27】 求函数 $y=\sqrt{2x-1}+\sqrt{5-2x}\left(\frac{1}{2}<x<\frac{5}{2}\right)$的最大值.

解 设 $\boldsymbol{m}=(\sqrt{2x-1},\ \sqrt{5-2x})$, $\boldsymbol{n}=(1,\ 1)$, 由 $\boldsymbol{m}\cdot\boldsymbol{n}\leqslant|\boldsymbol{m}||\boldsymbol{n}|$得

$$y=\sqrt{2x-1}+\sqrt{5-2x}\leqslant2\sqrt{2};$$

当$\frac{1}{\sqrt{2x-1}}=\frac{1}{\sqrt{5-2x}}$, 即 $x=\frac{3}{2}$时, $y_{\max}=2\sqrt{2}$.

【例 13.28】 设 a, b, c, S 分别为某三角形的边长和面积, 求证 $a^2+b^2+c^2\geqslant4\sqrt{3}S$.

证明 由 $\sin^2A+\cos^2A=1$ 得

$$\left(\frac{2S}{bc}\right)^2+\left(\frac{b^2+c^2-a^2}{2bc}\right)^2=1,$$

即 $16S^2=4b^2c^2-(b^2+c^2-a^2)^2$, 从而 $16S^2+2a^4+2b^4+2c^4=(a^2+b^2+c^2)^2$. 构造向量 $\boldsymbol{m}=(4S,\ \sqrt{2}a^2,\ \sqrt{2}b^2,\ \sqrt{2}c^2)$, $\boldsymbol{n}=(\sqrt{3},\ \sqrt{2},\ \sqrt{2},\ \sqrt{2})$, 由 $\boldsymbol{m}\cdot\boldsymbol{n}\leqslant|\boldsymbol{m}||\boldsymbol{n}|$得

$$4\sqrt{3}S+2a^2+2b^2+2c^2\leqslant3\sqrt{16S^2+2a^4+2b^4+2c^4}=3(a^2+b^2+c^2),$$

所以 $a^2+b^2+c^2 \geqslant 4\sqrt{3}S$.

【例 13.29】 设 a，b，c，S；a_1，b_1，c_1，S_1 分别为两个三角形的边长和面积，求证

$$a^2(b_1^2+c_1^2-a_1^2)+b^2(c_1^2+a_1^2-b_1^2)+c^2(a_1^2+b_1^2-c_1^2) \geqslant 16SS_1.$$

证明 由 $\sin^2 A+\cos^2 A=1$ 得

$$\left(\frac{2S}{bc}\right)^2+\left(\frac{b^2+c^2-a^2}{2bc}\right)^2=1,$$

得 $16S^2=4b^2c^2-(b^2+c^2-a^2)^2$，即 $16S^2+2a^4+2b^4+2c^4=(a^2+b^2+c^2)^2$.

构造向量

$$\boldsymbol{m}=(4S,\ \sqrt{2}a^2,\ \sqrt{2}b^2,\ \sqrt{2}c^2),\ \boldsymbol{n}=(4S_1,\ \sqrt{2}a_1^2,\ \sqrt{2}b_1^2,\ \sqrt{2}c_1^2),$$

由 $\boldsymbol{m}\cdot\boldsymbol{n} \leqslant |\boldsymbol{m}||\boldsymbol{n}|$ 得

$$\begin{aligned}&16SS_1+2a^2a_1^2+2b^2b_1^2+2c^2c_1^2\\ \leqslant&\sqrt{16S^2+2a^4+2b^4+2c^4}\sqrt{16S_1^2+2a_1^4+2b_1^4+2c_1^4}\\ =&(a^2+b^2+c^2)(a_1^2+b_1^2+c_1^2),\end{aligned}$$

移项即可得所求证命题.

一般几何不等式只牵涉一个三角形，牵涉两个三角形的不是很多. 此不等式一般称为匹多(Pedoe)不等式.

【例 13.30】 如图 13-1，点 P 为 $\triangle ABC$ 内一点，点 P 到 BC、CA、AB 的垂足分别为 D、E、F，求点 P 处于什么位置时，$\frac{BC}{PD}+\frac{CA}{PE}+\frac{AB}{PF}$ 取得最小值.

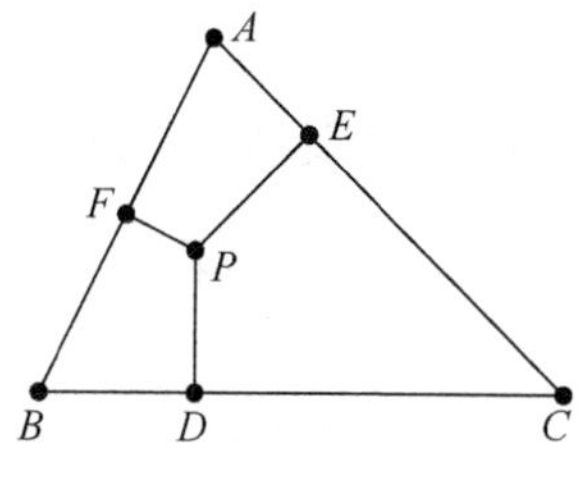

图 13-1

解 设 $\triangle ABC$ 的面积为 S，则 $2S=BC\cdot PD+CA\cdot PE+AB\cdot PF$；

构造向量

$\boldsymbol{m}=\left(\sqrt{\dfrac{BC}{PD}},\ \sqrt{\dfrac{CA}{PE}},\ \sqrt{\dfrac{AB}{PF}}\right)$，$\boldsymbol{n}=(\sqrt{BC\cdot PD},\ \sqrt{CA\cdot PE},\ \sqrt{AB\cdot PF})$，

由 $|\boldsymbol{m}|^2\ |\boldsymbol{n}|^2\geqslant(\boldsymbol{m}\cdot\boldsymbol{n})^2$

$$\left(\frac{BC}{PD}+\frac{CA}{PE}+\frac{AB}{PF}\right)(BC\cdot PD+CA\cdot PE+AB\cdot PF)\geqslant(BC+CA+AB)^2,$$

即 $\left(\dfrac{BC}{PD}+\dfrac{CA}{PE}+\dfrac{AB}{PF}\right)\geqslant\dfrac{(BC+CA+AB)^2}{2S}$，当且仅当 $PD=PE=PF$ 时等号成立. 注意到 $AB+BC+CA$ 和 S 是 $\triangle ABC$ 的周长和面积，为定值；当 P 为 $\triangle ABC$ 内心时，$\dfrac{BC}{PD}+\dfrac{CA}{PE}+\dfrac{AB}{PF}$ 取得最小值 $\dfrac{(BC+CA+AB)^2}{2S}$.

13.2　三角不等式

【例 13.31】　求证：

$$\sqrt{a^2+b^2}+\sqrt{a^2+(1-b)^2}+\sqrt{b^2+(1-a)^2}+\sqrt{(1-a)^2+(1-b)^2}\geqslant2\sqrt{2}.$$

证法 1　构造向量 $\boldsymbol{m}=(a,\ b)$，$\boldsymbol{n}=(1-a,\ 1-b)$，$\boldsymbol{p}=(a,\ 1-b)$，$\boldsymbol{q}=(1-a,\ b)$，由 $|\boldsymbol{m}|+|\boldsymbol{n}|+|\boldsymbol{p}|+|\boldsymbol{q}|\geqslant|\boldsymbol{m}+\boldsymbol{n}|+|\boldsymbol{p}+\boldsymbol{q}|$ 得

$$\sqrt{a^2+b^2}+\sqrt{a^2+(1-b)^2}+\sqrt{b^2+(1-a)^2}+\sqrt{(1-a)^2+(1-b)^2}\geqslant2\sqrt{2}.$$

证法 2　如图 13-2，以(0，0)，(1，0)，(1，1)，(0，1)四点构造正方形，点 P 为$(a,\ b)$，根据三角形两边之和大于第三边，命题显然成立.

此题已成为数形结合的经典案例．向量法的好处就是无须作图．也可用均值不等式：$\sqrt{a^2+b^2}+\sqrt{a^2+(1-b)^2}+\sqrt{b^2+(1-a)^2}+\sqrt{(1-a)^2+(1-b)^2}\geqslant\dfrac{\sqrt{2}}{2}(a+b+a+1-b+b+1-a+1-a+1-b)=2\sqrt{2}$.

【例 13.32】　求 $y=\sqrt{x^2+x+1}-\sqrt{x^2-x+1}$ 的取值范围.

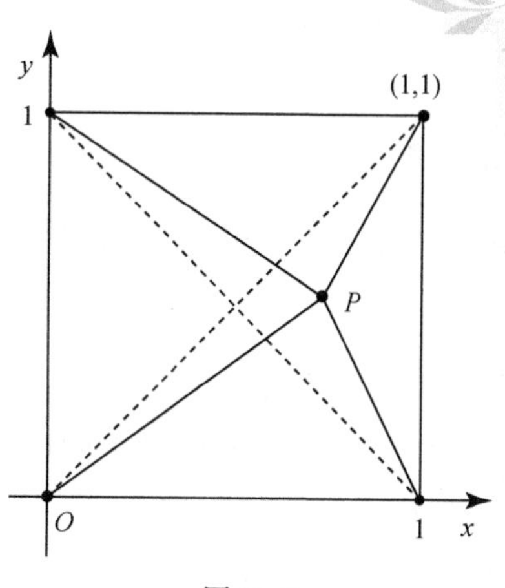

图 13-2

分析

$$y=\sqrt{x^2+x+1}-\sqrt{x^2-x+1}$$
$$=\sqrt{\left(x+\frac{1}{2}\right)^2+\left(\frac{\sqrt{3}}{2}\right)^2}-\sqrt{\left(x-\frac{1}{2}\right)^2+\left(\frac{\sqrt{3}}{2}\right)^2}.$$

解法 1　构造向量：$\boldsymbol{m}=\left(x+\frac{1}{2},\ \frac{\sqrt{3}}{2}\right)$，$\boldsymbol{n}=\left(x-\frac{1}{2},\ \frac{\sqrt{3}}{2}\right)$，则

$$|y|=\big||\boldsymbol{m}|-|\boldsymbol{n}|\big|<|\boldsymbol{m}-\boldsymbol{n}|=1,$$

所以 y 的取值范围为 $(-1,\ 1)$．此处 $\boldsymbol{m}$ 和 $\boldsymbol{n}$ 不共线，不能取等号.

解法 2　数形结合：点 $(0,\ 0)$，$\left(x+\frac{1}{2},\ \frac{\sqrt{3}}{2}\right)$，$\left(x-\frac{1}{2},\ \frac{\sqrt{3}}{2}\right)$ 构成三角形，两边之差小于第三边，所以 y 的取值范围为 $(-1,\ 1)$. 此处三点不可能共线，不能取等号.

【例 13.33】　求 $y=\sqrt{a^2+(1-b)^2}+\sqrt{b^2+(1-c)^2}+\sqrt{c^2+(1-a)^2}$ 的最小值.

解　设 $a+b+c=k$，构造向量

$$\boldsymbol{a}_1=(a,\ 1-b),\ \boldsymbol{a}_2=(b,\ 1-c),\ \boldsymbol{a}_3=(c,\ 1-a),$$

则

$$y=|\boldsymbol{a}_1|+|\boldsymbol{a}_2|+|\boldsymbol{a}_3|\geqslant|\boldsymbol{a}_1+\boldsymbol{a}_2+\boldsymbol{a}_3|=\sqrt{k^2+(3-k)^2}$$

$$\geqslant\frac{\sqrt{2}}{2}(k+3-k)=\frac{3\sqrt{2}}{2}.$$

最后一步用到：$\sqrt{\frac{a^2+b^2}{2}}\geqslant\frac{a+b}{2}$.

此题能否用数形结合呢？当然也是可以的．下面我们来看一种更一般的情形.

【例 13.34】 求证

$$\sqrt{a^2+m^2}+\sqrt{b^2+n^2}+\sqrt{c^2+p^2}\geqslant\sqrt{(a+b+c)^2+(m+n+p)^2}.$$

证法 1 构造向量 $\boldsymbol{a}_1=(a,m)$，$\boldsymbol{a}_2=(b,n)$，$\boldsymbol{a}_3=(c,p)$，由 $|\boldsymbol{a}_1|+|\boldsymbol{a}_2|+|\boldsymbol{a}_3|\geqslant|\boldsymbol{a}_1+\boldsymbol{a}_2+\boldsymbol{a}_3|$得

$$\sqrt{a^2+m^2}+\sqrt{b^2+n^2}+\sqrt{c^2+p^2}\geqslant\sqrt{(a+b+c)^2+(m+n+p)^2}.$$

证法 2 数形结合．如图 13-3，构造矩形 $ABCD$，设 $AI=a$，$IK=b$，$KB=c$，$AG=m$，$GE=n$，$ED=p$，则 $AM+MN+NC\geqslant AC$，即

$$\sqrt{a^2+m^2}+\sqrt{b^2+n^2}+\sqrt{c^2+p^2}\geqslant\sqrt{(a+b+c)^2+(m+n+p)^2}.$$

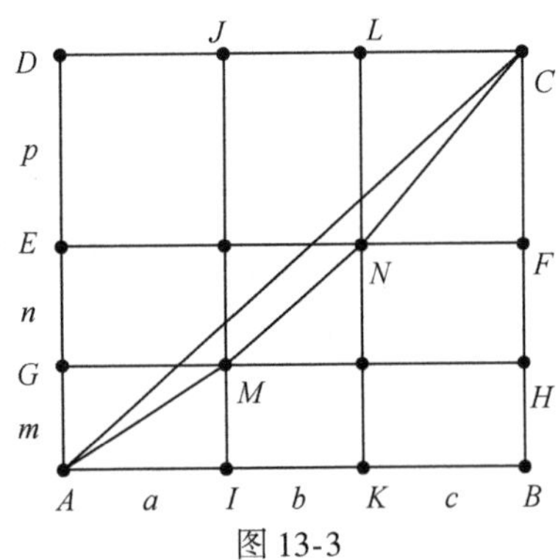

图 13-3

【例 13.35】 已知$f(x)=\sqrt{1+x^2}$，求证：$|f(a)-f(b)|<|a-b|$，其中 $a\neq b$.

证明 构造向量 $\boldsymbol{m}=(1,a)$，$\boldsymbol{n}=(1,b)$，由 $||\boldsymbol{m}|-|\boldsymbol{n}||\leqslant|\boldsymbol{m}-\boldsymbol{n}|$得 $|f(a)-f(b)|\leqslant|a-b|$；由于 $a\neq b$，等号不成立，所以 $|f(a)-f(b)|<|a-b|$.

【例 13.36】 下面两道题常常以构造法的经典案例出现.

（1）若$a>0$，$b>0$，$c>0$，$\sqrt{a^2+ab+b^2}+\sqrt{b^2+bc+c^2}>\sqrt{c^2+ca+a^2}$.

证明　如图13-4，构造三角形，设$OA=a$，$OB=b$，$OC=c$，$\angle AOB=\angle BOC=\angle COA=120°$，由三角形两边之和大于第三边可证.

巧证　$\sqrt{a^2+ab+b^2}+\sqrt{b^2+bc+c^2}>a+c>\sqrt{c^2+ca+a^2}$.

（2）若$a>0$，$b>0$，$c>0$，$\sqrt{a^2-ab+b^2}+\sqrt{b^2-bc+c^2}>\sqrt{c^2-ca+a^2}$.

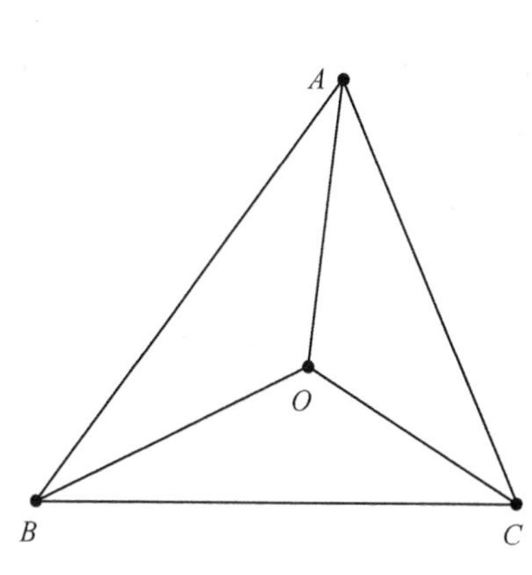

图13-4

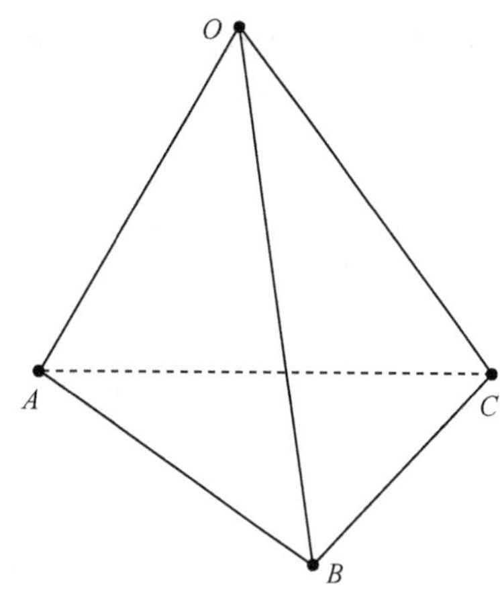

图13-5

证明　如图13-5，构造三棱锥，设$OA=a$，$OB=b$，$OC=c$，$\angle AOB=\angle BOC=\angle COA=60°$，由三角形两边之和大于第三边可证.

几何构造是巧妙的，一般难以想到．两个构图，一个是平面图形，一个是空间图形，其共同点则是利用距离公式和三角不等式；用向量法可以得到此类问题的通解．使用距离公式

$$\sqrt{a_1^2+a_2^2+\cdots+a_n^2}+\sqrt{b_1^2+b_2^2+\cdots+b_n^2}>\sqrt{(a_1-b_1)^2+(a_2-b_2)^2+\cdots+(a_n-b_n)^2}$$

即可.

譬如要证：$\sqrt{a^2+ab+b^2}+\sqrt{b^2+bc+c^2}\geqslant\sqrt{c^2+ca+a^2}$．只需设$A\left(\frac{\sqrt{3}a}{2},\ \frac{a}{2}\right)$，$B\left(-\frac{\sqrt{3}b}{2},\ \frac{b}{2}\right)$，$C(0,\ -c)$，根据$|\overrightarrow{AB}|+|\overrightarrow{BC}|\geqslant|\overrightarrow{AC}|$，代入即证.

譬如要证：$\sqrt{a^2-ab+b^2}+\sqrt{b^2-bc+c^2}\geqslant\sqrt{c^2-ca+a^2}$．只需设$A(a,\ 0,\ 0)$，

$B\left(\frac{b}{2}, \frac{\sqrt{3}b}{2}, 0\right)$，$C\left(\frac{c}{2}, \frac{\sqrt{3}c}{6}, \frac{\sqrt{6}c}{3}\right)$，根据$|\overrightarrow{AB}|+|\overrightarrow{BC}|\geqslant|\overrightarrow{AC}|$，代入即证.

譬如要证：$\sqrt{a^2+b^2}+\sqrt{b^2+c^2}\geqslant\sqrt{c^2+a^2}$．只需设$A(a, 0, 0)$，$B(0, b, 0)$，$C(0, 0, c)$，根据$|\overrightarrow{AB}|+|\overrightarrow{BC}|\geqslant|\overrightarrow{AC}|$，代入即证.

【例 13.37】 如图 13-6，设点 O 在$\triangle ABC$ 的边 AB 上，且不与顶点重合，则 $OC\cdot AB<OA\cdot BC+OB\cdot AC$.

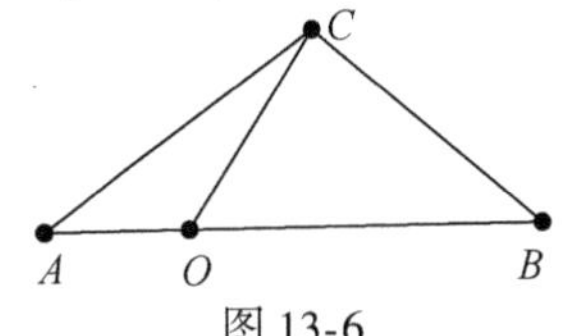

图 13-6

证明 设$\overrightarrow{CO}=k\overrightarrow{CA}+(1-k)\overrightarrow{CB}$，其中 $0<k<1$；$CO=|k\overrightarrow{CA}+(1-k)\overrightarrow{CB}|<kCA+(1-k)CB$（$CA$，$CB$ 不共线），则

$$OC\cdot AB<kCA\cdot AB+(1-k)CB\cdot AB=CA\cdot OB+CB\cdot OA.$$

13.3 向量平方非负

相当多的不等式入门书籍都从 $x^2\geqslant 0$ 谈起，代换得到$(a-b)^2\geqslant 0$，进而推出十分基础且重要的均值不等式．对于实数 x，不同的代换演变方式可能结果截然不同，这引发了不少研究者的兴趣．而这一操作对于向量而言，似乎还没有引起大家足够的重视．实数 x 若换成向量 $\boldsymbol{x}$，依然有$\boldsymbol{x}^2\geqslant 0$，其等号成立当且仅当 $\boldsymbol{x}=\boldsymbol{0}$. 下面将利用向量平方非负的性质证明一些结论，更重要的是这给出了一种发现新命题的方法.

【例 13.38】 在$\triangle ABC$ 中，求证：$\sin A+\sin B+\sin C\leqslant\frac{3\sqrt{3}}{2}$.

证明 设$\triangle ABC$ 外心为 O，外接圆半径为 R，由$(\overrightarrow{OA}+\overrightarrow{OB}+\overrightarrow{OC})^2\geqslant 0$ 得

$$3R^2+2\left(\overrightarrow{OA}\cdot\overrightarrow{OB}+\overrightarrow{OB}\cdot\overrightarrow{OC}+\overrightarrow{OC}\cdot\overrightarrow{OA}\right)\geqslant 0,$$

即

$$9R^2 \geqslant (\overrightarrow{OA}-\overrightarrow{OB})^2+(\overrightarrow{OB}-\overrightarrow{OC})^2+(\overrightarrow{OC}-\overrightarrow{OA})^2,$$

即

$$9R^2 \geqslant a^2+b^2+c^2 \geqslant \frac{(a+b+c)^2}{3},$$

所以 $3\sqrt{3}R \geqslant a+b+c$，即 $\sin A+\sin B+\sin C \leqslant \frac{3\sqrt{3}}{2}$.

当且仅当△ABC 为正三角形时，等号成立.

【例 13.39】 在△ABC 中，求证：$\cos A+\cos B+\cos C \leqslant \frac{3}{2}$.

证明 1 如图 13-7，设$\overrightarrow{AB}$，$\overrightarrow{BC}$，$\overrightarrow{CA}$方向上的单位向量分别为 $\boldsymbol{e}_1$，$\boldsymbol{e}_2$，$\boldsymbol{e}_3$，由 $(\boldsymbol{e}_1+\boldsymbol{e}_2+\boldsymbol{e}_3)^2 \geqslant 0$，得

$$\boldsymbol{e}_1^2+\boldsymbol{e}_2^2+\boldsymbol{e}_3^2+2\boldsymbol{e}_1\cdot\boldsymbol{e}_2+2\boldsymbol{e}_1\cdot\boldsymbol{e}_3+2\boldsymbol{e}_2\cdot\boldsymbol{e}_3=3-2(\cos A+\cos B+\cos C)\geqslant 0,$$

所以

$$\cos A+\cos B+\cos C \leqslant \frac{3}{2}.$$

当且仅当 $\boldsymbol{e}_1+\boldsymbol{e}_2+\boldsymbol{e}_3=0$，即△$ABC$ 为正三角形时，等号成立.

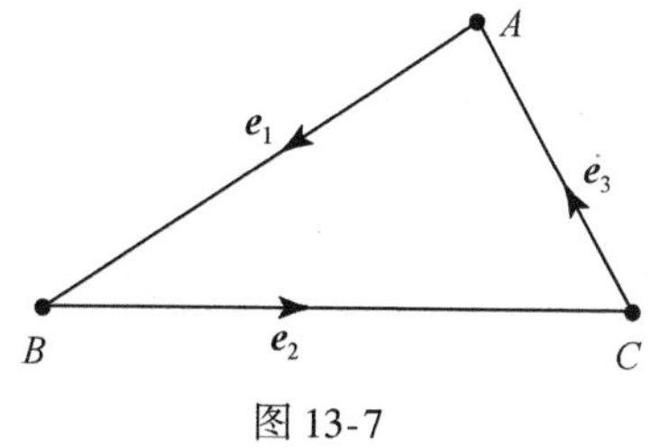

图 13-7

此题是一个三角函数的不等式问题，题目中根本没有出现向量相关信息．用向量法来解，可谓横插一脚，来得有点突兀，解法还算漂亮．此题最好用三角函数公式的转化来解决，如下.

证明 2

$$\begin{aligned}\cos A+\cos B+\cos C &= 2\cos\frac{A+B}{2}\cos\frac{A-B}{2}+1-2\sin^2\frac{C}{2}\\ &\leqslant 2\sin\frac{C}{2}+1-2\sin^2\frac{C}{2}\end{aligned}$$

$$=\frac{3}{2}-2\left(\sin\frac{C}{2}-\frac{1}{2}\right)^2\leqslant\frac{3}{2}.$$

【例 13.40】 在$\triangle ABC$中，求证：$\cos 2A+\cos 2B+\cos 2C\geqslant -\frac{3}{2}$.

证明 设$\triangle ABC$外心为O，外接圆半径为R，由$(\overrightarrow{OA}+\overrightarrow{OB}+\overrightarrow{OC})^2\geqslant 0$，得

$$\begin{aligned}&\overrightarrow{OA}^2+\overrightarrow{OB}^2+\overrightarrow{OC}^2+2\overrightarrow{OA}\cdot\overrightarrow{OB}+2\overrightarrow{OB}\cdot\overrightarrow{OC}+2\overrightarrow{OC}\cdot\overrightarrow{OA}\\&=3R^2+2R^2(\cos 2A+\cos 2B+\cos 2C)\geqslant 0,\end{aligned}$$

所以$\cos 2A+\cos 2B+\cos 2C\geqslant -\frac{3}{2}$. 当且仅当$\triangle ABC$为正三角形时等号成立.

一些资料上记载下面结论和证明．对$\triangle ABC$和任意实数x，y，z，$x^2+y^2+z^2\geqslant 2xy\cos C+2yz\cos A+2zx\cos B$，当且仅当$\frac{x}{\sin A}=\frac{y}{\sin B}=\frac{z}{\sin C}$时等号成立．等号成立的条件可认为是边长分别为$x$，$y$，$z$的三角形与已知$\triangle ABC$相似.

证明
$$\begin{aligned}&x^2+y^2+z^2-2xy\cos C-2yz\cos A-2zx\cos B\\&=x^2-2x(y\cos C+z\cos B)-2yz\cos A+y^2+z^2\\&=(x-y\cos C-z\cos B)^2-(y\cos C+z\cos B)^2+2yz\cos(B+C)+y^2+z^2\\&=(x-y\cos C-z\cos B)^2+(y\sin C-z\sin B)^2\geqslant 0,\end{aligned}$$

当且仅当$x-y\cos C-z\cos B=0$，$y\sin C-z\sin B=0$时等号成立，即

$$\frac{x}{\sin A}=\frac{y}{\sin B}=\frac{z}{\sin C}.$$

事实上，只需分别从$(x\boldsymbol{e}_1+y\boldsymbol{e}_2+z\boldsymbol{e}_3)^2\geqslant 0$和$(x\overrightarrow{OA}+y\overrightarrow{OB}+z\overrightarrow{OC})^2\geqslant 0$出发，即可得更一般结论：$x^2+y^2+z^2\geqslant 2xy\cos C+2yz\cos A+2zx\cos B$和$-(x^2+y^2+z^2)\geqslant 2xy\cos 2C+2yz\cos 2A+2zx\cos 2B$. 其中$x$，$y$，$z$为任意实数，$A$，$B$，$C$是三角形三内角.

由$\triangle ABC$内心I的向量表达式$\overrightarrow{PI}=\frac{a\overrightarrow{PA}+b\overrightarrow{PB}+c\overrightarrow{PC}}{a+b+c}$出发，可得到怎样的不等式呢？例 13.41 和例 13.42 表明，变形思路不一样，所得

结论也不相同.

【例 13.41】　在 $\triangle ABC$ 中，P 是任意点，求证：$aPA^2+bPB^2+cPC^2\geqslant abc$.

证明　$(a\overrightarrow{PA}+b\overrightarrow{PB}+c\overrightarrow{PC})^2$

$=a^2\overrightarrow{PA}^2+b^2\overrightarrow{PB}^2+c^2\overrightarrow{PC}^2+2ab\overrightarrow{PA}\cdot\overrightarrow{PB}+2bc\overrightarrow{PB}\cdot\overrightarrow{PC}+2ca\overrightarrow{PC}\cdot\overrightarrow{PA}$

$=a^2\overrightarrow{PA}^2+b^2\overrightarrow{PB}^2+c^2\overrightarrow{PC}^2+ab(\overrightarrow{PA}^2+\overrightarrow{PB}^2-AB^2)+bc(\overrightarrow{PB}^2+\overrightarrow{PC}^2-BC^2)$

$+ca(\overrightarrow{PC}^2+\overrightarrow{PA}^2-CA^2)$

$=(a+b+c)(a\overrightarrow{PA}^2+b\overrightarrow{PB}^2+c\overrightarrow{PC}^2-abc)$,

所以由$(a\overrightarrow{PA}+b\overrightarrow{PB}+c\overrightarrow{PC})^2\geqslant 0$ 得 $aPA^2+bPB^2+cPC^2\geqslant abc$. 当 P 为内心 I 时，等号成立，即 $aIA^2+bIB^2+cIC^2=abc$.

【例 13.42】　在 $\triangle ABC$ 中，若 R 为外接圆半径，r 为内切圆半径，O 为 $\triangle ABC$ 外心，I 为 $\triangle ABC$ 内心，求证：$OI^2=R^2-2Rr$，从而 $R\geqslant 2r$.

证明　$OI^2=\left(\dfrac{a\overrightarrow{OA}+b\overrightarrow{OB}+c\overrightarrow{OC}}{a+b+c}\right)^2$

$$=\frac{a^2\overrightarrow{OA}^2+b^2\overrightarrow{OB}^2+c^2\overrightarrow{OC}^2+2ab\overrightarrow{OA}\cdot\overrightarrow{OB}+2bc\overrightarrow{OB}\cdot\overrightarrow{OC}+2ca\overrightarrow{OC}\cdot\overrightarrow{OA}}{(a+b+c)^2}$$

$$=\frac{R^2(a^2+b^2+c^2)+2R^2(ab\cos 2C+bc\cos 2A+ca\cos 2B)}{(a+b+c)^2}$$

$$=\frac{R^2(a^2+b^2+c^2)+2R^2(ab-2ab\sin^2 C+bc-2bc\sin^2 A+ca-2ca\sin^2 B)}{(a+b+c)^2}$$

$$=\frac{R^2(a+b+c)^2-abc(a+b+c)}{(a+b+c)^2}$$

$=R^2-2Rr$.

最后一步化简用到三角形面积关系：$S_{\triangle ABC}=\dfrac{abc}{4R}=\dfrac{(a+b+c)r}{2}$.

【例 13.43】　在 $\triangle ABC$ 中，P 是任意点，求证：$a^2PA^2+b^2PB^2+c^2PC^2\geqslant\dfrac{3a^2b^2c^2}{a^2+b^2+c^2}$.

证明　$(a^2\overrightarrow{PA}+b^2\overrightarrow{PB}+c^2\overrightarrow{PC})^2$

$$=a^4PA^2+b^4PB^2+c^4PC^2+2a^2b^2\overrightarrow{PA}\cdot\overrightarrow{PB}+2b^2c^2\overrightarrow{PB}\cdot\overrightarrow{PC}+2c^2a^2\overrightarrow{PC}\cdot\overrightarrow{PA}$$
$$=a^4PA^2+b^4PB^2+c^4PC^2+a^2b^2(PA^2+PB^2-c^2)+b^2c^2(PB^2+PC^2-a^2)$$
$$+c^2a^2(PC^2+PA^2-b^2)$$
$$=(a^2+b^2+c^2)(a^2PA^2+b^2PB^2+c^2PC^2)-3a^2b^2c^2,$$

所以 $a^2PA^2+b^2PB^2+c^2PC^2\geqslant\dfrac{3a^2b^2c^2}{a^2+b^2+c^2}$.

当 $a^2\overrightarrow{PA}+b^2\overrightarrow{PB}+c^2\overrightarrow{PC}=0$ 时等号成立，此时 P 是 $\triangle ABC$ 的类似重心.

【例 13.44】 在 $\triangle ABC$ 中，P 是任意点，x，y，z 为任意实数，求证：$(x+y+z)(xPA^2+yPB^2+zPC^2)\geqslant xyc^2+yza^2+zxb^2$.

证明 $(x\overrightarrow{PA}+y\overrightarrow{PB}+z\overrightarrow{PC})^2$

$$=(x+y+z)(x\overrightarrow{PA}^2+y\overrightarrow{PB}^2+z\overrightarrow{PC}^2)-xy(\overrightarrow{PA}-\overrightarrow{PB})^2$$
$$-yz(\overrightarrow{PB}-\overrightarrow{PC})^2-zx(\overrightarrow{PC}-\overrightarrow{PA})^2$$
$$=(x+y+z)(x\overrightarrow{PA}^2+y\overrightarrow{PB}^2+z\overrightarrow{PC}^2)-xyc^2-yza^2-zxb^2,$$

所以

$$(x+y+z)(xPA^2+yPB^2+zPC^2)\geqslant xyc^2+yza^2+zxb^2.$$

这是一个很一般的性质．当 P 为一些特殊点时，能得到一些漂亮的等式和不等式，远不止上文所述.

当 P 为 $\triangle ABC$ 的正负布洛卡点，即 $(x,\ y,\ z)=\left(\dfrac{1}{b^2},\ \dfrac{1}{c^2},\ \dfrac{1}{a^2}\right)$ 或 $\left(\dfrac{1}{c^2},\ \dfrac{1}{a^2},\ \dfrac{1}{b^2}\right)$ 时，$\dfrac{PA^2}{b^2}+\dfrac{PB^2}{c^2}+\dfrac{PC^2}{a^2}\geqslant1$ 或 $\dfrac{PA^2}{c^2}+\dfrac{PB^2}{a^2}+\dfrac{PC^2}{b^2}\geqslant1$.

下面为了简化表达式，按常用记号设 $s=\dfrac{a+b+c}{2}$.

当 P 为 $\triangle ABC$ 的纳格尔点，即 $(x,\ y,\ z)=(s-a,\ s-b,\ s-c)$ 时，$((s-a)+(s-b)+(s-c))\cdot((s-a)\overrightarrow{PA}^2+(s-b)\overrightarrow{PB}^2+(s-c)\overrightarrow{PC}^2)\geqslant(s-a)(s-b)c^2+(s-b)(s-c)a^2+(s-a)(s-c)b^2$,

即

$$\frac{a+b+c}{2}\left(\frac{-a+b+c}{2}PA^2+\frac{a-b+c}{2}PB^2+\frac{a+b-c}{2}PC^2\right)$$

$$\geqslant \frac{1}{4}(a+b+c)(a^3-a^2b-ab^2+b^3-a^2c+4abc-b^2c-ac^2-bc^2+c^3),$$

即

$$\frac{-a+b+c}{2}PA^2+\frac{a-b+c}{2}PB^2+\frac{a+b-c}{2}PC^2\geqslant 2(a+b+c)(R-r)r.$$

最后一步化简需要很熟悉三角形几何量的表示，即

$$r=\frac{\sqrt{s(s-a)(s-b)(s-c)}}{s},R=\frac{abc}{4\sqrt{s(s-a)(s-b)(s-c)}},$$

$$(R-r)r=\frac{a^3-a^2b-ab^2+b^3-a^2c+4abc-b^2c-ac^2-bc^2+c^3}{4(a+b+c)}.$$

【例 13.45】　$\triangle ABC$ 中，求证：

$$a^2(c^2-a^2)(c^2-b^2)+b^2(a^2-c^2)(a^2-b^2)+c^2(b^2-a^2)(b^2-c^2)\geqslant 0.$$

证明　已知$\triangle ABC$ 的重心和布洛卡点的重心坐标分别为$\frac{A+B+C}{3}$和

$\dfrac{\frac{ac}{b}A+\frac{ba}{c}B+\frac{cb}{a}C}{\frac{ac}{b}+\frac{ba}{c}+\frac{cb}{a}}$，则两点之间的距离平方必然非负．设 A 为原点，两点距离平方为

$$\left(\frac{\overrightarrow{AB}+\overrightarrow{AC}}{3}-\frac{\frac{ba}{c}\overrightarrow{AB}+\frac{cb}{a}\overrightarrow{AC}}{\frac{ba}{c}+\frac{cb}{a}}\right)^2=\frac{\overrightarrow{AB}^2\ (2a^2b^2-a^2c^2-b^2c^2)^2}{9\ (a^2b^2+a^2c^2+b^2c^2)^2}$$

$$-\frac{2\,\overrightarrow{AB}\cdot\overrightarrow{AC}(a^2b^2+a^2c^2-2b^2c^2)(2a^2b^2-a^2c^2-b^2c^2)}{9\ (a^2b^2+a^2c^2+b^2c^2)^2}+\frac{\overrightarrow{AC}^2(a^2b^2+a^2c^2-2b^2c^2)^2}{9\ (a^2b^2+a^2c^2+b^2c^2)^2}$$

$$=\frac{c^2(2a^2b^2-a^2c^2-b^2c^2)^2}{9(a^2b^2+a^2c^2+b^2c^2)^2}-\frac{(b^2+c^2-a^2)(a^2b^2+a^2c^2-2b^2c^2)(2a^2b^2-a^2c^2-b^2c^2)}{9(a^2b^2+a^2c^2+b^2c^2)^2}$$

$$+\frac{b^2(a^2b^2+a^2c^2-2b^2c^2)^2}{9(a^2b^2+a^2c^2+b^2c^2)^2}$$

$$=\frac{2a^4b^2+2b^4c^2+2c^4a^2-a^2b^4-b^2c^4-c^2a^4-3a^2b^2c^2}{9(a^2b^2+a^2c^2+b^2c^2)}\geqslant 0,$$

而　$a^2(c^2-a^2)(c^2-b^2)+b^2(a^2-c^2)(a^2-b^2)+c^2(b^2-a^2)(b^2-c^2)$

$$=2a^4b^2+2b^4c^2+2c^4a^2-a^2b^4-b^2c^4-c^2a^4-3a^2b^2c^2\geqslant 0.$$

两点之间的距离平方必然非负是一个显然事实，将一些点的坐标代入，即可得到一些不等式，这是一个可广泛推广的方法. 另外，教学中常需要将求证式写得更对称一些，这也需要研究. 将 $a^2(c^2-a^2)(c^2-b^2)+b^2(a^2-c^2)(a^2-b^2)+c^2(b^2-a^2)(b^2-c^2)$ 展开得到 $2a^4b^2+2b^4c^2+2c^4a^2-a^2b^4-b^2c^4-c^2a^4-3a^2b^2c^2$，反之则未必简单. 我们一般是采取待定系数法.

譬如设

$$\begin{aligned}&2a^4b^2+2b^4c^2+2c^4a^2-a^2b^4-b^2c^4-c^2a^4-3a^2b^2c^2\\&=(a^2w_1+b^2u_1+c^2v_1)(a^2w_2+b^2u_2+c^2v_2)(a^2w_3+b^2u_3+c^2v_3)\\&\quad+(a^2v_1+b^2w_1+c^2u_1)(a^2v_2+b^2w_2+c^2u_2)(a^2v_3+b^2w_3+c^2u_3)\\&\quad+(a^2u_1+b^2v_1+c^2w_1)(a^2u_2+b^2v_2+c^2w_2)(a^2u_3+b^2v_3+c^2w_3),\end{aligned}$$

使用计算机，让 u_i，v_i，w_i 在 $\{-2,-1,0,1,2\}$ 中取值，限于篇幅选取部分例子如下：

$$a^2b^2(2a^2-b^2-c^2)+b^2c^2(-a^2+2b^2-c^2)+a^2c^2(-a^2-b^2+2c^2),$$

$$a^2(a^2-b^2)(2b^2+c^2)+b^2(b^2-c^2)(2c^2+a^2)+c^2(c^2-a^2)(2a^2+b^2),$$

$(a^2+2b^2)(a^2+c^2)(b^2-c^2)+(b^2+2c^2)(b^2+a^2)(c^2-a^2)+(c^2+2a^2)(c^2+b^2)(a^2-b^2)$,

$(a^2+b^2)(2a^2+b^2+2c^2)(-a^2+2b^2-c^2)+(b^2+c^2)(2a^2+2b^2+c^2)(-a^2-b^2+2c^2)+(c^2+a^2)(a^2+2b^2+2c^2)(2a^2-b^2-c^2)$,

$(-2a^2+b^2+c^2)(2a^2+2b^2+c^2)(a^2+b^2+2c^2)+(a^2-2b^2+c^2)(2a^2+b^2+c^2)(a^2+2b^2+2c^2)+(a^2+b^2-2c^2)(a^2+2b^2+c^2)(2a^2+b^2+2c^2)$,

通过变形处理，又得到了一些本质一样但形式大不相同的不等式.

【例 13.46】 $\triangle ABC$ 中，求证：

$\tan^2\dfrac{A}{2}+\tan^2\dfrac{B}{2}+\tan^2\dfrac{C}{2}\geqslant 2-8\sin\dfrac{A}{2}\sin\dfrac{B}{2}\sin\dfrac{C}{2}$，等号成立的条件是 $\triangle ABC$ 为等边三角形.

证明 设 $\boldsymbol{i}$，$\boldsymbol{j}$，$\boldsymbol{k}$ 是平面上的单位向量，且 $\boldsymbol{j}$ 与 $\boldsymbol{k}$ 成角为 $\pi-A$，$\boldsymbol{k}$

与 $\boldsymbol{i}$ 成角为 $\pi-B$，$\boldsymbol{i}$ 与 $\boldsymbol{j}$ 成角为 $\pi-C$，由 $\left(\boldsymbol{i}\tan\frac{A}{2}+\boldsymbol{j}\tan\frac{B}{2}+\boldsymbol{k}\tan\frac{C}{2}\right)^2\geqslant 0$，得

$$\begin{aligned}
&\tan^2\frac{A}{2}+\tan^2\frac{B}{2}+\tan^2\frac{C}{2}\\
&\geqslant 2\tan\frac{A}{2}\tan\frac{B}{2}\cos C+2\tan\frac{B}{2}\tan\frac{C}{2}\cos A+2\tan\frac{C}{2}\tan\frac{A}{2}\cos B\\
&=2\tan\frac{A}{2}\tan\frac{B}{2}\left(1-2\sin^2\frac{C}{2}\right)+2\tan\frac{B}{2}\tan\frac{C}{2}\left(1-2\sin^2\frac{A}{2}\right)\\
&\quad+2\tan\frac{C}{2}\tan\frac{A}{2}\left(1-2\sin^2\frac{B}{2}\right)\\
&=2\left(\tan\frac{A}{2}\tan\frac{B}{2}+\tan\frac{B}{2}\tan\frac{C}{2}+\tan\frac{C}{2}\tan\frac{A}{2}\right)-4\sin\frac{A}{2}\sin\frac{B}{2}\sin\frac{C}{2}\\
&\quad\cdot\left(\frac{\sin\frac{A}{2}}{\cos\frac{B}{2}\cos\frac{C}{2}}+\frac{\sin\frac{B}{2}}{\cos\frac{C}{2}\cos\frac{A}{2}}+\frac{\sin\frac{C}{2}}{\cos\frac{A}{2}\cos\frac{B}{2}}\right)\\
&=2-4\sin\frac{A}{2}\sin\frac{B}{2}\sin\frac{C}{2}\cdot\frac{\sin A+\sin B+\sin C}{2\cos\frac{A}{2}\cos\frac{B}{2}\cos\frac{C}{2}}\\
&=2-8\sin\frac{A}{2}\sin\frac{B}{2}\sin\frac{C}{2}.
\end{aligned}$$

其中用到恒等式 $\sin A+\sin B+\sin C=4\cos\frac{A}{2}\cos\frac{B}{2}\cos\frac{C}{2}$ 和 $\tan\frac{A}{2}\tan\frac{B}{2}+\tan\frac{B}{2}\tan\frac{C}{2}+\tan\frac{C}{2}\tan\frac{A}{2}=1$.

本题的方法也可扩展应用．若设 $\boldsymbol{i}$，$\boldsymbol{j}$，$\boldsymbol{k}$ 是平面上的单位向量，且 $\boldsymbol{j}$ 与 $\boldsymbol{k}$ 成角为 $\pi-A$，$\boldsymbol{k}$ 与 $\boldsymbol{i}$ 成角为 $\pi-B$，$\boldsymbol{i}$ 与 $\boldsymbol{j}$ 成角为 $\pi-C$，

由 $(\boldsymbol{i}\cos A+\boldsymbol{j}\cos B+\boldsymbol{k}\cos C)^2\geqslant 0$，得

$$\begin{aligned}
&\cos^2A+\cos^2B+\cos^2C\\
&\geqslant 2\cos A\cos B\cos C+2\cos B\cos C\cos A+2\cos C\cos A\cos B\\
&=6\cos A\cos B\cos C,
\end{aligned}$$

结合恒等式 $\cos^2A+\cos^2B+\cos^2C=1-2\cos A\cos B\cos C$ 可得

$$\cos A\cos B\cos C \leqslant \frac{1}{8}.$$

单从解题来说，上述解法未必最优．但这种方法带有探索性，不是单纯就解题而解题，而是希望探索一种从平凡事实出发，得到一些不显然事实的方法．这样的探索思路对数学教学是有启发的，供同行们参考.

第 14 章
从向量法到点几何

解析几何创立之后，支持者众，但也有不同看法，认为解析几何虽在某些方面胜于欧氏几何，但有时计算烦琐，显得笨拙，且大量的计算都没有明显的几何意义，希望寻求能够更直接而且直观地处理几何问题的代数方法.

莱布尼茨曾提出一个问题：能否直接对几何对象作计算？他希望通过固定的法则去建立一个方便计算或操作的符号体系，并由此演绎出用符号表达的事物的正确命题．他认为理想中的几何应该同时具有分析和综合的特点，而不像欧几里得几何与笛卡儿几何那样分别只具有综合的与分析的特点．他希望有一种几何计算方法可以直接处理几何对象（点、线、面等），而不是笛卡儿引入的一串数字．他设想能有一种代数，它是如此接近于几何本身，以至于其中的每个表达式都有明确的几何解释：或者表示几何对象，或者表示它们之间的几何关系；这些表达式之间的代数运算，例如加、减、乘、除等，都能对应于几何变换．如果存在这样一种代数，它可以被恰当地称为“几何代数”，它的元素即被称为“几何数”.

沿着这一方向，数学家们开辟了“几何代数”的领域，孜孜不倦地寻求可能的、合理的几何代数结构，试图实现莱布尼茨之梦．向量几何可看作是对莱布尼茨问题的初步回答．向量之间能进行加减运算，还可以进行内外积，且运算式都有明显的几何意义，有时利用向量处理几何问题也很方便．在向量几何之后，数学家们建立了更复杂的几何代数结构，此处略．

项武义先生认为，自古到今，几何学的研究在方法论上大体可以划分成四个阶段：①实验几何：用归纳实验去发现空间之本质；②推理几何：以实验几何之所得为基础，改用演绎法以逻辑推理去探索新知，并对于已知的各种各样空间本质，精益求精地作系统化和深刻的分析；③坐标解析几何：通过坐标系的建立，把几何学和代数学简明有力地结合起来，开创了近代数学的先河；④向量几何：向量几何是不依赖于坐标系的解析几何，本质上是解析几何的返璞归真．

中学里，我们常把向量看作是有向线段．而在向量坐标化的时候，每个向量又对应着一个点．

点是几何中的最基本元素．点动成线，线动成面，面动成体，其他几何元素都可由点扩展生成．因此考虑建立以点为基本研究对象的几何体系是一种很自然的思路．

能否在处理几何问题时，把向量看作是一个点呢？在前面的章节里，我们就这样做过，将任意设置的原点 O 省略掉，用一个点来表示一个向量，可称之为单点向量．

在向量几何之后的几百年里，数学家们还在不断提出新的几何体系．

严格定义一套几何体系相当不易，可参看专著《几何定理机器证明的基本原理（初等几何部分）》(吴文俊，1984)和《几何新方法和新体系》(张景中，2009)．粗略定义几何 $G=\{E, R, A\}$．E 是基本对象，如点、线、圆等；R 是基本关系，如点在线上，两线交于一点等；A 是若干公理，如过直线外一点，能且仅能作一条直线与已知直线平行等．选取不同的 E，R 和 A，可构造不同的几何体系．由基本对象和基本关系，可衍生出新的对象和关系．如果将点看作是几何的基本对象，可定义线段 AB：由两点 A 和 B 之间的所有点组成的集；可定义三角形：若 A，B，C 不共线，点 $\{A, B, C\}$ 与线段

$\{AB, AC, BC\}$ 的并集. 以此类推.

1992 年，南京大学莫绍揆教授出版专著《质点几何学》（莫绍揆，1992），系统阐述了质点几何的理论和方法．莫先生认为，自线性代数兴起以来，直接从向量本身的性质（它可以说是几何性质）来处理问题，可以利用代数方法的长处，而处处符合几何直觉，有几何直觉的帮助．因此现在使用线性代数来讨论几何问题是大势所趋，无法阻挡．为克服向量几何的某些缺点且保持其优势，莫先生提出了更具物理意义的质点几何的理论和方法．他指出，向量本质上是几何变换，不是最基本的几何对象，因而希望建立以点为基础的几何代数体系．他借用力学的“质点”概念，把几何中的点看作是有位置无大小但有质量的东西，根据力学定律来对质点定义加法运算，然后以此为基础来研究几何．这种方法能对点直接进行运算，而且运算方便，运算表达式具有明显几何意义.

已经证明（邹宇，2010），在欧氏平面点集上，建立符合习惯的代数结构，只能采用质点几何的方法．而将该结构完善为阿贝尔群，则需引进向量．可见，质点几何和向量几何的出现绝非偶然．在这种意义下，向量不仅是数学家处理几何的有力工具，更是几何代数化的唯一可能.

我们在糅合向量几何、重心坐标、质点几何等体系的基础上，初步建构了点几何纲要（张景中，2018），其中包括了点的加法、数乘，两个点的内积、外积、三个点的外积及复数乘点等点几何中的基本概念，导出了近 20 条有关点运算的基本性质或基本公式，旨在建立一种几何代数系统，能够兼有坐标方法、向量方法和质点几何方法三者的长处而避免其缺点.

在点几何纲要的基础上，我们还有两本著作进行进一步论述．目前已在华东师范大学出版社出版《点几何解题》(张景中和彭翕成，2020)，主要介绍点几何在解数学竞赛题方面的应用．即将在科学出版社出版《点几何》，主要介绍点几何的教育价值和教育应用，以及自动推理算法，并辅以翔实案例说明.

本章只对质点几何和点几何作一些简要介绍．质点几何和点几何，多数运算类似，也有少数地方不一样，譬如点的加法，质点的加法与原点无关，而点几何中点的加法与原点有关．更细致的差别，请参看文献（张景中等，2019；张景中和彭翕成，2019a，2019b；彭翕成和张景中，2019a，2019b；Zhang et al.，2019；张景中和彭翕成，2020；彭翕成和张景中，2020）.

14.1 点的计算

学习数学要力求简单．从向量法到质点法和点几何，简单地说，只需记住：点的加减法和向量加减法基本一致，设 O 为原点（记为 $O=0$），$\overrightarrow{AB}=\overrightarrow{OB}-\overrightarrow{OA}$，简记为 $\boldsymbol{B}-\boldsymbol{A}$；向量的内积在省略原点后，$\overrightarrow{OA}\cdot\overrightarrow{OB}$ 简记为 $\boldsymbol{A}\cdot\boldsymbol{B}$，甚至省写为 $\boldsymbol{AB}$[①]（请根据上下文理解，切莫与线段混淆．这只是一种约定的省写记号，正式考试时勿用）．看似简单的一些省写，好像并没有新的东西，但实践发现，有意想不到的功效.

我们首先从中点的表示讲起，假设点 C 是线段 AB 的中点，表示方法很多.

文字描述 点 C 是线段 AB 的中点.

图形描述 如图 14-1：

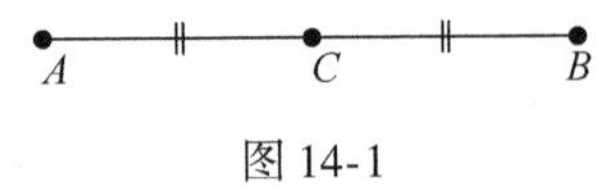

图 14-1

欧氏几何描述 $AC=CB$. 但不要漏掉：A、B、C 共线，否则只能说明点 C 在线段 AB 的中垂线上.

向量几何描述 $\overrightarrow{AC}=\overrightarrow{CB}$，这可看作是欧氏描述的改进版本，用向

① 在点几何中，为简便起见，点向量并不加粗显示，特此说明.

量符号表示共线的条件．或者是$\overrightarrow{OC}=\frac{\overrightarrow{OA}+\overrightarrow{OB}}{2}$.

解析几何描述　$x_C=\frac{x_A+x_B}{2}$和$y_C=\frac{y_A+y_B}{2}$.（若涉及高维几何则更复杂）

文字描述和图形描述需要转化成数学符号语言才能运算和推理．如果嫌向量符号麻烦，可把向量看作是终点和起点之差，则$\overrightarrow{AC}=\overrightarrow{CB}$转化为$C-A=B-C$或$C=\frac{A+B}{2}$. 你会发现这其实就是$\overrightarrow{OC}=\frac{\overrightarrow{OA}+\overrightarrow{OB}}{2}$或$x_C=\frac{x_A+x_B}{2}$和$y_C=\frac{y_A+y_B}{2}$的浓缩版．这里的字母 X 可看作$\overrightarrow{OX}$的省写，任意点 O 为原点.

中点如此表示，直线上的其他点也可以此类推，定义为 $C=tA+(1-t)B$. 当$t=\frac{1}{2}$时，即为中点．扩展开去，$\triangle ABC$ 平面上任意点定义为 $P=xA+yB+(1-x-y)C$. 这样定义的好处是显然的．举几个简单例子.

中位线定理：$2\left(\frac{A+B}{2}-\frac{A+C}{2}\right)=B-C$.

重心定理：$\frac{A+B+C}{3}=\frac{2}{3}\frac{A+B}{2}+\frac{1}{3}C=\frac{2}{3}\frac{A+C}{2}+\frac{1}{3}B=\frac{2}{3}\frac{B+C}{2}+\frac{1}{3}A$.

用两个恒等式表示两个几何定理，既包括定理的叙述，同时也是定理的证明．为了使初学者理解清楚，我们还是把图形作出来（熟练之后可省）．如图 14-2，$\triangle ABC$ 中，D，E，F 分别是三边中点，则中位线定理用向量表示就是 $2\overrightarrow{FE}=\overrightarrow{BC}$，即 $2\left(\frac{A+B}{2}-\frac{A+C}{2}\right)=B-C$.

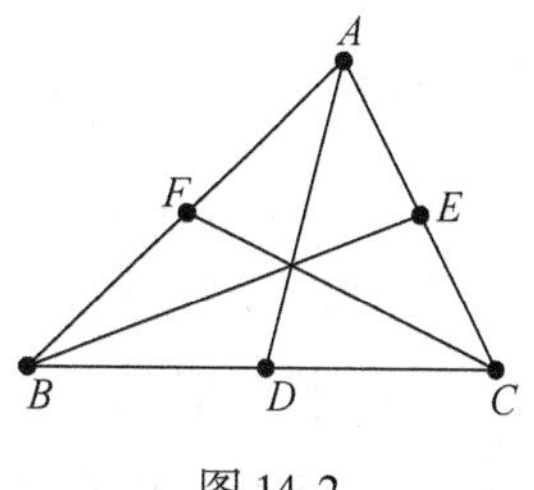

图 14-2

在恒等式中不引入 E 和 F，而用$\frac{A+C}{2}$和$\frac{A+B}{2}$表示，显得更加简洁.

重心定理则是说：存在点$\frac{A+B+C}{3}$在 AD 上，因为$\frac{A+B+C}{3}=\frac{2}{3}\frac{B+C}{2}+\frac{1}{3}A$，此处 $D=\frac{B+C}{2}$，还说明点$\frac{A+B+C}{3}$是 AD 的三等分点．同理点

$\frac{A+B+C}{3}$在 BE 和 CF 上.

在具体的解题实践中，我们发现，点几何不仅符合数学直观，能更方便地表达基本几何事实，而且有助于几何推理的简洁化.

如研究平行四边形．最常用的符号表示▱$ABCD$，但并不能从▱这个符号中推出平行四边形的任何性质．有时写作 $AB \underline{\mathbin{/\mkern-5mu/}} DC$，其中“平行且相等”的符号一般不参与运算，使得$\underline{\mathbin{/\mkern-5mu/}}$和▱一样，都只是死的记号；而只有赋予运算，几何对象才能计算起来灵活多变．若采用向量表示平行四边形：$\overrightarrow{AB}=\overrightarrow{DC}$，即 $B-A=C-D$（一组对边平行且相等的四边形是平行四边形）；可化成 $B-C=A-D$（该平行四边形的另一组对边也平行且相等）；可化成$\frac{B+D}{2}=\frac{A+C}{2}$（该平行四边形的对角线相互平分）；一些定理的推导也变得简单，如连接四边形中点得到的中点四边形是平行四边形，只是一个恒等式$\frac{A+B}{2}-\frac{D+A}{2}=\frac{B+C}{2}-\frac{C+D}{2}$而已．四边形 $ABCD$ 是平行四边形的充要条件是 $AC^2+BD^2=AB^2+BC^2+CD^2+DA^2$，即

$$\begin{aligned}&(B-A)^2+(C-B)^2+(D-C)^2+(A-D)^2-(C-A)^2-(D-B)^2\\&=(A-B+C-D)^2=4\left(\frac{A+C}{2}-\frac{B+D}{2}\right)^2.\end{aligned}$$

最后一步等式变形，又得到新命题：四边形 $ABCD$，M 和 N 分别是对角线 AC 和 BD 中点，则 $AB^2+BC^2+CD^2+DA^2=AC^2+BD^2+4MN^2$.

看似是代数变形，却对应着几何性质．这正是我们希望实现的将几何对象点当成数来计算．数与形进一步融合，正如希尔伯特所说：代数符号是书写的图形，几何图形是图像化的公式.

$(a+b)^2-(a-b)^2=4ab$ 是经典的恒等式，一般将 a，b 看作是实数，但如果将之看作是向量，设 $a=\overrightarrow{OA}$，$b=\overrightarrow{OB}$，则 $(\overrightarrow{OA}+\overrightarrow{OB})^2-(\overrightarrow{OA}-\overrightarrow{OB})^2=4\overrightarrow{OA}\cdot\overrightarrow{OB}$ 有几何意义：平行四边形中，若一个角是直角，则对角线相等；反之也成立.

类似地，平方差公式 $A^2-B^2=(A+B)(A-B)$ 也有几何意义：平行四边形中，邻边相等的充要条件是对角线垂直．恒等式

$$(P-A)(P-B)=\left(P-\frac{A+B}{2}\right)^2-\left(\frac{A-B}{2}\right)^2$$

则表示：若点 P 满足 $\left(P-\frac{A+B}{2}\right)^2=\left(\frac{A-B}{2}\right)^2$，则 $\angle APB$ 为直角，反之也成立.

【例 14.1】　如图 14-3，在 $\triangle ABC$ 中，$AD=2DB$，$BE=3EC$，AE 和 CD 交于点 F，求 $AF:FE$.

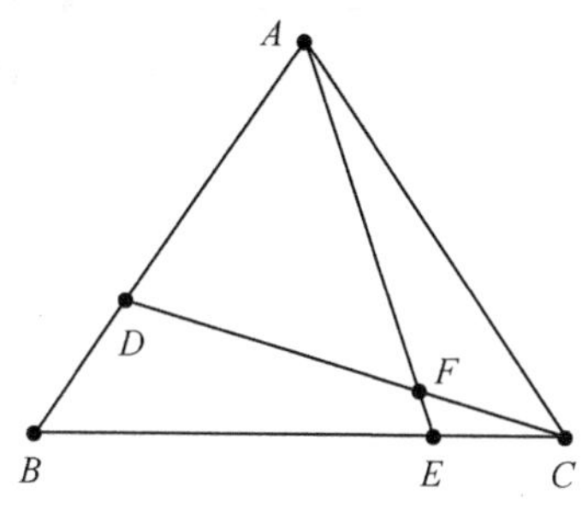

图 14-3

利用定比分点公式：$4\overrightarrow{AE}=\overrightarrow{AB}+3\overrightarrow{AC}$，即

$$4\frac{AE}{AF}\overrightarrow{AF}=\frac{3}{2}\overrightarrow{AD}+3\overrightarrow{AC},$$

于是 $4\frac{AE}{AF}=\frac{3}{2}+3$，$\frac{AE}{AF}=\frac{9}{8}$，$AF=8FE$.

用回路法，则有

$$2(\overrightarrow{DF}+\overrightarrow{FE})=2\overrightarrow{DB}+2\overrightarrow{BE}=\overrightarrow{AD}+6\overrightarrow{EC}=\overrightarrow{AF}+\overrightarrow{FD}+6\overrightarrow{EF}+6\overrightarrow{FC};$$

比较两端得 $2\overrightarrow{FE}=\overrightarrow{AF}+6\overrightarrow{EF}$，即 $AF=8FE$.

质点法或点几何：$4E=B+3C$，$3D=A+2B$，两式消去 B 可得 $3D+6C=A+8E$. 因 F 是 AE 和 CD 的交点，于是 $3D+6C=A+8E=9F$，故 $\overrightarrow{AF}:\overrightarrow{FE}=8:1$. 同时得 $\overrightarrow{DF}:\overrightarrow{FC}=6:3=2$.

其中 $\overrightarrow{BE}=3\overrightarrow{EC}$ 中把向量换成两点之差得到 $3(E-C)=B-E$ 整理而得.

更进一步，若将已求得的 $3D+6C=A+8E$ 改写为 $6C-A=8E-3D$，设 P 是 AC 和 DE 的交点，如图 14-4，则有 $6C-A=8E-3D=5P$，由此就可以分别求出 P 分 AC 和 DE 的比，即 $\overrightarrow{CP}:\overrightarrow{PA}=-1:6$，$\overrightarrow{EP}:\overrightarrow{PD}=-3:8$.

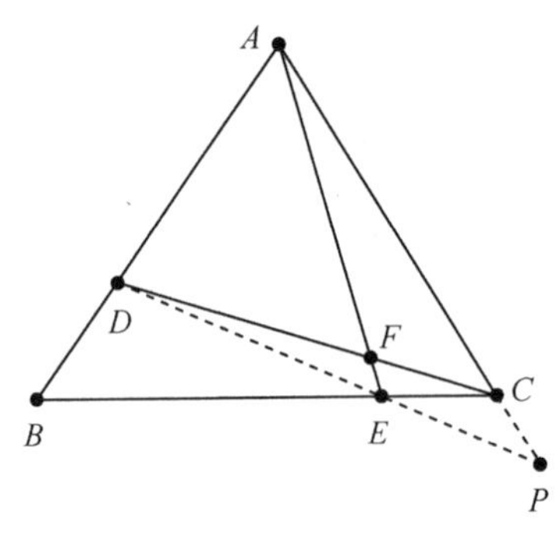

图 14-4

【例 14.2】 已知 $AC=m$，$BD=n$，求$(\overrightarrow{AB}+\overrightarrow{DC})\cdot(\overrightarrow{AD}+\overrightarrow{BC})$.

解

$$\begin{aligned}(\overrightarrow{AB}+\overrightarrow{DC})\cdot(\overrightarrow{AD}+\overrightarrow{BC})&=(B-A+C-D)\cdot(D-A+C-B)\\&=(\overrightarrow{AC}+\overrightarrow{DB})\cdot(\overrightarrow{BD}+\overrightarrow{AC})\\&=\overrightarrow{AC}^2-\overrightarrow{DB}^2=m^2-n^2.\end{aligned}$$

此题为某地高中数学联赛试题，考察向量之间的转化．其中 $\overrightarrow{AB}+\overrightarrow{DC}=\overrightarrow{AC}+\overrightarrow{DB}$可看作$\overrightarrow{AB}+\overrightarrow{DC}=(\overrightarrow{AB}+\overrightarrow{BC})+(\overrightarrow{DC}+\overrightarrow{CB})=\overrightarrow{AC}+\overrightarrow{DB}$得到，但 $\overrightarrow{BC}$的引入可能还是不如把向量看作两点之差来得自然.

【例 14.3】 设点 K，L，M，N 分别是四面体 $ABCD$ 的棱 AB，BC，CD，DA 上的点，若 K，L，M，N 四点共面，且$\frac{AN}{AD}=\frac{BL}{BC}$，求证：$\frac{DM}{MC}=\frac{AK}{KB}$.(2008 年全国高中数学联赛山东省预赛试题)

证明 设 $N=kA+(1-k)D$，$L=kB+(1-k)C$，$K=mA+(1-m)B$，$M=nD+(1-n)C$，由 K，L，M，N 四点共面可得 $M=rN+sL+tK$，即

$$\begin{aligned}nD+(1-n)C=&rkA+r(1-k)D+skB+s(1-k)C\\&+tmA+t(1-m)B,\end{aligned}$$

则 $rk+tm=0$，$sk+t(1-m)=0$，$r(1-k)=n$，$s(1-k)=1-n$；解方程可得

$$\frac{r}{s}=\frac{m}{1-m},\ \frac{r}{s}=\frac{n}{1-n},$$

所以 $m=n$，即$\frac{DM}{MC}=\frac{AK}{KB}$.

这样的解法基本上不用动脑筋去想，只需做一些简单的计算.

【例 14.4】 如图 14-5，在线段 AB 上有点 C，AB 外有点 D，E，F，G 分别是 CD，BD，AB 的中点，H 是 EG 中点，FH 交 AB 于 I，求证：I 是 AC 中点.

已知：$2E=C+D$，$2F=B+D$，$2G=A+B$，$2H=E+G$.

求证：存在 n，使得 $I=nF+(1-n)H$，且 $2I=A+C$.

证明 若 $A+C=2nF+2(1-n)H$，即

$$A+C=n(B+D)+(1-n)\frac{A+B+C+D}{2},$$

则 $\frac{1-n}{2}=1$，且 $n+\frac{1-n}{2}=0$，存在 $n=-1$ 使得等式成立.

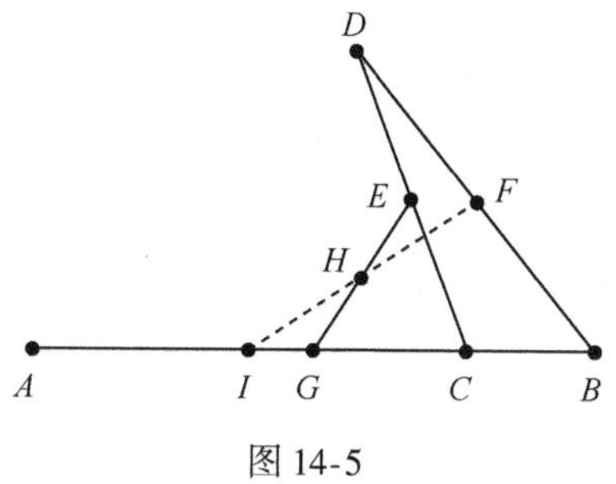

图 14-5

额外发现：此时 $I=-F+2H$，说明 H 是 IF 的中点.

【例 14.5】 如图 14-6，两直线交于点 S，过两线间线段 AB 的中点 M，引两直线间的任意两条线段 HI 和 JK，$P=KI\cap AB$，$Q=HJ\cap AB$，则 $MP=MQ$.

证明 设

$$(a+1)K=aS+A, \tag{14-1}$$

$$(b+1)H=bS+A, \tag{14-2}$$

而

$$2M=A+B. \tag{14-3}$$

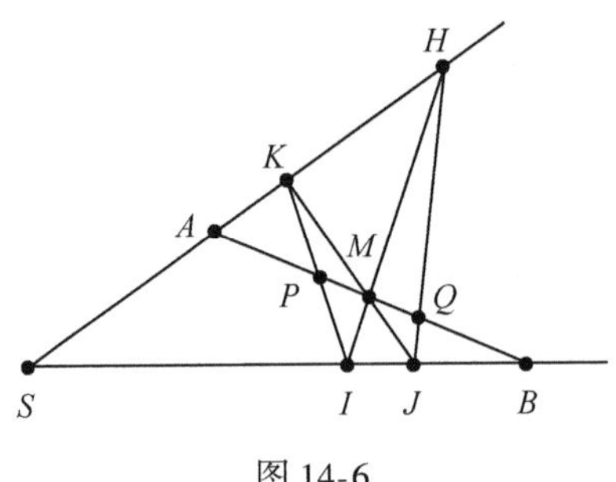

图 14-6

因 $I=SB\cap HM$，$J=SB\cap KM$，由(14-1)式和(14-3)式消去 A 得

$$(a+1)K-2M=aS-B=(a-1)J. \tag{14-4}$$

由(14-2)式和(14-3)式消去 A 得

$$(b+1)H-2M=bS-B=(b-1)I. \tag{14-5}$$

又 $P=KI\cap AB$，$Q=HJ\cap AB$，由(14-1)式和(14-5)式消去 S 得 $b(a+1)K-a(b-1)I=bA+aB=(a+b)P$，故

$$\frac{AP}{PB}=\frac{a}{b}. \tag{14-6}$$

由(14-2)式和(14-4)式消去 S 得 $a(b+1)H-b(a-1)J=aA+bB=(a+b)Q$，故

$$\frac{AQ}{QB}=\frac{b}{a}. \tag{14-7}$$

由(14-6)式和(14-7)式易知 $MP=MQ$.

此题用面积法，可以一气呵成：

$$\begin{aligned}\frac{PM}{PA}\cdot\frac{BQ}{MQ}&=\frac{S_{\triangle MIK}}{S_{\triangle AIK}}\cdot\frac{S_{\triangle BJH}}{S_{\triangle MJH}}=\frac{S_{\triangle MIK}}{S_{\triangle KIH}}\cdot\frac{S_{\triangle KIH}}{S_{\triangle AIK}}\cdot\frac{S_{\triangle BJH}}{S_{\triangle IJH}}\cdot\frac{S_{\triangle IJH}}{S_{\triangle MJH}}\\&=\frac{MI}{IH}\cdot\frac{KH}{AK}\cdot\frac{BJ}{IJ}\cdot\frac{IH}{MH}=\frac{MI}{MH}\cdot\frac{S_{\triangle KMH}}{S_{\triangle MAK}}\cdot\frac{S_{\triangle BMJ}}{S_{\triangle IMJ}}\\&=\frac{MI}{MH}\cdot\frac{KM\cdot MH}{IM\cdot JM}\cdot\frac{MJ}{MK}=1.\end{aligned}$$

【例 14.6】 如图 14-7，在梯形 $ABCD$ 中，$AB/\!/CD$，$AB=3CD$，E 是对角线 AC 的中点，直线 BE 交 AD 于 F. 求 $AF:FD$ 的值？（1996 年

黄冈地区竞赛题)

解法 1　$B-A=3(C-D)$，$F=kA+(1-k)D=kA+(1-k)\left(C-\dfrac{B-A}{3}\right)=\dfrac{1+2k}{3}A+\dfrac{k-1}{3}B+(1-k)C$，因为 F 在 AC 中线上，因此 $\dfrac{1+2k}{3}=1-k$，解得 $k=\dfrac{2}{5}$，$\dfrac{AF}{FD}=\dfrac{2}{3}$.

解法 2　$A-B=3(D-C)$，$6E=3A+3C$，两式相加得 $6E-B=2A+3D=5F$，即 $\dfrac{|AF|}{|FD|}=\dfrac{3}{2}$.

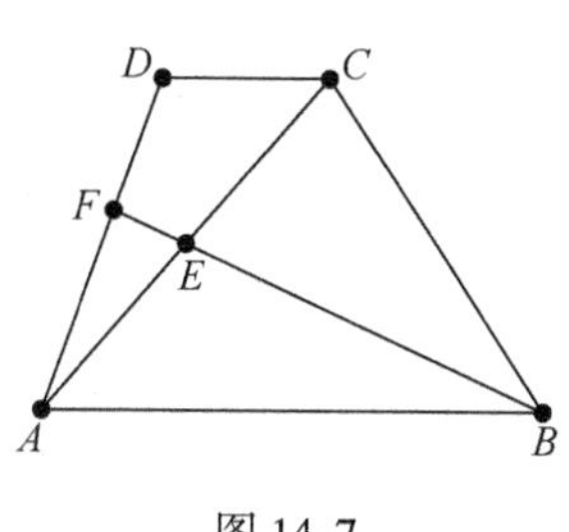

图 14-7

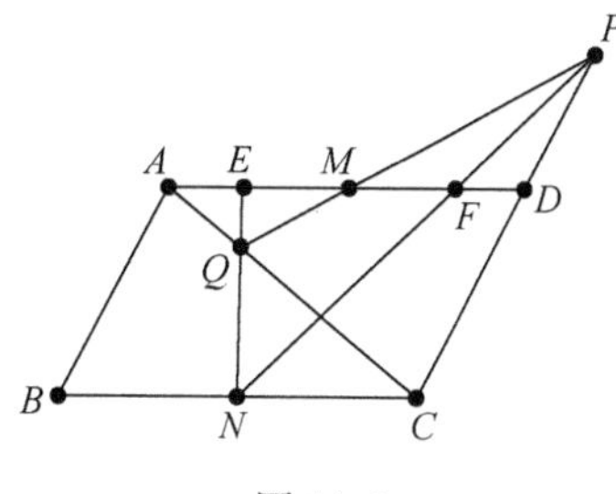

图 14-8

【例 14.7】　如图 14-8，$ABCD$ 为平行四边形，P 在 CD 的延长线.上，M，N 分别为 AD，BC 之中点，PM 延长线交 AC 于 Q，NQ 延长线交 AD 于 E，PN 与 AD 交于 F，求证：$AE=DF$.

证明　设

$$P=sD+(1-s)C, \tag{14-8}$$

$$2M=A+D, \tag{14-9}$$

$$2N=A+2C-D, \tag{14-10}$$

由(14-8)式和(14-9)式消去 D，得

$$2sM-P=sA+(s-1)C=(2s-1)Q, \tag{14-11}$$

由(14-10)式和(14-11)式消去 C，得

$$2(2s-1)Q+2(1-s)N=(1+s)A-(1-s)D,$$

于是 $E=\dfrac{(1+s)A+(s-1)D}{2}$.

由（14-8）式和（14-10）式消去 C，得

$$2P+2(s-1)N=(s-1)A+(1+s)D,$$

于是 $F=\dfrac{(s-1)A+(1+s)D}{2}$，所以 $AE=\dfrac{s-1}{2}AD=DF$.

【例 14.8】 如图 14-9，在四边形 $ABCD$ 中，在 BC 上取一点 P，作 $PG/\!/CD$ 交 BD 于点 G. 作 $PH/\!/AB$ 交 AC 于点 H，设 AB，CD，GH 的中点分别为 E，F，K. 求证：E，F，K 三点共线.

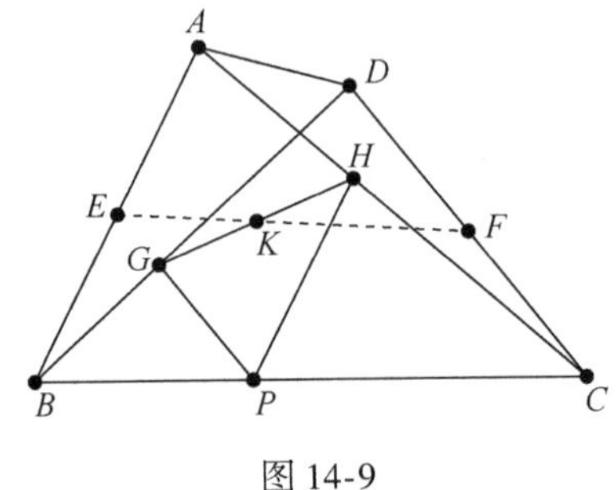

图 14-9

证明 设 $B=0$，$D=xA+yC$，$P=tB+(1-t)C$，

$$G=tB+(1-t)D,\ H=tA+(1-t)C.$$

设 $x\dfrac{A+B}{2}+(1-x)\dfrac{C+D}{2}-\dfrac{G+H}{2}=0$，即

$$-\frac{1}{2}(s-t)(-1+x)A-\frac{1}{2}(s-t)(1+y)C=0,$$

当 $s=t$ 时，$t\dfrac{A+B}{2}+(1-t)\dfrac{C+D}{2}=\dfrac{G+H}{2}$恒成立.

说明 同时还发现 $\dfrac{EK}{KF}=\dfrac{BP}{PC}$.

【例 14.9】 如图 14-10，四边形 $ABCD$，$AB=CD$，直线 AB 交 CD 于 O，OG 是$\angle AOC$ 的角平分线，E 和 F 分别是 AD 和 BC 中点，求证：$OG\perp EF$.

证明 设 $|AB|=|CD|=1$，$|OA|=m$，$|OC|=n$，$O=0$，

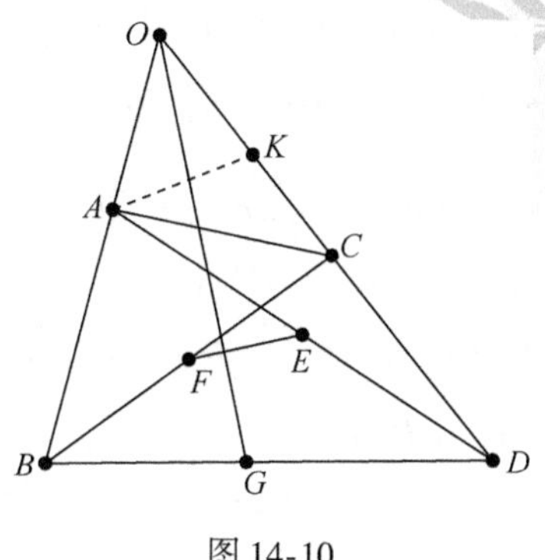

图 14-10

$$B=\frac{m+1}{m}A,\ D=\frac{n+1}{n}C,\ K=\frac{m}{n}C,$$

$$\frac{A+K}{2}\cdot\left(\frac{A+D}{2}-\frac{B+C}{2}\right)=-\frac{A^2}{4m}+\frac{mC^2}{4n^2}=-\frac{m^2}{4m}+\frac{mn^2}{4n^2}=0.$$

【例 14.10】 如图 14-11，P 是一定圆 O 内的定点，圆 O 半径为 R，$OP=p$，从 P 出发作两条互相垂直的射线，分别交圆于 A 和 B. 点 Q 是 PA 和 PB 确定的矩形的另一个顶点．求 Q 的轨迹．

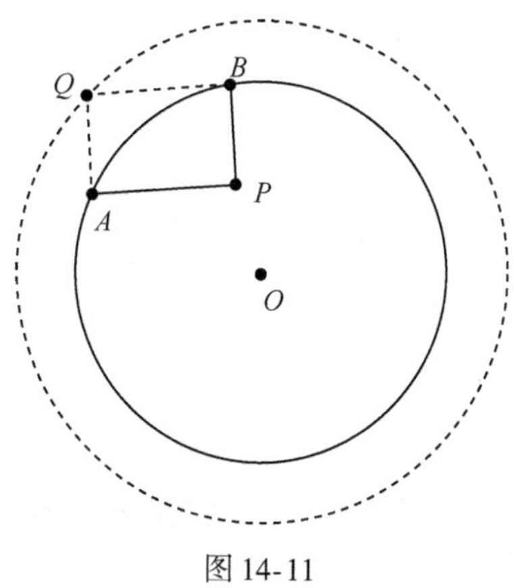

图 14-11

证法 1　以 O 为原点，由 $Q=A+B-P$ 得

$$\begin{aligned}Q^2&=A^2+B^2+p^2+2A\cdot B-2A\cdot P-2B\cdot P\\&=2R^2+p^2+2\overrightarrow{OA}\cdot\overrightarrow{PB}-2\overrightarrow{OB}\cdot\overrightarrow{OP}\end{aligned}$$

$$=2R^2+p^2+2\overrightarrow{OP}\cdot\overrightarrow{PB}-2\overrightarrow{OB}\cdot\overrightarrow{OP}$$
$$=2R^2+p^2-2\overrightarrow{OP}\cdot\overrightarrow{PO}=2R^2-p^2.$$

所以点 Q 的轨迹是以 O 为圆心，$\sqrt{2R^2-p^2}$ 为半径的圆.

证法 2 由 $Q=P+(A-P)+(B-P)$ 得

$$\begin{aligned}Q^2&=P^2+(A-P)^2+(B-P)^2+2P\cdot(A-P)+2P\cdot(B-P)\\&\quad+2(A-P)\cdot(B-P)\\&=P^2+A^2+P^2-2A\cdot P+B^2+P^2-2B\cdot P+2P\cdot A+2P\cdot B\\&\quad-4P^2\\&=2R^2-p^2.\end{aligned}$$

所以点 Q 的轨迹是以 O 为圆心，$\sqrt{2R^2-p^2}$ 为半径的圆.

方法 2 似拙实巧，初始关系式看似复杂，但很容易消去.

【例 14.11】 如图 14-12，P 是 $\triangle ABC$ 内一点，AP 交 BC 于 A_1，A_1 是 PA_2 中点．类似定义 B_1，B_2，C_1，C_2，求证：A_2，B_2，C_2 不可能都在 $\triangle ABC$ 外接圆圆外.

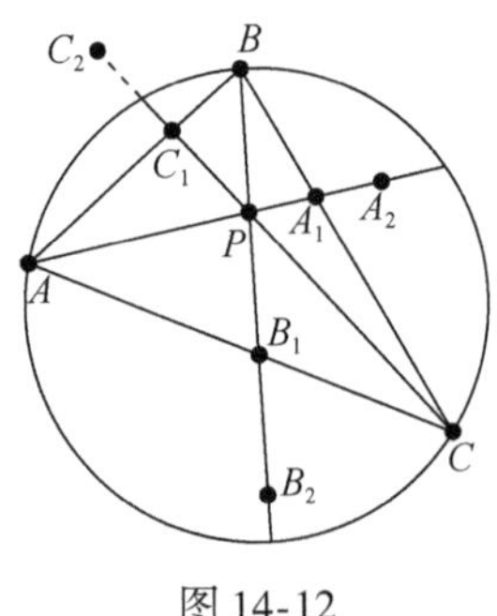

图 14-12

证明 设 $\triangle ABC$ 外心为原点，外接圆半径为单位长，则 $A^2=B^2=C^2=1$，$P=\dfrac{xA+yB+zC}{x+y+z}$，其中 $x+y+z=1$，$A_1=\dfrac{yB+zC}{y+z}=\dfrac{1}{1-x}P-\dfrac{x}{1-x}A$，$A_2=2A_1-P=\dfrac{1+x}{1-x}P-\dfrac{2x}{1-x}A$，$A_2^2=\left(\dfrac{1+x}{1-x}\right)^2P^2+\left(\dfrac{2x}{1-x}\right)^2A^2-\dfrac{4x(1+x)}{(1-x)^2}A\cdot P$，则

$$\frac{(1-x)^2}{2(1+x)}A_2^2=\frac{1+x}{2}P^2+\frac{2x^2}{1+x}-2xA\cdot P,$$

同理

$$\frac{(1-y)^2}{2\ (1+y)}B_2^2=\frac{1+y}{2}P^2+\frac{2y^2}{1+y}-2yB\cdot P,$$

$$\frac{(1-z)^2}{2\ (1+z)}C_2^2=\frac{1+z}{2}P^2+\frac{2z^2}{1+z}-2zC\cdot P,$$

三式相加得

$$\begin{aligned}&\frac{(1-x)^2}{2(1+x)}A_2^2+\frac{(1-y)^2}{2(1+y)}B_2^2+\frac{(1-z)^2}{2(1+z)}C_2^2\\&=2P^2+\frac{2x^2}{1+x}+\frac{2y^2}{1+y}+\frac{2z^2}{1+z}-2(xA+yB+zC)\cdot P=\frac{2x^2}{1+x}+\frac{2y^2}{1+y}+\frac{2z^2}{1+z}\\&=\frac{(1-x)^2}{2(1+x)}-\frac{1-3x}{2}+\frac{(1-y)^2}{2(1+y)}-\frac{1-3y}{2}+\frac{(1-z)^2}{2(1+z)}-\frac{1-3z}{2}\\&=\frac{(1-x)^2}{2(1+x)}+\frac{(1-y)^2}{2(1+y)}+\frac{(1-z)^2}{2(1+z)}.\end{aligned}$$

若 A_2，B_2，C_2 都在圆外，则

$$\begin{aligned}&\frac{(1-x)^2}{2(1+x)}A_2^2+\frac{(1-y)^2}{2(1+y)}B_2^2+\frac{(1-z)^2}{2(1+z)}C_2^2\\&>\frac{(1-x)^2}{2(1+x)}+\frac{(1-y)^2}{2(1+y)}+\frac{(1-z)^2}{2(1+z)},\end{aligned}$$

与等式矛盾.

14.2　恒等式一行证题

机器能否生成可读证明？数理逻辑专家王浩先生认为，机器证明本质是用量的复杂来代替质的困难．吴文俊先生进一步指出，人作几何题，可根据不同情形找寻不同的巧法，巧则巧矣，却是一题一法；机器证明要用统一算法解决不同问题，解题过程不可能简洁．机器证明是用冗繁但有章可循的计算来代替简洁巧妙但法无定法的推演.

尽管已有权威的论断，但仍然有研究者没有放弃．1992 年，张景中等提出了面积消点法，实现了“可读证明”（readable proof）．杨路等在研究不等式机器证明这一难题时，更提出了“明证”（certificate）

的概念，即证明一旦给出，读者无须太多专业知识，很容易就能判断证明是否正确，甚至是一目了然的．明证都无须专家审稿，普通读者就能检验.

例如求证 $x^6+2x^5y+5x^2y^4+4xy^5+y^6\geqslant 0$，只要改写成如下平方和的形式：$\left(y^3+2xy^2-\frac{1}{2}x^3\right)^2+\left(xy^2+\frac{1}{2}x^2y-\frac{1}{6}x^3\right)^2+3\left(\frac{5}{6}x^2y+\frac{13}{30}x^3\right)^2+\frac{143}{900}x^6\geqslant 0.$ 一个不等式，一旦写成平方和的形式，其结论一目了然．那么，几何问题能否也实现“明证”，一行搞定？

为此，有必要研究新的几何表示，使得能简洁明了表示几何关系；又要找到一种比较简单的方法，将几何关系之间串起来.

千百年的几何研究，尺规作图的研究取得了丰富的成果，人们发现相当多的看似千变万化的几何图形，都可以由少量的几何基本构图组合而成．反其道而行之，也可将复杂图形分解，从而化繁为简．最基本的几何构造包括作线段的定比分点，过某点作某直线的垂线，作某线段等于已知线段等．除此之外，为解题方便，也可对最原始的几何图进行一些扩充，建立高一层次的几何构造，譬如已知三点构造平行四边形，则是由两次构造平行直线和一次构造直线交点组合而成．下面给出最基本的几何构造．也可根据需要进一步添加.

点几何表达式的几何意义

(1) $(A-B)^2=(C-D)^2$ 表示 $AB=CD$.

(2) $(A-B)^2=(A-C)^2$，或 $\left(A-\frac{B+C}{2}\right)(B-C)=0$，表示 $AB=AC$.

(3) $C=tA+(1-t)B$，表示 C 在直线 AB 上.

(4) $2C-A-B=0$ 或 $C=\frac{A+B}{2}$，表示 C 是 AB 中点.

(5) $(A-B)(C-D)=0$，表示 $AB\perp CD$.

(6) $C-D=t(A-B)$，表示 $AB/\!/CD$.

(7) $(O-A)^2=(O-B)^2=(O-C)^2$，表示 O 是 $\triangle ABC$ 的外心①.

---

① 事实上，还得保证 O 在 $\triangle ABC$ 平面才行．类似情况不再一一说明.

（8）$(A-H)(B-C)=(B-H)(A-C)=0$，表示 H 是 $\triangle ABC$ 的垂心．

（9）$H=A+B+C$，表示若设 $\triangle ABC$ 外心为原点，则 H 是其垂心．

（10）$K=\dfrac{A+B+C}{2}$，表示若设 $\triangle ABC$ 外心为原点，则 K 是其九点圆心．

（11）$G=\dfrac{A+B+C}{3}$，表示 G 是 $\triangle ABC$ 的重心．

（12）$B-A=C-D$ 及其等价式，表示 $ABCD$ 是平行四边形①．

以上性质请熟记，会经常用到，有助于解题的简化．为简化，$X\cdot Y$ 省写成 XY.

【例 14.12】 如图 14-13，在 $\triangle ABC$ 中，延长 BC 到 D，使得 $CD=BC$，延长 CA 到 E，使得 $AE=2CA$. 若 $\angle BAC=90°$，求证：$AD=BE$.（2013 年欧洲女子数学奥林匹克试题）

证明 $(A-(2C-B))^2-(B-(3A-2C))^2+8(A-B)(A-C)=0.$

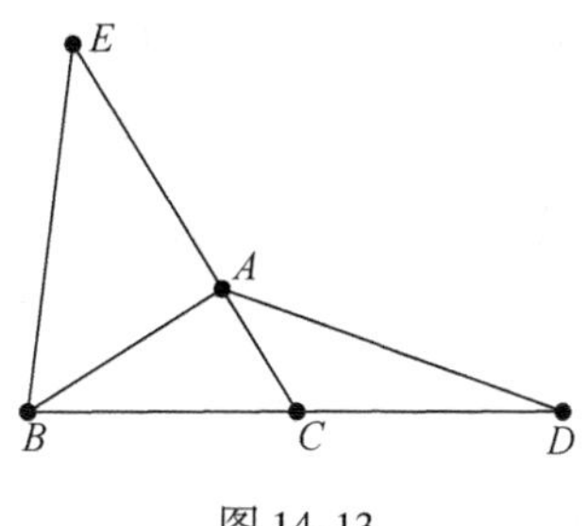

图 14-13

分析 （1）题中共涉及五点：A，B，C，D，E，根据几何关系得 $D=2C-B$ $\left(即\ C=\dfrac{D+B}{2}的等价式\right)$，$E=3A-2C$；这样做减少了变量.

（2）根据垂直关系 $AB\perp AC$，列出条件多项式 $(A-B)(A-C)=0$；根据相等关系 $AD=BE$，结论多项式 $(A-(2C-B))^2-(B-(3A-2C))^2=0$.

（3）将结论表达式表示为条件表达式的线性组合 F：

$$(A-(2C-B))^2-(B-(3A-2C))^2+k_1(A-B)(A-C)=0.$$

（4）将 F 展开为以基本点 A，B，C 为变量的方程式：

① 将四点共线时的特殊情况也纳入进来，有助于简化．

$$(-8+k_1)A^2+(8-k_1)AB+(8-k_1)AC+(-8+k_1)BC=0.$$

(5) 解系数方程组$-8+k_1=8-k_1=8-k_1=-8+k_1=0$得$k_1=8$，得到恒等式

$$(A-(2C-B))^2-(B-(3A-2C))^2+8(A-B)(A-C)=0.$$

若设$A=0$，$E=-2C$，恒等式更简单，

$$(2C-B)^2-(B-(-2C))^2+8BC=0.$$

此题条件比较简单，也可以通过观察A^2的系数直接得出$k_1=8$，无须待定系数法.

当求得恒等式$F=0$后，将已知条件代入恒等式，于是若干项为0，立刻可得结论. 由恒等式以及$(A-B)(A-C)=0$，可得

$$(A-(2C-B))^2-(B-(3A-2C))^2=0,$$

即$|AD|=|BE|$. 数学中常常要研究逆命题（彭翕成，2020），在此题中，由恒等式容易得到

$$|AD|=|BE|\Leftrightarrow\angle BAC=90°.$$

n项相加为0，其中$n-1$项为0，则可知第n项也为0. 这一简单的道理大大提升了恒等式的价值. 生成恒等式之后，从原来的一个命题可得到若干新命题. 这一点对于几何问题的变式研究极有价值，限于篇幅不再一一指出.

一行证明几何竞赛题所说的一行，是指最后用一行来表示，准确说，是用一个恒等式来表示. 而得到这一行，却也要花费一些功夫. 就好比看到某些人用配方法一行证明不等式，却不知人家背后的心血.

考虑到在教学或考试中，未必能接受点向量这种形式，因此在得到恒等式之后，需要改写成一般的向量形式. 注意设$A=0$，化成向量形式之后所有向量都要改写成以A为起点的向量. 改写思路：

$AB\perp AC$，即$(A-B)(A-C)=0$，改写为① $\overrightarrow{AB}\cdot\overrightarrow{AC}=0$；

$AD=BE$，即$(A-(2C-B))^2-(B-(3A-2C))^2=0$，改写为②$(\overrightarrow{AA}-(2\overrightarrow{AC}-\overrightarrow{AB}))^2-(\overrightarrow{AB}-(3\overrightarrow{AA}-2\overrightarrow{AC}))^2=0$，即

$$\overrightarrow{AD}^2-\overrightarrow{BE}^2=(2\overrightarrow{AC}-\overrightarrow{AB})^2-(\overrightarrow{AB}-(-2\overrightarrow{AC}))^2=-8\overrightarrow{AB}\cdot\overrightarrow{AC}=0,$$

易得$8\times$①+②$=0$，命题得证.

容易发现，恒等式方法就是一般向量法的简洁表示和综合处理，两者可以相互改写，只是忽视每一项表达式的结果，重点关注结论多项式能否由条件多项式表示.

【例 14.13】 如图 14-14，$\triangle ABC$ 中，AB 的中垂线与 AC 相交于点 G，AC 的中垂线与 AB 相交于点 F. 求证：B，F，C，G 共圆.

证明　设 A 为原点，$BF-CG-2F\left(\dfrac{B}{2}-G\right)+2G\left(\dfrac{C}{2}-F\right)=0$.

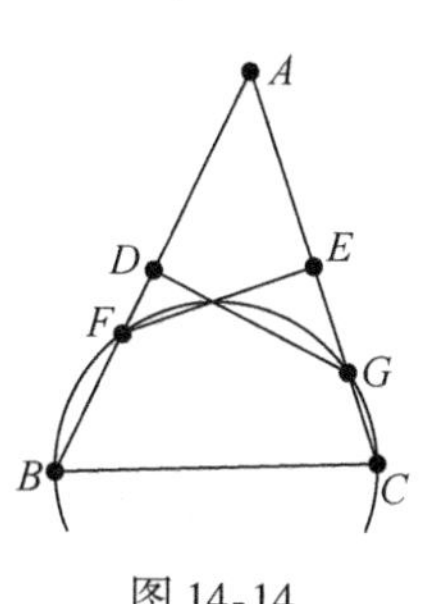

图 14-14

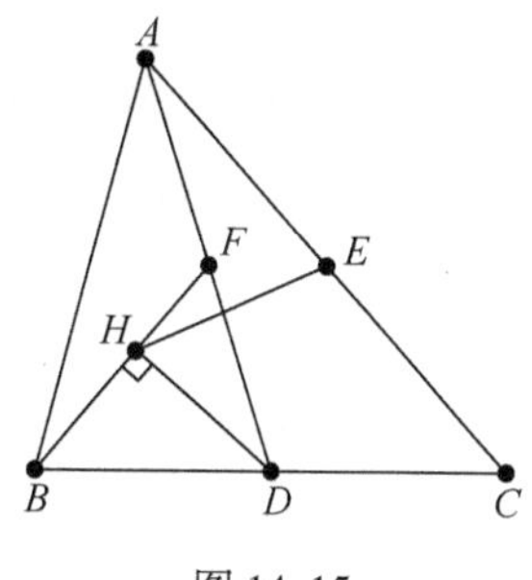

图 14-15

【例 14.14】 如图 14-15，AD 是$\triangle ABC$ 的边 BC 上的中线，点 E，F 分别是 AC，AD 的中点，$DH\perp BF$ 于点 H. 求证：$2HE=AB$.

证明　设 D 为原点，$\left(4\left(H-\dfrac{-B+A}{2}\right)^2-(A-B)^2\right)+4H(H-B)-8H\cdot\left(H-\dfrac{A}{2}\right)=0$.

【例 14.15】 如图 14-16，$\triangle ABC$ 中，$\angle ACB=90°$，过 C 作其外接圆的切线与直线 AB 交于点 D. 取 CD 的中点 E，过 A 作 CD 平行线与直线 EB 交于点 F. 求证：$AB\perp CF$.（2020 年澳大利亚数学奥林匹克）

证明　设 D 为原点，$(C-F)B+\dfrac{1}{2}(C-A)(C-B)+\dfrac{1}{2}(AB-C^2)+\left(\left(B-\dfrac{C}{2}\right)(B-A)-B(B-F)\right)=0$.

【例 14.16】 如图 14-17，设$\triangle ABC$ 为正三角形，平面内一点 P，D 是 P 关于 BC 的对称点．求证：$PA^2=PB^2+PC^2\Leftrightarrow AB=AD$.（《数学教学》2020 年第 6 期数学问题与解答 1091 的推广）

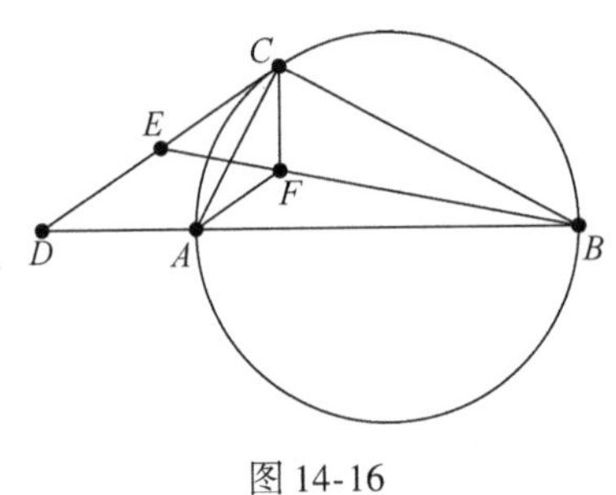

图 14-16

证明 设 A 为原点，$(B^2-D^2)-(P^2-(P-B)^2-(P-C)^2)+(C^2-(B-C)^2)-2\left(\frac{B+C}{2}-\frac{P+D}{2}\right)(B+C+D-P)=0$.

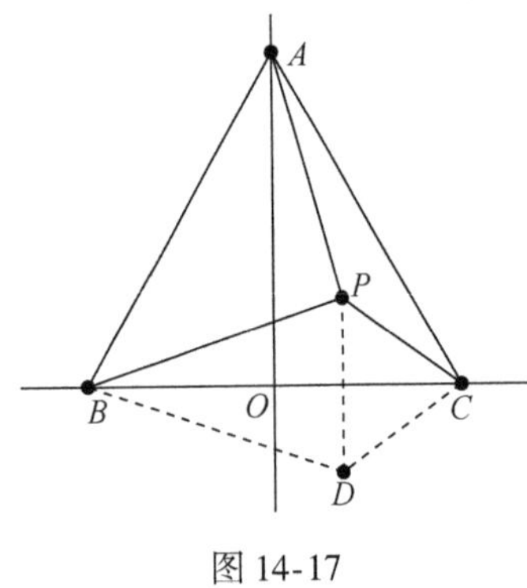

图 14-17

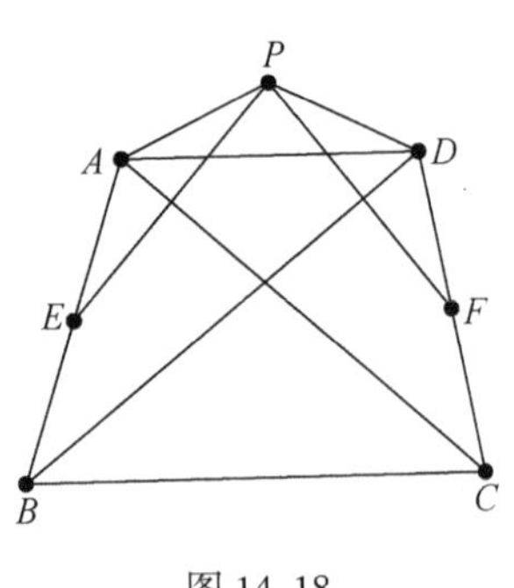

图 14-18

【例 14.17】 如图 14-18，在梯形 $ABCD$ 中，$AD /\!/ BC$，AB 与 CD 的中点分别为 E 与 F，$PE\perp AC$，$PF\perp BD$. 证明 $PA=PD$.

证明 设 P 为原点，$\frac{A+D}{2}(A-D+B-C)-\frac{A+B}{2}(A-C)-\frac{C+D}{2}\cdot(B-D)=0$.

【例 14.18】 如图 14-19，$\triangle ABC$ 中，D 是 BC 中点，E 是 AB 中点，F 是 BC 上的点，O 是 $\triangle ABF$ 的外心，已知 $PC\perp OE$，$PD\perp OD$，求证：$PF\perp AC$.

证明 设 D 为原点，$(P-F)(A+B)+2(P+B)\left(O-\frac{A+B}{2}\right)-2OP+AB+$

$AF-2B\left(O-\frac{B+F}{2}\right)=0.$

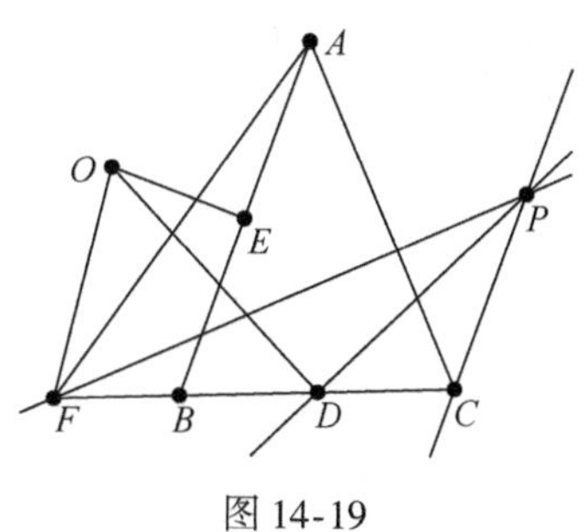

图 14-19

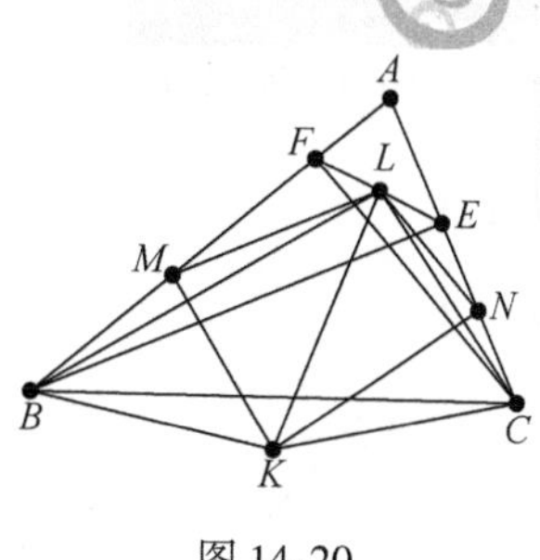

图 14-20

【例 14.19】 如图 14-20，$\triangle ABC$ 中 BE 和 CF 是高，M，N，L 分别是 BF，CE，EF 的中点，$KM\perp BL$，$KN\perp CL$，求证：$KB=KC$.

证明　设 K 为原点，$B^2-C^2-2\,\frac{B+F}{2}\left(B-\frac{E+F}{2}\right)+2\,\frac{C+E}{2}\left(C-\frac{E+F}{2}\right)+\frac{1}{2}(B-E)(C-E)-\frac{1}{2}(B-F)(C-F)=0.$

【例 14.20】 如图 14-21，锐角三角形 ABC 中，点 H 是垂心，$AD\perp BC$，垂足是 D，点 M 为 BC 上不同于点 D 的一点，作 $DP\perp HM$，垂足是 P，直线 DP 分别交 AB 的延长线和 AC 于点 E 和 F，求证：$\frac{DE}{DF}=\frac{MB}{MC}$.

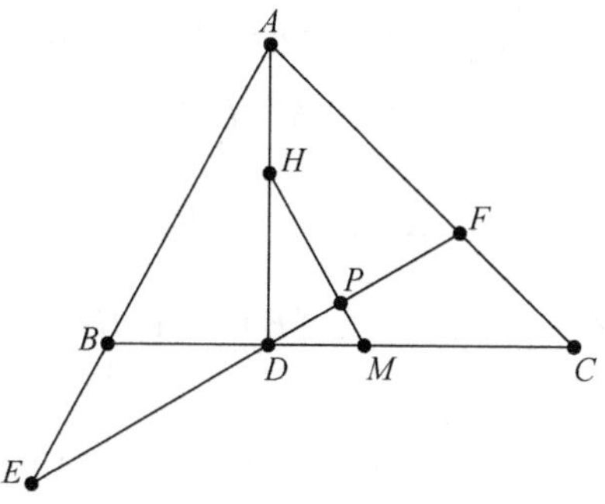

图 14-21

证明　设 H 为原点，$(D-E)(M-C)-(D-F)(M-B)+M(E-F)+(B-C)(A-D)+C(A-E)-B(A-F)=0.$

【例 14.21】 如图 14-22，四边形 $ABCD$，E 是 BD 中点，$BC\perp BA$，$DC\perp DA$，求证：$AB^2+CE^2=AE^2+CD^2$.

证明 设 C 为原点，$(A-B)^2+\left(\frac{B+D}{2}\right)^2-\left(A-\frac{B+D}{2}\right)^2-D^2-B(B-A)+D(D-A)=0$.

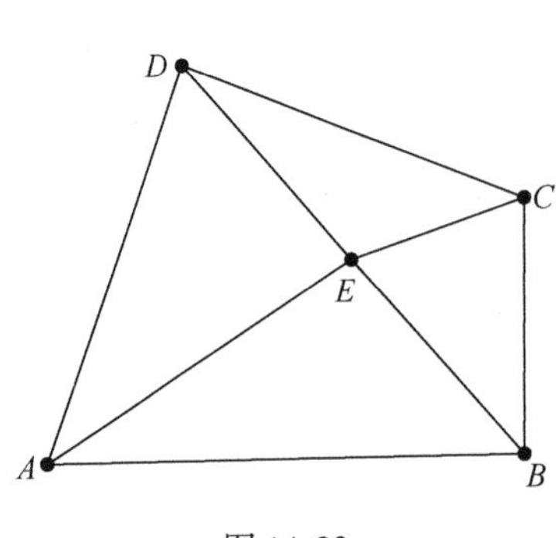

图 14-22

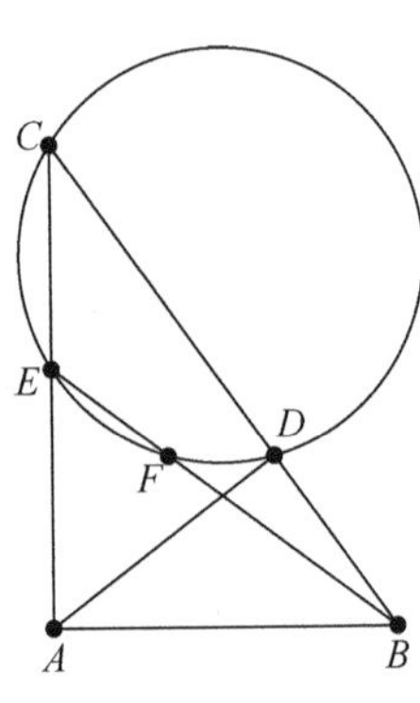

图 14-23

【例 14.22】 如图 14-23，已知 BC 是直角三角形 ABC 的斜边，AD 是斜边上的高．过点 C 和 D 的圆 O 与直线 AC 交于 E，与直线 BE 交于 F. 求证：$AF\perp BE$.

证明 设 B 为原点，$E(A-F)+A(C-E)-C(A-D)-(CD-EF)=0$.

【例 14.23】 如图 14-24，$\triangle ABC$ 中，G 是重心，P 是任意点，M 和 N 分别是 BC 和 AP 的中点，则 $AN^2+PM^2=PG^2+MG^2+NG^2$.

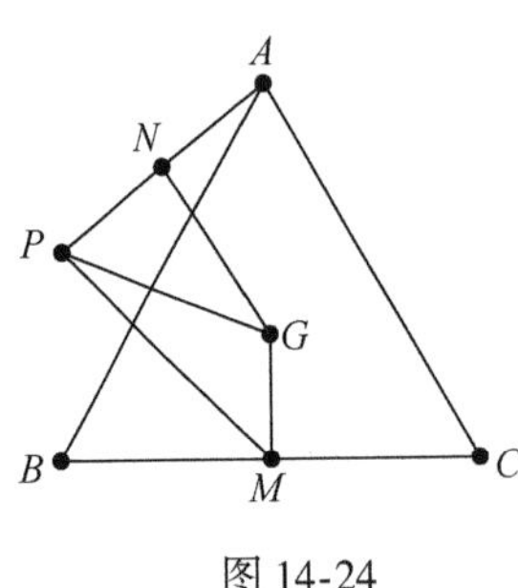

图 14-24

证明 设 P 为原点，$\left(\frac{A}{2}\right)^2+\left(\frac{B+C}{2}\right)^2-\left(\frac{A+B+C}{3}\right)^2-\left(\frac{B+C}{2}-\frac{A+B+C}{3}\right)^2-\left(\frac{A}{2}-\frac{A+B+C}{3}\right)^2=0$.

【例 14.24】 如图 14-25，$\triangle ABC$ 中，O 是外心，$BP\perp BO$，$AP/\!/CB$，求证：$CA^2+AB^2+BP^2=CP^2$.

证明 设 C 为原点，$(A-B)^2+(P-B)^2+A^2-P^2+4(P-B)(B-O)+4(P-A)\left(O-\frac{B}{2}\right)+4A\left(O-\frac{A}{2}\right)-4B\left(O-\frac{B}{2}\right)=0$.

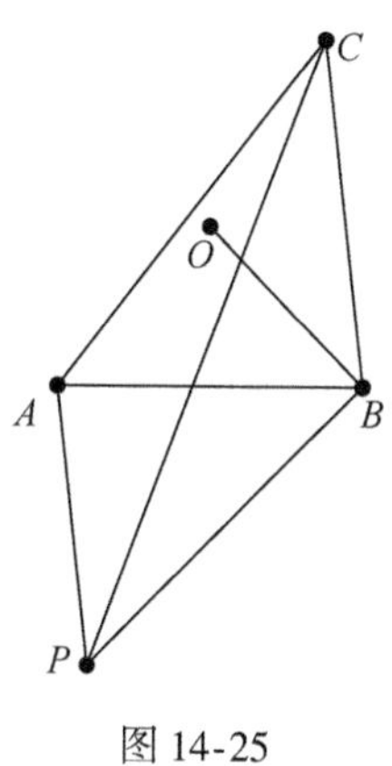

图 14-25

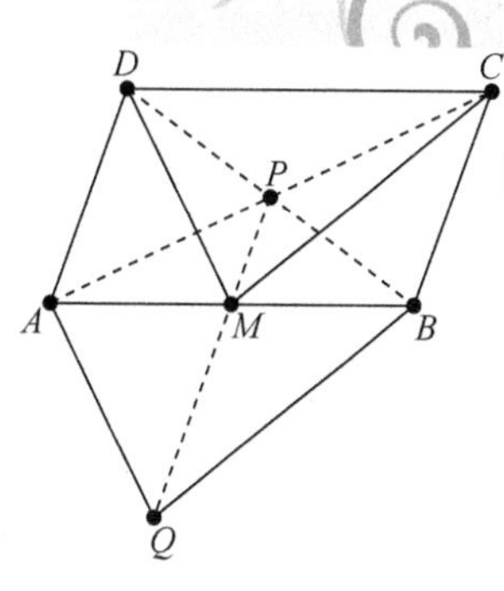

图 14-26

【例 14.25】 如图 14-26，平行四边形 $ABCD$，M 是 AB 中点，P 是 AC 中点，$QA /\!/ MD$，$QB /\!/ MC$，求证：P，M，Q 三点共线，且 $BD^2+CQ^2=AC^2+QD^2$.

证明 设 P 为原点，$C=-A$，$D=-B$，由 $Q-A=t\left(\frac{A+B}{2}-D\right)$ 得 $Q=\left(\frac{t}{2}+1\right)A+\frac{3t}{2}B$；由 $Q-B=s\left(\frac{A+B}{2}-C\right)$ 得 $Q=\frac{3s}{2}A+\left(\frac{s}{2}+1\right)B$；解方程 $\frac{t}{2}+1=\frac{3s}{2}$，$\frac{3t}{2}=\frac{s}{2}+1$ 得 $t=s=1$，所以 $Q=\frac{3}{2}(A+B)$，容易验证

$$(B-D)^2+(C-Q)^2-(A-C)^2-(Q-D)^2=0.$$

【例 14.26】 如图 14-27，H 为 $\triangle ABC$ 的垂心，D 为 CH 中点，$BE\perp AD$ 于 E，求证：B，C，E，H 四点共圆，$HC^2=4AD\cdot ED$.

证明 设 CH 与 BE 交点 K 为原点，则

$$HC-BE-(A-H)(B-C)+B\left(A-\frac{H+C}{2}\right)+B\left(E-\frac{H+C}{2}\right)-C(A-B)=0.$$

设 H 为原点，

$$\left(C^2-4\left(A-\frac{C}{2}\right)\left(E-\frac{C}{2}\right)\right)-4\left(\frac{C}{2}-A\right)(E-B)+2A(B-C)+2B(A-C)=0.$$

说明 原点有多种选取方式，就和解析法设置坐标系一样，原点的选取也会影响后续解答的繁简．此题有两问，可看成是两个题，分

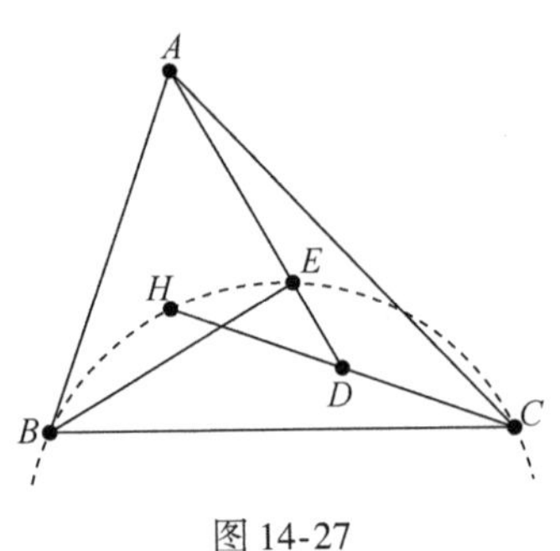

图 14-27

别设置不同的原点.

【例 14.27】 如图 14-28，$\triangle ABC$ 为锐角三角形，O 是 $\triangle ABC$ 的外心，H 是 $\triangle ABC$ 的垂心，M 是 AH 的中点，E 在线段 AC 上，且 $EM\perp OM$. 求证：$HE/\!/AB$.

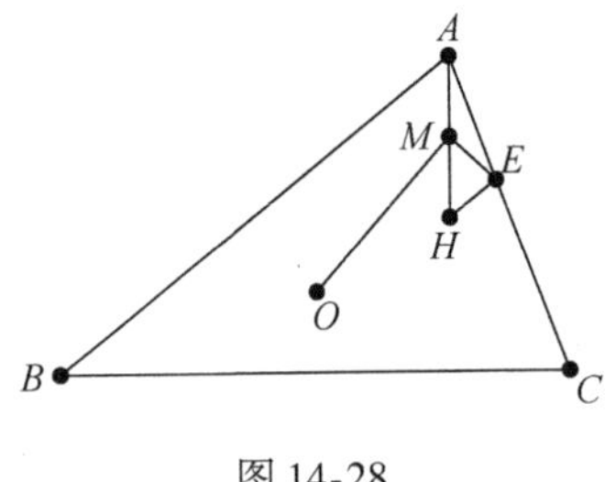

图 14-28

证明 设 O 为原点，$\frac{A+B}{2}(A+B+C-E)+\frac{1}{4}(A^2-B^2)-\frac{A+A+B+C}{2}\left(\frac{A+A+B+C}{2}-E\right)+\frac{A+C}{2}\left(\frac{A+C}{2}-E\right)=0.$

【例 14.28】 如图 14-29，已知 G 为 $\triangle ABC$ 的重心，过 G 点且平行于 BC 的直线与 AB 交于点 D，求证：$BD=CG$ 的充要条件是 $\angle ACB=90°$.（2010 英国数学奥林匹克第二轮）

证明 $G=\frac{1}{3}(A+B+C)$，$D=t(B-C)+G=\frac{A+(1+3t)B+(1-3t)C}{3}$，因 D 在 AB 上，所以 $t=\frac{1}{3}$，$D=\frac{1}{3}A+\frac{2}{3}B$，

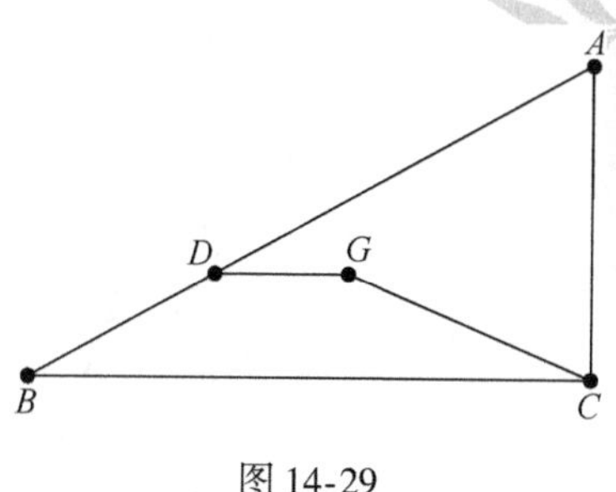

图 14-29

$$((B-D)^2-(C-G)^2)+\frac{4}{9}(A-C)(B-C)=0,$$

所以 $BD=CG$ 充要条件是 $\angle ACB=90°$.

【例 14.29】　如图 14-30，$\triangle ABC$ 中，$AB=AC$，O 是外心，X 是 $\triangle ABO$ 的垂心，求证：A，O，C，X 四点共圆.

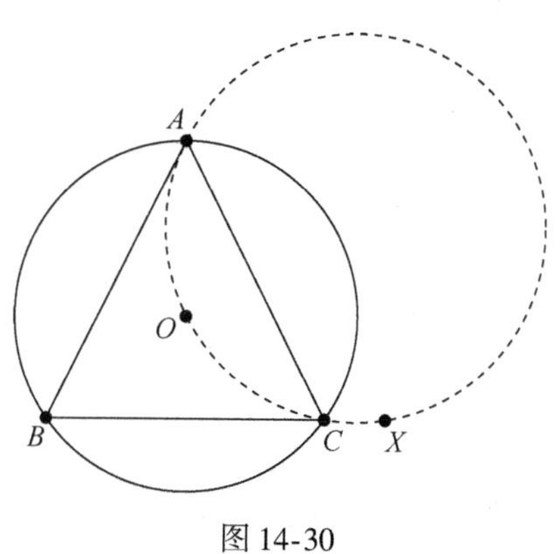

图 14-30

证明　设 BC 中点为原点，$B=-C$，则

$$(AO-CX)+OC-AX+(X-O)(A+C)=0.$$

另证思路：$\angle ACO=\angle ABO=\angle AXO$.

【例 14.30】　如图 14-31，$\triangle ABC$ 中，AD，BE，CF 是三条高，H 是垂心，AD 交 EF 于 S，X 是 H 关于 BC 的对称点．求证：B，X，S，F 四点共圆.

证明　设 A 为原点，$(BF-S(2D-H))-(F-H)B+(D-B)H+((0-S)(H-D)-(0-D)(S-H))=0.$

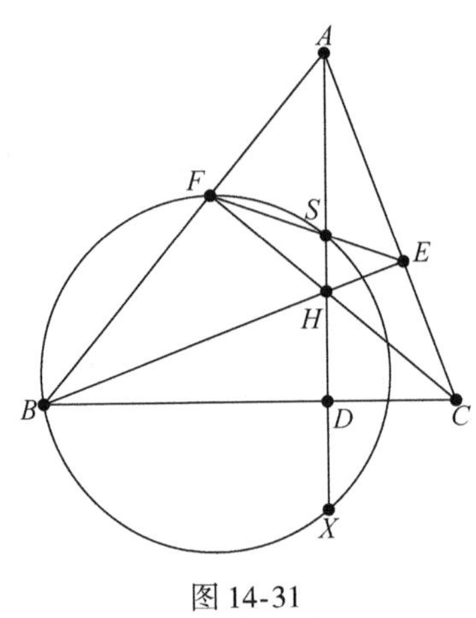

图 14-31

【例 14.31】 如图 14-32，$\triangle ABC$ 中，H 是垂心，AD，BE，CF 是高，AD 交 EF 于 S，Y 是 BH 的中点，X 是 $\triangle SYH$ 的垂心，求证：D，X，S，Y 四点共圆.

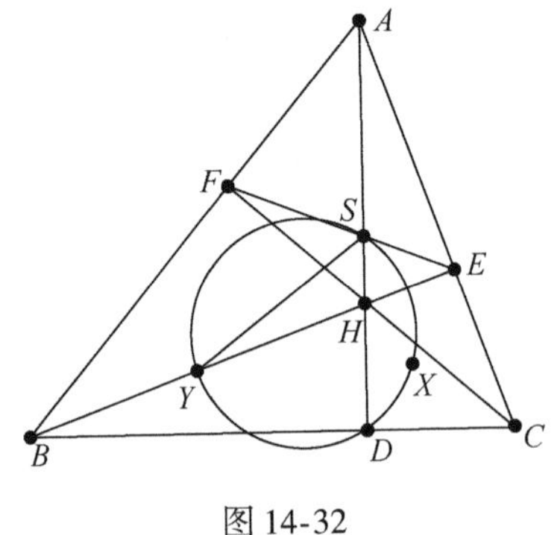

图 14-32

证明 设 H 为原点，$(2X-B)S-(X-S)B+2\left(\frac{B}{2}-S\right)X=0$.

$2\left(\left(\frac{D}{2}-S\right)\left(\frac{D}{2}-D\right)-\left(\frac{D}{2}-\frac{B}{2}\right)\left(\frac{D}{2}-X\right)\right)+(X-S)B+(D-B)D-(D-B)S-\left(X-\frac{B}{2}\right)D=0.$

说明 第一个恒等式说明 $2X$ 在 BC 上，即说明 X 在 $\triangle HBC$ 的中位

线上，Y，$\frac{D}{2}$，X 共线．事实上，由恒等式可以看出，根本没有用到 S 在 EF 上这一条件，说明 S 在直线 AD 上，结论也成立.

【例 14.32】　如图 14-33，$\triangle ABC$ 中，H 是垂心，BE 是高，H 与 X 关于 E 对称，M 是 AB 中点，求证：$ME \perp CX$.

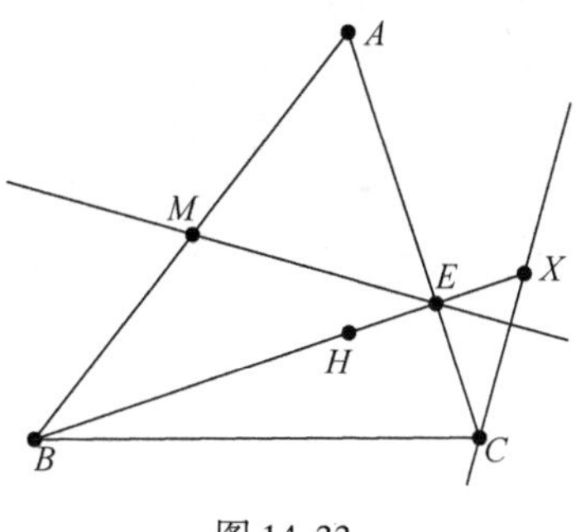

图 14-33

证明　设 H 为原点，

$$2\left(\frac{A+B}{2}-E\right)(C-2E)+2\left(E-\frac{A+C}{2}\right)(B-2E)-(C-B)A=0.$$

【例 14.33】　如图 14-34，$\triangle ABC$ 中，G 是重心，H 是垂心，X 是 $\triangle BHC$ 的重心，求证：$GH \perp AX \Leftrightarrow \angle A=60°$.

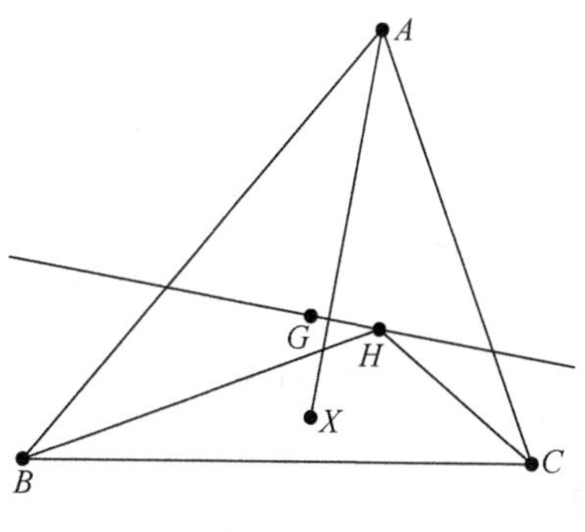

图 14-34

证明　设 $\triangle ABC$ 的外心为原点，则

$$3(A+B+C)\left(A-\frac{A+B+C+B+C}{3}\right)+2\left(4\left(\frac{B+C}{2}\right)^2-B^2\right)-2(A^2-B^2)=0,$$

【例 14.34】 如图 14-35，锐角三角形 ABC 中，G 是重心，H 是垂心，AD 和 CF 是高，X 是 BH 的中点，求证：$GH\perp FX\Leftrightarrow\angle A=60°$.

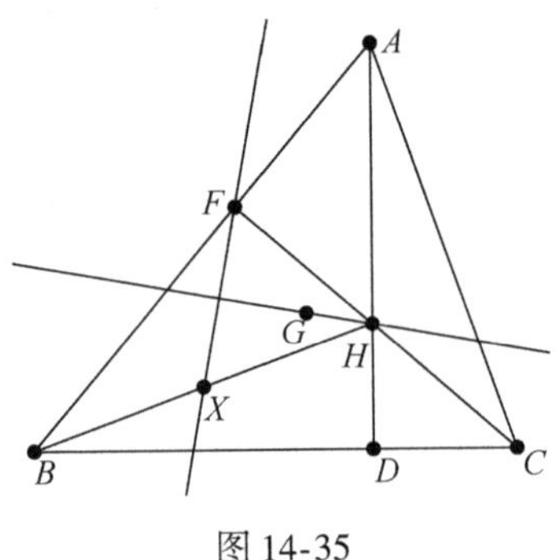

图 14-35

证明 设 H 为原点，

$$6\frac{A+B+C}{3}\left(F-\frac{B}{2}\right)+(B^2-4F^2)+2(F-A)F+2(F-B)(F-C)+B(A-C)=0.$$

【例 14.35】 如图 14-36，$\triangle ABC$ 中，H 是垂心，AD，BE，CF 是高，AD 交 EF 于 S，X 是 AH 的中点，求证：$BS\perp CX$.

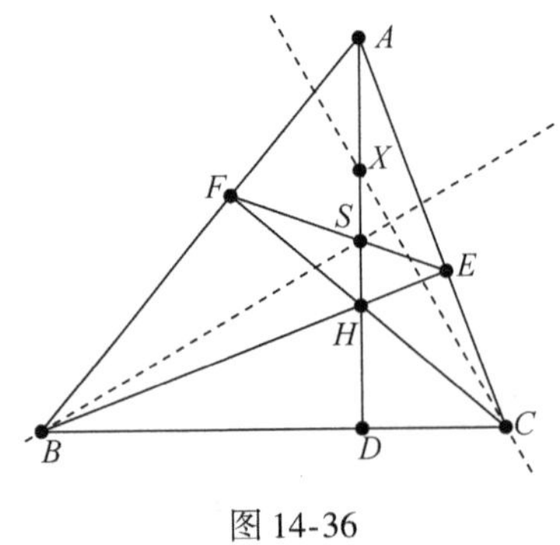

图 14-36

证明 设 H 为原点，

$$2(B-S)\left(C-\frac{A}{2}\right)+((A-S)(-D)-(A-D)S)+2B(A-C)-2(D-C)S-(B-D)A=0.$$

说明 用到调和点列的性质：$AS\times HD=AD\times SH$.

14.3　向量表示五心

如图 14-37，若设 $P=\dfrac{xA+yB+zC}{x+y+z}$，那么 D 如何求？

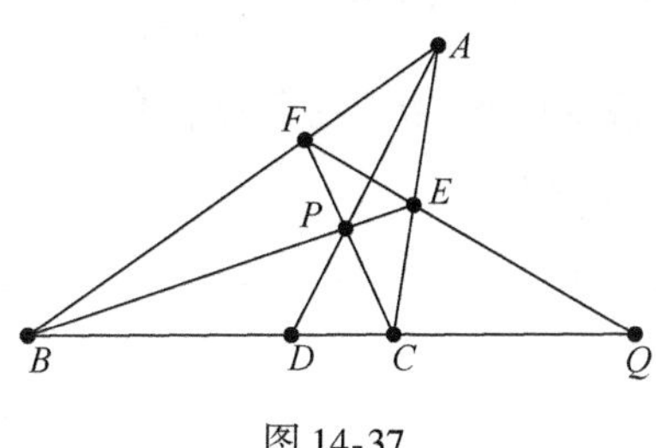

图 14-37

考虑到 D 是 AP 和 BC 的交点，就有

$$(x+y+z)P-xA=yB+zC=(y+z)D\text{，立刻得到 } D=\frac{yB+zC}{y+z};$$

同理 $E=\dfrac{xA+zC}{x+z}$，$F=\dfrac{xA+yB}{x+y}$.

计算点 Q，介绍三种方法.

方法 1　设 $Q=tF+(1-t)E=sB+(1-s)C$，即

$$t\frac{xA+yB}{x+y}+(1-t)\frac{xA+zC}{x+z}=sB+(1-s)C,$$

解关于 A，B，C 系数方程组

$$\begin{cases} t\dfrac{x}{x+y}+(1-t)\dfrac{x}{x+z}=0 \\ t\dfrac{y}{x+y}=s \\ (1-t)\dfrac{z}{x+z}=1-s \end{cases}\text{，得 }\begin{cases} t=\dfrac{x+y}{y-z} \\ s=\dfrac{y}{y-z} \end{cases},$$

$$Q=sB+(1-s)C=\frac{yB-zC}{y-z}.$$

方法 2 设 $Q=tF+(1-t)E$，即

$$t\frac{xA+yB}{x+y}+(1-t)\frac{xA+zC}{x+z}=x\left(\frac{t}{x+y}+\frac{1-t}{x+z}\right)A+\frac{ty}{x+y}B+\frac{(1-t)z}{x+z}C,$$

因为 Q 在 BC 上，所以 $x\left(\frac{t}{x+y}+\frac{1-t}{x+z}\right)=0$，解得 $t=\frac{x+y}{y-z}$，

$$Q=tF+(1-t)E=\frac{yB-zC}{y-z}.$$

方法 3 因为 Q 是 EF 和 BC 的交点，将等式 $(x+z)E=xA+zC$ 与 $(x+y)F=zA+yB$ 相减就得到

$$(x+z)E-(x+y)F=zC-yB=(z-y)Q,$$

从而 $Q=\frac{zC-yB}{z-y}$.

E 和 F 原本用 A，B，C 来表示，而证法 3 轻松消去 A，得到 BC 和 EF 的交点 Q，这种技巧很重要．方法 2 只需设一个参数 t，解一个方程，显然比方法 1 简便．但方法 1 是求交点的通法，也需要掌握.

有了上面点的坐标，就可轻松做很多事情.

证明塞瓦定理：$\frac{|BD|}{|DC|}\frac{|CE|}{|EA|}\frac{|AF|}{|FB|}=\frac{z}{y}\frac{x}{z}\frac{y}{x}=1$.

证明梅涅劳斯定理：$\frac{|AF|}{|FB|}\frac{|BQ|}{|QC|}\frac{|CE|}{|EA|}=\frac{y}{x}\frac{z}{y}\frac{x}{z}=1$.

证明调和点列性质：$\frac{|BD|}{|DC|}=\frac{|BQ|}{|CQ|}=\frac{z}{y}$.

注意等式 $P=\frac{xA+yB+zC}{x+y+z}$ 及关系 $x:y:z=S_{\triangle PBC}:S_{\triangle PCA}:S_{\triangle PAB}$，三角形的五心以及一些巧合点就可以利用这一性质确定.

下面证明：$S_{\triangle BPC}\overrightarrow{PA}+S_{\triangle CPA}\overrightarrow{PB}+S_{\triangle APB}\overrightarrow{PC}=\mathbf{0}$.

$$\begin{aligned}\overrightarrow{AP}&=\frac{AP}{AD}\overrightarrow{AD}=\frac{AP}{AD}\cdot\frac{DC}{BC}\overrightarrow{AB}+\frac{AP}{AD}\cdot\frac{BD}{BC}\overrightarrow{AC}\\&=\frac{S_{\triangle CPA}}{S_{\triangle ACD}}\cdot\frac{S_{\triangle ACD}}{S_{\triangle ABC}}\overrightarrow{AB}+\frac{S_{\triangle APB}}{S_{\triangle ABD}}\cdot\frac{S_{\triangle ABD}}{S_{\triangle ABC}}\overrightarrow{AC}\end{aligned}$$

$$=\frac{S_{\triangle CPA}}{S_{\triangle ABC}}\overrightarrow{AB}+\frac{S_{\triangle APB}}{S_{\triangle ABC}}\overrightarrow{AC}$$

$$=\frac{S_{\triangle CPA}}{S_{\triangle ABC}}(\overrightarrow{PB}-\overrightarrow{PA})+\frac{S_{\triangle APB}}{S_{\triangle ABC}}(\overrightarrow{PC}-\overrightarrow{PA}),$$

所以

$$S_{\triangle BPC}\overrightarrow{PA}+S_{\triangle CPA}\overrightarrow{PB}+S_{\triangle APB}\overrightarrow{PC}=\mathbf{0}.$$

容易推得以下性质：

（1）若点 P 为重心，则

$$S_{\triangle BPC}=S_{\triangle CPA}=S_{\triangle APB},\ \overrightarrow{PA}+\overrightarrow{PB}+\overrightarrow{PC}=\mathbf{0},\ P=\frac{A+B+C}{3}.$$

（2）若点 P 为内心，则 $a\overrightarrow{PA}+b\overrightarrow{PB}+c\overrightarrow{PC}=\mathbf{0}$，或写作

$$(\sin A)\overrightarrow{PA}+(\sin B)\overrightarrow{PB}+(\sin C)\overrightarrow{PC}=\mathbf{0},$$

$$P=\frac{aA+bB+cC}{a+b+c}.$$

（3）若点 P 为点 A 所对旁心，则

$$-a\overrightarrow{PA}+b\overrightarrow{PB}+c\overrightarrow{PC}=\mathbf{0},\ P=\frac{-aA+bB+cC}{-a+b+c}.$$

（4）若点 P 为外心，则

$$(\sin 2A)\overrightarrow{PA}+(\sin 2B)\overrightarrow{PB}+(\sin 2C)\overrightarrow{PC}=\mathbf{0},$$

$$P=\frac{\sin 2A\cdot A+\sin 2B\cdot B+\sin 2C\cdot C}{\sin 2A+\sin 2B+\sin 2C}.$$

（5）若点 P 为非直角三角形垂心，则

$$(\tan A)\overrightarrow{PA}+(\tan B)\overrightarrow{PB}+(\tan C)\overrightarrow{PC}=\mathbf{0},$$

$$P=\frac{\tan A\cdot A+\tan B\cdot B+\tan C\cdot C}{\tan A+\tan B+\tan C}.$$

初等数学中，一般回避 $\tan 90°$. 当 $A\to 90°$，$P\to \frac{\tan 90°\cdot A+\tan B\cdot B+\tan C\cdot C}{\tan 90°+\tan B+\tan C}\to A$，此时，垂心就是直角三角形的直角顶点.

直线 AD 上的任意点 $K=kA+(1-k)\frac{yB+zC}{y+z}$，不管 k 如何变化，K 在哪个位置，B 和 C 的系数比总是定值 $y:z$，可联想共边定理：$\frac{|BD|}{|DC|}=\frac{|S_{\triangle AKB}|}{|S_{\triangle AKC}|}$.

第 15 章 向量杂题

本章大致可分成四部分.

一是用向量法证明一些常见的几何性质．有些人热衷于做难题，而对一些基本性质却忽略了．其实，用各种方法证明基本性质，相当于从多个角度看问题，容易看得透彻．而所谓难题的解决，也不过是依靠各种基本性质的组合罢了．用向量法证明常见几何性质，看看向量法解哪些问题比较有效，哪些则较困难，以后应用向量解题，也能做到心中有底.

二是用向量法证明一些和“心”相关的问题，主要是三角形的重心、垂心、外心、内心和正多边形的中心．其中有一条常用的性质需要强调．对于多边形 $A_1A_2\cdots A_n$ 而言，$\overrightarrow{GA_1}+\overrightarrow{GA_2}+\cdots+\overrightarrow{GA_n}=\mathbf{0}$ 可看作是重心的向量形式的定义．而对于正多边形中心 O 而言，重心 G 就是中心 O，所以也有 $\overrightarrow{OA_1}+\overrightarrow{OA_2}+\cdots+\overrightarrow{OA_n}=\mathbf{0}$；此外还另有一巧证：将正多边形旋转$\dfrac{360°}{n}$后，$\overrightarrow{OA_1}+\overrightarrow{OA_2}+\cdots+\overrightarrow{OA_n}$ 变成 $\overrightarrow{OA_2}+\cdots+\overrightarrow{OA_n}+\overrightarrow{OA_1}$，而只有零向量可以有多个方向，所以 $\overrightarrow{OA_1}+\overrightarrow{OA_2}+\cdots+\overrightarrow{OA_n}=\mathbf{0}$.

三是用向量法证明一些不好分类的杂题．这些题目中，有些不用向量法较难证明.

四是用向量法证明一些经典几何定理．虽然用其他的方法会比向量法证明来得容易，但作为专题研究，我们有必要去尝试向量法到底能做什么，不能做什么，向量法的极限在哪？

【例 15.1】 求证等腰三角形三线合一，即等腰三角形的顶角平分线、底边上的高、底边上的中线互相重合.

证明 如图 15-1，已知 $AB=AC$. 由 $|\overrightarrow{AB}|=|\overrightarrow{AC}|=|\overrightarrow{AB}+\overrightarrow{BC}|$ 得 $|\overrightarrow{AB}|^2=|\overrightarrow{AB}+\overrightarrow{BC}|^2$，即 $\overrightarrow{BC}^2+2\overrightarrow{AB}\cdot\overrightarrow{BC}=2\overrightarrow{BC}\cdot\left(\overrightarrow{AB}+\frac{1}{2}\overrightarrow{BC}\right)=0$. 其几何意义是：等腰三角形底边上的中线垂直底边.

若 AD 是高线，则 $\overrightarrow{AB}\cdot\overrightarrow{AD}=AD^2=\overrightarrow{AC}\cdot\overrightarrow{AD}$，于是

$$AB\cdot AD\cos\angle BAD=AC\cdot AD\cos\angle CAD,\quad \angle BAD=\angle CAD,$$

于是 AD 是角平分线．此式可倒推.

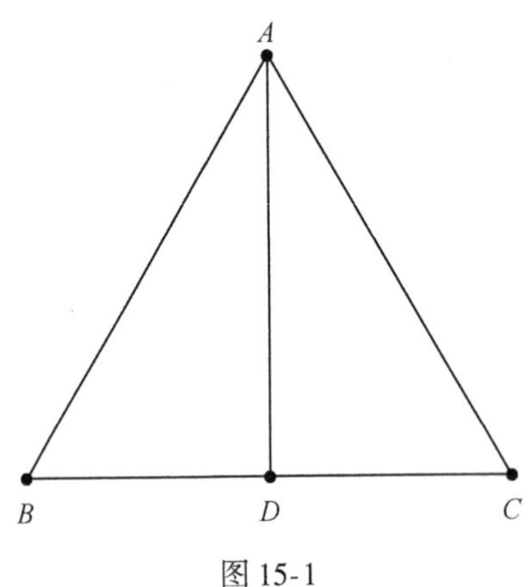

图 15-1

【例 15.2】(一般中线长公式) 若 AD 是 $\triangle ABC$ 中线，则

$$AD=\frac{1}{2}\sqrt{2AB^2+2AC^2-BC^2}.$$

证明 由 $\overrightarrow{AB}=\overrightarrow{AD}+\overrightarrow{DB}$ 得 $AB^2=AD^2+DB^2+2\overrightarrow{AD}\cdot\overrightarrow{DB}$；由 $\overrightarrow{AC}=\overrightarrow{AD}+\overrightarrow{DC}$ 得 $AC^2=AD^2+DC^2+2\overrightarrow{AD}\cdot\overrightarrow{DC}$；两式相加可得 $AB^2+AC^2=2AD^2+2DB^2$，所以 $AD=\frac{1}{2}\sqrt{2AB^2+2AC^2-BC^2}$.

【例 15.3】 对于平面上四点 A，B，C，D，求证：$AB\cdot CD+BC\cdot AD\geqslant AC\cdot BD$.（托勒密定理）

证明 设 A，B，C，D 分别对应 z_A，z_B，z_C，z_D，则

$$\begin{aligned}
&AB\cdot CD+BC\cdot AD\\
=&|z_B-z_A||z_D-z_C|+|z_C-z_B||z_D-z_A|\\
=&|z_Bz_D-z_Bz_C-z_Az_D+z_Az_C|+|z_Cz_D-z_Cz_A-z_Bz_D+z_Bz_A|\\
\geqslant&|z_Bz_D-z_Bz_C-z_Az_D+z_Az_C+z_Cz_D-z_Cz_A-z_Bz_D+z_Bz_A|\\
=&|-z_Bz_C-z_Az_D+z_Cz_D+z_Bz_A|\\
=&|z_C-z_A||z_D-z_B|\\
=&AC\cdot BD,
\end{aligned}$$

当且仅当四点共线或四点共圆时等号成立.

补充 1 直线和圆之间存在对应关系，譬如可将欧拉定理看作是托勒密定理的特例．欧拉定理：设 A，B，C，D 为直线上任意四点，则 $\overrightarrow{AB}\cdot\overrightarrow{CD}+\overrightarrow{AC}\cdot\overrightarrow{DB}+\overrightarrow{AD}\cdot\overrightarrow{BC}=0$. 托勒密定理：设四边形内接于圆，则对角线的积等于对边乘积之和．反之，设有四个点，两条对边的积等于其他两对对边乘积之和，则这四点共圆或共线.

补充 2 对于四点 A，B，C，D，不管是平面还是空间内，恒有

$$\overrightarrow{AB}\cdot\overrightarrow{CD}+\overrightarrow{BC}\cdot\overrightarrow{AD}=\overrightarrow{AC}\cdot\overrightarrow{BD}.$$

证明

$$\begin{aligned}
\overrightarrow{AB}\cdot\overrightarrow{CD}+\overrightarrow{BC}\cdot\overrightarrow{AD}&=(\overrightarrow{AC}-\overrightarrow{BC})\cdot\overrightarrow{CD}+\overrightarrow{BC}\cdot(\overrightarrow{AC}+\overrightarrow{CD})\\
&=\overrightarrow{AC}\cdot\overrightarrow{CD}+\overrightarrow{BC}\cdot\overrightarrow{AC}\\
&=\overrightarrow{AC}\cdot\overrightarrow{BD}.
\end{aligned}$$

注意：难以用 $\overrightarrow{AB}\cdot\overrightarrow{CD}+\overrightarrow{BC}\cdot\overrightarrow{AD}=\overrightarrow{AC}\cdot\overrightarrow{BD}$ 直接推出托勒密定理．因为下面式子中的第二个不等号无法推导得到.

$$\begin{aligned}
|\overrightarrow{AC}\cdot\overrightarrow{BD}|\leqslant|AC\cdot BD|&\leqslant|\overrightarrow{AB}\cdot\overrightarrow{CD}|+|\overrightarrow{BC}\cdot\overrightarrow{AD}|\\
&\leqslant AB\cdot CD+BC\cdot AD?
\end{aligned}$$

用向量法证明托勒密定理，参看第 4 章.

根据题设条件构造向量，并运用向量数量积的运算法则及其性质

可简洁证明某些呈向量数量积结构形式的三角恒等式.

【例 15.4】 求证：$\cos(\alpha+\beta)=\cos\alpha\cos\beta-\sin\alpha\sin\beta$.

证明 构造向量

$$\boldsymbol{m}=(\cos\alpha,\sin\alpha),\ \boldsymbol{n}=(\cos(-\beta),\sin(-\beta)),$$

$$\boldsymbol{m}\cdot\boldsymbol{n}=\cos\alpha\cos\beta-\sin\alpha\sin\beta;\ \boldsymbol{m}\cdot\boldsymbol{n}=|\boldsymbol{m}||\boldsymbol{n}|\cos(\alpha+\beta)=\cos(\alpha+\beta),$$

所以

$$\cos(\alpha+\beta)=\cos\alpha\cos\beta-\sin\alpha\sin\beta.$$

类似可证 $\cos(\alpha-\beta)=\cos\alpha\cos\beta+\sin\alpha\sin\beta$.

【例 15.5】 如图 15-2，等边三角形 ABC 的内切圆 O 上有点 P，若 $BC=a$，求：$PA^2+PB^2+PC^2$.

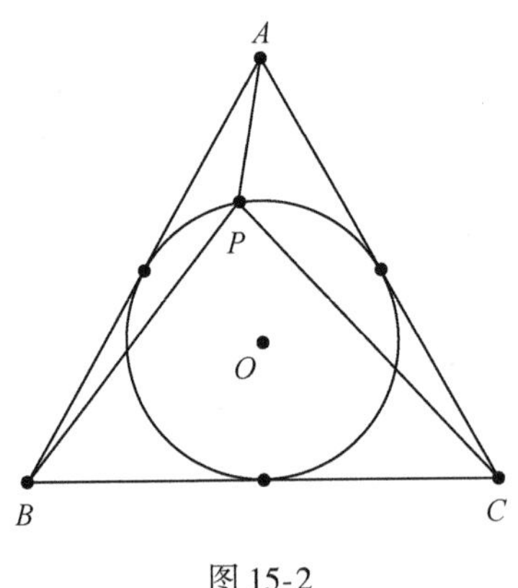

图 15-2

解

$$\begin{aligned}PA^2+PB^2+PC^2&=(\overrightarrow{PO}+\overrightarrow{OA})^2+(\overrightarrow{PO}+\overrightarrow{OB})^2+(\overrightarrow{PO}+\overrightarrow{OC})^2\\&=3PO^2+2\overrightarrow{PO}\cdot(\overrightarrow{OA}+\overrightarrow{OB}+\overrightarrow{OC})+3OA^2\\&=3PO^2+3OA^2\\&=3\cdot\left(\frac{\sqrt{3}}{6}a\right)^2+3\cdot\left(\frac{\sqrt{3}}{3}a\right)^2=\frac{5}{4}a^2.\end{aligned}$$

【例 15.6】 证明：正方形外接圆上的点 P 到正方形各顶点的距离平方和与点 P 的位置无关.

我们来推一个更一般的结论：在半径为 R 的圆上内接正 n 边形

$A_1A_2\cdots A_n$，点 P 到圆心 O 的距离为 d，求点 P 到正 n 边形所有顶点的距离平方和.

证明

$$\begin{aligned}&PA_1^2+PA_2^2+\cdots+PA_n^2\\=&(\overrightarrow{PO}+\overrightarrow{OA_1})^2+(\overrightarrow{PO}+\overrightarrow{OA_2})^2+\cdots+(\overrightarrow{PO}+\overrightarrow{OA_n})^2\\=&n(R^2+d^2)+2\overrightarrow{PO}\cdot(\overrightarrow{OA_1}+\overrightarrow{OA_2}+\cdots+\overrightarrow{OA_n})=n(R^2+d^2).\end{aligned}$$

此结论可向空间扩展，譬如例 15.7 和例 15.8.

【例 15.7】　如图 15-3，在立方体 $ABCD\text{-}EFGH$ 中，空间一点 P 到立方体中心 O 的距离为 d，那么 P 到这八个顶点的距离平方和为定值.

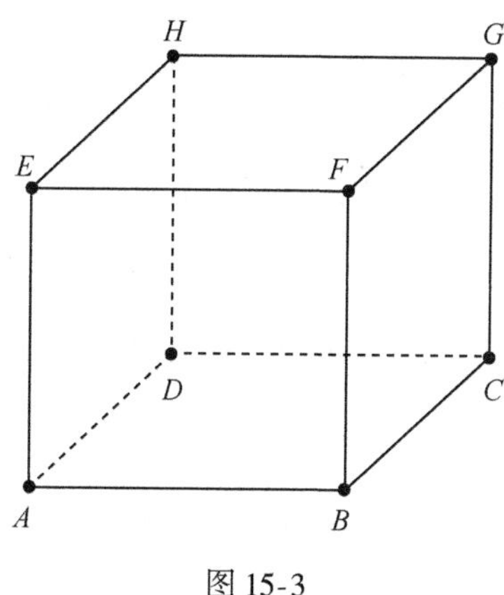

图 15-3

仿照例 15.6，可求得此定值为 $6a^2+8d^2$，其中 a 是立方体边长.

【例 15.8】　如图 15-4，已知 P 是棱长为 a 的正四面体 $ABCD$ 内切球面上的任意点，求证：$PA^2+PB^2+PC^2+PD^2$ 为定值.

此题原载于《数学教学》1994 年第 5 期的《数学问题和解答》栏目，原解答是综合几何方法，较为复杂.

证明　设球心为 0.

$$\begin{aligned}&PA^2+PB^2+PC^2+PD^2\\=&(\overrightarrow{PO}+\overrightarrow{OA})^2+(\overrightarrow{PO}+\overrightarrow{OB})^2+(\overrightarrow{PO}+\overrightarrow{OC})^2+(\overrightarrow{PO}+\overrightarrow{OD})^2\\=&4(AO^2+OP^2)\end{aligned}$$

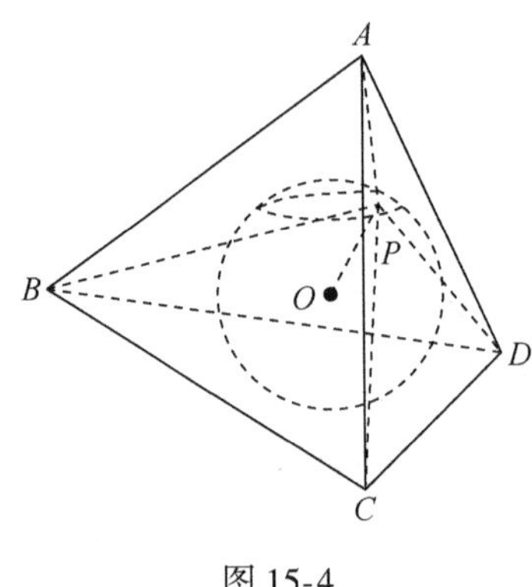

图 15-4

$$=4\times\frac{10}{9}AO^2=4\times\frac{10}{9}\times\frac{1}{16}(\overrightarrow{AB}+\overrightarrow{AC}+\overrightarrow{AD})^2$$

$$=4\times\frac{10}{9}\times\frac{1}{16}\times 6a^2=\frac{5}{3}a^2.$$

【例 15.9】 求圆内接正 n 边形的所有边和对角线的平方和，其中圆半径为 R.

解 设 O 为圆心，设从顶点 A_k 到其他顶点的平方和为 S_k，则

$$\begin{aligned}S_k&=A_kA_1^2+A_kA_2^2+\cdots+A_kA_n^2\\&=(\overrightarrow{A_kO}+\overrightarrow{OA_1})^2+(\overrightarrow{A_kO}+\overrightarrow{OA_2})^2+\cdots+(\overrightarrow{A_kO}+\overrightarrow{OA_n})^2\\&=2nR^2+2\overrightarrow{A_kO}\cdot(\overrightarrow{OA_1}+\overrightarrow{OA_2}+\cdots+\overrightarrow{OA_n})=2nR^2.\end{aligned}$$

而 $S=\frac{nS_k}{2}=n^2R^2$. 除以 2 是因为每条线段都重复计算了.

【例 15.10】 如图 15-5，已知在 $\triangle ABC$ 的边上有做匀速运动的三点 D，E，F，它们分别从 A，B，C 处同时出发，并同时到达 B，C，A 处. 求证：在运动过程中，$\triangle DEF$ 重心不变.

证明 设 $\triangle DEF$ 的重心是 G，由 $\overrightarrow{AB}+\overrightarrow{BC}+\overrightarrow{CA}=\mathbf{0}$ 得

$$\frac{AB}{AD}\overrightarrow{AD}+\frac{BC}{BE}\overrightarrow{BE}+\frac{CA}{CF}\overrightarrow{CF}=\mathbf{0};$$

由题意得

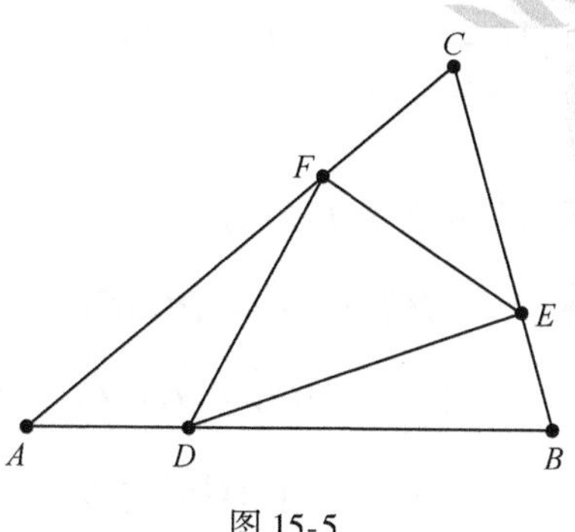

图 15-5

$$\frac{AB}{AD}=\frac{BC}{BE}=\frac{CA}{CF},$$

所以 $\overrightarrow{AD}+\overrightarrow{BE}+\overrightarrow{CF}=\mathbf{0}$；而$\overrightarrow{GD}+\overrightarrow{GE}+\overrightarrow{GF}=\mathbf{0}$，两式相减得$\overrightarrow{GA}+\overrightarrow{GB}+\overrightarrow{GC}=\mathbf{0}$，所以 G 也是$\triangle ABC$ 的重心.

【例 15.11】 如图 15-6，在$\triangle ABC$ 中求点 P，使得 $PA^2+PB^2+PC^2$ 最小.

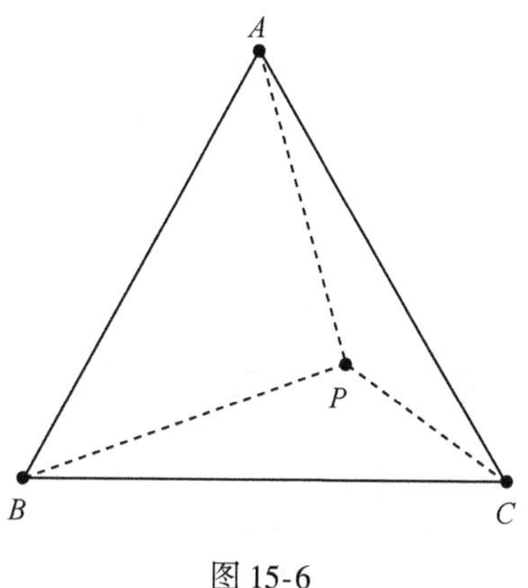

图 15-6

解法 1

$$\begin{aligned}PA^2+PB^2+PC^2&=\overrightarrow{PA}^2+(\overrightarrow{PA}+\overrightarrow{AB})^2+(\overrightarrow{PA}+\overrightarrow{AC})^2\\&=3\overrightarrow{PA}^2+2\overrightarrow{PA}\cdot(\overrightarrow{AB}+\overrightarrow{AC})+\overrightarrow{AB}^2+\overrightarrow{AC}^2\\&=3\left(\overrightarrow{PA}+\frac{1}{3}(\overrightarrow{AB}+\overrightarrow{AC})\right)^2+\overrightarrow{AB}^2+\overrightarrow{AC}^2-\frac{1}{3}(\overrightarrow{AB}+\overrightarrow{AC})^2.\end{aligned}$$

显然，当$\overrightarrow{AP}=\frac{1}{3}(\overrightarrow{AB}+\overrightarrow{AC})$时，$\overrightarrow{PA}+\overrightarrow{PB}+\overrightarrow{PC}=\mathbf{0}$，$P$ 为三角形重心，$PA^2+PB^2+PC^2$ 最小.

解法 2 设$\triangle ABC$ 的重心为 G，则

$$\begin{aligned}PA^2+PB^2+PC^2&=(\overrightarrow{PG}+\overrightarrow{GA})^2+(\overrightarrow{PG}+\overrightarrow{GB})^2+(\overrightarrow{PG}+\overrightarrow{GC})^2\\&=3\overrightarrow{PG}^2+2\overrightarrow{PG}\cdot(\overrightarrow{GA}+\overrightarrow{GB}+\overrightarrow{GC})+\overrightarrow{GA}^2+\overrightarrow{GB}^2+\overrightarrow{GC}^2\\&=3\overrightarrow{PG}^2+\overrightarrow{GA}^2+\overrightarrow{GB}^2+\overrightarrow{GC}^2.\end{aligned}$$

显然，当 P 和 G 重合时，P 为三角形重心，$PA^2+PB^2+PC^2$ 最小.

两种解法比较，解法 1 是没有假定目标，设定基本向量，其余向量都可以用基本向量表示，然后运算求极值；解法 2 大胆猜测 P 与重心 G 的关系，处处向 G 靠拢，充分利用重心性质.

【例 15.12】 如图 15-7，若 O 为$\triangle ABC$ 外心，G 为$\triangle ABC$ 重心，R 为$\triangle ABC$ 外接圆半径，则

$$OG^2=R^2-\frac{a^2+b^2+c^2}{9}.$$

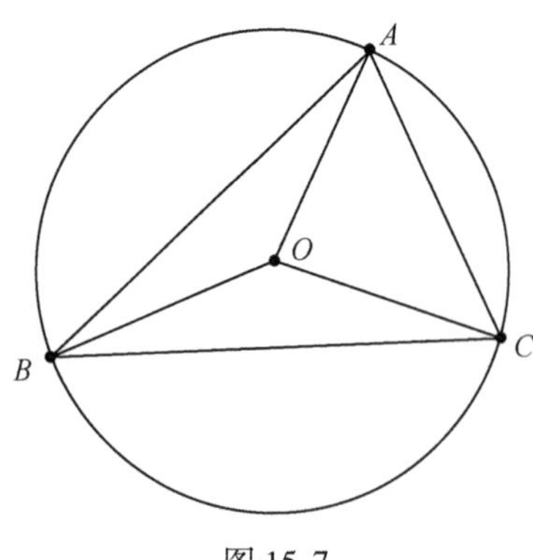

图 15-7

证明

$$\begin{aligned}OG^2&=\left(\frac{\overrightarrow{OA}+\overrightarrow{OB}+\overrightarrow{OC}}{3}\right)^2\\&=\frac{\overrightarrow{OA}^2+\overrightarrow{OB}^2+\overrightarrow{OC}^2+2(\overrightarrow{OA}\cdot\overrightarrow{OB}+\overrightarrow{OB}\cdot\overrightarrow{OC}+\overrightarrow{OC}\cdot\overrightarrow{OA})}{9}\end{aligned}$$

$$=\frac{3R^2+2R^2(\cos 2A+\cos 2B+\cos 2C)}{9}$$

$$=\frac{3R^2+2R^2(3-2(\sin^2 A+\sin^2 B+\sin^2 C))}{9}$$

$$=R^2-\frac{a^2+b^2+c^2}{9}.$$

【例 15.13】 设 G 为 $\triangle ABC$ 的重心，在 $\triangle ABC$ 所在平面上确定点 P 位置，使得 $AP\cdot AG+BP\cdot BG+CP\cdot CG$ 有最小值，并用 $\triangle ABC$ 的边长表示这个最小值．(第 42 届 IMO 预选题)

证明

$$\begin{aligned}
&AP\cdot AG+BP\cdot BG+CP\cdot CG\\
\geqslant&\overrightarrow{AP}\cdot\overrightarrow{AG}+\overrightarrow{BP}\cdot\overrightarrow{BG}+\overrightarrow{CP}\cdot\overrightarrow{CG}\\
=&(\overrightarrow{AG}+\overrightarrow{GP})\cdot\overrightarrow{AG}+(\overrightarrow{BG}+\overrightarrow{GP})\cdot\overrightarrow{BG}+(\overrightarrow{CG}+\overrightarrow{GP})\cdot\overrightarrow{CG}\\
=&\overrightarrow{GP}\cdot(\overrightarrow{AG}+\overrightarrow{BG}+\overrightarrow{CG})+\overrightarrow{AG}^2+\overrightarrow{BG}^2+\overrightarrow{CG}^2\\
=&\left(\frac{1}{3}(\overrightarrow{AB}+\overrightarrow{AC})\right)^2+\left(\frac{1}{3}(\overrightarrow{BA}+\overrightarrow{BC})\right)^2+\left(\frac{1}{3}(\overrightarrow{CA}+\overrightarrow{CB})\right)^2\\
=&\frac{1}{9}(2(\overrightarrow{AB}^2+\overrightarrow{BC}^2+\overrightarrow{CA}^2)+2(\overrightarrow{AB}\cdot\overrightarrow{AC}+\overrightarrow{BA}\cdot\overrightarrow{BC}+\overrightarrow{CA}\cdot\overrightarrow{CB}))\\
=&\frac{1}{3}(AB^2+BC^2+CA^2),
\end{aligned}$$

当 P 和 G 重合时，等号成立．

其中倒数第二步用到 $\overrightarrow{AB}^2+\overrightarrow{BC}^2+\overrightarrow{CA}^2=2(\overrightarrow{AB}\cdot\overrightarrow{AC}+\overrightarrow{BA}\cdot\overrightarrow{BC}+\overrightarrow{CA}\cdot\overrightarrow{CB})$，是由 $(\overrightarrow{AB}+\overrightarrow{BC}+\overrightarrow{CA})^2=0$ 展开移项而得．

【例 15.14】 如图 15-8，已知 P 是非等边三角形 ABC 外接圆上任意一点，求：当 P 分别位于何处时，$PA^2+PB^2+PC^2$ 取得最大值和最小值．

解　设 $\triangle ABC$ 外心为 O，重心为 G，外接圆半径为 R，则

$$\begin{aligned}
PA^2+PB^2+PC^2&=(\overrightarrow{PO}+\overrightarrow{OA})^2+(\overrightarrow{PO}+\overrightarrow{OB})^2+(\overrightarrow{PO}+\overrightarrow{OC})^2\\
&=6R^2+2\overrightarrow{PO}\cdot(\overrightarrow{OA}+\overrightarrow{OB}+\overrightarrow{OC})\\
&=6R^2+2\overrightarrow{PO}\cdot 3\overrightarrow{OG},
\end{aligned}$$

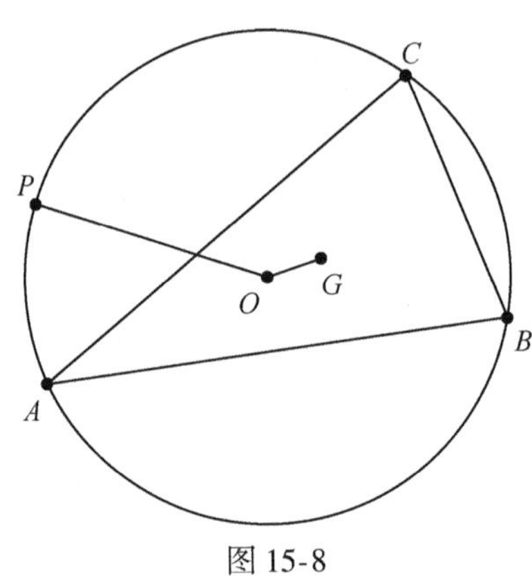

图 15-8

而$-|\overrightarrow{PO}||\overrightarrow{OG}|\leqslant\overrightarrow{PO}\cdot\overrightarrow{OG}\leqslant|\overrightarrow{PO}||\overrightarrow{OG}|$，当$P$在$OG$反向延长线上时$PA^2+PB^2+PC^2$取最大值$6R^2+6R|\overrightarrow{OG}|$，当$P$在$OG$延长线上时$PA^2+PB^2+PC^2$取最小值$6R^2-6R|\overrightarrow{OG}|$.

【例 15.15】 设$\triangle ABC$的外心为O，其中，D，E，F分别是BC，CA，AB的中点，求证：$AD^2+BE^2+CF^2\leqslant\frac{27}{4}OA^2$；$AD+BE+CF\leqslant\frac{9}{2}OA$.

证明 设三中线交点为G，

$$
\begin{aligned}
AD^2+BE^2+CF^2&=\frac{9}{4}(AG^2+BG^2+CG^2)\\
&=\frac{9}{4}((\overrightarrow{AO}+\overrightarrow{OG})^2+(\overrightarrow{BO}+\overrightarrow{OG})^2+(\overrightarrow{CO}+\overrightarrow{OG})^2)\\
&=\frac{9}{4}(3\overrightarrow{AO}^2+2(\overrightarrow{AO}+\overrightarrow{BO}+\overrightarrow{CO})\cdot\overrightarrow{OG}+3\overrightarrow{OG}^2)\\
&=\frac{9}{4}(3\overrightarrow{AO}^2+\frac{2}{3}(\overrightarrow{AO}+\overrightarrow{BO}+\overrightarrow{CO})\cdot(\overrightarrow{OA}+\overrightarrow{OB}+\overrightarrow{OC})+3\overrightarrow{OG}^2)\\
&=\frac{9}{4}(3\overrightarrow{AO}^2+3\overrightarrow{OG}^2)\leqslant\frac{27}{4}\overrightarrow{AO}^2.
\end{aligned}
$$

$$
\begin{aligned}
(AD+BE+CF)^2&=AD^2+BE^2+CF^2+2AD\cdot BE+2BE\cdot CF+2CF\cdot AD\\
&\leqslant3(AD^2+BE^2+CF^2)=3\times\frac{27}{4}OA^2,
\end{aligned}
$$

所以$AD+BE+CF\leqslant\frac{9}{2}OA$.

【例 15.16】 设 M 是 $\triangle ABC$ 平面上任意一点，H 是 $\triangle ABC$ 的垂心，O 是 $\triangle ABC$ 外接圆的圆心，R 是该圆半径，求 $MA^3+MB^3+MC^3-\frac{3}{2}R\cdot MH^2$ 的最小值.

解

$$\frac{MA^3}{R}+\frac{R^2+MA^2}{2}\geqslant\frac{MA^3}{R}+R\cdot MA\geqslant 2MA^2,$$

即

$$\frac{MA^3}{R}\geqslant\frac{3}{2}MA^2-\frac{R^2}{2}.$$

同理

$$\frac{MB^3}{R}\geqslant\frac{3}{2}MB^2-\frac{R^2}{2},\quad \frac{MC^3}{R}\geqslant\frac{3}{2}MC^2-\frac{R^2}{2}.$$

$$\frac{MA^3+MB^3+MC^3}{R}\geqslant\frac{3}{2}(MA^2+MB^2+MC^2)-\frac{3}{2}R^2,$$

$$\begin{aligned}MA^2+MB^2+MC^2&=(\overrightarrow{MO}+\overrightarrow{OA})^2+(\overrightarrow{MO}+\overrightarrow{OB})^2+(\overrightarrow{MO}+\overrightarrow{OC})^2\\&=3MO^2+2\overrightarrow{MO}\cdot(\overrightarrow{OA}+\overrightarrow{OB}+\overrightarrow{OC})+3R^2\\&=3MO^2+2\overrightarrow{MO}\cdot\overrightarrow{OH}+3R^2\\&=3MO^2-(\overrightarrow{OM}^2+\overrightarrow{OH}^2-\overrightarrow{MH}^2)+3R^2\\&\geqslant 3R^2-\overrightarrow{OH}^2+\overrightarrow{MH}^2.\end{aligned}$$

因此

$$\frac{MA^3+MB^3+MC^3}{R}\geqslant\frac{3}{2}(3R^2-\overrightarrow{OH}^2+\overrightarrow{MH}^2)-\frac{3}{2}R^2,$$

$$MA^3+MB^3+MC^3-\frac{3}{2}R\cdot\overrightarrow{MH}^2\geqslant 3R^3-\frac{3}{2}R\cdot\overrightarrow{OH}^2(\text{常数}),$$

显然 M 与 O 重合时等式成立.

【例 15.17】 如图 15-9，锐角三角形 ABC 中，AD，BE，CF 是高，X，Y，Z 分别是 BC，CA，AB 上的点，求证：$XY+YZ+ZX\geqslant DE+EF+FD$.（在锐角三角形的内接三角形中，以垂足三角形的周长为最短）

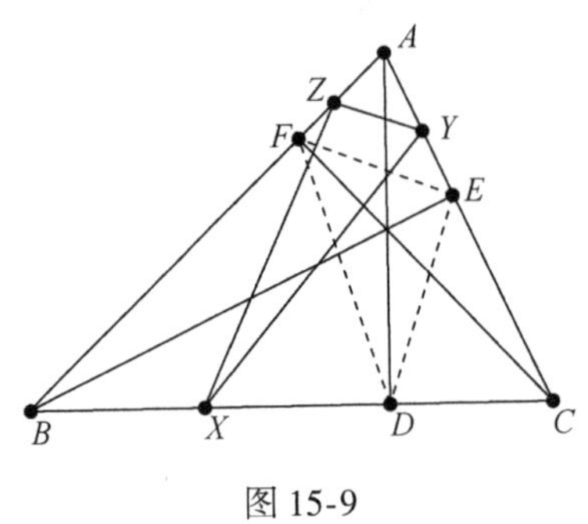

图 15-9

证明 $XY+YZ+ZX \geqslant \dfrac{\overrightarrow{XY}\cdot\overrightarrow{DE}}{DE}+\dfrac{\overrightarrow{YZ}\cdot\overrightarrow{EF}}{EF}+\dfrac{\overrightarrow{ZX}\cdot\overrightarrow{FD}}{FD}$

$$=\frac{(\overrightarrow{XD}+\overrightarrow{DE}+\overrightarrow{EY})\cdot\overrightarrow{DE}}{DE}+\frac{(\overrightarrow{YE}+\overrightarrow{EF}+\overrightarrow{FZ})\cdot\overrightarrow{EF}}{EF}+\frac{(\overrightarrow{ZF}+\overrightarrow{FD}+\overrightarrow{DX})\cdot\overrightarrow{FD}}{FD}$$

$$=DE+EF+FD+\overrightarrow{XD}\cdot\left(\frac{\overrightarrow{DE}}{DE}+\frac{\overrightarrow{DF}}{DF}\right)+\overrightarrow{YE}\cdot\left(\frac{\overrightarrow{ED}}{ED}+\frac{\overrightarrow{EF}}{EF}\right)+\overrightarrow{ZF}\cdot\left(\frac{\overrightarrow{FE}}{FE}+\frac{\overrightarrow{FD}}{FD}\right)$$

$$=DE+EF+FD.$$

因为$\angle FDA=\angle EDA$，所以$\overrightarrow{XD}\cdot\left(\dfrac{\overrightarrow{DE}}{DE}+\dfrac{\overrightarrow{DF}}{DF}\right)=0$，同理

$$\overrightarrow{YE}\cdot\left(\frac{\overrightarrow{ED}}{ED}+\frac{\overrightarrow{EF}}{EF}\right)=0,\quad \overrightarrow{ZF}\cdot\left(\frac{\overrightarrow{FE}}{FE}+\frac{\overrightarrow{FD}}{FD}\right)=0.$$

【例 15.18】 （费马点问题）“费马点”是指位于三角形内且到三角形三个顶点距离之和最短的点．①若三角形三个内角均小于 120°，那么三条距离连线正好三等分费马点所在的周角，即该点所对三角形三边的张角相等，均为 120°，如图 15-10．所以三角形的费马点也称为三角形的等角中心．②若三角形有一内角大于等于 120°，则此钝角的顶点就是距离和最小的点.

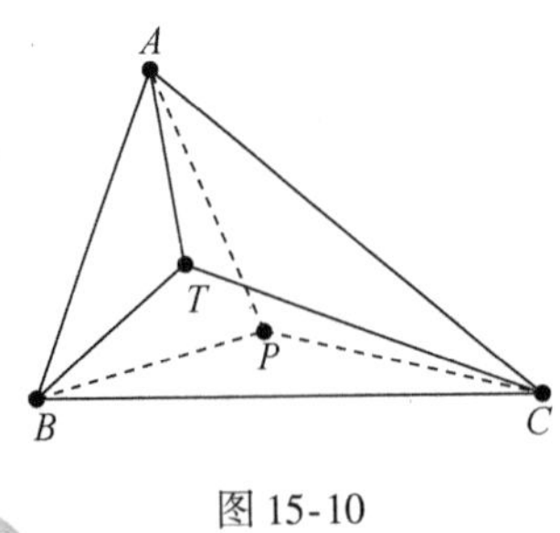

图 15-10

证明 如图 15-10，若$\triangle ABC$中没有一个内角超过 120°，设点 T 满足$\angle ATB=\angle BTC=\angle CTA=120°$，点 P 为$\triangle ABC$内任

意点，则

$$PA+PB+PC \geqslant \frac{\overrightarrow{PA}\cdot\overrightarrow{TA}}{TA}+\frac{\overrightarrow{PB}\cdot\overrightarrow{TB}}{TB}+\frac{\overrightarrow{PC}\cdot\overrightarrow{TC}}{TC}$$

$$=\frac{(\overrightarrow{PT}+\overrightarrow{TA})\cdot\overrightarrow{TA}}{TA}+\frac{(\overrightarrow{PT}+\overrightarrow{TB})\cdot\overrightarrow{TB}}{TB}+\frac{(\overrightarrow{PT}+\overrightarrow{TC})\cdot\overrightarrow{TC}}{TC}$$

$$=\overrightarrow{PT}\cdot\left(\frac{\overrightarrow{TA}}{TA}+\frac{\overrightarrow{TB}}{TB}+\frac{\overrightarrow{TC}}{TC}\right)+\left(\frac{\overrightarrow{TA}\cdot\overrightarrow{TA}}{TA}+\frac{\overrightarrow{TB}\cdot\overrightarrow{TB}}{TB}+\frac{\overrightarrow{TC}\cdot\overrightarrow{TC}}{TC}\right)$$

$$=TA+TB+TC,$$

其中$\frac{\overrightarrow{TA}}{TA}+\frac{\overrightarrow{TB}}{TB}+\frac{\overrightarrow{TC}}{TC}=\mathbf{0}$用到$\angle ATB=\angle BTC=\angle CTA=120°$. 也就是此时寻找的点$P$就是点$T$.

如果有一个角超过120°，不妨设$\angle A\geqslant 120°$，寻找一点P，则P和A重合时，$PA+PB+PC$最小.

$$PA+PB+PC \geqslant PA+\frac{\overrightarrow{PB}\cdot\overrightarrow{AB}}{AB}+\frac{\overrightarrow{PC}\cdot\overrightarrow{AC}}{AC}$$

$$=PA+\frac{(\overrightarrow{PA}+\overrightarrow{AB})\cdot\overrightarrow{AB}}{AB}+\frac{(\overrightarrow{PA}+\overrightarrow{AC})\cdot\overrightarrow{AC}}{AC}$$

$$=PA+\overrightarrow{PA}\cdot\left(\frac{\overrightarrow{AB}}{AB}+\frac{\overrightarrow{AC}}{AC}\right)+AB+AC\geqslant AB+AC,$$

这是因为$\angle A\geqslant 120°$，$\left|\frac{\overrightarrow{AB}}{AB}+\frac{\overrightarrow{AC}}{AC}\right|\leqslant 1$，$PA+\overrightarrow{PA}\cdot\left(\frac{\overrightarrow{AB}}{AB}+\frac{\overrightarrow{AC}}{AC}\right)\geqslant 0$. 也就是此时寻找的点$P$就是点$A$.

【例15.19】 如图15-11，在半径为R的圆O内有两条互相垂直的弦AC和BD交于点P，求证：

$$\overrightarrow{PA}+\overrightarrow{PB}+\overrightarrow{PC}+\overrightarrow{PD}=2\overrightarrow{PO},\ AB^2+BC^2+CD^2+DA^2=8R^2.$$

证明 设AC和BD的中点分别为M和N，则

$$\overrightarrow{PA}+\overrightarrow{PB}+\overrightarrow{PC}+\overrightarrow{PD}=(\overrightarrow{PA}+\overrightarrow{PC})+(\overrightarrow{PB}+\overrightarrow{PD})$$

$$=2\overrightarrow{PM}+2\overrightarrow{PN}=2\overrightarrow{PO};$$

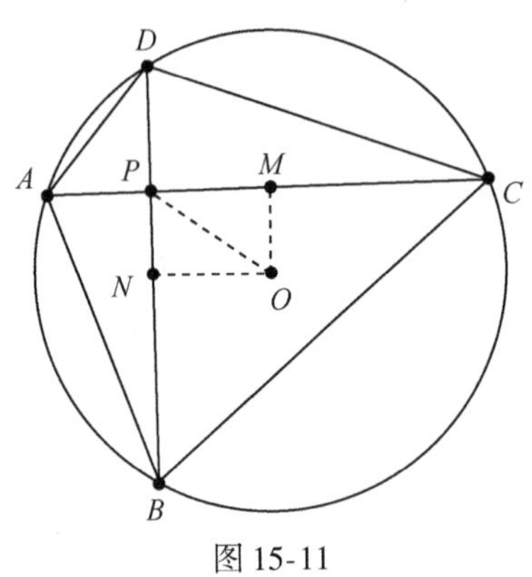

图 15-11

将此式平方可得

$$\overrightarrow{PA}^2+\overrightarrow{PB}^2+\overrightarrow{PC}^2+\overrightarrow{PD}^2+2\overrightarrow{PA}\cdot\overrightarrow{PC}+2\overrightarrow{PB}\cdot\overrightarrow{PD}=4\overrightarrow{PO}^2,$$

而根据圆幂定理可得

$$\overrightarrow{PA}\cdot\overrightarrow{PC}=\overrightarrow{PB}\cdot\overrightarrow{PD}=OP^2-R^2,$$

于是

$$\overrightarrow{PA}^2+\overrightarrow{PB}^2+\overrightarrow{PC}^2+\overrightarrow{PD}^2=4R^2;$$

$$AB^2+BC^2+CD^2+DA^2=2(\overrightarrow{PA}^2+\overrightarrow{PB}^2+\overrightarrow{PC}^2+\overrightarrow{PD}^2)=8R^2.$$

【例 15.20】 如图 15-12，在圆内接五边形 $ABCDE$ 中，设任意三个顶点构成的三角形的重心为 G，由 G 向另外两顶点的连线作垂线．证明：这 10 条垂线交于一点.

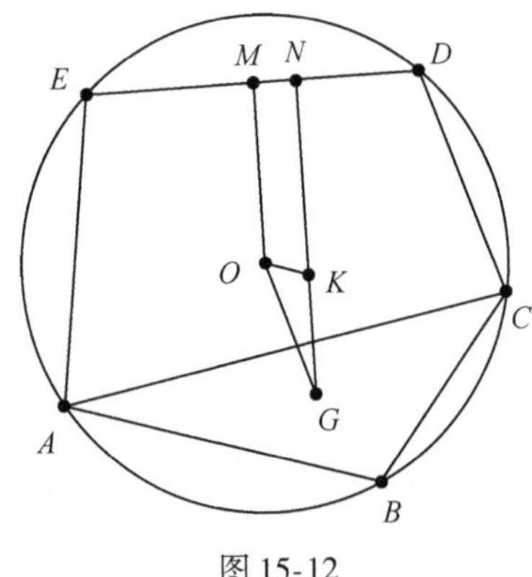

图 15-12

分析　此题牵涉10条垂线，不说把垂线都表达出来，哪怕就是画出来也是麻烦事．这种题目最要紧的就是要抓住对称性，作一条垂线代表一下就行了；而圆中最对称的点莫过于圆心了.

证明　设 O 是圆心，M 和 N 是 O 和 G 在 DE 上的投影，点 K 是 NG 上的一点，则

$$\begin{aligned}\overrightarrow{OK}&=\overrightarrow{OG}+\overrightarrow{GK}=\frac{1}{3}(\overrightarrow{OA}+\overrightarrow{OB}+\overrightarrow{OC})+k\,\overrightarrow{OM}\\&=\frac{1}{3}(\overrightarrow{OA}+\overrightarrow{OB}+\overrightarrow{OC})+\frac{k}{2}(\overrightarrow{OD}+\overrightarrow{OE}),\end{aligned}$$

此时若 $\frac{k}{2}=\frac{1}{3}$，那么 $\overrightarrow{OK}=\frac{1}{3}(\overrightarrow{OA}+\overrightarrow{OB}+\overrightarrow{OC}+\overrightarrow{OD}+\overrightarrow{OE})$，此式关于五边形的五个顶点平等对称．同理可证点 K 在其余九条垂线上.

【例 15.21】　如图 15-13，半径为 R 的圆 O 有内接四边形 $A_1A_2A_3A_4$，H_1，H_2，H_3，H_4 分别是 $\triangle A_1A_3A_4$，$\triangle A_1A_2A_4$，$\triangle A_1A_2A_3$，$\triangle A_2A_3A_4$ 的垂心．求证：H_1，H_2，H_3，H_4 四点共圆，并求其半径.

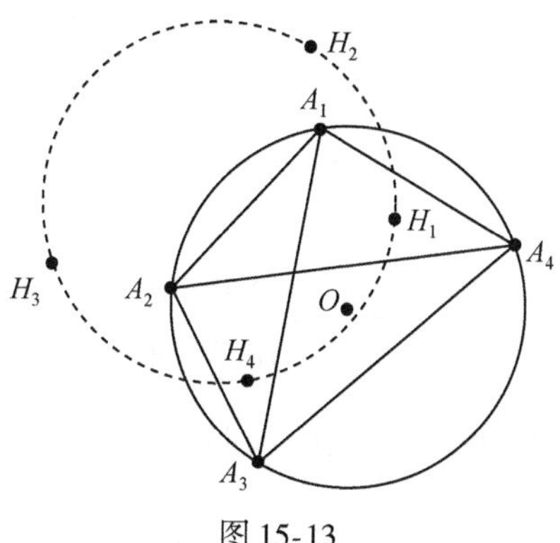

图 15-13

证明　设 $\overrightarrow{OA_1}+\overrightarrow{OA_2}+\overrightarrow{OA_3}+\overrightarrow{OA_4}=\overrightarrow{OC}$，由垂心和外心的性质可得

$$\overrightarrow{OH_1}=\overrightarrow{OA_1}+\overrightarrow{OA_3}+\overrightarrow{OA_4}=\overrightarrow{OC}-\overrightarrow{OA_2},$$

于是 $|\overrightarrow{H_1C}|=|\overrightarrow{OC}-\overrightarrow{OH_1}|=|\overrightarrow{OA_2}|=R$，同理 $|\overrightarrow{H_2C}|=|\overrightarrow{OA_3}|=R$，$|\overrightarrow{H_3C}|=|\overrightarrow{OA_4}|=R$，$|\overrightarrow{H_4C}|=|\overrightarrow{OA_1}|=R$. 所以 H_1，H_2，H_3，H_4 四点共圆，半径为 R.

从上述推导过程可见，C 是此圆的圆心．设四边形 $A_1A_2A_3A_4$ 两条对角线的中点连成的线段的中点为 M，则$\overrightarrow{OC}=4\overrightarrow{OM}$，这个等式提供了作出此圆心的简单方法. 从物理意义上看，M 是等质量质点组 $A_1A_2A_3A_4$ 的重心.

若建立点几何恒等式，你会发现这一命题可从一个极其简单的恒等式得到．有兴趣的读者可以尝试.

【例 15.22】 如图 15-14，是否存在四个平面向量，它们两两不共线，其中任何两个向量之和与其余两个向量之和垂直.

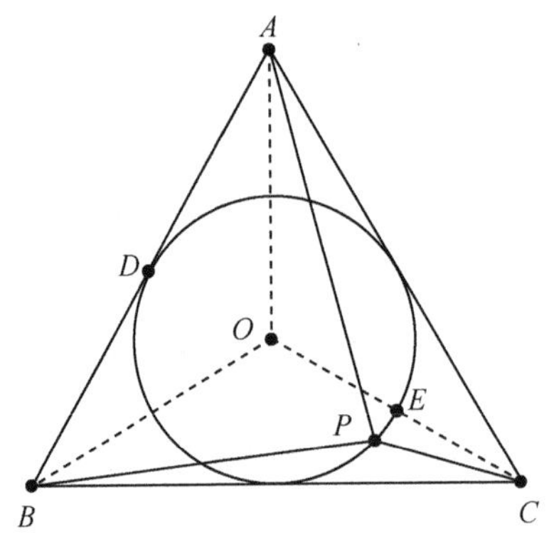

图 15-14

解 存在．譬如，在正三角形 ABC 中，O 为其内心，P 为其内切圆上任一点，且 P 不为 OA，OB，OC 与内切圆的交点也不为切点，则向量$\overrightarrow{PA}$，$\overrightarrow{PB}$，$\overrightarrow{PC}$，$\overrightarrow{PO}$ 两两不共线，且满足题目的要求.

证明

$$
\begin{aligned}
(\overrightarrow{PA}+\overrightarrow{PB})\cdot(\overrightarrow{PC}+\overrightarrow{PO})&=(\overrightarrow{PO}+\overrightarrow{OA}+\overrightarrow{PO}+\overrightarrow{OB})\cdot(\overrightarrow{PO}+\overrightarrow{OC}+\overrightarrow{PO})\\
&=(2\overrightarrow{PO}+\overrightarrow{OA}+\overrightarrow{OB})\cdot(2\overrightarrow{PO}+\overrightarrow{OC})\\
&=4\overrightarrow{PO}^2-\overrightarrow{OC}^2=0,
\end{aligned}
$$

即$(\overrightarrow{PA}+\overrightarrow{PB})\perp(\overrightarrow{PC}+\overrightarrow{PO})$.

如果注意数形结合，可得一巧证：设 AB 中点为 D，CO 中点为 E，则 $(\overrightarrow{PA}+\overrightarrow{PB})\cdot(\overrightarrow{PC}+\overrightarrow{PO})=2\overrightarrow{PD}\cdot2\overrightarrow{PE}=0$.

此题有没有其他的解答呢？其实很多.

设此四向量为 $\boldsymbol{a}$，$\boldsymbol{b}$，$\boldsymbol{c}$，$\boldsymbol{d}$，记 $\boldsymbol{a}+\boldsymbol{b}=\boldsymbol{U}$，$\boldsymbol{c}+\boldsymbol{d}=\boldsymbol{V}$，这里设 $\boldsymbol{U}$ 和 $\boldsymbol{V}$ 是任意一对相互垂直的非零向量．于是可设

$$\boldsymbol{a}=\lambda\boldsymbol{U}+\alpha\boldsymbol{V},\quad \boldsymbol{b}=(1-\lambda)\boldsymbol{U}-\alpha\boldsymbol{V},$$
$$\boldsymbol{c}=\beta\boldsymbol{U}+\mu\boldsymbol{V},\quad \boldsymbol{d}=-\beta\boldsymbol{U}+(1-\mu)\boldsymbol{V},$$

不失一般性，取 $\boldsymbol{U}^2=1$，$\boldsymbol{V}^2=E$，由 $(\boldsymbol{a}+\boldsymbol{c})\cdot(\boldsymbol{b}+\boldsymbol{d})=0$ 和 $(\boldsymbol{a}+\boldsymbol{d})\cdot(\boldsymbol{b}+\boldsymbol{c})=0$ 得

$$(\lambda+\beta)+E(\alpha+\mu)=(\lambda+\beta)^2+E(\alpha+\mu)^2,$$
$$(\lambda-\beta)+E(\mu-\alpha)=(\lambda-\beta)^2+E(\mu-\alpha)^2.$$

两式相加减得

$$\lambda+E\mu=\lambda^2+\beta^2+E(\mu^2+\alpha^2),$$
$$\beta+E\alpha=2\lambda\beta+2E\mu\alpha.$$

从后一式得 $(1-2\lambda)\beta=-E(1-2\mu)\alpha$，故可设 $\alpha=t(1-2\lambda)$，$\beta=-tE(1-2\mu)$，代入前式得

$$\lambda+E\mu=\lambda^2+t^2E^2(1-2\mu)^2+E\mu^2+Et^2(1-2\lambda)^2,$$

整理后得

$$(4t^2E+1)(\lambda+E\mu)=Et^2(1+E)+(4t^2E+1)(\lambda^2+E\mu^2),$$

即

$$(\lambda^2+E\mu^2)-(\lambda+E\mu)+\frac{Et^2(1+E)}{4t^2E+1}=0.$$

此式结合 $\alpha=t(1-2\lambda)$，$\beta=-tE(1-2\mu)$，即为问题的通解.

这样虽然解决了问题，但几何上不够直观.

对一些特款，可以转换为几何的表述.

取 $E=1$，则 $\alpha=t(1-2\lambda)$，$\beta=-t(1-2\mu)$，而 (λ,μ) 只要满足

$$(\lambda^2+\mu^2)-(\lambda+\mu)+\frac{2t^2}{4t^2+1}=0$$

即可．把 (λ,μ) 看成平面上点的坐标，上述等式表明点 (λ,μ) 在一个圆上，圆的标准方程为

$$\left(x-\frac{1}{2}\right)^2+\left(y-\frac{1}{2}\right)^2=\frac{1}{2(4t^2+1)}.$$

再取 $t=0.5$，则圆的半径为 0.5，于是得到下面的几何命题：

如图 15-15，Q 是正方形顶点，M 和 N 是正方形的以 Q 为端点的两边的中点，l 是过 N 而垂直于 MN 的直线，P 是正方形内切圆上任一点．过 P 作平行于正方形的边的两直线分别交直线 l 和 MN 于 C 和 A，D 是 C 关于 N 的对称点，B 是 A 关于 M 的对称点；则四向量$\overrightarrow{QA}$，$\overrightarrow{QB}$，$\overrightarrow{QC}$，$\overrightarrow{QD}$中，任意两向量之和垂直于另两向量之和.

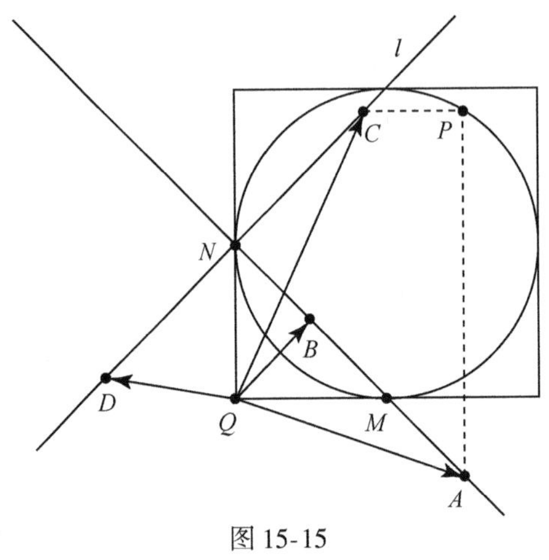

图 15-15

当 P 运动，满足 $\triangle ACD$ 是等边三角形时，此时 B 是 $\triangle ACD$ 的内心，就是本题的特殊情形．读者可以选取其他特款，创作有趣的几何问题.

【例 15.23】 如图 15-16，设四边形 $ABCD$ 与四边形 $A'B'C'D'$的面积分别是 S 和 S'，若四边形 $ABCD$ 内有一点 O，使得 $\overrightarrow{OA}=\overrightarrow{A'B'}$，$\overrightarrow{OB}=\overrightarrow{B'C'}$，$\overrightarrow{OC}=\overrightarrow{C'D'}$，$\overrightarrow{OD}=\overrightarrow{D'A'}$，则 $S=2S'$.

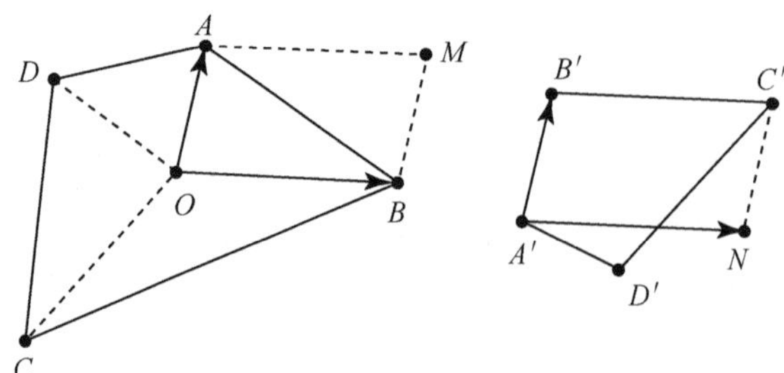

图 15-16

证明 $\overrightarrow{OA}$和$\overrightarrow{OB}$构成的平行四边形 $OAMB$ 与$\overrightarrow{B'C'}$和$\overrightarrow{A'B'}$构成的平行四边形 $A'B'C'N$ 是全等的，$S_{\triangle AOB}=\frac{1}{2}S_{OAMB}=\frac{1}{2}S_{A'B'C'N'}=S_{\triangle A'B'C'}$. 同理可得 $S_{\triangle BOC}=S_{\triangle B'C'D'}$，$S_{\triangle COD}=S_{\triangle C'D'A'}$，$S_{\triangle DOA}=S_{\triangle D'A'B'}$，所以

$$S=S_{\triangle AOB}+S_{\triangle BOC}+S_{\triangle COD}+S_{\triangle DOA}=S_{\triangle A'B'C'}+S_{\triangle B'C'D'}+S_{\triangle C'D'A'}+S_{\triangle D'A'B'}=2S'.$$

【例 15.24】 设边长为 1 的正三角形 ABC 的边 BC 上有 n 等分点，沿点 B 到 C 的方向，依次为 P_1，P_2，…，P_{n-1}，若

$$S_n=\overrightarrow{AB}\cdot\overrightarrow{AP_1}+\overrightarrow{AP_1}\cdot\overrightarrow{AP_2}+\cdots+\overrightarrow{AP_{n-1}}\cdot\overrightarrow{AC},$$

求证：$S_n=\frac{5n^2-2}{6n}$.

证明 设$\overrightarrow{AB}=\overrightarrow{AP_0}$，$\overrightarrow{AC}=\overrightarrow{AP_n}$，则

$$\overrightarrow{AP_{k-1}}\cdot\overrightarrow{AP_k}=\left(\overrightarrow{AB}+\frac{k-1}{n}\overrightarrow{BC}\right)\cdot\left(\overrightarrow{AB}+\frac{k}{n}\overrightarrow{BC}\right)=\overrightarrow{AB}^2+\frac{2k-1}{n}\overrightarrow{AB}\cdot\overrightarrow{BC}+\frac{k(k-1)}{n^2}\overrightarrow{BC}^2,$$

$$k=1,\ 2,\ \cdots,\ n,$$

$$S_n=n\,\overrightarrow{AB}^2+n\,\overrightarrow{AB}\cdot\overrightarrow{BC}+\frac{n^2-1}{3n}\overrightarrow{BC}^2=n-\frac{n}{2}+\frac{n^2-1}{3n}=\frac{5n^2-2}{6n}.$$

【例 15.25】 任给 8 个实数 a，b，c，d，e，f，g，h，求证：$ac+bd$，$ae+bf$，$ag+bh$，$ce+df$，$cg+dh$，$eg+fh$ 这六个数中，至少有一个非负.

证明 构造平面上四个向量$(a,\ b)$，$(c,\ d)$，$(e,\ f)$，$(g,\ h)$，显然已知的六个数是这四个向量两两组合的数量积；而向量两两组合所成的角之中必然有一个不超过 $360°/4=90°$，所以命题得证.

【例 15.26】 现有七个向量，其中任意三个向量之和的长度都等于其余四个向量之和的长度，求证：这七个向量之和等于零向量.

证明 设这七个向量为 $\boldsymbol{a}_i(i=1,\ 2,\ \cdots,\ 7)$，$\sum\limits_{i=1}^{7}\boldsymbol{a}_i=\boldsymbol{a}$，记 $\boldsymbol{b}_i=\boldsymbol{a}_i+\boldsymbol{a}_{i+1}+\boldsymbol{a}_{i+2}$，且设 $\boldsymbol{a}_{i+7}=\boldsymbol{a}_i(i=1,\ 2,\ \cdots,\ 7)$，则 $|\boldsymbol{b}_i|=|\boldsymbol{a}-\boldsymbol{b}_i|$，整理得

$\boldsymbol{b}_i^2=\boldsymbol{a}^2-2\boldsymbol{a}\boldsymbol{b}_i+\boldsymbol{b}_i^2$，即$\boldsymbol{a}^2=2\boldsymbol{a}\boldsymbol{b}_i$（$i=1, 2, \cdots, 7$），七式相加得 $7\boldsymbol{a}^2=2\boldsymbol{a}\sum_{i=1}^{7}\boldsymbol{b}_i$，即 $7\boldsymbol{a}^2=6\boldsymbol{a}^2$，所以$\boldsymbol{a}=\boldsymbol{0}$.

【例 15.27】 如图 15-17，已知等边三角形 ABC 内部的一点 D，在 AB，BC，CA 三边上的垂足分别为 F，E，G，求证 $AF+BE+CG$ 和 $S_{\triangle ADF}+S_{\triangle BDE}+S_{\triangle CDG}$都为常数.

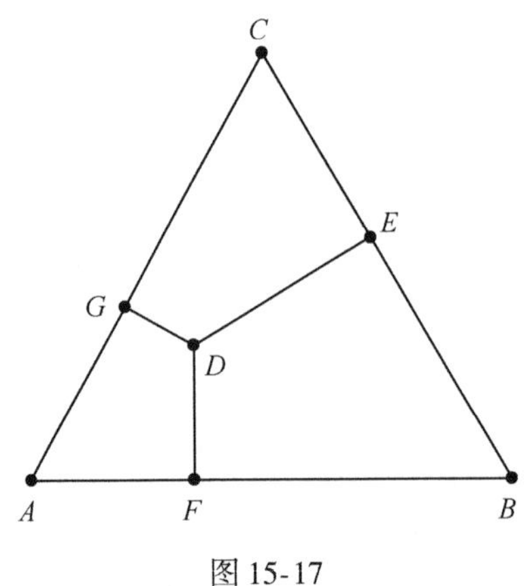

图 15-17

（1）**证法 1** 设等边三角形边长为 a，

$$AF=\frac{\overrightarrow{AD}\cdot\overrightarrow{AB}}{|\overrightarrow{AB}|},\ BE=\frac{\overrightarrow{BD}\cdot\overrightarrow{BC}}{|\overrightarrow{BC}|},\ CG=\frac{\overrightarrow{CD}\cdot\overrightarrow{CA}}{|\overrightarrow{CA}|},$$

$$\begin{aligned}AF+BE+CG&=\frac{\overrightarrow{AD}\cdot\overrightarrow{AB}}{|\overrightarrow{AB}|}+\frac{\overrightarrow{BD}\cdot\overrightarrow{BC}}{|\overrightarrow{BC}|}+\frac{\overrightarrow{CD}\cdot\overrightarrow{CA}}{|\overrightarrow{CA}|}\\&=\frac{1}{a}(\overrightarrow{AD}\cdot\overrightarrow{AB}+(\overrightarrow{BA}+\overrightarrow{AD})\cdot\overrightarrow{BC}+(\overrightarrow{CB}+\overrightarrow{BA}+\overrightarrow{AD})\cdot\overrightarrow{CA})\\&=\frac{1}{a}(\overrightarrow{BA}\cdot\overrightarrow{BC}+(\overrightarrow{CB}+\overrightarrow{BA})\cdot\overrightarrow{CA})=\frac{1}{a}\left(\frac{1}{2}a^2+a^2\right)=\frac{3}{2}a.\end{aligned}$$

证法 2 用向量法证更一般的结论.

已知点 D 在任意$\triangle ABC$ 的 AB，BC，CA 三边上的垂足分别为 F，E，G，则 $\overrightarrow{DC}\cdot\overrightarrow{CA}+\overrightarrow{DA}\cdot\overrightarrow{CA}+\overrightarrow{DA}\cdot\overrightarrow{AB}+\overrightarrow{DB}\cdot\overrightarrow{AB}+\overrightarrow{DB}\cdot\overrightarrow{BC}+\overrightarrow{DC}\cdot\overrightarrow{BC}=0$.

证明

$$\overrightarrow{DC}\cdot\overrightarrow{CA}+\overrightarrow{DA}\cdot\overrightarrow{CA}+\overrightarrow{DA}\cdot\overrightarrow{AB}+\overrightarrow{DB}\cdot\overrightarrow{AB}+\overrightarrow{DB}\cdot\overrightarrow{BC}+\overrightarrow{DC}\cdot\overrightarrow{BC}$$

$$=\overrightarrow{DC}\cdot\overrightarrow{CA}+\overrightarrow{DA}\cdot(\overrightarrow{CA}+\overrightarrow{AB})+\overrightarrow{DB}\cdot(\overrightarrow{AB}+\overrightarrow{BC})+\overrightarrow{DC}\cdot\overrightarrow{BC}$$

$$=\overrightarrow{DC}\cdot\overrightarrow{CA}+\overrightarrow{DA}\cdot\overrightarrow{CB}+\overrightarrow{DB}\cdot\overrightarrow{AC}+\overrightarrow{DC}\cdot\overrightarrow{BC}$$

$$=\overrightarrow{BC}\cdot\overrightarrow{AC}+\overrightarrow{CA}\cdot\overrightarrow{BC}=0,$$

即

$$GA\cdot CA+FB\cdot AB+EC\cdot BC=GC\cdot CA+FA\cdot AB+EB\cdot BC;$$

如图 15-17，当$\triangle ABC$为等边三角形时，则

$$GA+FB+EC=GC+FA+EB.$$

也就是说$AF+BE+CG$等于周长的一半，为常数.

（2）如图 15-18，设AD，BE，CF是$\triangle ABC$的中线，点K是$\triangle ABC$重心，点G是$\triangle ABC$内部一点，作$GH/\!/CF$，$GI/\!/AD$，$GJ/\!/BE$，则

$$S_{\triangle GAH}+S_{\triangle GBI}+S_{\triangle GCJ}=\frac{1}{2}S_{\triangle ABC}.$$

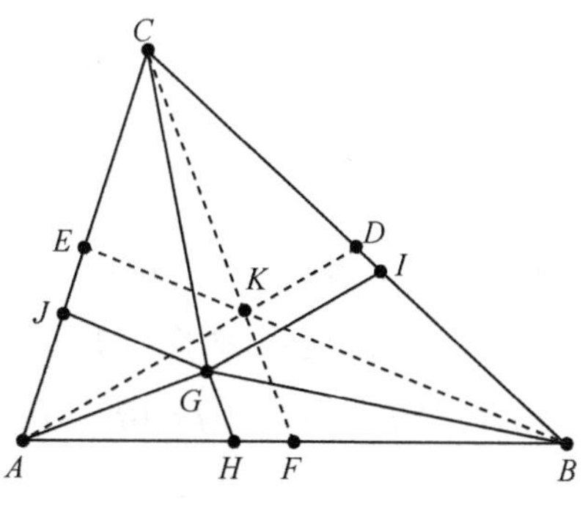

图 15-18

证明　设$\overrightarrow{AG}=\overrightarrow{AH}+\overrightarrow{HG}=m\overrightarrow{AB}+n\overrightarrow{FC}$，则$S_{\triangle GAH}=mnS_{\triangle ABC}$；

$$\overrightarrow{BG}=\overrightarrow{BD}+\overrightarrow{DA}+\overrightarrow{AG}=\overrightarrow{BD}+\overrightarrow{DA}+m\overrightarrow{AB}+n\overrightarrow{FC}$$

$$=\overrightarrow{BD}+\overrightarrow{DA}+m(\overrightarrow{AD}+\overrightarrow{DB})+\frac{3}{2}n(\overrightarrow{KD}+\overrightarrow{DC})$$

$$=\left(\frac{1}{2}-\frac{m}{2}+\frac{3}{4}n\right)\overrightarrow{BC}+\left(1-m-\frac{n}{2}\right)\overrightarrow{DA},$$

则 $S_{\triangle GBI}=\left(\frac{1}{2}-\frac{m}{2}+\frac{3}{4}n\right)\left(1-m-\frac{n}{2}\right)S_{\triangle ABC}$；

$$\overrightarrow{CG}=\overrightarrow{CA}+\overrightarrow{AG}=\overrightarrow{CA}+m\,\overrightarrow{AB}+n\,\overrightarrow{FC}$$

$$=\overrightarrow{CA}+m(\overrightarrow{AE}+\overrightarrow{EB})+\frac{3}{2}n(\overrightarrow{KE}+\overrightarrow{EC})$$

$$=\left(1-\frac{m}{2}-\frac{3}{4}n\right)\overrightarrow{CA}+\left(m-\frac{n}{2}\right)\overrightarrow{EB},$$

则 $S_{\triangle GCJ}=\left(1-\frac{m}{2}-\frac{3}{4}n\right)\left(m-\frac{n}{2}\right)S_{\triangle ABC}$；

$$S_{\triangle GAH}+S_{\triangle GBI}+S_{\triangle GCJ}=\left(mn+\left(\frac{1}{2}-\frac{m}{2}+\frac{3}{4}n\right)\left(1-m-\frac{n}{2}\right)\right.$$

$$\left.+\left(1-\frac{m}{2}-\frac{3}{4}n\right)\left(m-\frac{n}{2}\right)\right)S_{\triangle ABC}$$

$$=\frac{1}{2}S_{\triangle ABC}.$$

当$\triangle ABC$为等边三角形时，三角形中线和高重合，则

$$S_{\triangle GAH}+S_{\triangle GBI}+S_{\triangle GCJ}=\frac{1}{2}S_{\triangle ABC}.$$

巧证　如图 15-19，$\triangle ABC$ 为等边三角形，设点 D 在 AB，BC，CA 三边上的垂足分别为 F，E，G，过点 D 作三角形三边的平行线，易证 $AI=CH$，$IF=FK$，$BM=LA$，$ME=EH$，$CJ=BK$，$JG=GL$，所以 $AF+BE+CG=FB+EC+GA$.

同样易证

$$S_{\triangle DAI}=S_{\triangle DAL},\ S_{\triangle DIF}=S_{\triangle DKF},\ S_{\triangle DBM}=S_{\triangle DBK},\ S_{\triangle DME}=S_{\triangle DHE},$$
$$S_{\triangle DCJ}=S_{\triangle DCH},\ S_{\triangle DJG}=S_{\triangle DLG},$$

所以

$$S_{\triangle ADF}+S_{\triangle BDE}+S_{\triangle CDG}=S_{\triangle BDF}+S_{\triangle CDE}+S_{\triangle ADG}.$$

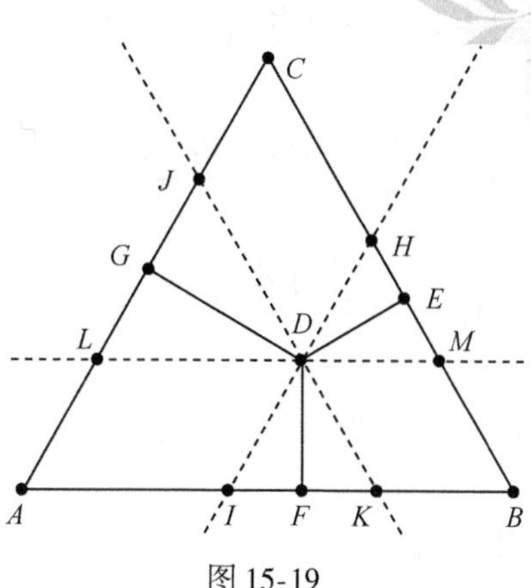

图 15-19

【例 15.28】 如图 15-20，已知不等边锐角三角形 ABC 内部的一点 D，在 AB，BC，CA 三边上的垂足分别为 F，E，G，若 $AF+BE+CG=AG+CE+BF$，$S_{\triangle ADF}+S_{\triangle BDE}+S_{\triangle CDG}=S_{\triangle BDF}+S_{\triangle CDE}+S_{\triangle ADG}$，证明：点 D 或为△ABC 外心 O 或内心 I.

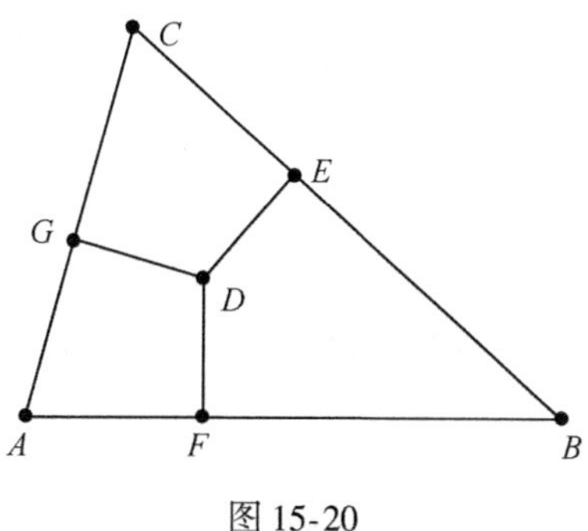

图 15-20

证明　显然当点 D 为外心或内心时，满足条件．下面分两步进行．

（1）根据条件 $AF+BE+CG=AG+CE+BF$ 证明满足条件的点 D 在直线 OI 上.

$$\frac{a+b+c}{2}=\frac{\overrightarrow{AD}\cdot\overrightarrow{AB}}{c}+\frac{\overrightarrow{BD}\cdot\overrightarrow{BC}}{a}+\frac{\overrightarrow{CD}\cdot\overrightarrow{CA}}{b}$$

$$=\frac{\overrightarrow{AD}\cdot\overrightarrow{AB}}{c}+\frac{(\overrightarrow{BA}+\overrightarrow{AD})\cdot\overrightarrow{BC}}{a}+\frac{(\overrightarrow{CA}+\overrightarrow{AD})\cdot\overrightarrow{CA}}{b}$$

$$=\overrightarrow{AD}\cdot\left(\frac{\overrightarrow{AB}}{c}+\frac{\overrightarrow{BC}}{a}+\frac{\overrightarrow{CA}}{b}\right)+\frac{\overrightarrow{BA}\cdot\overrightarrow{BC}}{a}+\frac{\overrightarrow{CA}\cdot\overrightarrow{CA}}{b}$$

$$=(m\overrightarrow{AO}+n\overrightarrow{AI})\cdot\left(\frac{\overrightarrow{AB}}{c}+\frac{\overrightarrow{BC}}{a}+\frac{\overrightarrow{CA}}{b}\right)+c\cos B+b$$

$$=m\left(\frac{c}{2}+\frac{a}{2}+c\cos B-\frac{b}{2}\right)$$

$$+n\left(\frac{b+c-a}{2}-\frac{b+c-a}{2}-c\cos B+\frac{a+c-b}{2}\right)+c\cos B+b$$

$$=(m+n)\left(\frac{a+c-b}{2}-c\cos B\right)+c\cos B+b,$$

从而

$$(m+n)\left(\frac{a+c-b}{2}-c\cos B\right)=\frac{a+c-b}{2}-c\cos B,$$

由于$\triangle ABC$为不等边锐角三角形，$\frac{a+c-b}{2}-c\cos B$不恒为0，所以$m+n=1$，点D在直线OI上.

（2）根据条件$S_{\triangle ADF}+S_{\triangle BDE}+S_{\triangle CDG}=S_{\triangle BDF}+S_{\triangle CDE}+S_{\triangle ADG}$证明满足条件的点$D$非$O$即$I$.

设垂直于AB，且指向点C的单位向量为$\boldsymbol{e}_c$，同理定义$\boldsymbol{e}_a$，$\boldsymbol{e}_b$；设h_a为BC边上的高，

$$2S_{\triangle ABC}=\frac{\overrightarrow{AD}\cdot\overrightarrow{AB}}{c}\cdot(\overrightarrow{AD}\cdot\boldsymbol{e}_c)+\frac{\overrightarrow{BD}\cdot\overrightarrow{BC}}{a}\cdot(\overrightarrow{BD}\cdot\boldsymbol{e}_a)+\frac{\overrightarrow{CD}\cdot\overrightarrow{CA}}{b}\cdot(\overrightarrow{CD}\cdot\boldsymbol{e}_b)$$

$$=\frac{\overrightarrow{AD}\cdot\overrightarrow{AB}}{c}\cdot(\overrightarrow{AD}\cdot\boldsymbol{e}_c)+\frac{(\overrightarrow{BA}+\overrightarrow{AD})\cdot\overrightarrow{BC}}{a}\cdot((\overrightarrow{BA}+\overrightarrow{AD})\cdot\boldsymbol{e}_a)$$

$$+\frac{(\overrightarrow{CA}+\overrightarrow{AD})\cdot\overrightarrow{CA}}{b}\cdot((\overrightarrow{CA}+\overrightarrow{AD})\cdot\boldsymbol{e}_b)$$

$$=\frac{(m\overrightarrow{AO}+n\overrightarrow{AI})\cdot\overrightarrow{AB}}{c}\cdot((m\overrightarrow{AO}+n\overrightarrow{AI})\cdot\boldsymbol{e}_c)$$

$$+\frac{\overrightarrow{BA}\cdot\overrightarrow{BC}+(m\overrightarrow{AO}+n\overrightarrow{AI})\cdot\overrightarrow{BC}}{a}\cdot(\overrightarrow{BA}\cdot\boldsymbol{e}_a+(m\overrightarrow{AO}+n\overrightarrow{AI})\cdot\boldsymbol{e}_a)$$

$$+\frac{\overrightarrow{CA}\cdot\overrightarrow{CA}+(m\overrightarrow{AO}+n\overrightarrow{AI})\cdot\overrightarrow{CA}}{b}\cdot(\overrightarrow{CA}\cdot\boldsymbol{e}_b+(m\overrightarrow{AO}+n\overrightarrow{AI})\cdot\boldsymbol{e}_b)$$

$$=\left(m\frac{c}{2}+n\frac{b+c-a}{2}\right)(mR\cos C+nr)$$

$$+\frac{\overrightarrow{BA}\cdot\overrightarrow{BC}+(m(\overrightarrow{AB}+\overrightarrow{BO})+n(\overrightarrow{AB}+\overrightarrow{BI}))\cdot\overrightarrow{BC}}{a}$$

$$\cdot(\overrightarrow{BA}\cdot\boldsymbol{e}_a+(m(\overrightarrow{AB}+\overrightarrow{BO})+n(\overrightarrow{AB}+\overrightarrow{BI}))\cdot\boldsymbol{e}_a)$$

$$+\left(b+\left(-m\frac{b}{2}-n\frac{b+c-a}{2}\right)\right)(mR\cos B+nr)$$

$$=\left(m\frac{c}{2}+n\frac{b+c-a}{2}\right)(mR\cos C+nr)$$

$$+\left(c\cos B+m\left(-c\cos B+\frac{a}{2}\right)+n\left(-c\cos B+\frac{a+c-b}{2}\right)\right)$$

$$\cdot(h_a+m(-h_a+R\cos A)+n(-h_a+r))$$

$$+\left(b+\left(-m\frac{b}{2}-n\frac{b+c-a}{2}\right)\right)(mR\cos B+nr),$$

将 $m=1-n$ 代入后化简可得

$$n^2R(c\cos B-c\cos A-b\cos C+b\cos A+a\cos C-a\cos B)$$
$$=nR(c\cos B-c\cos A-b\cos C+b\cos A+a\cos C-a\cos B).$$

由于$\triangle ABC$ 为不等边锐角三角形，

$$c\cos B-c\cos A-b\cos C+b\cos A+a\cos C-a\cos B$$

不恒为0，所以 $n=0$ 或 $n=1$，也就是点 D 或为$\triangle ABC$ 外心 O 或内心 I.

此题解答过程也就暗示着当$\triangle ABC$ 为等边三角形时，对于$\triangle ABC$ 内部所有点都满足条件

$$AF+BE+CG=AG+CE+BF,$$

以及

$$S_{\triangle ADF}+S_{\triangle BDE}+S_{\triangle CDG}=S_{\triangle BDF}+S_{\triangle CDE}+S_{\triangle ADG}.$$

【例 15.29】 如图 15-21，AD 与 CE 交于点 F，若 BF 的延长线交 AC 于 G，求证：$\frac{\overrightarrow{AE}}{\overrightarrow{EB}}\cdot\frac{\overrightarrow{BD}}{\overrightarrow{DC}}\cdot\frac{\overrightarrow{CG}}{\overrightarrow{GA}}=1$.（塞瓦定理）

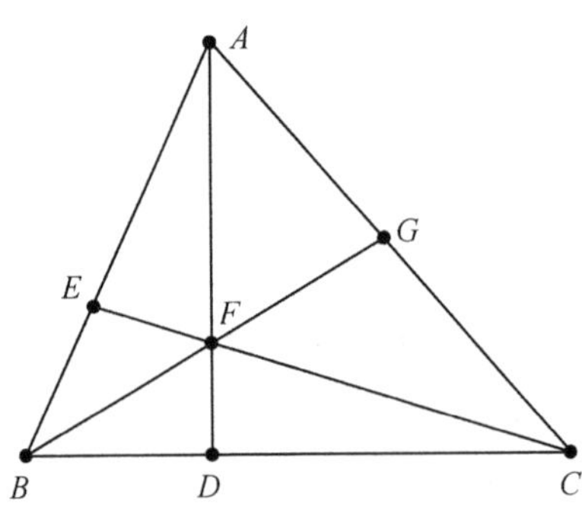

图 15-21

证法 1 设 $\overrightarrow{AE}=u\ \overrightarrow{EB}$，$\overrightarrow{BD}=v\ \overrightarrow{DC}$，$\overrightarrow{CG}=w\ \overrightarrow{GA}$，$\boldsymbol{a}$ 是 $\overrightarrow{AD}$ 的法向量，则

$$\frac{\overrightarrow{CF}}{\overrightarrow{FE}}=\frac{\boldsymbol{a}\cdot\overrightarrow{CF}}{\boldsymbol{a}\cdot\overrightarrow{FE}}=\frac{\boldsymbol{a}\cdot\overrightarrow{CD}}{\boldsymbol{a}\cdot\overrightarrow{AE}}=\frac{\boldsymbol{a}\cdot\left(\frac{1}{v}\overrightarrow{DB}\right)}{\boldsymbol{a}\cdot\left(\frac{u}{1+u}\overrightarrow{AB}\right)}=\frac{1+u}{uv}\frac{\boldsymbol{a}\cdot\overrightarrow{DB}}{\boldsymbol{a}\cdot\overrightarrow{AB}}=\frac{1+u}{uv};$$

再设 $\boldsymbol{b}$ 是 $\overrightarrow{BF}$ 的法向量，则

$$w=\frac{\overrightarrow{CG}}{\overrightarrow{GA}}=\frac{\boldsymbol{b}\cdot\overrightarrow{CG}}{\boldsymbol{b}\cdot\overrightarrow{GA}}=\frac{\boldsymbol{b}\cdot\overrightarrow{CF}}{\boldsymbol{b}\cdot\overrightarrow{FA}}=\frac{1+u}{uv}\frac{\boldsymbol{b}\cdot\overrightarrow{BE}}{\boldsymbol{b}\cdot\overrightarrow{FA}}$$

$$=\frac{1+u}{uv}\frac{\boldsymbol{b}\cdot\left(\frac{1}{1+u}\overrightarrow{BA}\right)}{\boldsymbol{b}\cdot\overrightarrow{FA}}=\frac{1}{uv},$$

即所欲证.

证法 2 设 $\overrightarrow{AE}=u\overrightarrow{EB}$，$\overrightarrow{BD}=v\overrightarrow{DC}$，$\overrightarrow{CG}=w\overrightarrow{GA}$，

$$\overrightarrow{AF}+\overrightarrow{FB}=\overrightarrow{AC}+\overrightarrow{CB}=(1+w)\overrightarrow{AG}+\frac{1+v}{v}\overrightarrow{DB}$$

$$=(1+w)(\overrightarrow{AF}+\overrightarrow{FG})+\frac{1+v}{v}(\overrightarrow{DF}+\overrightarrow{FB}),$$

整理得 $\overrightarrow{AF}=\frac{1+v}{wv}\overrightarrow{FD}$；

$$\overrightarrow{AF}+\overrightarrow{FC}=\overrightarrow{AB}+\overrightarrow{BC}=\frac{(1+u)}{u}\overrightarrow{AE}+(1+v)\overrightarrow{DC}$$

$$=\frac{(1+u)}{u}(\overrightarrow{AF}+\overrightarrow{FE})+(1+v)(\overrightarrow{DF}+\overrightarrow{FC}),$$

整理得 $\overrightarrow{AF}=u(1+v)\overrightarrow{FD}$. 综合两式可得 $uvw=1$，证毕.

【例 15.30】 如图 15-22，设四边形 $ABCD$ 的一组对边 AB 和 DC 的延长线交于点 E，另一组对边 AD 和 BC 的延长线交于点 F，则 AC 的中点 L，BD 的中点 M，EF 的中点 N 三点共线(此线称为高斯线).

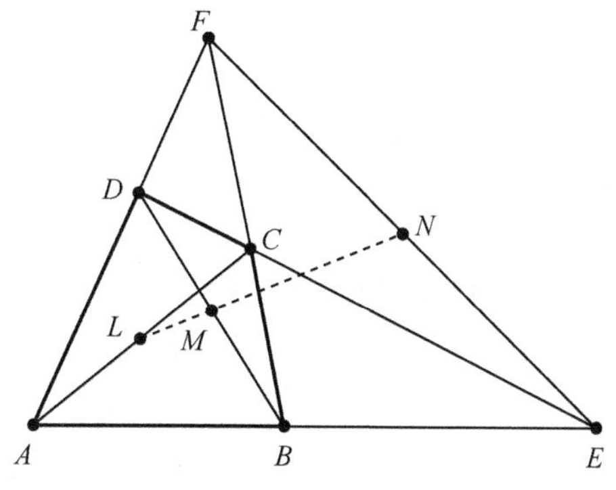

图 15-22

证法 1　设 $\overrightarrow{AD}=n\overrightarrow{DF}$，$\overrightarrow{AB}=m\overrightarrow{BE}$，则

$$2\overrightarrow{LM}=\overrightarrow{CA}+2\overrightarrow{AB}+\overrightarrow{BD}=\overrightarrow{AB}+\overrightarrow{CD}=m(\overrightarrow{BC}+\overrightarrow{CE})+\overrightarrow{CD}$$

$$=m\overrightarrow{BC}+m\overrightarrow{CE}+\overrightarrow{CD}=\overrightarrow{AD}+\overrightarrow{CB}$$

$$=n(\overrightarrow{DC}+\overrightarrow{CF})+\overrightarrow{CB}=n\overrightarrow{DC}+n\overrightarrow{CF}+\overrightarrow{CB}$$

$$=m\overrightarrow{BC}+n\overrightarrow{DC}$$

(由前式及基本定理得 $m\overrightarrow{BC}=n\overrightarrow{CF}+\overrightarrow{CB},n\overrightarrow{DC}=m\overrightarrow{CE}+\overrightarrow{CD}$)

$$=\frac{mn(\overrightarrow{BF}+\overrightarrow{DE})}{m+n+1}$$

(由前式解出 $(m+n+1)\overrightarrow{BC}=n\overrightarrow{BF},(m+n+1)\overrightarrow{DC}=m\overrightarrow{DE}$)

$$=\frac{2mn}{m+n+1}\overrightarrow{MN}$$

(因 $2\overrightarrow{MN}=2\overrightarrow{MB}+2\overrightarrow{BF}+2\overrightarrow{FN}=\overrightarrow{DB}+2\overrightarrow{BF}+\overrightarrow{FE}=\overrightarrow{BF}+\overrightarrow{DE}$).

证法 2 设 $\overrightarrow{AB}=u\overrightarrow{AE}$, $\overrightarrow{AD}=v\overrightarrow{AF}$, 用回路 DCF, BCE 和 $DCBA$ 来确定点 C 的分比. 由

$$\overrightarrow{DC}+\overrightarrow{CF}=\overrightarrow{DF}=(1-v)\overrightarrow{AF},\ \overrightarrow{BC}+\overrightarrow{CE}=\overrightarrow{BE}=(1-u)\overrightarrow{AE},$$

得

$$\overrightarrow{DC}+\overrightarrow{CB}=\overrightarrow{DA}+\overrightarrow{AB}=v\overrightarrow{FA}+u\overrightarrow{AE}=\frac{u}{1-u}(\overrightarrow{BC}+\overrightarrow{CE})-\frac{v}{1-v}(\overrightarrow{DC}+\overrightarrow{CF}),$$

整理后得到

$$(1-u)\overrightarrow{DC}+(1-v)\overrightarrow{CB}=u(1-v)\overrightarrow{CE}+v(1-u)\overrightarrow{FC},$$

由平面向量基本定理得

$$(1-u)\overrightarrow{DC}=u(1-v)\overrightarrow{CE}. \tag{15-1}$$

对三个中点顺次用定比分点公式(或中点消去公式), 再利用回路 $AFCE$ 和 $ABCD$ 得

$$4\overrightarrow{LN}=2(\overrightarrow{LF}+\overrightarrow{LE})=\overrightarrow{AF}+\overrightarrow{CF}+\overrightarrow{AE}+\overrightarrow{CE}=2(\overrightarrow{AF}+\overrightarrow{CE}), \tag{15-2}$$

$$4\overrightarrow{LM}=2(\overrightarrow{LD}+\overrightarrow{LB})=\overrightarrow{AD}+\overrightarrow{CD}+\overrightarrow{AB}+\overrightarrow{CB}=2(\overrightarrow{AB}+\overrightarrow{CD}). \tag{15-3}$$

由原设得

$$\overrightarrow{AB}=u\overrightarrow{AE}=u(\overrightarrow{AD}+\overrightarrow{DE})=u(v\overrightarrow{AF}+\overrightarrow{DC}+\overrightarrow{CE}). \tag{15-4}$$

结合(15-4)式和(15-1)式得

$$\overrightarrow{AB}+\overrightarrow{CD}=uv\overrightarrow{AF}+(1-u)\overrightarrow{CD}+u\overrightarrow{CE}$$

$$=uv\overrightarrow{AF}+u(1-v)\overrightarrow{EC}+u\overrightarrow{CE}=uv(\overrightarrow{AF}+\overrightarrow{CE}), \tag{15-5}$$

由(15-5)式、(15-2)式、(15-3)式得 $\overrightarrow{LM}=uv\overrightarrow{LN}$, 这证明了 L, M, N

共线.

注意：在(15-1)式中，为了确定点 C 的分比，要用到三个回路等式．如果用内积，就可以一气呵成．如图 15-16，设 $\boldsymbol{a}$ 是$\overrightarrow{BF}$的法向量，则

$$\frac{\overrightarrow{DC}}{\overrightarrow{CE}}=\frac{\boldsymbol{a}\cdot\overrightarrow{DC}}{\boldsymbol{a}\cdot\overrightarrow{CE}}=\frac{\boldsymbol{a}\cdot\overrightarrow{DF}}{\boldsymbol{a}\cdot\overrightarrow{BE}}=\frac{\boldsymbol{a}\cdot(1-v)\overrightarrow{AF}}{\boldsymbol{a}\cdot\left(\frac{1-u}{u}\overrightarrow{AB}\right)}$$

$$=\frac{u(1-v)}{1-u}\ \frac{\boldsymbol{a}\cdot\overrightarrow{AF}}{\boldsymbol{a}\cdot\overrightarrow{AE}}=\frac{u(1-v)}{1-u},$$

这就简洁地得到了(15-1)式.

证法 3 设 $\overrightarrow{BC}=m\,\overrightarrow{BF}$，$\overrightarrow{AE}=n\,\overrightarrow{BE}$，$\overrightarrow{AD}=k\,\overrightarrow{AF}$，则

$$\overrightarrow{DE}=\overrightarrow{DA}+\overrightarrow{AE}=\overrightarrow{DA}+n\,\overrightarrow{BE}=n\,\overrightarrow{BE}-k\,\overrightarrow{DF},$$

$$\overrightarrow{CE}=\overrightarrow{BE}-\overrightarrow{BC}=\overrightarrow{BE}-m(\overrightarrow{BA}+\overrightarrow{AF})=(mn-m+1)\overrightarrow{BE}-m\,\overrightarrow{AF}.$$

由$\overrightarrow{DE}$和$\overrightarrow{CE}$共线，得 $k(mn-m+1)=mn$. 又

$$\overrightarrow{ML}=\overrightarrow{BL}-\overrightarrow{BM}=\overrightarrow{BC}+\frac{1}{2}\overrightarrow{CA}-\frac{1}{2}\overrightarrow{BD}=\overrightarrow{BC}+\frac{1}{2}(\overrightarrow{BA}-\overrightarrow{BC})-\frac{1}{2}(\overrightarrow{BA}+\overrightarrow{AD})$$

$$=\frac{1}{2}\overrightarrow{BC}-\frac{1}{2}\overrightarrow{AD}=\frac{1}{2}\overrightarrow{BC}-\frac{1}{2}k(\overrightarrow{BF}-\overrightarrow{BA})$$

$$=\frac{1}{2}(m-k)\overrightarrow{BF}+\frac{1}{2}k(1-n)\overrightarrow{BE}.$$

$\overrightarrow{LN}=\frac{1}{2}(1-m)\overrightarrow{BF}+\frac{1}{2}n\,\overrightarrow{BE}$，因为 $k(mn-m+1)=mn$，所以

$$\frac{1-m}{m-k}=\frac{n}{k(1-n)},$$

故$\overrightarrow{ML}/\!/\overrightarrow{LN}$，又因为 L 为公共点，所以 L，M，N 三点共线.

著名的帕普斯定理的构图中，涉及三对线段的交点．有资料用颇大的篇幅，借助于坐标法实现了此定理的向量法证明．下面利用内积提供一个简洁的证明.

【例 15.31】 如图 15-23，设两直线相交于点 O，A，B，C 三点共线，X，Y，Z 三点共线．点 P 是 AY 和 BX 的交点，点 Q 是 AZ 和 CX 的交点，点 R 是 BZ 和 CY 的交点．求证：P，Q，R 三点共线(帕普斯定理).

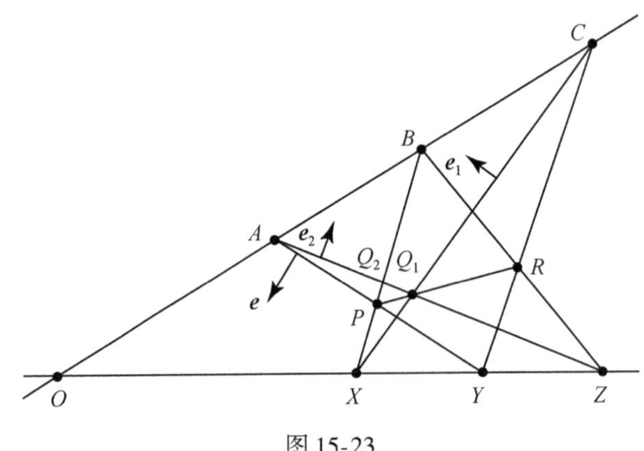

图 15-23

证明 设 $OX:OY:OZ=x:y:z$，$OA:OB:OC=a:b:c$，$\boldsymbol{e}\perp AY$，则

$$\frac{XP}{XB}=\frac{\overrightarrow{XP}\cdot\boldsymbol{e}}{\overrightarrow{XB}\cdot\boldsymbol{e}}=\frac{\overrightarrow{XY}\cdot\boldsymbol{e}}{(\overrightarrow{XO}+\overrightarrow{OB})\cdot\boldsymbol{e}}=\frac{\overrightarrow{XY}\cdot\boldsymbol{e}}{\left(XO+\frac{b\,\overrightarrow{OA}}{a}\right)\cdot\boldsymbol{e}}=\frac{a(y-x)}{by-ax}.$$

同理

$$\frac{CR}{CY}=\frac{z(c-b)}{cz-by},\quad \frac{ZR}{ZB}=\frac{c(z-y)}{cz-by},\quad \frac{AP}{AY}=\frac{x(b-a)}{by-ax}.$$

设 CX 和 PR 交于点 Q_1，AZ 和 PR 交于点 Q_2，只需证 $\frac{PQ_1Q_2R}{Q_1RPQ_2}=1$.

设 $\boldsymbol{e}_1\perp XC$，$\boldsymbol{e}_2\perp AZ$，则

$$\begin{aligned}\frac{PQ_1Q_2R}{Q_1RPQ_2}&=\frac{\overrightarrow{PQ_1}\cdot\boldsymbol{e}_1}{\overrightarrow{Q_1R}\cdot\boldsymbol{e}_1}\cdot\frac{\overrightarrow{Q_2R}\cdot\boldsymbol{e}_2}{\overrightarrow{PQ_2}\cdot\boldsymbol{e}_2}=\frac{\overrightarrow{PX}\cdot\boldsymbol{e}_1}{\overrightarrow{CR}\cdot\boldsymbol{e}_1}\cdot\frac{\overrightarrow{ZR}\cdot\boldsymbol{e}_2}{\overrightarrow{PA}\cdot\boldsymbol{e}_2}\\&=\frac{ac(y-x)(z-y)}{xz(c-b)(b-a)}\,\frac{\overrightarrow{BX}\cdot\boldsymbol{e}_1}{\overrightarrow{CY}\cdot\boldsymbol{e}_1}\cdot\frac{\overrightarrow{ZB}\cdot\boldsymbol{e}_2}{\overrightarrow{YA}\cdot\boldsymbol{e}_2}\end{aligned}$$

$$=\frac{ac(y-x)(z-y)}{xz(c-b)(b-a)}\frac{\overrightarrow{BC}\cdot\boldsymbol{e}_1}{\overrightarrow{CY}\cdot\boldsymbol{e}_1}\cdot\frac{\overrightarrow{AB}\cdot\boldsymbol{e}_2}{\overrightarrow{YA}\cdot\boldsymbol{e}_2}$$

$$=\frac{ac(y-x)(z-y)}{xz(c-b)(b-a)}\left(\frac{c-b}{c}\right)\left(\frac{x}{y-x}\right)\left(\frac{b-a}{a}\right)\left(\frac{z}{z-y}\right)=1.$$

最后一行是因为

$$BC=\frac{(c-b)OC}{c},\ XY=\frac{(y-x)OX}{x},$$

$$AB=\frac{(b-a)OA}{a},\ YZ=\frac{(z-y)OZ}{z},$$

以及

$$\overrightarrow{OC}\cdot\boldsymbol{e}_1=\overrightarrow{OX}\cdot\boldsymbol{e}_1,\ \overrightarrow{OA}\cdot\boldsymbol{e}_2=\overrightarrow{OZ}\cdot\boldsymbol{e}_2.$$

对于塞瓦定理、高斯线定理、帕普斯定理这样的共点、共线问题，用向量法来解并不是最优的，用面积法来解要简单很多，请参看《新概念几何》(张景中，2002).

第 16 章 从向量角度看锈规问题

本章将介绍一些有限制的作图问题.

初等几何中，作图工作只许用圆规和无刻度直尺，称为尺规作图.

尺规作图初看简单，实则奥妙无穷，具有挑战性，能够培养数学思维和数学能力. 其历史悠久，影响深远，特别是古希腊三大几何难题更是吸引了无数数学爱好者. 随着人们数学水平的提高，从最开始的尺规作图，又引发出了单尺作图、单规作图、锈规作图(仅用开口夹角固定的圆规作图)等更高难度的作图.

1982 年，美国几何学家匹多(Pedoe)在加拿大的数学杂志《数学问题》(*Crux Mathematicorum*)上提出了两个几何作图问题.

问题 1 已知两点 A 和 B，只用一把生锈的圆规(假设只能画半径为 1 的圆)，能否作出点 C，使得 $\triangle ABC$ 是正三角形?

问题 2 已知两点 A 和 B，只用一把生锈的圆规(假设只能画半径为 1 的圆)，能否作出线段 AB 的中点 M?

需要强调的是，由于没有直尺，A 和 B 两点间没有线段相连，这使得问题困难很多.

下面我们分析问题 1.

匹多的学生无意中作出了图 16-1，这使得问题 1 得到了部分解决：如果 $AB<2$，用生锈圆规能够作出点 C，使得 $\triangle ABC$ 是等边三角形．

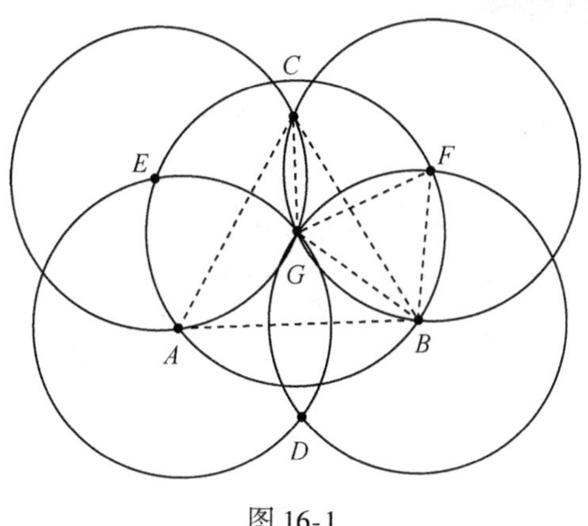

图 16-1

综合几何证法：由对称性，$\triangle CAB$ 是等腰三角形．$\angle ACB=2\angle GCB=\angle GFB=60°$，所以 $\triangle ABC$ 是等边三角形.

能否用向量法来证呢？暂且卖个关子，先来看看一个趣味数学问题．

如图 16-2，把一些易拉罐放在两夹板之间堆成一堆，这些易拉罐底部半径为 0.5，两夹板之间的距离为 4，$AB=3$，而 C 可在一定范围内活动，这样就导致 D，E，F 的位置有高有低．但不管 C 位置如何，总是存在 $AF=BF$.

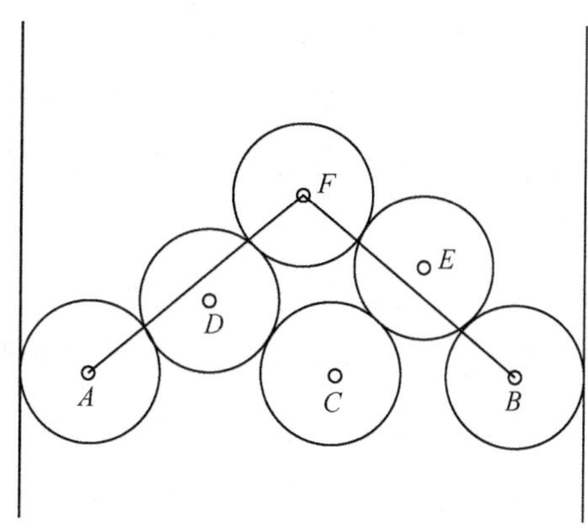

图 16-2

解 如图16-3，以 AB 为对称轴作对称图形，连接各圆圆心，得到一系列单位菱形，得 $\overrightarrow{AI}=\overrightarrow{AG}+\overrightarrow{GI}=\overrightarrow{DC}+\overrightarrow{CH}=\overrightarrow{FE}+\overrightarrow{EB}=\overrightarrow{FB}$，而 $FI\perp AB$，可得四边形 $AIBF$ 是菱形.

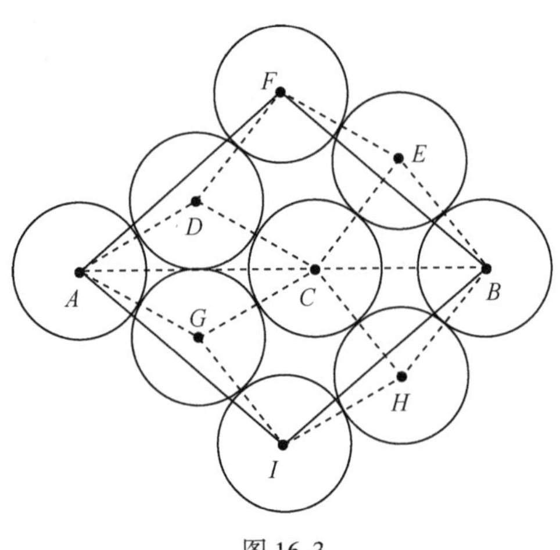

图 16-3

此问题可扩展，譬如将10个易拉罐堆成四行.

看了此题的解答之后，类似就会解答前面那道题了. 反之则不然，特别是易拉罐个数增多之后，综合几何证法较难解决易拉罐堆积问题. 图16-3中出现了很多边长相等的菱形，这是锈规作图的结果，而向量法很擅长解菱形问题，这也是为什么要从向量角度来看锈规问题的原因.

那么对于 $AB>2$ 时，如何求解，三年过去了，仍然找不出作图的方法. 正当数学家们猜测这也大概是一个“不可能”的作图问题时，三位中国科学技术大学的数学工作者：单墫、张景中和杨路用不同方法做出了肯定的回答.

他们是如何解决这个鞭长莫及的问题的呢？

请看图16-4. A 和 B 是两个给定的点，A 和 B 相距较远，但中间有一个过渡点 M，AM 和 BM 就小一点. 如果分别作正三角形 AMD 和 BME，再找点 C，使得四边形 $MECD$ 是平行四边形，那么 $\triangle ABC$ 也是正三角形.

证明

$$\overrightarrow{AB}\cdot e^{\frac{\pi}{3}i}=(\overrightarrow{AM}+\overrightarrow{MB})\cdot e^{\frac{\pi}{3}i}=\overrightarrow{AD}+\overrightarrow{ME}=\overrightarrow{AD}+\overrightarrow{DC}=\overrightarrow{AC}.$$

此处穿插一个相关命题．如图 16-5，以平行四边形 $ABCD$ 的 BC 和 DC 边向外作正三角形 CBE 和 DCF，求证：$\triangle AEF$ 是正三角形．

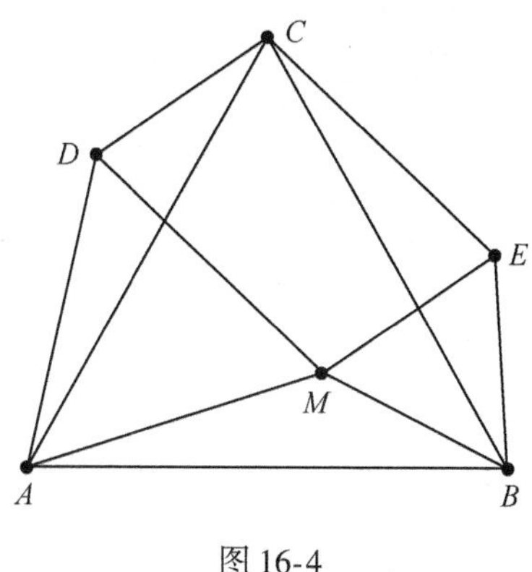

图 16-4

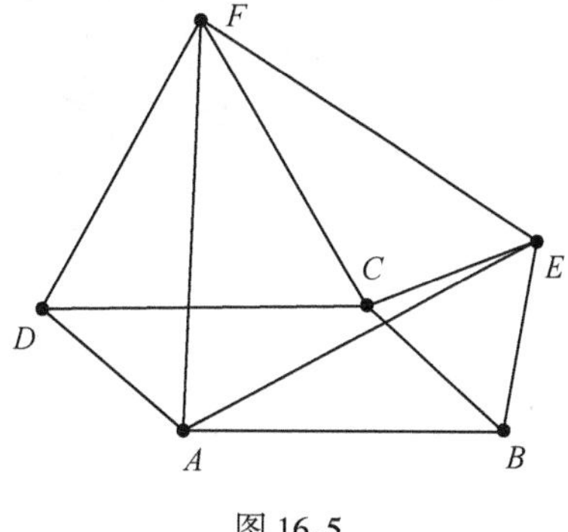

图 16-5

证明　$\overrightarrow{AE}\cdot e^{\frac{\pi}{3}i}=(\overrightarrow{AB}+\overrightarrow{BE})\cdot e^{\frac{\pi}{3}i}=\overrightarrow{DF}+\overrightarrow{AD}=\overrightarrow{AF}$，所以 $\triangle AEF$ 是正三角形．

在图 16-4 的启发下，我们可以以 A 为中心，向四周用生锈圆规作由边长为 1 的正三角形组成的"蛛网点阵"．这些蛛网点阵是由一些同中心的正六边形组成的．在点阵中一定可以找到点 D，使得 $\triangle AMD$ 是正三角形(你能找到吗？注意：M 和 D 在同一层正六边形上)．又因为 $MB<2$，可用图 16-1 的五圆作图法作出正三角形 BME，再作 C 使得 $MECD$ 是平行四边形，则 $\triangle ABC$ 是正三角形，所要的点 C 找到了(图 16-6)．

这里必须还解决一个问题．如何用生锈圆规作平行四边形 $MECD$？这是可以办到的．

如图 16-7，用长为 1 的线段把 M 和 D 连接起来，把 M 和 E 连接起来(当然，这些线段是作不出来的，只能作出端点)．作图顺序：由 Q 和 P_1 作出①，由①和 P_2 作出②，由②和 D 作出③，由 E 和①作出④，由④和②作出⑤，由⑤和③作出 C.

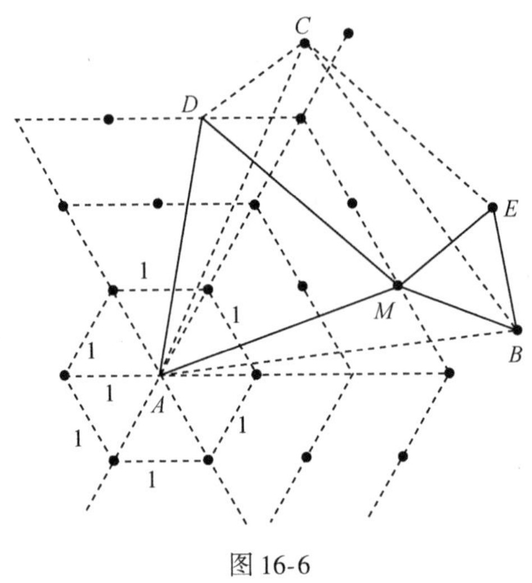

图 16-6

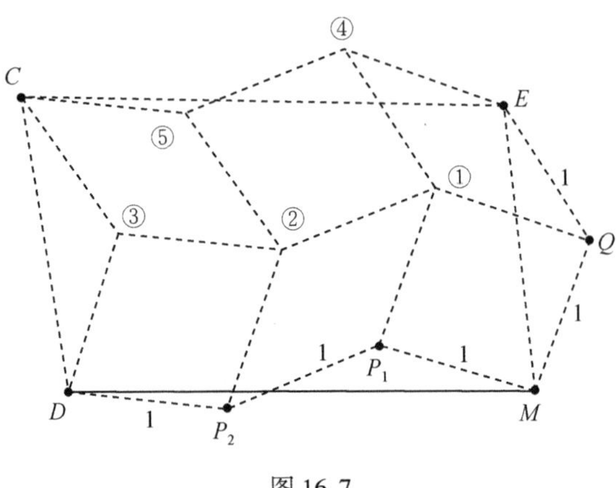

图 16-7

作出图 16-7 后，从向量的角度来看，结论是显然的.

匹多提出的问题 1 到此完满解决．问题 2 请参看《数学家的眼光》(张景中，1990)．需要指出的是，图 16-6 和图16-7对问题 2 的解决十分有用．从此，在尺规作图这一古老课题的研究记录上，写下了中国人的一页.

锈规作图中所出现的蛛网模型，在一些几何题中也会出现，譬如图 16-3．下面我们介绍波利亚(Polya)研究过的一个数学问题．这个问题，最初是如何想到的，不得而知，作者猜测可能与锈规问题有点关系．

美国数学教育家波利亚是国际著名的解题大师，他在数学解题方面有着不同寻常的见解，其专著引入中国之后，反响很大．波利亚在《数学的发现》中，为了说明解题需要闪电击中般的灵感，给出了这样一个案例：

“A. 如果三个相同半径的圆过一点，则通过它们的另外三个交点的圆具有相同的半径.

这是我们要证的定理．它的叙述简短而明确，但是没有充分清晰地表达出来．如果我们作一图(图 16-8)，并引进适当的符号，便得到下列更明确的复述：

B. 三个圆 k，l，m 具有相同半径 r，并通过同一点 O. 此外，l 和 m 相交于点 A，m 和 k 相交于点 B，k 和 l 相交于点 C，则通过点 A，B，C 的圆 e 的半径也是 r.”

接下来，波利亚引导读者作出图 16-9，并将求证的定理再一次改变形式：

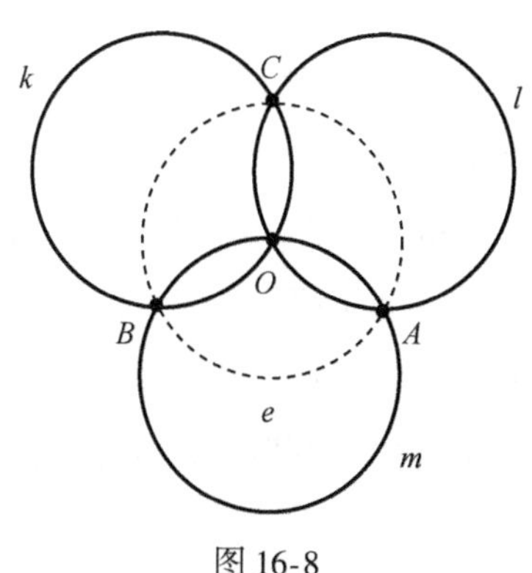

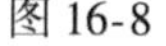
图 16-8

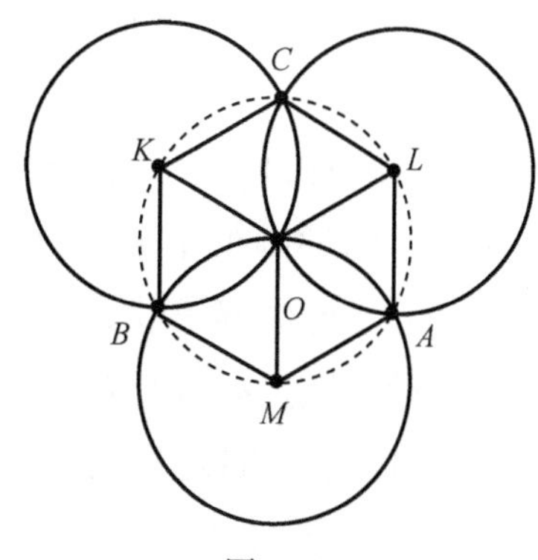

图 16-9

“C. 如果 9 条线段 KO，KC，KB，LC，LO，LA，MB，MA，MO，都等于 r，则必存在一点 E，使得下列三条线段 EA，EB，EC 都等于 r.”

最后，波利亚构造出图 16-10，以图 16-9 中的七个点构造出平行六面体，其中点 E 就是所要寻找的点．只要将这个平行六面体投影在一个平面上即可.

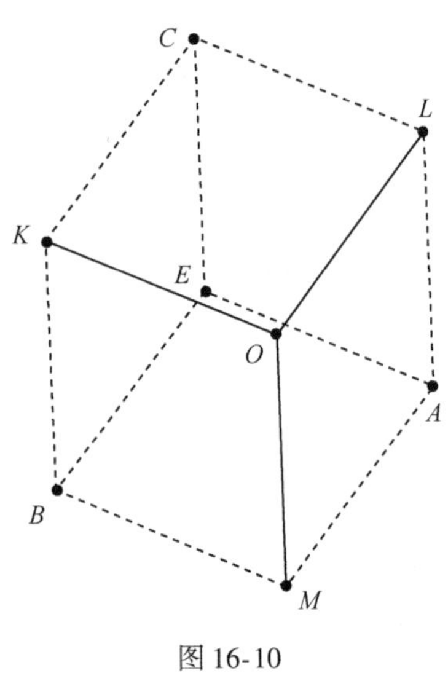

图 16-10

从这一案例，我们看到波利亚在解题分析的过程中，不断转化命题的表达形式，使之向我们熟悉的情形靠拢；最后利用平面与空间的转化，使问题的解决变得直观.

波利亚的这一解题分析和引导是让人佩服的．佩服之余，如果我们动手做一做题目，包括作图，就会发现：波利亚在将命题 A 转化到命题 B 时，图形画得十分特殊，图 16-8 中的 A，B，C 三点都构成等边三角形了，这极容易让人误解．如果严格按照命题 A 作图，过点 A，B，C 的圆和过点 M，L，K 的圆只是半径相等，圆心未必重合．波利亚在图 16-10 中也明确指出：过点 A，B，C 的圆的圆心是另外的点 E，而不是原来的点 O.

把任意三角形画成等边三角形，这是不符合数学规范的，作为解题学的经典著作更应该避免．可惜的是，此案例被我国学者多次原封不动地引用，仅本书作者所见就有十多本著作，却无人指出作图的瑕疵.

有资料在引用波利亚的这个案例之后，给出下面的简化证法.

证明　如图 16-9，

$$\overrightarrow{AB}=\overrightarrow{OB}-\overrightarrow{OA}=(\overrightarrow{OK}+\overrightarrow{OM})-(\overrightarrow{OL}+\overrightarrow{OM})=\overrightarrow{OK}-\overrightarrow{OL}=\overrightarrow{LK},$$

同理 $\overrightarrow{AC}=\overrightarrow{MK}$，$\overrightarrow{BC}=\overrightarrow{ML}$，所以$\triangle ABC\cong\triangle KLM$. 两个全等三角形的外接圆半径相等，而$\triangle KLM$ 的半径是 r，所以过点 A，B，C 的圆 e 的半径也等于 r.

该资料的证明是基于图 16-9 这个特殊图形给出的，但点 O 只是在中间过渡，最终是要消去的；所以这一证法也适用于一般情形.

为了避免误导，我们还是作出符合初始题目的一般性图形，并指出过点 A，B，C 的圆的圆心 . 这一图形没有引进平行六面体，方便对投影不熟悉的读者.

另证　如图 16-11，易证四边形 $KOLC$，$OMAL$，$BMOK$ 是菱形，则$\overrightarrow{KC}=\overrightarrow{OL}=\overrightarrow{MA}$；作菱形 $BPCK$，则$\overrightarrow{BP}=\overrightarrow{KC}=\overrightarrow{MA}$，易得四边形 $BMAP$ 是菱形；所以 $PA=PB=PC=KC=r$，点 P 是过点 A，B，C 的圆的圆心 .

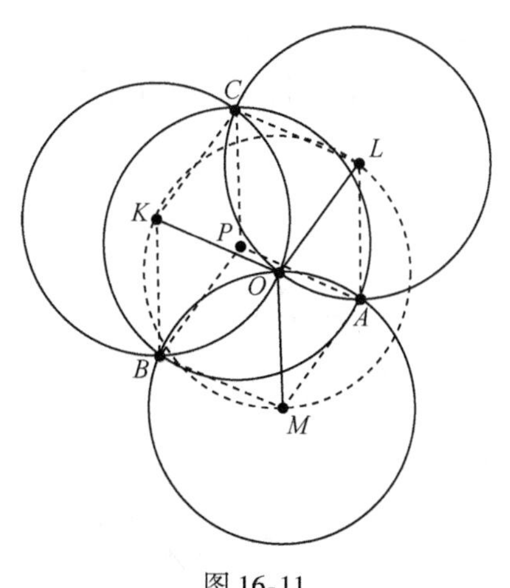

图 16-11

如果我们摆脱对大师的迷信，自己尝试来解这道题，其实也并不是很困难.

如图 16-12，设 KM 交 BO 于 S，LM 交 AO 于 T，显然 S 和 T 分别是菱形 $BMOK$ 和 $MALO$ 的中心，由中位线定理可得 $BA=2ST=KL$；同理可得 $BC=ML$，$AC=MK$；所以$\triangle ABC\cong\triangle KLM$.

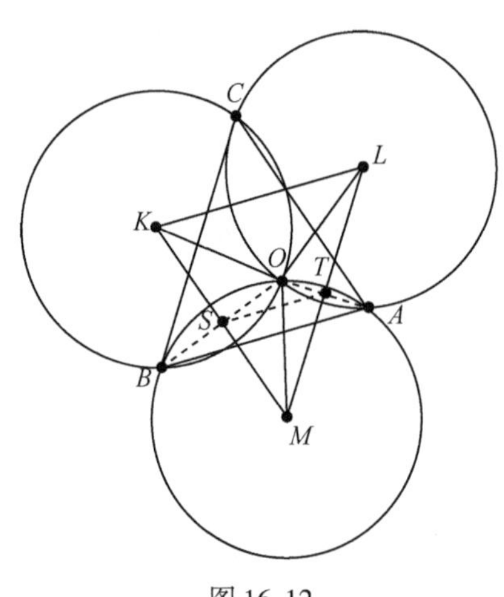

图 16-12

所以说，奇思妙想、层层引入固然让人称赞，但朴实无华、简单直接更显自然本色.

利用超级画板，我们容易得出此问题更一般的推广.

如图 16-13，$\triangle ABC$ 内部有点 O，作平行四边形 $OBDC$，$OCEA$ 和 $OAFB$，求证：$\triangle ABC\cong\triangle DEF$，且 AD，BE 和 CF 交于一点.

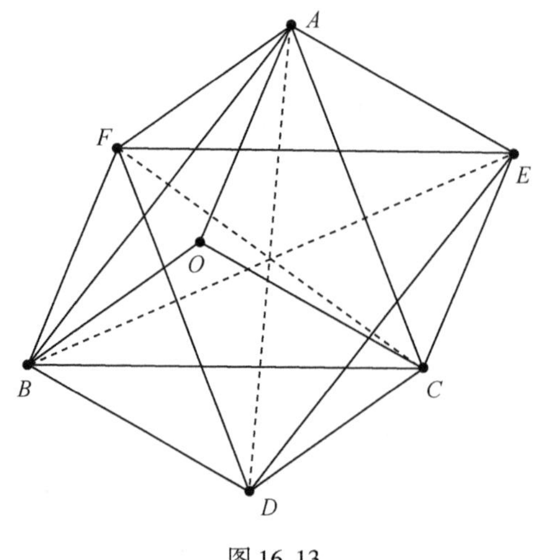

图 16-13

证明 $\overrightarrow{DE}=\overrightarrow{DC}+\overrightarrow{CE}=\overrightarrow{BO}+\overrightarrow{OA}=\overrightarrow{BA}$，同理$\overrightarrow{EF}=\overrightarrow{CB}$，$\overrightarrow{FD}=\overrightarrow{AC}$；所以

$\triangle ABC \cong \triangle DEF$；而四边形 $BDEA$ 和 $BCEF$ 是平行四边形，显然 BE 和 CF 过 AD 的中点.

注意到解题过程中，点 O 只是一个中间过渡，是要消去，这说明结论的成立与点 O 的位置无关. 点 O 在$\triangle ABC$ 外部（图 16-14），结论亦成立.

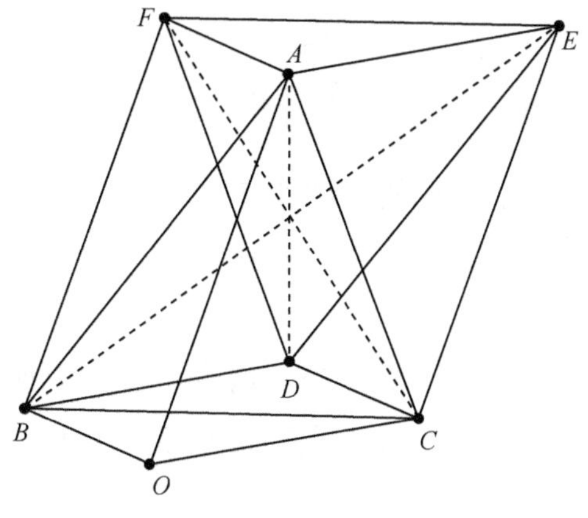

图 16-14

下面这道题是作者利用超级画板探究蛛网模型时的发现.

如图 16-15，三个等半径的圆过点 P. A，B，Q 是它们两两相交且不同于 P 的交点，过点 Q 作同样半径的第四个圆，交两圆于 C 和 D. 求证：$ABCD$ 是平行四边形.

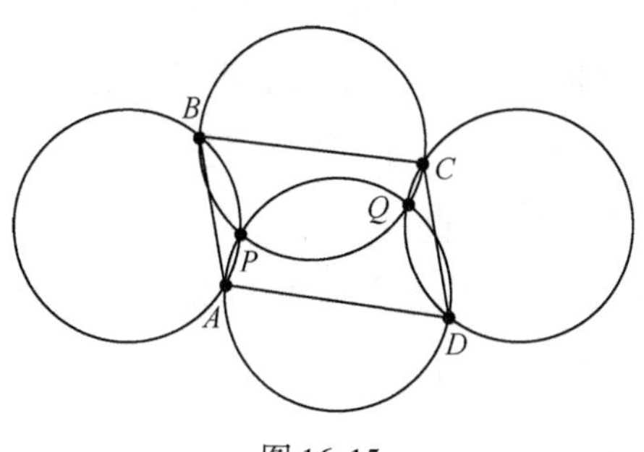

图 16-15

证明　如图 16-16，

$$\overrightarrow{AB}=\overrightarrow{AE}+\overrightarrow{EB}=\overrightarrow{HP}+\overrightarrow{PF}=\overrightarrow{HQ}+\overrightarrow{QF}=\overrightarrow{DG}+\overrightarrow{GC}=\overrightarrow{DC}.$$

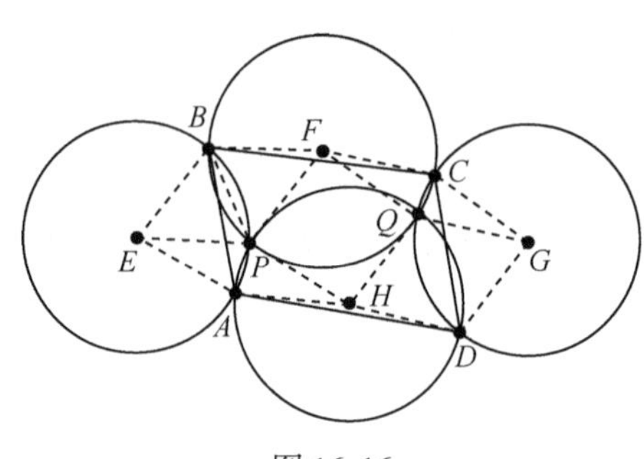

图 16-16

本章最后给出一个有趣的铜圆作图题.

傅种孙（1898～1962）先生是我国老一辈著名的数学教育家，培养了一大批优秀人才.

据傅种孙先生的学生回忆：当年傅先生在北京师范大学附中教几何时，每逢考试，必预先告诉学生要带圆规和直尺．但学生们常常忘带，考试时临时抱佛脚，就用铅笔杆代替直尺，再从兜里拿出一个铜圆（形同现在流通的硬币）来画图．傅先生针对这个情形，干脆出了一个题目，让学生研究“用一个铜圆代替圆规，能够代替尺规作图的哪些工作？”

傅先生提出的铜圆作图比锈规作图更加困难，因为无法作出已知圆的圆心．目前，铜圆作图，能做什么、不能做什么，还没有定论，这是一个非常有趣的而又具有挑战性的开放性问题．下面给出一个已被解决的问题．有兴趣的读者，可动手用硬币作图试试.

问题 用硬币作圆，然后在圆周上任作一点，请利用该硬币作出另一点，使得这两点是圆的直径.

作图 如图 16-17，假设最初所作圆是以 A 为圆心，所作点为 B；

过 B 作圆 C，交圆 A 于 D；

过 D 作圆 E，交圆 C 于 F；

过 F 作圆 G，交圆 A 于 H，交圆 E 于 I；

过 H、I 作圆 J，圆 J 交圆 A 于 K；

点 K 即为所求作的点，此时 BK 是圆 A 的直径.

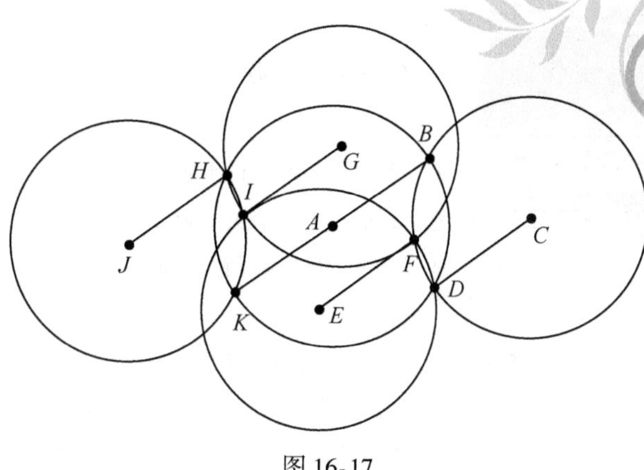

图 16-17

注意：图中的圆心和线段都是为了说明方便而作出，实际上是不存在的.

证明　$\overrightarrow{AB}=\overrightarrow{DC}=\overrightarrow{EF}=\overrightarrow{IG}=\overrightarrow{JH}=\overrightarrow{KA}$.

参 考 文 献

常庚哲 . 1980. 复数计算与几何证题 . 上海：上海教育出版社

陈胜利 . 2003. 向量与平面几何证题 . 北京：中国文史出版社

葛强，张景中，陈矛，等 . 2014. 基于向量的几何可读自动证明 . 计算机学报，（8）：1809-1819

哈代 . 2004. 纯数学教程（英文版）. 北京：机械工业出版社

李有贵，彭翕成，2021. 向量法巧求交点问题 . 数学教学，（7）：32-34

莫绍揆 . 1992. 质点几何学 . 重庆：重庆出版社

彭翕成 . 2008a. 谈谈向量法解一类平面几何题的繁简比较 . 数学教学，（1）：25-27

彭翕成 . 2008b. 向量解题应该重视回路 . 数学教学，（6）：25-27

彭翕成 . 2008c. 关联正方形问题的向量解法 . 中学数学，（7）：25-26

彭翕成 . 2009. 平面向量基本定理与平行四边形问题 . 数学教学，（3）：16-19

彭翕成 . 2010. 向量法是解决垂直问题的一把利器 . 数学通讯，（8）：16-18

彭翕成 . 2011a. 向量形式的四边形中位线公式 . 数学教学，（11）：19-21

彭翕成 . 2011b. 谈谈向量回路与基底 . 中学数学，（5）：67-68

彭翕成 . 2012. 向量证法转化成纯几何证明 . 数学教学，（3）：27-30

彭翕成 . 2014a. 向量定比分点公式的伸缩形式 . 数学教学，（11）：32-35

彭翕成 . 2014b. 当托勒密定理遇上向量法 . 数学教学，（6）：36-37，46

彭翕成 . 2014c. 被忽视的向量回路 . 数学教学，（4）：26-28

彭翕成 . 2014d. 向量、复数与质点 . 合肥：中国科学技术大学出版社

彭翕成 . 2015. 利用向量与复数巧解旋转问题 . 数学教学，（3）：31-33

彭翕成 . 2020. 向量恒等式自动发现和证明逆命题问题 . 数学教学，（5）：21-25

彭翕成，陈起航 . 2020. 行列式计算与几何定理自动发现 . 数学传播，（6）：90-94

彭翕成，钱刚 . 2018. 向量回路与旋转放缩 . 数学教学，（7）：28-39

彭翕成，张景中 . 2019a. 点几何的解题应用：恒等式篇 . 数学通报，（4）：11-15

彭翕成，张景中 . 2019b. 点几何的解题应用：复数恒等式篇 . 数学通报，（5）：1-4

彭翕成，张景中 . 2020. 解析几何与向量几何相遇 . 数学通讯，（8）：64-66

孙庆华 . 2006. 向量理论历史研究：博士学位论文（内部资料）. 西安：西北大学

吴文俊 . 1984. 几何定理机器证明的基本原理（初等几何部分）. 北京：科学出版社

席振伟，张明 . 1984. 向量法证几何题 . 重庆：重庆出版社

张惠英，王申怀，王培甫，等 . 2005. 向量及其应用 . 北京：高等教育出版社

张景中. 1990. 数学家的眼光. 北京：中国少年儿童出版社
张景中. 2002. 新概念几何. 北京：中国少年儿童出版社
张景中. 2009. 几何新方法和新体系. 北京：科学出版社
张景中. 2018. 点几何纲要. 高等数学研究，(1)：1-8
张景中，彭翕成. 2008a. 论向量法解几何问题的基本思路. 数学通报，(1)：6-11
张景中，彭翕成. 2008b. 论向量法解几何问题的基本思路（续）. 数学通报，(3)：31-37
张景中，彭翕成. 2009. 向量教学存在的问题及对策. 数学通报，(9)：7-12
张景中，彭翕成. 2019a. 点几何的教育价值. 数学通报，(2)：1-4，12
张景中，彭翕成. 2019b. 点几何的解题应用：计算篇. 数学通报，(3)：1-5，58
张景中，彭翕成. 2020. 点几何解题. 上海：华东师范大学出版社
张景中，彭翕成，邹宇. 2020. 几何机器明证引发的思考. 数学教育学报，(1)：1-5
张景中，邹宇，彭翕成. 2019. 广义莫莱定理的点几何证明. 数学通报，(11)：1-3，32
朱照宣. 2008. 矢量就是向量. 力学与实践，(1)：92
邹宇. 2010. 几何代数基础与质点几何的可读机器证明. 博士学位论文（内部资料）. 广州：广州大学
邹宇，彭翕成，饶永生. 2021. 基于吴方法的几何定理证明的恒等式方法. 中国科学（数学），(1)：1-12
邹宇，张景中. 2012. 用向量解直线交点类问题的机械化方法. 数学通报，(2)：58-62
Zhang JZ，Peng XC，Chen M. 2019. Self-evident automated proving based on point geometry from the perspective of Wu's method identity. Journal of Systems Science & Complexity，32（1）：78-94

后 记

几何问题千变万化，不同的方法各有长处．有不少题目用向量法做起来比较简明快捷，也有不少题目用面积法或质点法更为直观方便．还有一些题目，用综合法能够巧妙地做出来，用向量法反而显得笨拙．这不是遗憾，而恰恰显示了几何的丰富和优美．

向量方法是解几何问题的通法，翻来覆去只用那几条规则．此外，面积法和质点法也是通法，并且已经有了适用于相当广泛的命题类的机械化算法．面积可以用向量的运算表示，所以面积法给出的题解原则上都可以改写成向量法．质点法的基本公式都可以写成向量形式，所以质点法给出的题解更容易改写成向量的形式．在这个意义上，用向量法解几何题实质上也应有适用于相当广泛的命题类的机械化算法，只是还没有完全实现罢了（葛强等，2014；邹宇和张景中，2012；张景中等，2020；邹宇，2010）．

用向量解几何题，并非数学家引入向量的主要目的．向量理论的大用场，还在更多、更高深、更有用、更重要的数学或物理学的分支里．向量的基本思想是把事物简化．本来用两个数、三个数甚至一万个数表示的东西，在一定条件下可以用一个字母表示．这样表示之后照样能运算，必要时又可以分解成两个数、三个数甚至一万个数．其神通好比孙悟空的毫毛，分开来可以变出成百千亿个东西，合起来又是一点点．在中学里，学生熟悉的是几何，用向量解几何问题，是让他们初步体会一下向量的威力，体验一下分分合合的数学思想的高明之处.

表达面积要用三个点，表达向量要用两个点，表达质点只要一个点．比较这三种不同的解法，质点法处理问题时所考虑的对象可以具有最小的“粒度”，所以质点比向量更基本．既然上海在初中就讲了向量，能不能让学生思路再开阔一些，讲点质点几何呢?

质点法的发现基于考虑两点如何相加．从加法想到减法，两点相减就成了向量．如果先讲向量，把向量说成是两点相减的结果，再从减法说到加法，就引出了质点几何．这样，不但向量加法的首尾衔接法更为显然，而且把数轴上的有向线段、解析几何里的定比分点公式、向量坐标的计算以及力学中重心和力矩等知识都联系起来了．笔者曾经在一次中学生夏令营报告会上用半小时讲质点几何，引起很大兴趣．不少同学当时就学会了用质点几何方法计算一些通常认为比较困难的线段比例计算问题．而点几何入门更简单了．在中学讲讲这方面的基本知识，能否帮助学生提高解题能力，更快更好地学习向量和解析几何，值得一试.

两位数学大师华罗庚和吴文俊，都特别强调几何要与代数结合．只讲几何不讲代数，是飞不高飞不远的．几何与代数的结合，有坐标方法和非坐标方法．用坐标方法研究几何，发展成了“代数几何”；用代数方法但尽量不用坐标研究几何，发展成了“几何代数”．向量是代数几何的基础，也是几何代数的基础．同时更是大学里要学的数学分析、解析几何和高等代数这些主要数学课程的基础之一．希望本书有助于读者体会向量的奥妙，更好地掌握向量方法，更重视向量的学习和教学.

作 者

2020 年 10 月